Käfer
Seite 102

Schmetterlinge
Seite 128

Pflanzengallen und ihre Verursacher
Seite 204

Pilze
Seite 214

Farnpflanzen
Seite 352

Flechten
Seite 362

Der Kosmos Waldführer

EVA-MARIA UND
WOLFGANG DREYER

KOSMOS

So funktioniert dieses Buch

Einfach und erfolgreich bestimmen

Wir wollen es Ihnen so leicht wie möglich machen, mit diesem Buch erfolgreich und ohne langes Suchen Tiere, Pflanzen und Pilze im Wald zu bestimmen. Darum sind alle Bestimmungsseiten so aufgebaut, dass man sich einfach und schnell auf ihnen zurecht findet.
Für die einfache Orientierung im Buch finden Sie auf der Innenseite der vorderen Klappe noch einmal alle Tiergruppen aufgeführt, die im Buch vorgestellt werden. Dank des KOSMOS Farbcodes können Sie dann ganz schnell in den entsprechenden Bereich des Buches blättern. Auf der hinteren Klappen werden wichtige botanische und zoologische Begriffe, die in den Bestimmungstexten verwendet werden, anhand von Zeichnungen erklärt. So werden diese Texte leicht verständlich und man weiß beim Bestimmen, auf welche Details man achten muss.

Was wächst da? Mit dem Waldführer kann man Pflanzen, Pilze und Tiere ganz einfach bestimmen.

Der Seitenaufbau

a **Farbbalken** zur Orientierung im Buch. Jedes Kapitel hat seinen eigenen Farbton, die Übersicht dazu finden Sie in der vorderen Klappe.

b Der **deutsche Artname** ist fett angegeben, es folgen der wissenschaftliche Artname sowie der deutsche Familienname.

c In der **Beschreibung** der Art werden alle Merkmale genannt, die zur Bestimung wichtig sind.

d Unter **Lebensraum** ist angegeben, wo eine Art hauptsächlich zu finden ist.

e Wer mehr über eine Art erfahren möchte, kann unter **Lebensweise** bei den Tieren bzw. **Wissenswertes** bei den Pilzen und Pflanzen nachlesen. Hier ist zu erfahren, wie eine Art lebt oder sich verhält, welche Rolle sie im Ökosystem Wald spielt, woher ihr Name stammt oder auch welche historische Bedeutung er hat. Dieses Zusatzwissen macht eine Art erst richtig lebendig und hilft, sie sich gut einzuprägen.

f Auf der **Bildseite** ist jeweils ein typischer Vertreter seiner Art abgebildet. Die Ziffern im Bild entsprechen der Ziffer bei der Artbeschreibung, so kann man Text und Bild eindeutig zuordnen. Manchmal gibt es pro Art auch mehrere Fotos, die verschiedene Aspekte zeigen, wie z. B. Männchen und Weibchen der gleichen Art. Im Text ist dann ein Verweis zur Bildnummer zu finden **(2A)**, der erklärt, was das jeweilige Motiv zeigt.

g Besonders interessante Sachverhalte stellen wir auf **Sonderseiten** im Überblick noch einmal vor. Wir zeigen z. B. die Zapfen der wichtigsten Nadelbäume, Schmetterlinge und ihre Raupen oder essbare und giftige Früchte im Wald.
Auf folgenden Seiten finden Sie diese Übersichten: 152/153, 240/241, 244/245, 266/267, 274/275, 280/281.

Schmetterlinge

1 | Großer Eisvogel
Limenitis populi
Edelfalter

BESCHREIBUNG Spannweite 65–80 mm. Flügeloberseite dunkelbraun, mit weißlichen, orangefarbenen, blauen und schwarzen Flecken. Unterseite orangebraun, blaugrau gezeichnet. Raupen mit fleischigen Dornen auf dem Rücken.
LEBENSRAUM Feuchte Laub- und Mischwälder mit Lichtungen, Waldwege, Waldränder.
LEBENSWEISE Der Große Eisvogel gehört zu den größten Tagfaltern Mitteleuropas. Er ist ein Bewohner der Baumwipfel, verlässt diese nur zur Wasser- und Nahrungsaufnahme. Am Boden saugen diese Falter an Dung, feuchter Erde und Aas, um enthaltene Mineralstoffe aufzunehmen. Nahrungspflanze für die Raupen ist vorwiegend die Zitterpappel. Die Weibchen kleben ihre grünlichen Eier einzeln auf die Blattoberseiten der Raupenfutterbäume. Die Jungraupen überwintern in einem aufgerollten Blattstück.

2 | Kleiner Eisvogel
Limenitis camilla
Edelfalter

BESCHREIBUNG 45–55 mm Spannweite. Grundfarbe der Flügeloberseite ist ein einheitliches Dunkelbraun, das von einer durchgehenden weißen Fleckenbinde durchbrochen ist **(2A)**. Unterseite gelbbraun, bunt gemustert mit weißen, blaugrauen und dunklen Flecken **(2B)**. Geschlechter gleich. Raupen mit 2 Reihen roter Rückendornen.
LEBENSRAUM Feuchte Laubwälder, flussbegleitende Auengehölze.
LEBENSWEISE Der beste Beobachtungsplatz für diesen Schmetterling sind schattige Waldwege mit reichlich Brombeergebüsch. Hier trifft man ihn ab Juni häufig an Brombeerblüten. Die Männchen bilden dort Reviere, aus denen sie Nebenbuhler vertreiben. Futterpflanze für die Raupen ist in erster Linie das Waldgeißblatt, daneben nehmen sie auch Schneebeere oder Heckenkirsche.

3 | Wald-Mohrenfalter
Erebia ligea
Edelfalter

BESCHREIBUNG 40–48 mm Spannweite. Tiefdunkelbrauner Schmetterling mit rotbrauner Binde und darin liegenden, weißgekernten, schwarz umringten Augenflecken. Unterseite heller, Band auf den Hinterflügeln weiß. Weibchen heller. Raupe hellbraun mit 2 hellen Seitenlinien.
LEBENSRAUM Lichte, grasige Laubwälder der Mittelgebirge und Alpen.
LEBENSWEISE Hauptverbreitung dieser Gattung ist in den Alpen, wo die einzelnen Arten verschiedene Höhenstufen besetzen. Die Schmetterlinge fliegen von Mitte Juli bis Ende August. Das Weibchen legt die Eier mit Vorliebe im hellen Waldinneren ab. Die nachtaktiven Raupen fressen an Gräsern wie Waldsegge, Flattergras, Rotschwingel, Blaugras oder Aufrechter Trespe. Die Art hat meist einen zweijährigen Lebenszyklus.

4 | C-Falter
Polygonia c-album
Edelfalter

BESCHREIBUNG Spannweite 42–50 mm. Flügeloberseite hellbraun mit schwarzen und gelblichen Flecken, Flügelränder tief eingebuchtet **(4A)**. Flügelunterseite gelblich oder braun, mit weißer c-förmiger Zeichnung **(4B)**. Raupen orangebraun, schwarz gezeichnet.
LEBENSRAUM Waldwege, Waldränder, fast überall häufig.
LEBENSWEISE Die überwinternden C-Falter kann man im Frühling oft an blühenden Weidenkätzchen beobachten. Ab Mai legt das Weibchen seine Eier meist einzeln auf die Futterpflanzen der Raupen ab. Sie entwickeln sich an Brennnessel, Hopfen, Sal-Weide, Hasel, Ulmen und anderen Holzgewächsen. Man findet sie häufig U-förmig gekrümmt an den Blattunterseiten sitzen.

5 | Schachbrett
Melanargia galathea
Augenfalter

BESCHREIBUNG 40–50 mm Spannweite. Beide Flügelpaare oben variabel schachbrettartig schwarz-weiß gemustert. Flügelunterseite heller, mit mehreren kleinen Augenflecken. Geschlechter gleich gefärbt. Raupe grünlich, gelblich oder bräunlich, mit familientypischer Schwanzgabel.
LEBENSRAUM Verbreitet an trockenen und warmen Waldrändern, auf Waldlichtungen. Auch auf Magerrasen und ungedüngten Wiesen, an ungemähten Bahndämmen und Böschungen noch regelmäßig anzutreffen. Tritt von der Ebene bis in etwa 1800 m auf.
LEBENSWEISE Die schachbrettartige Zeichnung seiner Flügel unterscheidet diesen Schmetterling von allen anderen Tagfaltern Mitteleuropas und macht ihn unverwechselbar. Der Falter fliegt in einer Generation von Ende Juni bis Ende August. Das Weibchen legt seine Eier nicht gezielt an den Futterpflanzen der Raupen ab, wie dies bei den meisten Schmetterlingen der Fall ist, sondern lässt sie im Flug einfach zu Boden fallen. Die Jungraupen überwintern. Ab März des nächsten Jahres fressen sie nur nachts an Lieschgras, Honig- oder Knäuelgras. Sie verpuppen sich am Erdboden.

136

Zapfen

Weißtanne, *Abies alba* (S. 236)

Gewöhnliche Fichte, *Picea abies* (S. 236)

Douglasie, *Pseudotsuga menziesii* (S. 242)

Europäische Lärche, *Larix decidua* (S. 236)

Wald-Kiefer, *Pinus sylvestris* (S. 236)

Berg-Kiefer, *Pinus mugo* (S. 238)

Schwarz-Kiefer, *Pinus nigra* (S. 238)

Zirbel-Kiefer, *Pinus cembra* (S. 238)

Weymouth-Kiefer, *Pinus strobus* (S. 238)

Schwarz-Erle, *Alnus glutinosa* (S. 238)

240 241

Waldökologie

Lehrreicher Lebensraum

Der Wald ist ein wunderbarer Lebensraum. Wir besuchen ihn gerne. Gut sechzig Prozent aller Deutschen brechen wenigstens einmal im Monat zu einem Waldspaziergang auf. Wer in den Wald geht, erlebt etwas. Die Ruhe, das angenehm kühle Klima, den erdigen Geruch und die Vielfalt an Pflanzen und Tieren. Das grüne Erlebnis stärkt Körper und Seele. Nach einem zweistündigen Waldspaziergang sinken Blutdruck und Blutzuckerspiegel und selbst Konzentrationsfähigkeit und Denkleistung sind wieder gestärkt, fand ein japanischer Arzt heraus. Wahrscheinlich erinnert uns der Duft des Waldes an unser genetisches Programm der Evolution, wo der Geruch nach grünem Laub und Erde uns den Weg zum Wasser zeigen sollte. Ein genetisches Überlebensprogramm aus der Urzeit der Menschheit. In den Wald zu gehen ist so etwas wie heim zu kommen, fasst der Evolutionsbiologe Edward Wilson seine Erkenntnisse zusammen.
Tatsächlich ist der Wald ein sehr komplexes Ökosystem. Er zeigt dem Besucher sehr klar, wie ein Ökosystem aufgebaut ist und wie es funktioniert. Jeder Waldspaziergang ist nicht nur Balsam für die Seele, sondern gleichzeitig eine Lehrwanderung in das Beziehungsgefüge der Natur, in der wir leben.

Energiefluss im Ökosystem

Alle Lebewesen eines Lebensraumes wie Pflanzen, Tiere und Mikroorganismen stehen untereinander und mit ihrem Lebensraum in Beziehung. Sie bilden zusammen ein **Ökosystem**. Alle Mitglieder brauchen einander. Weder können Pflanzen ohne Tiere noch Tiere ohne Pflanzen auskommen. Wie hängt das zusammen? Das Geheimnis eines Ökosystems ist der Energiefluss, der das System am Leben erhält. Unsere Erde empfängt von der Sonne Strahlungsenergie. Mit dem Farbstoff Chlorophyll haben alle Pflanzen die Möglichkeit entwickelt, die Sonnenenergie zu nutzen. Aus Wasser und Kohlendioxid bauen sie energiereiche Zuckerverbindungen auf und setzen dabei Sauerstoff frei. Diese erstaunliche Leistung der Pflanzen ermöglicht es uns, auf der Erde zu leben. Gleichzeitig bauen die Pflanzen Biomasse auf. Im Wald sind das die Bäume, die Jahr für Jahr Milliarden von grünen Blättern produzieren, von denen jedes einzelne ein Sonnenkraftwerk darstellt. Die Blätter sind die Fabriken für Zucker. Die überschüssige Energie wird in Form von Holz gespeichert. Deshalb wachsen Bäume in den Himmel. In unseren gemäßigten Breiten zerstören im Winter Nachtfröste diese Blattfabriken. Deshalb haben Nadelbäume resistentere Blätter in Form von Nadeln entwickelt. Alle Laubblätter müssen jedoch welken und fallen zu Boden. Gigantische Mengen an Herbstlaub fallen jedes Jahr im Herbst an. Sie würden jeden Baum ersticken, gäbe es nicht die wichtige Gruppe der Destruenten. Diese bauen das Laub ab und führen die Inhaltsstoffe in den Stoffkreislauf zurück.

Aufbau und Abbau

Ein funktionierendes Ökosystem muss also Organismen enthalten, die Energie produzieren und speichern. Man nennt sie die **Produzenten**. Das sind in erster Linie die grünen Pflanzen, im Wald vor allem die Bäume. Zu diesen treten die **Primärkonsumenten**. Das sind vor allem die pflanzenfressenden Tiere.
Weitere Mitglieder eines Ökosystems sind die **Konsumenten zweiter Ordnung** wie Räuber und Raubpara-

Waldspaziergänge stärken Körper und Seele.

siten, z. B. Spinnen, räuberische Insekten und auch Fuchs und Luchs – also Tiere, die sich von anderen Tieren ernähren Schließlich muss ein Ökosystem **Destruenten** besitzen, die das organische Material wieder in seine Einzelteile zerlegen und in den Kreislauf der Wiederverwendung zurückführen. Eine Riesenaufgabe bei Millionen Tonnen von Falllaub. Ein großartiges Mühlensystem von Organismen arbeitet daran. Dazu gehören Asseln, Urinsekten, Mikroorganismen und Pilze. Jedes Ökosystem besitzt natürlich ein anderes Inventar an Lebensformen, die den einzelnen Stufen angehören. Stellt man die Zahlen der Organismen dar, die auf den einzelnen Nahrungsebenen leben, entsteht bildlich eine **Nahrungspyramide**. Die Produzenten sind immer am häufigsten vertreten, die Konsumenten der Pflanzen schon weniger. Die Spitzenplätze der Nahrungspyramide im Wald werden nur noch von wenigen „Topprädatoren" wie beispielsweise dem Luchs, dem Wolf oder dem Uhu, eingenommen.
Wenn es in Ökosystemen nur vier Nahrungsebenen gibt, die Produzenten, die Primärkonsumenten, die Konsumenten zweiter Ordnung und die Destruenten, wie ist es dann möglich, dass allein rund eine Million Insektenarten auf der Erde leben? Woher kommt diese Artenvielfalt, wenn alle entweder Pflanzenfresser, Räuber oder Destruenten sind?

Lebensformen des Waldes

Das Geheimnis der Vielfalt eines Waldes liegt in seiner Vielfalt an „ökologischen Planstellen". Besonders deutlich wird das am Beispiel der **Nahrungsnischen** eines mitteleuropäischen Nadelwaldes. Für die an der Fichte lebenden Vogelarten ergibt sich eine Aufteilung ihrer Aktionsräume und ihrer Ernährungsgrundlagen: Der **Fichtenkreuzschnabel** ist ein auf die Ausbeutung von Zapfen spezialisierter Samenfresser. Seine sich überkreuzenden Schnabelhälften schlitzen die Samenschuppen auf und erschließen dem Vogel die versteckten Samen. Der **Buntspecht** meißelt die Larven von Bockkäfern aus dem Splintholz. Der **Kleiber** benutzt seinen Schnabel wie eine Pinzette und sammelt Insekten aus den Rindenritzen. Die feinste Insektenpinzette besitzt der **Gartenbaumläufer**. Dünn und leicht gebogen, dringt der Schnabel in kleinste Rindenspalten und bringt Rindenläuse und Ohrwürmer ans Licht. Der **Ziegenmelker** fliegt in Mückenschwärme hinein und benutzt seinen weit aufsperrbaren Schnabel als Kescher.
Doch nicht nur die unterschiedlichen Schnabelformen ermöglichen es den Vögeln, unterschiedliche Planstellen zu beziehen. Mitentscheidend kann auch das Gewicht sein: Das **Sommergoldhähnchen** fängt als Leichtgewicht von nur 5 Gramm in den äußersten Zweigspitzen Insekten. Der deutlich schwereren **Kohlmeise** bleiben diese Bereiche verschlossen, sie sammelt die dickeren

Hallimasch: Ein wichtiger holzabbauender Pilz.

Zweige ab. Der **Fliegenschnäpper** benutzt Zweige nur als Ausguck und Sitzplatz. Er „schnappt" sich die fliegenden Insekten in der Luft. Auch die am Boden nach Schnecken und Würmern suchende **Drossel** gehört in den Stellenplan des Nadelwaldes. Vielfalt wird also durch unterschiedliche Planstellen ermöglicht.

Das Beziehungsgefüge

In allen Lebensgemeinschaften entstehen durch die unterschiedliche Ausstattung der Tiere Nahrungsbeziehungen: Die Raupe des Kiefernspanners befrisst die Nadeln. Beim Abseilen in den Boden zur Verpuppung wird sie von einem Laufkäfer gefangen. Dieser fällt der Singdrossel zum Opfer, die kurze Zeit später vom Habicht geschlagen wird. Dieses Szenario stellt eine **Nahrungskette** dar, wie sie in einem Wald in etwa abläuft. Aber die Nahrungsketten sind untereinander vernetzt. Der Laufkäfer beispielsweise verlässt nachts den Wald und fängt auf den angrenzenden Feldern Regenwürmer. Mit dieser Nahrungsbeziehung vernetzt der Käfer verschiedene Lebensräume. Auch der Fuchs verspeist die Regenwürmer des Feldes und überrascht am Morgen im Wald eine Gelbhalsmaus, die gerade die Puppen eines Kiefernspanners ausgräbt. Es existieren also weniger einfache Nahrungsketten in der Natur, sondern vielmehr kompliziert verknüpfte **Nahrungsnetze**. Es ist sehr anschaulich, die Fraßbeziehungen eines Waldes darzustellen und die einzelnen Pfeile der Wechselwirkungen zu verfolgen. Manche finden gleichzeitig statt, manche nacheinander.

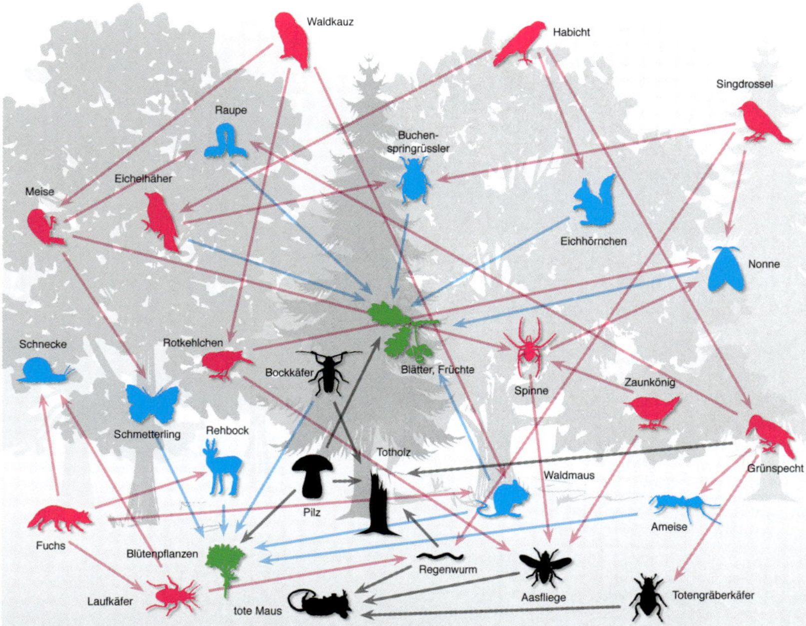

Schema eines Nahrungsnetzes im Wald. In den Nahrungsbeziehungen zwischen Pflanzen und Tieren sind die Jungtiere, Raupen und auch Aas eingeschlossen. Die blauen Linien zeigen die Nahrungsbeziehungen der Pflanzenfresser (Konsumenten 1. Ordnung). Die roten Linien zeigen die Nahrungsbeziehungen der Räuber und Raubparasiten (Konsumenten zweiter Ordnung). Die schwarzen Linien zeigen die Wechselbeziehungen der abbauenden Organismen (Destruenten).

Die Dynamik des Waldes

In einem Waldökosystem laufen so viele Lebensvorgänge gleichzeitig ab, dass es schwer ist, sie zu durchschauen. Ökologische Grundmuster zu beschreiben, heißt zu vereinfachen. So sind Begriffe wie Nahrungspyramide, Nahrungskette oder ökologische Nische Gedankenmodelle, die helfen sollen, komplizierte Zusammenhänge „modellhaft" darzustellen. Wie schwer es ist, richtige Aussagen über das Funktionieren des Waldes zu machen, zeigt folgendes Beispiel:

Wintergoldhähnchen: Seine Nahrungsnische sind die äußersten Zweigspitzen.

Kleiber: Seine Nahrungsnische ist der Stamm – kopfüber und kopfunter.

Schwammspinner: Bei Massenvermehrung ein gefürchteter Waldschädling.

In einem Normaljahr beträgt die Anzahl der blattfressenden Schmetterlinge 200 000 bis 1 000 000 Individuen pro Hektar (100 × 100 m). In manchen Jahren – man spricht dann von Massenwechseln – kann diese Zahl auf mehrere Millionen ansteigen. In einem Alteichenbestand wurden beispielsweise während einer Massenvermehrung etwa zwei bis vier Millionen Raupen des Schwammspinners geschätzt. Der Wald war fast völlig kahl gefressen. Doch die Eichen trieben dank ihrer Reservestoffe neu aus. Nach einigen Jahren war vom Kahlfraß nichts mehr zu spüren. Ein Ökosystem kann solche Verluste meistens verkraften. Trotzdem können kurz hintereinander auftretende Massenwechsel zum Absterben der Bäume führen. Der Wald verändert dadurch sein Gesicht. Es entstehen neue Waldstrukturen. Doch trotz solcher großen Veränderungen ist das ökologische Gleichgewicht dank seiner Dynamik nur vorübergehend zu einer Seite hin ausgependelt. Was bestimmt nun, wie stabil ein Gleichgewicht trotz solcher Pendelbewegungen ist?

Wie entsteht Stabilität?

Von **ökologischer Stabilität** sprechen Biologen, wenn sie die Fähigkeit eines Ökosystems beschreiben, nach einer Störung wieder in den Gleichgewichtszustand zurückzupendeln. Welche Faktoren bestimmen diese Fähigkeit? Die Antwort ist ebenso wie die Natur selbst vielfältig. Für den vom Schwammspinner heimgesuchten Eichenwald ist einmal die Vitalität der Bäume ein wichtiger Faktor der Selbstheilung. Von belasteter Luft geschwächte Bäume sind anfälliger für Massenwechsel von Insekten. Zum anderen spielt die Zahl der Mitbewohner des Eichenwaldes eine Rolle. Sind genügend Räuber und Raubparasiten vorhanden, die bei Massenvermehrung einer Art diese zahlenmäßig dämpfen? Entscheidend sind auch die Klimafaktoren. Ein kalter Winter trifft Insekten kaum. Sie sind durch Frostschutzmittel wie Glykol im Insektenblut bis etwa –35 Grad Celsius geschützt. Ein feuchtwarmer Winter dagegen kann Pilzerkrankungen fördern, die Insekten während der Überwinterung erheblich dezimieren.
Es gibt also viele ineinander greifende Faktoren, die ein biologisches Gleichgewicht beeinflussen. Vereinfacht lässt sich aber sagen, dass Waldökosysteme, die ein reiches Planstelleninventar besitzen, weniger anfällig sind. Ein großes Stellenangebot sorgt für eine große Artenvielfalt an Pflanzen und Tieren. Diese Mannigfaltigkeit, oft auch als Diversität bezeichnet, kann man sich als bunten Teppich mit vielen Farben vorstellen. Fällt eine Farbe, also eine Pflanzen- oder Tierart aus, ist der Teppich immer noch bunt. Besteht eine Fläche aber aus nur wenigen Farben, verändert das Wegfallen einer einzigen Farbe das gesamte Bild. Bunte, sprich artenreiche Ökosysteme sind meist stabiler. Sie vertragen Pendelbewegungen besser als verarmte, einseitige Lebensräume. Ein artenreicher Laub-Mischwald ist also ein stabiles Ökosystem, ebenso wie es ein Nadelwald in den Höhenlagen der Mittelgebirge und Gebirge sein kann.

Raupen des Schwammspinners.

Wald und Klimawandel

Untersuchung zum Klimawandel

In den 1980er Jahren belastete der durch hohe Schwefeldioxid-Emissionen ausgelöste saure Regen die Wälder. Heute ist es der Klimawandel. Er stresst die Bäume durch Hitze, Trockenheit und extreme Stürme und macht sie krankheitsanfälliger. Wie werden die Wälder Mitteleuropas auf die sich ändernden Klimabedingungen reagieren? Wird sich die Zusammensetzung der Baumarten ändern, werden neue aus anderen Klimagebieten dazukommen? Wie reagiert der Wald als unser größter Kohlenstoffspeicher auf die stetig steigende Konzentration des Treibhausgases Kohlendioxid?

Auskunft gibt ein achtjähriges Forschungsprogramm in der Schweiz. Wissenschaftler veröffentlichten 2013 das Ergebnis des Großprojekts „Swiss Canopy Crane Project": Hier wurde am nördlichen Schweizer Jura ein hoher Kran in einem Wald von 100-jährigen Laubbäumen gebaut, der bis über die Wipfel reichte und weithin schwenkbar war. Zwölf ausgesuchte Bäume wie Buche, Traubeneiche, Hainbuche, Sommerlinde, Feldahorn und Vogelkirsche wurden in den Kronen mit einem Netz von dünnen Schläuchen versehen. Jeder Baum bekam etwa einen Kilometer Schlauch in die Krone gehängt. Acht Jahre lang strömte aus den Schläuchen und tausenden Poren zusätzlich Kohlendioxid in den Kronenraum der Bäume. Die Menge des zusätzlichen Kohlendioxids war auf die vermutete Luftzusammensetzung abgestimmt, die in unserer Atmosphäre in 60–80 Jahren bei uns herrschen wird, sollte die Freisetzung aus Industrie, Autoabgasen und Heizungen weiter ansteigen. Dieses Kohlendioxid besitzt einen minimalen Anteil eines schwach radioaktiven Kohlenstoffs, der auch in der normalen Luft vorkommt und in diesem Fall als Marker fungierte. Dieser Kohlenstoff wird von den Bäumen eingebaut und lässt sich später überall mit einem Messgerät nachweisen. In Blättern, Früchten, im Holz, in Pilzen ist der Stoff dann zu finden. Auch bei Schmetterlingsraupen schlägt das Messgerät an, wenn diese Blätter der betreffenden Bäume gefressen hatten.

Die Ergebnisse

Schon nach drei Monaten hatten die Waldpilze das markierte Kohlendioxid aufgenommen. Dies beweist, wie eng Baumwurzeln und Pilze zusammenarbeiten und wie wichtig die Pilze für die Aufnahme von Wasser und Kohlendioxid sind. Das noch wichtigere Ergebnis aber war, dass ein großer Teil durch die Bäume bis in den Waldboden geleitet wurde. Dabei waren die Werte in den Blättern anfangs deutlich erhöht und nahmen

Konstruktion zur Messung der Kohlendioxidaufnahme von einer Krangondel aus.

später ab. Die Botaniker folgern daraus, dass die Bäume sich nicht einer erhöhten Konzentration an Treibhausgas anpassen konnten. Einige bildeten lediglich mehr Reservestoffe.
Die Zusammenfassung des Langzeitexperiments fiel eindeutig aus: Jahrelang erhöhtes Treibhausgas führt nicht zu größeren Erträgen im Laubwald. Das Wachstum von Nadelbäumen wird sogar gehemmt, sie verlieren ihre Fähigkeit zur Nährstoffaufnahme. Auch die Festigkeit der Stämme wird beeinträchtigt. Der Wald wird widerstandsärmer gegen Stürme und unter einer Glocke aus erhöhtem Kohlendioxid eindeutig schlechter wachsen. Wie lange er das verkraften kann, weiß man nach nur acht Jahren Experiment noch nicht.

Neue Bäume für unsere Wälder?

Innerhalb von nur wenigen Jahrzehnten haben sich die Vorstellungen vom idealen Waldbau grundlegend verändert. Werden wir bald neue, nichtheimische Baumarten in den Wäldern pflanzen müssen? Oder passen sich die Wälder selbst an die veränderten Klimabedingungen an?
Einer der Kandidaten könnte der **Blauglockenbaum** aus China sein. Die *Paulownia tomentosa* wurde bereits im späten 19. Jahrhundert bei uns in Botanische Gärten gepflanzt. Sie erwies sich als raschwüchsig, frosthart und widerstandsfähig gegen Krankheiten und Insektenbefall. Ihr Holz ist hell und schön, sehr hart und dauerhaft. Mit seiner Beständigkeit eignet es sich zur Herstellung von Türen und Fenstern. Fazit der ersten Anbauversuche: Der chinesische Blauglockenbaum könnte in Süddeutschland wachsen und zu einem Hoffnungsträger für die Forstwirtschaft werden. Welche Risiken für das Waldökosystem daraus erwachsen, muss noch geklärt werden.

Blauglockenbaum: Ein neuer Waldbaum aus China?

Laubbäume

Der Klimawandel wird sicher zu einer anderen Zusammensetzung der Baumarten in unseren Wäldern führen. Der Umbau von der Fichte zur Rotbuche ist bereits im vollen Gang. Aber gibt es weitere geeignete Arten aus ähnlichen Klimagebieten? Viele sind es nicht, zeigten Experimente. Und Risiken und Nebenwirkungen gibt es auch: In Nordamerika ist die **Spätblühende Traubenkirsche** *(Prunus serotina)* ein stattlicher Waldbaum. In Brandenburger Kiefernforsten hat sich diese Spätblühende Traubenkirsche als lästiges Unterholz ausgebreitet und behindert ökonomischen Waldbau.
Im Anbauversuch ist bereits die **Japanische Birke** *(Betula maximowicziana)*. Sie ist langlebiger, großblättriger, kann Trockenheit ertragen und wächst höher. Besonders auffallend ist ihre gute „Schaftqualität". Sie wächst kerzengerade und liefert wunderschönes helles Holz. Leider mag sie Konkurrenzpflanzen wie Brombeeren nicht so sehr und braucht deshalb teuren Pflegeaufwand.
Ein hartes Holz, das wertvoll für den Holzmarkt ist, wäre ein Glückstreffer für die Forstwirtschaft. „Türkische Nuss" ist die Handelsbezeichnung für einen solchen Kandidaten – die **Baumhasel** *(Corylus colurna)*. Sie ist schon in vielen Städten als Straßenbaum etabliert und fällt durch ihren reichlichen Fruchtfall auf. Aus diesen haben Baumschulen schon häufig Nachwuchs gezogen. Im Gegensatz zur heimischen Hasel wächst die türkische Art sehr dickstämmig. In den letzten 20 Jahren wurden einige Versuchsflächen angelegt. Die schnellwüchsige Baumart hat großes Potential, als neuer Waldbaum auf wechselfeuchten Flächen gute Erträge zu erzielen. Auf trockenen Böden fehlen noch Erfahrungen, die dringend erforscht werden sollten.

Nadelbäume

Wo Böden für Kiefern zu nass und für Fichten zu schlecht sind, suchte man einen geeigneten Baum. Ein Botaniker entdeckte ihn in Kanada 1739: die **Douglasie** *(Pseudotsuga menziesii)*. Dieser Baum

Zapfen der wuchsfreudigen Douglasie.

bricht in der Wuchsleistung alle Rekorde. Er wächst um ein Drittel schneller als die heimische Fichte. Sein widerstandsfähiges, dauerhaftes Holz wird für den Bau von Eisenbahnschwellen und Fensterrahmen, als Fassholz und für Fußbodentäfelungen verwendet.
Die Douglasie tritt hauptsächlich in zwei Formen auf, einer grünen und einer blauen. Die Grüne oder Küsten-Douglasie hat frischgrüne Nadeln und wächst deutlich schneller als die Blaue oder Gebirgs-Douglasie mit blaugrünen Nadeln.
Die **Große Küstentanne** *(Abies grandis)* aus dem westlichen Nordamerika wird bereits seit Anfang des 19. Jahrhunderts in Europa angebaut. Dieser Baum gehört zu den größten und schnellwüchsigsten Tannenarten weltweit. In seinem natürlichen Verbreitungsgebiet erreicht er Höhen bis zu 70 m und Stammdurchmesser bis zu 1,5 m. Er bevorzugt nährstoffreiche, lockere Böden, kommt aber als standorttolerante Baumart mit feuchten und auch trockeneren Standorten gut zurecht. Untersuchungen haben ergeben, dass die Küstentanne an ein Klima mit ausgeprägter Sommertrockenheit gut angepasst ist. Mit ihrer Pfahlwurzel gilt sie als sturmfest, auch gegen Schneebruch ist sie relativ unempfindlich. Aber es gibt auch Gefährdungen: Der Baum ist anfällig gegen Stamm- und Wurzelfäuleerreger und in der Anwuchsphase empfindlich gegen Spätfröste.

Die Früchte der Baumhasel stehen dicht gedrängt und sind von einer vielfach geschlitzten Hülle umgeben.

Das Eschensterben

Den europäischen Wald klimafester zu machen, wird immer schwieriger. Vor allem weil mit der Klimaverschiebung auch andere Schädlinge auftreten. Beim derzeitigen Eschensterben ist es ein Käfer aus Fernost: der Japanische Eschenprachtkäfer *(Agrilus planipennis).* Dieser metallisch grün glänzende Käfer kommt über Russland zu uns. Bereits nach Nordamerika eingeschleppt, hat er dort binnen weniger Jahre viele Millionen Eschen zum Absterben gebracht. Selbst Maßnahmen wie befallene Bäume um die Herde weiträumig zu fällen, führten zu keinem rettenden Ergebnis. Meist wird der Prachtkäfer als Larve oder Puppe im Brennholz verschleppt. Der Käfer trifft die Esche zu einem ungünstigen Zeitpunkt. Der ebenfalls aus Ostasien eingeschleppte Pilz „Falsches Weißes Stängelbecherchen" ist der Erreger des Eschentriebsterbens. Der sehr aggressive Pilz führt bei neun von zehn befallenen Eschen zum Absterben des Baumes. Verwirrend daran ist, dass der Eschenpilz bereits seit 1851 in Europa bekannt ist und nie auffällig wurde. Plötzlich wird er zur tödlichen Gefahr. 2010 wurde er wissenschaftlich neu beschrieben. Seine kleinen weißen Fruchtkörper wurden nun als *Hymenoscyphus pseudoalbidus* benannt, sein naher Verwandter *(Hymenoscyphus albidus)* ist ein harmloser Laubabbauer von Eschenlaub Es muss also eine neue Art entstanden sein, die zum Eschensterben führt. Forstwissenschaftler rechnen damit, dass wir die Esche, den wichtigen Forstbaum nach Buche und Eiche, sehr bald verlieren werden.

Ulmen und Kastanien

Zwei weitere Laubbaumarten haben den Kampf gegen eindringende Schädlinge bereits verloren: die **Bergulme** und die **Feldulme**. Sie sind in den Wäldern kaum noch zu finden und wurden ebenfalls von einem aus Asien stammenden Pilz hingerafft. Auch der neue Hoffnungsträger der Förster, die **Esskastanie**, zeigt auf den Versuchsflächen bereits erste Schwächen. Eine Gallwespe und der Esskastanien-Rindenkrebs, verursacht durch eine Infektion mit Pilzsporen, schwächen die Esskastanie bevor sie sich in Mitteleuropa etabliert hat. Erkennbare Befallssymptome für den Esskastanien-Rindenkrebs sind unterschiedlich starke Verlichtungen im äußeren Kronenbereich und Rindenbrand, der an glattrindigen Ästen und Stämmen an mehr oder weniger deutlich abgegrenzten orangefarbenen bis rötlichen Rindenpartien zu erkennen ist . An grobborkigen Stämmen weisen unregelmäßige Längsrisse in der Rinde auf diese Erkrankung hin.

Die Borke einer Esche mit den typischen Ausstiegslöchern des Eschenprachtkäfers.

Ein naturnaher Wald verjüngt sich selbst.

Neue Baumarten in heimischen Wäldern einzuführen, ist also hochriskant. Besser ist es, auf die Vielfalt an Baumarten und deren ökologische Anpassung zu setzen. Die ökologische Stabilität heimischer Baumgemeinschaften ist beständiger – auch bei veränderten Umweltbedingungen.

Blick in die Zukunft

Wald wird es auch noch in den nächsten Hundert Jahren geben, so die Bilanz der Biologen. Allerdings wird der Wald ein anderes Gesicht bekommen, er wird bunter werden. Auch einzelne Baumarten werden angesichts der Klimaveränderungen andere Gewichtungen im Wald haben müssen. Die Mutter des Waldes in Mitteleuropa wird weiterhin die Buche bleiben. Aber in den Mischwäldern der nächsten überschaubaren 50 Jahre werden neue Bäume nachwachsen.
Die Ergebnisse der letzten Bundeswaldinventur zeigen mehr Laubbäume und mehr Mischwälder. Die Nadelwald-Monokulturen wurden bereits großteils zugunsten von Laubwäldern umgebaut. Heute beträgt der Mischwaldanteil in Deutschland bereits 76 %. Der Anteil der Laubbäume ist seit 2002 um etwa 7 % gestiegen. Die Entwicklung weg von reinen Nadelbaumbeständen hin zu standortgerechten und strukturreichen Mischwäldern wird den Auswirkungen des Klimawandels vorbeugen.
Wichtige Merkmale der Strukturvielfalt eines Waldes sind seine horizontale und seine vertikale Struktur – seine Baumartenmischung und die Schichtung im Kronenraum. 68 % unserer Wälder sind zwei- oder mehrschichtig aufgebaut. Als zweischichtig gelten Wälder mit zwei Kronenräumen übereinander, die sich nicht berühren. Am häufigsten ist ein solcher Aufbau bei Tannen-, Buchen- und Eichenwäldern. Seltener tritt ein solcher zwei- oder mehrschichtiger Aufbau bei Douglasien- und Fichtenwäldern auf. Ein Wald mit verschiedenen Baumarten nebeneinander und unterschiedlich hohen Kronenräumen bietet reiche Lebensräume für Tiere und Pflanzen und kann besser auf Umwelteinflüsse reagieren.

Ein Drittel der Landfläche Deutschlands ist bewaldet. 76 % davon sind Mischwald.

Der Wald im 21. Jahrhundert

Neue Konzepte für den Wald

Nur eineinhalb Stunden fegte am Weihnachtstag 1999 der Orkan „Lothar" über den Südwesten Deutschlands hinweg und hinterließ eine Spur der Verwüstung. Große Bäume knickten wie Streichhölzer, der Orkan hinterließ Kahlflächen in der Größe von 56000 Fußballfeldern. 2007 riss der Orkan „Kyrill" 40 Millionen Bäume um, vor allem ältere Fichtenbestände in den Hochlagen der Mittelgebirge. Die gewaltigen Waldschäden zeigten deutlich, dass der Waldbau neu überdacht werden musste. Die Landesforsten Niedersachsens legten ein „Programm zur langfristigen ökologischen Waldentwicklung in den Landesforsten" (LÖWE) vor, das hier beispielgebend für die neue Forstpolitik steht. Ziel der langfristigen Waldentwicklung sind struktur- und artenreiche, gesunde und stabile abwechslungsreiche Wälder. Grundsätzlich sind im neuen Waldkonzept Nutz-, Schutz- und Erholungsfunktionen gleichrangig. Damit steht der **Waldnaturschutz** gleichbedeutend neben der **Holzproduktion** und der **Erholungsfunktion**. Dieser neue Weg wurde als einzig realistische Alternative erkannt, die wirtschaftlichen und ökologischen Ziele nachhaltig und mit dem höchsten Gesamtnutzen in Einklang zu bringen.

Eine tote Eiche als Habitatbaum. Buntspechte finden hier Futter und Wohnraum.

Wie werden die neuen Konzepte umgesetzt?

Als erster Schritt begannen umfangreiche Erfassungen über den Zustand und die Entwicklung von Waldböden, Bäumen, Biotopen, seltenen Pflanzen- und Tierarten, Erholungswäldern und Klimaschutzwäldern samt Wasserschutzgebieten. Die Ergebnisse fanden in der Bundeswaldinventur Verwendung. Meist bei der Erstellung von Karten. Die ermittelten Daten ermöglichten es, Baumartenkarten, Biotopkarten, Waldfunktionskarten und ein Kataster von Kennzahlen für die Ertragswirtschaft anzulegen. Im Oktober 2014 lagen die Ergebnisse der dritten Bundeswaldinventur vor und sind für jeden Interessierten einsehbar.

Habitatbäume und Totholz

Die Besonderheit der neuen Waldkonzepte sind die ökologischen Maßnahmen. In der gesamten Waldwirtschaftsfläche wird ein zusammenhängendes Netz von Habitatbäumen und Totholz erhalten. Diese Habitatbäume werden besonders gekennzeichnet und bleiben ein Baumleben lang ungenutzt. Im deutschen Wald sind das 93 Millionen Bäume, Laubbäume sind häufiger als Nadelbäume vertreten.
Auch das Totholz bleibt liegen und unterliegt der natürlichen Zersetzung. In Deutschlands Wäldern gibt es etwa 21 Kubikmeter Totholz pro Hektar. Damit beträgt der Totholzvorrat etwa 6 % des lebenden Holzvorrates. Früher hat man das Totholz aus dem Wald genommen und für die Brennholzversorgung der Bevölkerung genutzt. Heute strebt man einen beständigen Totholzvorrat zum Schutz der biologischen Vielfalt an. Mit diesem wichtigen Konzept entstand ein beständiger Lebensraum für zahlreiche Pflanzen- und Tiergruppen. Pilze, Flechten, Insekten und Vögel leben vom oder am Totholz und finden hier Futter, Unterschlupf und Nistplatz. So leben beispielsweise rund 1500 Pilzarten und etwa 1300 Käferarten vom Holz. Sie sind wichtige Recyclingspezialisten und für die ökologische Funktion eines Waldes unerlässlich. Viele Spechtarten leben von diesen Habitatbäumen, sie ernähren sich von Insektenlarven, die im morschen Holz leben.

Von der Monokultur zum Mischwald

Eine der größten Herausforderungen der nächsten Jahrzehnte wird der Umbau der Fichtenmonokulturen zu bunten Mischwäldern sein. Dabei kommt der Auswahl der richtigen Baumarten für jeden Standort eine entscheidende Rolle zu. Welche Baumarten eignen sich beispielsweise für trockene bis sehr trockene Böden? Bei zunehmend trockenen Sommern wird die Trockenresistenz der Bäume sehr wichtig werden. Sehr gut geeignet sind Kiefer, Traubeneiche, Spitzahorn, Feldahorn, Winterlinde oder Kirschbaum. Aber alle Bäume unterliegen auch anderen Faktoren wie Bodenstruktur, Nährstoffreichtum oder der Verträglichkeit von Licht und Schatten. Besonders wünschenswert wäre mehr Wissen über die Widerstandskraft der Bäume gegen Stürme. Hier fehlen Daten, die zu einer besseren Kalkulation bei dem Mischungsverhältnis der Baumarten führen könnten.

Auch die Qualität der Samen ist eine wichtige Entscheidung bei der Aufforstung. Viele staatliche Forstämter gewinnen ihre Samen bereits selbst. Unter ausgewählten Buchen oder Eichen werden große Tücher gespannt um möglichste viele Bucheckern und Eicheln guter Elternbäume zu gewinnen. Und in den Nadelwäldern des Bayerischen Waldes sind kühne Kletterer in den Wipfeln großer Fichten unterwegs um als „Fichtenzapfenzupfer" die Samen vor Ort einzusammeln, bevor sie der Wind unkontrolliert verbreitet.

Überlässt man die Flächen der Naturverjüngung durch Samenflug, handelt man sich oft hohe Betriebskosten durch eine „Verunkrautung" ein. Setzt man auf Naturverjüngung in beschatteten Räumen, kommen nur schattenverträgliche Baumarten zum Wachstumserfolg. Bei der Wahl geeigneter Baumarten sind Standortkarten eine wertvolle Grundlage. Hierin wird festgehalten wie sauer die Böden sind, welche Bodenart vorliegt, wo die Tiefe der Kalkgrenze liegt und welcher Mineralgehalt den künftigen Bäumen zur Verfügung steht. Leider liegen nur von wenigen Gebieten Bodenkarten vor, da diese sehr aufwendig und teuer zu erstellen sind. Als gutes Hilfsmittel haben sich die fast flächendeckend vorhandenen Vegetationskarten des Faches Geobotanik erwiesen. Auf solchen Karten sind zwar „nur" Pflanzengesellschaften kartiert, doch diese lassen sich sehr gut mit bestimmten Bodeneigenschaften in Verbindung bringen. Die Krautschicht als Bodenzeiger zu verwenden, ist eine der neueren Methoden der Waldwirtschaft. Doch wo tiefwurzelnde Baumarten bis in 2 m Tiefe vordringen sollen, versagt auch die Methode der Vegetationskarten.

An dieser Fichte finden „Fichtenzapfenzupfer" eine reiche Ernte.

Ökologische verträgliche Holzernte

Ein wichtiger Faktor des modernen Waldbaus wird aber auch die ganz einfache Frage sein, mit welchen Methoden eine Holzernte nach ökologischen Gesichtspunkten zu leisten ist. Wie komme ich mit Maschinen in den Wald? Wie bekomme ich gefällte Einzelbäume aus dem Verbund ohne die Wurzeln der anderen zu beschädigen? Auf großen Holznutzflächen sind oft automatische „Harvester"-Maschinen im Einsatz, die in einem Arbeitsgang Stämme fällen, entasten und in Normstücke sägen. Aber: Diese Kolosse mit ihren bis zu 50 Tonnen Gewicht erdrücken den empfindlichen Boden, zerstören das Porengefüge und lassen oft in Sekundenschnelle sämtliches Bodenleben ersticken. Bis in tiefe Schichten wird der Boden verdichtet. Darunter leiden nicht nur die Bodenlebewesen, sondern auch die Bäume selbst. Ein intakter Waldboden funktioniert wie ein Wasserspeicher. Im Winter speichert er einen Großteil der Niederschläge und hilft damit den Bäumen über trockene Sommerzeiten. Bis zu 25 Kubikmeter Wasser kann ein ausgewachsener Baum in seinem Wurzelraum speichern. Ist allerdings eine schwere Maschine darübergefahren, reduziert sich das Speichervolumen bis auf einen Kubikmeter, die Waldbäume geraten in Wasserstress. Den mit dem Klimawandel einhergehenden zeitweisen Wassermangel könnten wir allein damit abmildern, dass wir den Boden nicht durch Befahren mit schweren Maschinen zerstören und verdichten. Häufig wird deshalb bei der Holzernte wieder auf die altbewährte, aber sehr aufwändige Methode mit Rückepferden zurückgegriffen. Ein Pferdehuf verdichtet das Erdreich kaum, Bodenschäden werden vermieden, der Wald bleibt gesund und produktiv. So gesehen wird die Waldwirtschaft des 21. Jahrhunderts eine große Jahrhundertaufgabe sein.

Der Baum der Zukunft

Das wichtigste Ziel des modernen Waldbaus ist zweifellos, wertvolle Hölzer mit hohem Ertrag zu gewinnen. Dieses Ziel ist nicht leicht zu erreichen angesichts der hohen Lebensdauer eines Baumes. Derartige Planungen umfassen oft mehr als drei Menschengenerationen und verfolgen eine langfristige Strategie: Es ist deshalb wichtig, rechtzeitig geeignete Bäume zu entdecken und ihre Standortbedingungen zu untersuchen.
Passt die Bodenfeuchte, steht die Baumart auf dem richtigen Boden, hat sie Licht und Luft zum geraden Wuchs, sind Holz und Blätterkleid gesund? Geeignete Zukunftskandidaten werden **Z-Bäume** genannt. Sie müssen mehrere Eigenschaften besitzen: Lotrecht sollen sie stehen und fast ohne Astbildung bis zur Krone sollten sie sein. Solche Baumkandidaten werden jährlich genau beobachtet und vermessen. Bedrängt sie ein nachwachsender Nachbarbaum? Solche „Bedränger" sind zeitweise durchaus erwünscht, weil sie den Stamm des Z-Baums beschatten und damit die Ast- und Reiserbildung verhindern. Erst, wenn der Bedränger in die Krone seines Nachbarn wächst und dessen Lichtaufnahme schwächt, hat er seine Aufgabe erfüllt und wird gefällt; der Z-Baum hat wieder Luft und Raum für die eigene Kronenbildung. Die grünen Blätter der Krone sind das Kraftwerk eines Baumes und sorgen über die Fotosynthese für den erwünschten Holzzuwachs. Je mehr Z-Bäume unterschiedlichen Alters und verschiedener Holzarten ein Waldgebiet hat, umso wertvoller und nachhaltiger ist die Forstwirtschaft. Eine Buche ist mit 80–100 Jahren hiebreif, eine Eiche erst mit 120–230 Jahren. Je gestaffelter die Altersstruktur eines Forstes ist, umso gleichmäßiger ist auch der jährliche Ertrag. Denn in einem modernen Forst wird jährlich nur soviel Holz geerntet, wie auch tatsächlich nachwächst.

Neue Tierarten im Wald

Biologen sind sich ziemlich sicher, dass unsere heimischen Eichhörnchen bald Konkurrenz bekommen. Erste Exemplare der nahen Verwandten sind bereits in Norddeutschland gesichtet worden. Das aus Amerika stammende **Grauhörnchen** *(Sciurus carolinensis)* wird bald Mitteleuropa erobern. Die neue Art ist größer als das heimische Eichhörnchen, robuster gegen Krankheiten und vermehrt sich schneller. All dies sind Faktoren, die es konkurrenzstärker machen. Die Nager sind Allesfresser. Samen, Nüsse, Pflanzenblüten und sogar Jungtiere anderer Arten verwerten sie.

Rückepferde sind in ökologisch bewirtschafteten Wäldern heute unverzichtbar.

Herbstlicher Buchenwald

Eichhörnchen

Grauhörnchen

Werden sie unser heimisches Eichhörnchen verdrängen? Ein unfreiwilliges Langzeitexperiment befördert die Richtigkeit der Hypothese. Nach England 1889 eingeführte Kalifornische Grauhörnchen vermehrten sich so stark, dass sie das europäische Eichhörnchen selten werden ließen. Mit noch unbekannten langfristigen Folgen.

Der Wald in Zahlen

Als langlebige und sehr groß wachsende Pflanzen bieten Bäume viele Superlative. Erst 2008 entdeckte man im schwedischen Distrikt Dalarna einen Methusalem der Fichte *(Picea abies)*. Mit der C-14 Methode konnte man das Alter auf etwa 10 Jahre genau bestimmen. Der Old Tjikko, so der Name des Baums, ist unglaubliche 9550 Jahre alt. In der Nähe fand man weitere 20 alte Fichten, die alle älter als 8000 Jahre sind. Bislang galten Borstenfichten in Nordamerika mit 4000–5000 Jahren als die ältesten Bäume der Erde. Der schwedische, noch lebende Baum trotzte fast 10 000 Jahre den harten Wetterbedingungen des nordischen Winters. Er ist damit 3000 Jahre älter als schriftliche Aufzeichnungen von Menschen existieren.
Dass auch Laubbäume ein erstaunliches Alter erreichen können, zeigen viele Eichen, Linden und Buchen im Land. Die „Eiche am Emmertshof" im Hohenloher Land ist sicher 750 Jahre alt. Eine Buche in Todtmoos im Hochschwarzwald besitzt einen Stammumfang von 6,25 m und ist 400 Jahre alt. Angesichts der täglichen Leistungen eines Laubbaum absolut erstaunlich:
Eine rund 80 Jahre alte Rotbuche mit 25 m Wuchshöhe treibt jedes Jahr die gewaltige Zahl von 800 000 grünen Blättern aus. Diese bilden eine Fläche von 160 000 Quadratmetern. Bei ihrer Fotosynthese verbraucht sie pro Stunde 2,35 kg Kohlendioxid, knapp einen Liter Wasser und 25 435 kJ an Energie aus gespeicherten Zuckerverbindungen. Gleichzeitig stellt sie aber aus Sonnenlicht, Wasser und Kohlendioxid 1,6 kg an Zuckerverbindungen neu her und produziert dabei 1,7 kg an Sauerstoff. Genug für 10 Menschen.
Das gesamte Holz der Buche wiegt trocken 12 t, allein die Hälfte davon ist Kohlenstoff. Erstaunlich sind auch die Wassermengen, die Bäume durch ihre winzigen Spaltöffnungen verdunsten. Fichten verdampfen etwa 10 l, Buchen 30 l, Eichen 40 l und Birken an heißen Tagen sogar weit über 100 l Wasser pro Tag. Damit sind es die Bäume, die im Wald ein angenehm kühles Klima erzeugen. Gleichzeitig stehen sie fest im Wind und wachsen in enorme Höhen. Der größte Baum Deutschlands ist eine Douglasie. Sie heißt „Waltraud vom Mühlwald", steht im Stadtwald von Freiburg und ist stolze 65 m hoch.
Neben der Produktion von Reservestoffen sorgen Laubbäume auch für reichlich Nachwuchs – im eigentlichen Sinne. Denn eine Eiche produziert bis zu 20 000 Eicheln pro Jahr, aus denen jeweils ein neuer Baum wachsen könnte. Eine hundertjährige Fichte kann 1600 Zapfen erzeugen, in denen Hunderte Flugsamen reifen und bei trockener Luft weit verdriftet werden.
Eine besondere Zeit ist der Herbst für viele Tiere des Waldes. Dann nämlich entledigen sich die Laubbäume ihrer tonnenschweren Blätter, auf dem Boden liegt ein dicke Laubschicht. Auf diese warten bereits unzählige Spezialisten: In 300 l Waldboden leben bis zu 1000 Billionen Bakterien, 20 Millionen Fadenwürmern, 400 000 Milben und 400 000 Springschwänze. Sie alle sorgen dafür, dass spätestens nach 2–3 Jahren das von anderen Tieren zerstückelte Laub zu Humus wird und die Nährstoffe den Bäumen wieder zur Verfügung stehen.
Den Samenfressern geht es in dieser Jahreszeit besonders gut. Bucheckern und Eicheln liegen jetzt tonnenweise im Wald und ermöglichen eine vorsorgliche Speckschicht für den harten Winter.

Neues Waldwissen

In den letzten Jahren haben die botanischen Wissenschaften viele neue Forschungsergebnisse über Bäume gewonnen. So stehen die Bäume eines Waldes nicht einfach nebeneinander, sie kommunizieren auch miteinander. Werden einzelne Bäume beispielsweise von Insekten befallen, so „wissen" das in kürzester Zeit die Nachbarbäume und schaffen Abwehrmaßnahmen. Die befallenen Buchen oder Eichen verströmen ein Warngas, das den Nachbarbäumen drohende Gefahr signalisiert. Nach etwa einer Stunde haben diese Abwehrstoffe in ihre Blätter eingelagert, um den Parasiten den Appetit zu verderben. Eichen beispielsweise lagern Gerbstoffe in die Blätter ein. Weiden bilden zur Insektenabwehr Salicin.

Ist der Insektenbefall besonders stark, sondern Bäume chemische Lockstoffe ab. Diese rufen gezielt Fressfeinde herbei, die den Raupenbefall schnell eindämmen. Ulmen und Kiefern wenden sich beispielsweise an Schlupfwespen, die ihre Eier in die fressenden Raupen legen und so den Baum von den Parasiten befreien. Manche Baumarten wie die Vogelkirsche sondern an den Blättern sogar Nektar ab um Ameisen anzulocken, die Insektenraupen in ihren Bau tragen und die Bäume auf diese Weise davon befreien.

Die Kommunikation von Bäumen erfolgt auch über die weit verzweigten Wurzelsysteme. Die Wurzeln eines Baumes reichen sehr weit in die Umgebung, mehr als das Doppelte ihrer Kronenbreite. Für eine schnelle Nachrichtenverbreitung arbeiten die Bäume mit Pilzen zusammen. Manche Bäume halten sich über Jahrhunderte ihr Pilzmyzel. Dessen dünne Fäden durchdringen den Boden in großer Dichte. Ein einzelner Pilz kann sich im Laufe der Jahrhunderte über mehrere Quadratkilometer ausdehnen und so viele Bäume vernetzen. Die Zusammenarbeit zwischen Baum und Pilz funktioniert bestens. Die Pilze erhalten von den Bäumen Zuckerverbindungen, die Bäume von den Pilzen Vitamine und Mineralstoffe plus Informationen.

Viele Bäume einer Art unterstützen sich nicht nur bei der Insektenabwehr, auch bei der Fotosynthese arbeiten sie zusammen. So hat man in ungestörten Buchenwäldern eine besondere Entdeckung gemacht: Um einen geschlossenen Verband aufzubauen, sorgen Buchen für eine Synchronisation ihrer Fotosynthese. Egal ob Bäumchen oder stattliche Buche, ob ein Standort steinig ist oder lockeren Boden aufweist, ob das Nährstoffangebot reichlich oder mager ist – nach kurzer Zeit haben alle Blätter die gleiche Fotosynthese-Leistung, alle produzieren pro Blatt ähnliche Mengen an Zucker. Der Ausgleich geschieht ganz offensichtlich über die Wurzeln. Teamarbeit über das Wurzelsystem könnte man diese Leistungen nennen. Hier sind in Zukunft noch viele weitere Erkenntnisse zu erwarten.

„Old Tjikko", der älteste Baum der Welt.

Auch Totholz gehört in einen Wald.

Wald erleben

Ab in den Wald

Die Erwartungen an die grünen Lungen in unserer Landschaft sind heute sehr vielfältig. Der Erholung Suchende erwartet Ruhe, sauerstoffreiche Luft, schattige Wanderungen auf bestens ausgebauten Waldwegen, viele Pilze oder Beeren und möglichst unberührte Natur. Auf Lehrpfaden sollen Wissensangebote vorhanden sein, und Waldkindergärten möchten am liebsten ganz im Wald leben und die Natur schon von klein auf erfahren.
Mittlerweile gibt es bundesweit über 700 Waldkindergärten. Hier verbringen die Kinder ab drei Jahren den ganzen Vormittag im Wald. Hier erfahren sie die unmittelbare pädagogische Kraft der Natur. Hier entwickeln sich Vertrautheit und Respekt im Umgang mit Pflanzen und Tieren. Hier werden Kreativität und Phantasie angeregt. Die persönliche Entfaltung ist wieder dort angelangt, wo persönliches Handeln zu sichtbaren neuen Ergebnissen führt: In der Auseinandersetzung mit der Natur, die unser Lebensraum war und ist. Den Wald muss man erleben, um ihn zu verstehen. Hier ein paar Anregungen zum gemeinsamen Walderleben mit Kindern:

Einen Baum leben hören. Im Frühjahr, wenn die Bäume austreiben, kann man zuhören, wie das Wasser aus dem Boden durch den Stamm in die Krone steigt. Dieser Saftfluss zeigt an, dass der Baum lebendig ist. Man kann ihn gut hören, wenn man sein Ohr auf die Rinde einer alten Buche drückt.

Rindenquiz: Wer erkennt die Bäume an ihrem Gesicht? Bäume können nicht nur anhand ihrer Wuchsform, ihrer Blätter, Blüten und Früchte bestimmt werden, sondern auch anhand ihrer Rinde. Denn jeder Baum hat eine charakteristische Rinde, sowohl in der Farbe als auch im Muster. Bei jungen Bäumen ist die Rinde noch dünn und glatt. Aber je älter ein Baum wird, um so dicker werden Stamm und Rinde. Bei sehr vielen Bäumen wird die Rinde dann rissig, platzt auf und bildet bestimmte Muster aus. Der äußere, abgestorbene Teil der Rinde ist die Borke. Durch Fühlen mit verbundenen Augen lassen sich Bäume an der Form ihrer Rinde oder Borke erkennen. Hinweise dazu auf den Tafeln auf den Seiten 244/245.

Wer schreibt unter der Rinde? Bei Spaziergängen finden wir unter Bäumen oft heruntergefallene Borkenstücke mit Zeichnungen und Mustern auf der Innenseite. Das war das Werk von Borkenkäfern. Käfer und Larven nagen die unterschiedlichsten Gangsysteme in Holz und Rinde. Davon mit Papier und Wachsmalstiften Abdrücke zu machen und die Schriftbilder zu vergleichen, ist sehr reizvoll. Beispiele auf S. 106/107.

Welches ist der dickste Baum im Wald? Um das festzustellen, umarmen wir einzelne Bäume und bestimmen so den Umfang ihres Stammes. Wir messen also mit den Armen. Reichen die Arme einer Person nicht aus, müssen Familie und Freunde mitmessen. Wie viele Personen sind notwendig, um den dicksten Baum zu umarmen?

Wie alt sind kleine Laubbäume? Wer das Alter kleiner Laubbäume bestimmen will, zählt einfach die Knoten an den Zweigen, beginnend an der äußersten Knospe. Jeder Knoten bedeutet ein Lebensjahr. Besonders gut funktioniert das bei Buchen. Das Alter von Nadelbäumen findet man heraus, indem man die Astetagen zählt. Jedes Jahr kommt eine neue Etage hinzu.

Wieviel Wasser saugt ein Moospolster auf? Trockenes Weißmoos auf einer Briefwaage wiegen. Danach in Wasser legen und wieder wiegen. Es ist einfach erstaunlich, wie viel Wasser ein Moospolster speichern kann.

Wer lebt im Boden? In einem Bodenquadrat von 10 cm Kantenlänge können bis zu 10 Milliarden Bodenlebewesen vorkommen. Das sind mehr als es Menschen auf der Erde gibt. Viele sind winzig klein. Aber einige lassen sich mit einer Lupe gut beobachten. Springschwänze und Hornmilben wird man in jedem Fall finden, wenn man eine Handvoll Walderde mit der Lupe untersucht.

Kinder können den Wald ...

... mit allen Sinnen erfahren.

Im Frühling ein Waldbodenaquarium anlegen. In ein Glasaquarium ein Stück Waldboden und etwas Totholz einbringen. Das Aquarium zudecken und feucht halten. Es entwickelt sich reiches Pflanzen- und Tierleben von selbst.

Blattporträts. Im Wald gibt es die unterschiedlichsten Blattformen und Blatttypen. Ihre Vielfalt und Schönheit festzuhalten, hat wohl jeder von uns schon versucht und Blätter gesammelt, gepresst oder gemalt. Besonders schön ist das Ergebnis, wenn Blätter mit dem Handy oder einer Digitalkamera fotografiert und die Bilder anschließend auf dem Rechner nebeneinander gestellt werden. Der Vergleich zeigt eindrucksvoll die unterschiedlichen Blattformen und Strukturen. Mit den Bildern lässt sich auch ein Blätterquiz gestalten.

Wer frisst im Buchenblatt? Hält man Mitte Mai Buchenblätter gegen das Licht, kann man im Inneren die Larven des Buchenspringrüsslers beobachten (S. 110/111).

Im Herbst Gallen sammeln. Wenn wir im Spätherbst mit offenen Augen durch den Wald streifen, fallen uns an den Blättern und Blattstielen der Bäume oft kugelige oder flaschenförmige Wucherungen auf. Diese Gebilde sind Pflanzengallen, die durch die Eiablage bestimmter Insekten oder Milben entstehen. Wenn wir die Blätter, die mit Galläpfeln besetzt sind, zu Hause an einem kühlen Ort aufbewahren und leicht feucht halten, können wir im Frühling vielleicht das Schlüpfen der verursachenden Insekten beobachten.

Waldbäume selbst ziehen. In Blumentöpfen Bucheckern, Eicheln oder Fichtensamen in die Erde bringen und das Wachstum der Keimlinge verfolgen. Wenig geeignet sind Früchte von Weißdorn oder Schlehe, weil sie meist erst nach einer Passage durch den Vogeldarm keimen.

Der Wald und wir

Die wichtigste Bedeutung des Waldes ist seine ökologische Rolle als Lebensraum vieler Pflanzen und Tiere. In einem Laubmischwald leben rund 7000 unterschiedliche Tierarten, die jeweils wichtige Aufgaben im Lebensablauf erfüllen. Millionen von Rüsselkäfern und andere Insekten überprüfen die Fitness der grünen Bäume und versuchen, sie zu entlauben, um selbst große Populationen aufzubauen. Jährlich verschwindet etwa 15 Prozent des Blattgrüns in den Mägen von Milliarden von pflanzenfressenden Insekten. Damit es nicht noch mehr werden, entwickeln Pflanzen ständig Abwehrstrategien. Viele Bäume verwenden in den grünen Blättern und Samen Gerbstoffe als Appetitzügler und bremsen damit den Appetit der Baumschädlinge. Denn Gerbstoffe hemmen das Wachstum der Raupen und Larven.

Wälder spielen eine wichtige Rolle im Wasserkreislauf.

Der Wald ist notwendigerweise auch eine riesige Recyclingmaschine. Millionen Tonnen von Blattbiomasse, die vor jedem Winter abgeworfen werden, müssen recycelt werden. Eine spezielle Bodenfauna zermahlt die welken Blätter und gewinnt als Humus die wertvollen Nährstoffe zurück. Morsche Bäume werden von Käferlarven durchbohrt und zerlegt, Spechte vollenden den Recyclingprozess auf der Suche nach Larven. Schließlich führen Pilze mit ihren Myzelien die gewonnenen Nährstoffe den neuen Jungbäumen über das Wurzelwerk wieder zu.

Der Wald muss auch eine ökonomische Rolle spielen. Neben der ökologischen ist er eine Fläche für nachwachsende Rohstoffe. Er liefert Holz für alle Lebensbereiche und sichert uns als Klimainsel gleichzeitig die Versorgung mit Sauerstoff. Die Fähigkeit des Waldes zur Speicherung großer Regenmengen sichert uns das Trinkwasser.

Naherholung, Jagd, Forstwirtschaft, Naturschutz, Klimaschutz, Lawinenschutz, Trinkwasserspeicher, Flächenreserve, Wertanlage, Erholungsraum und grüne Lunge: Wie bekommen wir so viele Aufgaben unter einen Hut von rund 5,9 Milliarden Nadelbäumen und etwa 4,7 Milliarden Laubbäumen in Deutschland und etwa 177 Millionen Hektar Wald in Europa?

Am 15. Dezember 1998 beschloss der Europäische Rat eine neue Strategie für die Europäische Union. Durch Koordination der Forstpolitik der Mitgliedsländer setzte ein großes Umdenken ein. Der Weg zum multifunktionalem Wald mit sinnvollem Dreiklang von nachhaltiger Holznutzung, von Naturschutz und Erholung ist eingeleitet. Der Umbau des Waldes hat begonnen und wird alle zehn Jahre überprüft. Unter der Schirmherrschaft von „Forest Europe" ist der Wald eine wichtige Gemeinschaftsaufgabe in Europa geworden.

Säugetiere

Säugetiere

Mit etwa einem Drittel der Landfläche Mitteleuropas nehmen Wälder nach der Agrarlandschaft den zweiten Platz unter den Lebensräumen ein. Mehr als zwei Drittel aller Tierarten, die an Land leben, kommen in Wäldern vor. Typische Säugetierarten des Waldes sind Rothirsch, Wildschwein, Wolf und Luchs, ebenso die in Mitteleuropa eingebürgerten Mufflons und Damhirsche. In den Listen waldbewohnender Tierarten sind aber auch solche Tiere vertreten, deren Hauptverbreitungsgebiete eigentlich außerhalb von Wäldern liegen. Beispiele hierfür sind der Feldhase und das Reh, aber auch der Fuchs. Für diese und viele andere Tierarten sind Wälder Rückzugsorte geworden.

Wieviel Wild verträgt ein Wald?

Je höher ein Tier in der Nahrungspyramide steht, desto schmaler ist seine Nahrungsbasis und desto seltener muss es sein. Für die pflanzenfressenden Säugetiere hält ein Laubwald mehr Nahrungsmenge bereit als für die Fleischfresser am Ende der Nahrungspyramide. Errechnet man ihr Durchschnittsgewicht pro Hektar, so wird deutlich, dass die unterschiedlichen Dichten der Säuger nicht zufällig sind, sondern nahrungsbedingte Notwendigkeit: so braucht ein stattlicher Hirsch von 200 kg Gewicht etwa 44 ha Waldfläche um satt zu werden.
Der mittlere Wert eines vernünftigen Rotwildbestandes wären somit etwa 2 Tiere pro 100 ha Waldbiotop.
Ganz anders sind die Verhältnisse beim Fleischfresser Luchs. Als großer Beutegreifer beansprucht er ein deutlich größeres Revier. Luchse brauchen ausgedehnte, zusammenhängende Waldgebiete als Lebensraum. Mitteleuropäische Forschungsprojekte haben für Luchsinnen eine durchschnittliche Reviergröße von 10 000 ha ermittelt, für männliche Luchse sogar 40 000–50 000 ha. In seinem Territorium braucht ein Luchs beispielsweise etwa 50 bis 100 Rehe pro Jahr. Da Wälder Tieren, die an der Spitze der Nahrungspyramide stehen, vielfach zu wenig Nahrung bieten, müssen diese umherwandern und oftmals den Wald als Lebensraum verlassen.

Die Rolle der Wildschweine

Der ursprüngliche Lebensraum der Wildschweine waren überschwemmte Auwälder und gemischte Eichen-Buchenwälder mit periodisch anfallender Mast durch ein reiches Samen- und Früchteangebot. In den heute weit verbreiteten nahrungsarmen Wäldern findet das Wildschwein keine Lebensbasis mehr, nicht zuverlässig das Futter, wonach es sucht: stärke- und fettreiche Bucheckern und Eicheln, Engerlinge von Waldmaikäfern und andere große Larven, Würmer und zuckerhaltige Früchte, stärkereiche Wurzeln und eiweißreiche Tierkadaver. Die intensive Landwirtschaft jedoch bietet den Wildschweinen heute solche Energiequellen leicht zugänglich an. Deshalb verlassen sie die Wälder und halten sich nachts besonders in Mais- und Kartoffelfeldern auf. Hier wächst genau die stärkereiche Nahrung heran, die sie benötigen. Und: Wurzeln sind aus einem Acker leichter herauszuwühlen als aus dem Waldboden.
Der Wald braucht aber die Wildschweine. Er bekommt durch ihre Wühltätigkeit frischen Boden, auf dem Samen keimen können – die Erneuerung des Baum-

Rothirsch-Kampf

Wildschweine meiden die Nähe zum Menschen.

Fledermäuse schätzen alte Laubwälder.

bestandes wird gefördert. Das Aufbrechen des Bodens, das auf den Feldern ein Problem für die Landwirte darstellt, wird im naturnahen Wald geschätzt. Deshalb legt man heute auf Waldschneisen Wildäcker an, um die Wildschweine hier zu binden.

Der Wald als Notinsel

Der Feldhase und das Reh leben eigentlich in der freien gegliederten Landschaft. Als Steppentier verfügt der Hase über ein entsprechendes Verhaltensrepertoire, um mit schnellem Lauf und unberechenbaren Haken seinen Verfolgern zu entgehen. Seine Jungen bringt er auf freiem Feld zur Welt, sie können bereits nach der Geburt weglaufen. Trotzdem wird der Feldhase zunehmend zum Waldtier. Die Gründe liegen in der intensiven Nutzung der Landschaft. Riesige Agrarmaschinen verändern die Umwelt des Hasen in wenigen Stunden, brechen Felder um oder ernten in kurzer Zeit ganze Schläge ab. Der Druck durch die Bejagung kommt als vertreibender Faktor hinzu. Der Wald bietet den Hasen in zweifacher Hinsicht gute Rückzugsmöglichkeiten. Zum einen schränkt der dichte Wuchs die Möglichkeiten der Jagd auf Hasen erheblich ein. Statistiken zeigen, dass die Bestände der waldbewohnenden Hasen weit weniger schwanken als die der feldbewohnenden. Der zweite Grund liegt im Futterangebot des Waldes. Im Frühjahr und Frühsommer ist dieses zwar nur gering. Aber dieses im Vergleich zur Feldflur geringe Angebot bleibt während des ganzen Sommers und bis weit in den Herbst hinein erhalten, steht den Hasen also auch dann noch zur Verfügung, wenn die Felder längst abgeerntet sind.
Auch das Reh war ursprünglich eine Säugetierart der buschreichen Übergangszonen von Wald zu Steppe. Die Ernährungsweise von leichtverdaulichen Gräsern und Kräutern zeugt noch davon. Auch die Rehe nutzen mittlerweile die Wälder als Rückzugsorte. Geeignetes Futter – nährstoffreiche Gräser und Kräuter – finden sie hier aber nur bedingt. Sie müssen sich zwangsläufig an Knospen und Trieben von Jungbäumen und Sträuchern vergreifen. Mittlerweile sind die Verbissschäden in Wäldern wirtschaftlich bedeutender als die Waldschäden durch Insekten.
Wie kommt es, dass ein Laubwald voller Grün so wenig Nahrung für die Rehe bereitstellt? Der Grund liegt in der Qualität der Nahrung. Viele Bäume lagern chemische Substanzen in ihre Blätter ein, um diese für sie so wichtigen „Sonnenkollektoren" vor dem Fraß zu schützen. Vielfach sind es schwer verdauliche Gerbstoffe. So ist der Wald zwar grün, aber zum Großteil ungenießbar. Ein Reh kann mit vollem Pansen verhungern, wenn es nicht leicht verdauliche Pflanzenkost bekommt, die von den Mikroorganismen in seinem Pansen aufgeschlossen werden kann.

Artenrückgang

Ein drastischer Artenrückgang ist bei den Fledermäusen zu verzeichnen. Der Große Abendsegler bevorzugt hohe alte Bäume mit ausgefaulten Höhlen, in denen er in größeren Kolonien lebt. Auch die Wasserfledermaus ist eine typische Waldart, die als Sommerquartier eine Vielzahl von Baumhöhlen benötigt, zwischen denen sie immer wieder hin- und herwechselt. Sie fällt besonders auf, wenn sie in niedrigem Flug über Waldweihern nach Zuckmücken jagt. Die vom Aussterben bedrohte Mopsfledermaus gilt als typische Urwaldart, die alte Laubwälder während ihrer Zerfallsperioden bewohnt. Als Sommerquartier und Wochenstube nutzt sie Spalten hinter abstehenden toten Rindenplatten. Der ideale Fledermauswald wäre ein mosaikreicher Laubwald mit eingestreuten Gewässern und einem reichen Höhlenangebot. Doch diese Urwaldform hat in unserem, nach Wirtschaftlichkeit orientierten Denken wenig Platz. Heute beträgt zwar der Mischwaldanteil in Deutschland bereits 76 %, die flussbegleitenden Feuchtwälder und Bachauen sind dagegen aber bis auf wenige Restinseln aus unserer Landschaft verschwunden.

1 | Rothirsch
Cervus elaphus
Hirsche

001

BESCHREIBUNG Größte europäische Hirschart, Höhe bis 130 cm, Gewicht 160–210 kg. Sommerfell rotbraun, Winterfell graubraun. Jugendkleid in den ersten 2 Lebensmonaten weiß getupft. Männchen mit 12- bis 14-endigem Stangengeweih, das jeden Sommer neu nachwächst. Hirschkühe ohne Geweih. Stimme: Zur Brunftzeit lautes Röhren der Männchen.
LEBENSRAUM Große Laub- und Mischwaldgebiete, auch Bergwälder.
LEBENSWEISE Rothirschkühe bilden mit den Jungtieren und älteren Weibchen Rudel. Die Männchen bilden außerhalb der Brunftzeit separate Rudel oder leben als Einzelgänger. Zur Brunftzeit im Herbst versuchen die Männchen, ein Rudel Weibchen um sich zu scharen und verteidigen dieses Rudel in heftigen Kämpfen gegen Konkurrenten. Mit dem Ende der Paarungszeit endet auch die Rivalität der männlichen Rothirsche. Im Mai/Juni des Folgejahres werden nach 8-monatiger Tragezeit die Hirschkälber geboren. Tagsüber liegen sie versteckt im hohen Gras, in der Dämmerung werden sie gesäugt. Rothirsche können bis zu 20 Jahre alt werden.

2 | Damhirsch
Cervus dama
Hirsche

002

BESCHREIBUNG Höhe 80–100 cm, Gewicht 100–110 kg. Im Hinblick auf ihre Größe nehmen Damhirsche in Mitteleuropa eine mittlere Stellung zwischen Reh und Rothirsch ein. Sommerfell beider Geschlechter kräftig rotbraun, weiß gefleckt. Winterfell graubraun, undeutlich gefleckt. Sehr typisch die Schaufelform des Geweihs, dessen Größe und Form selbst bei gleichaltrigen Hirschen sehr unterschiedlich ausfallen kann **(2A)**. Damhirschkühe tagen kein Geweih **(2B)**.
LEBENSRAUM Aufgelockerte, unterholzreiche Laub- und Mischwälder, häufig auch in Parks und Wildgehegen.
LEBENSWEISE Das Damwild stammt ursprünglich aus Kleinasien und ist erst seit dem Mittelalter wieder in Mitteleuropa heimisch. Im Winter leben Damhirsche in großen gemeinsamen Rudeln. Im Frühling und Sommer erfolgt die Trennung der Geschlechter: Dann bilden männliche Damhirsche separate Rudel, ebenso die Hirschkühe mit den Kälbern. Zur Brunftzeit treiben kräftige erwachsene männliche Tiere ein Rudel weiblicher Tiere zusammen und liefern sich dabei mit Rivalen heftige Geweihkämpfe. Der Brunftruf ist merklich höher als der des Rothirsches.

3 | Elch
Alces alces
Hirsche

003

BESCHREIBUNG Größtes landlebendes Wildtier Europas. Etwa pferdegroß, Höhe 150–210 cm, Gewicht 270–800 kg. Fell zu allen Jahreszeiten schwarzbraun. Langer, schmaler, pferdeähnlicher Kopf, sehr lange Beine, buckeliger Rücken. Mächtiges schaufelförmiges Geweih der Bullen **(3A)**, Hirschkühe ohne Geweih **(3B)**. Stimme: Während der Brunft ein dumpfes Brüllen.
LEBENSRAUM Bewohnt große, gewässerreiche Mischwälder Nord- und Nordosteuropas, Moore und weite Seenlandschaften.
LEBENSWEISE Elche leben überwiegend als Einzelgänger. Als Pflanzenfresser ernähren sie sich von Knospen und Trieben, suchen im Sommer auch tauchend nach Wasserpflanzen. Während der Brunftzeit im Herbst kommt es zwischen den Elchbullen zu heftigen Kämpfen. Aber der Elchbulle schart kein Rudel weiblicher Tiere um sich wie andere Hirsche, er begleitet während der Paarungszeit nur eine einzelne Kuh. Elchkälber werden im Mai geboren und folgen ihrer Mutter sofort nach der Geburt. Elche können bis zu 25 Jahre alt werden.

4 | Rentier
Rangifer tarandus
Hirsche

004

BESCHREIBUNG Einzige Hirschart, bei der auch Hirschkühe ein Geweih tragen. Höhe 90–140 cm, Gewicht 60–300 kg. Fell dicht und lang, dunkel graubraun, im Winter zum Schutz vor Fressfeinden deutlich heller als im Sommer. Geweih stangenförmig und weit verzweigt, das der Bullen ist ausladender als das der Weibchen.
LEBENSRAUM Bewohnt nordische Gebirgsgegenden und offenes Waldland.
LEBENSWEISE Rentiere sind die einzigen Hirsche, die domestiziert wurden. Für die Samen in Lappland ist die Rentierzucht eine bedeutende wirtschaftliche Grundlage. Wildrentiere gibt es in Europa nur noch in Teilen Finnlands, auf Spitzbergen und Grönland sowie in der norwegischen Hardangervidda. Rentiere sind Grasfresser. Im Sommer nehmen sie jede pflanzliche Kost, die sie finden. Im Winter sind sie auf Rentierflechten, Moose und Pilze allein angewiesen. Auf dem Weg von den Sommer- zu den Winterweiden legen sie in großen Rudeln manchmal mehrere tausend Kilometer zurück, durchqueren dabei als gute Schwimmer auch Flüsse und sogar Meeresarme. Die natürlichen Feinde der Rentiere sind Wölfe, Vielfraße, Luchse und Bären.

1

2A

2B

3A

3B

4

1 | Europäisches Reh
Capreolus capreolus
Hirsche

005

BESCHREIBUNG Höhe bis 75 cm, Gewicht 18–25 kg. Sommerfell fuchsrot mit gelblichweißem Fleck am Hinterteil (Spiegel). Winterkleid graubraun mit leuchtend weißem Spiegel. Rehkitze in den ersten 2 Lebensmonaten weiß getupft **(1B)**. Männchen mit kurzem Geweih **(1A)**, Weibchen ohne Geweih.
LEBENSRAUM Aufgelockerte Laub- und Mischwälder.
LEBENSWEISE Dank ihrer Anpassungsfähigkeit können Rehe in verschiedensten Lebensräumen große Bestände aufbauen. So leben heute viele Rehe in Wäldern, aber auch in abwechslungsreich gegliederten offenen Landschaften mit Hecken, Waldrändern oder Teichgebieten. Hier suchen die dämmerungsaktiven Tiere morgens und abends nach Futter. Im Sommer nehmen sie Gras, Kräuter, Früchte und Pilze, im Winter weichen sie auf Knospen und Baumrinden aus.

2 | Wildschwein
Sus scrofa
Schweine

006

BESCHREIBUNG Höhe 80–95 cm, Gewicht, 70–200 kg. Gedrungener, massiger Körper, keilförmiger Kopf, kräftiger Rüssel mit breiter Rüsselscheibe, dichtes, borstiges, schwarzbraunes Fell. Männchen mit vorstehenden Eckzähnen **(2A)**. Junge Wildsschweine mit typisch braun-beigefarbiger Längsstreifung des Fells **(2B)**.
LEBENSRAUM Laub- und Mischwälder mit morastigen Gebieten für die Suhlen.
LEBENSWEISE Wildschweine gehören in vielen Wäldern zu den häufigsten Großtieren, doch man bekommt sie nicht oft zu Gesicht. Lediglich ihre Suhlen verraten ihre Anwesenheit. Wildschweine sind Allesfresser. Mit ihrer Rüsselscheibe durchwühlen sie den Boden nach Wurzeln, Samen oder Pilzen, aber auch nach Würmern, Schnecken, Engerlingen und Aas. Die Paarungszeit der Wildschweine liegt im tiefsten Winter. Etwa vier Monate später werfen die Bachen ihre Frischlinge. Diese werden etwa zwei Monate lang gesäugt, wühlen aber bereits in der dritten Lebenswoche selbst in der Erde nach Fressbarem. Ihr Streifenkleid tragen sie etwa sechs Monate. Danach färben sie sich ins Erwachsenenkleid um.

3 | Braunbär
Ursus arctos
Bären

007

BESCHREIBUNG Körperlänge 170–230 cm, Höhe 90–110 cm, Gewicht 100–250 kg. Kraftvoller, stämmiger Körperbau, typischer muskulöser Buckel über der Schulter, breiter Kopf, lange Schnauze. Fellfarbe variiert von hellbraun bis fast schwarz
LEBENSRAUM Nahrungs- und unterwuchsreiche Mischwälder im Gebirge und Flachland. Nachdem Braunbären im 19. Jahrhundert weitgehend ausgerottet waren, gibt es heute in Teilen Europas nur noch Restbestände.
LEBENSWEISE Der Braunbär ist tag- und nachtaktiv. Als Einzelgänger streift er weit umher und sucht als ausgeprägter Allesfresser neben Beeren, Obst und Wurzeln auch Engerlinge, Fische und selbst Aas. Besondere Vorlieben hat er für die unterirdischen Nester von Wildbienen und deren Honigwaben.

4 | Wisent
Bison bonasus
Hornträger

BESCHREIBUNG Kopf-Rumpf-Länge der Bullen bis zu 3 m, Schulterhöhe bis zu 2 m, ihr Gewicht liegt etwa zwischen 500 kg und 900 kg. Fell dunkelbraun. Sowohl Bullen als auch Kühe tragen kleine, nach innen gebogene Hörner.
LEBENSRAUM Ausgedehnte, unterwuchsreiche Laub- und Mischwälder.
LEBENSWEISE In den 1920er Jahren war der Wisent akut vom Aussterben bedroht. Nach Bemühungen, die Art zu erhalten, konnte 2013 im nordrhein-westfälischen Rothaargebirge eine achtköpfige Wisentherde ausgewildert werden. Damit leben seit langem erstmals wieder Wisente frei in Deutschland. Diese Wildrinder fressen Gräser, Kräuter, Moose, Laub und Flechten, aber auch Baumfrüchte und Baumrinden, besonders gerne Buchenrinde. Das birgt reichlich Konfliktpotential mit der Forstwirtschaft rund um die Auswilderungsgebiete.

5 | Europäischer Mufflon
Ovis musimon
Hornträger

008

BESCHREIBUNG Schafgroßes Tier. Männchen mit schneckenförmig aufgerolltem Gehörn, Weibchen oft hornlos oder nur mit kurzen rückwärts gebogenen Hörnern. Haarkleid braunrot oder schwarzbraun, oft mit hellem Sattel auf dem Rücken.
LEBENSRAUM Ursprünglicher Lebensraum waren offene Gebirgslandschaften. Heute ausgesetzt in Laub- und Mischwäldern der europäischen Mittel- und Hochgebirge.
LEBENSWEISE Europäische Mufflons leben in Rudeln unter der Führung eines alten Weibchens. Außerhalb der Brunftzeit bilden die Männchen oft eigene Verbände. Zur Brunft im Frühjahr tragen sie oftmals spektakuläre Kämpfe aus.

1A

1B

2A

2B

3

4

5

1 | Wolf
Canis lupus
Hunde

009

BESCHREIBUNG Ähnelt einem Schäferhund, ist aber kräftiger und hochbeiniger. Höhe 65–80 cm, Gewicht 20–50 kg. Kopf relativ groß, Stirn breit, Ohren kurz. Felloberseite variiert von cremefarben, rötlich, grau bis schwarz, Unterseite weißlichgrau. Sehr buschiger Schwanz.
LEBENSRAUM Bewohnt große Wälder, Steppen- und Moorgebiete und unzugängliche Gebirgsregionen.
LEBENSWEISE Wölfe waren in West- und Mitteleuropa fast vollständig ausgerottet Doch seit Ende des 20. Jahrhunderts stehen die Tiere in vielen Ländern unter Schutz und die Bestände erholen sich. Wölfe sind ausdauernde Läufer. Auf der Jagd legen sie täglich mühelos 30 und mehr Kilometer zurück. Sie erbeuten Hirsche, Elche, Wildschweine, aber auch kleinere Säuger wie Feldhasen und Wildkaninchen.

2 | Marderhund
Nyctereutes procyonoides
Hunde

BESCHREIBUNG Etwa fuchsgroße, dem Waschbären ähnliche Art. Fell langhaarig, dunkelbraun bis dunkel graubraun. Kopf mit waschbärartiger Zeichnung, Schwanz im Gegensatz zu dem des Waschbären ohne Bänderung.
LEBENSRAUM Bewohnt unterholzreiche Wälder in der Nähe von Gewässern. Höhenlagen über 300 m meidet er ebenso wie reine Nadelwälder.
LEBENSWEISE Seinen Tagesunterschlupf findet der überwiegend dämmerungs- und nachtaktive Marderhund in Baumhöhlen und verlassenen Dachs- und Fuchsbauten. Hier hält er auch als einziger Vertreter der Hunde in strengen Wintern eine Winterruhe. Als anpassungsfähiger Allesfresser ernährt er sich von Mäusen, Vögeln, Gelegen von Bodenbrütern, Fröschen und Fischen. Seine Nahrungskonkurrenten sind in erster Linie der Dachs und der Rotfuchs.

3 | Rotfuchs
Vulpes vulpes
Hundeartige

010

BESCHREIBUNG Höhe 30–40 cm, Gewicht 4–10 kg. Rücken rotbraun, Kehle, Brust, Bauch und Beininnenseiten weißlich. Typisch: bernsteinfarbene Augen und buschiger Schwanz mit weißer Spitze.
LEBENSRAUM Abwechslungsreiche Wälder und Parklandschaften, aber auch im Hochgebirge und selbst in Großstädten.
LEBENSWEISE Der Rotfuchs ist in Europa der häufigste Wildhund. Die vorwiegend nachtaktiven Tiere verfügen über ausgezeichnete Sinnesorgane. Sie können selbst in der Dämmerung sehr gut sehen. Auch ihr Geruchssinn funktioniert bestens. Und mit ihren Tasthaaren an der Schnauze erspüren sie selbst kleinste Bewegungen im Gras. Als anspruchslose Allesfresser leben sie von Kleinvögeln, Mäusen, Regenwürmern, Insekten, Fröschen und sogar Obst. Füchse bewohnen Erdbaue, die sie oft von Dachsen übernehmen. Wenn das unterirdische Gang- und Kesselsystem groß genug ist, wohnen nicht selten Fuchs und Dachs gemeinsam in einem Bau. Findet er keinen geeigneten Dachsbau, gräbt der Fuchs seine Burg auch selbst.

4 | Europäischer Luchs
Lynx lynx
Katzen

011

BESCHREIBUNG Größte Katze Europas. Körperlänge 80–120 cm, Schulterhöhe 50–70 cm, Gewicht 15–25 kg. Fell braungrau mit auffälligen großen, braunen bis schwarzen Flecken. Kopf rundlich, Ohren spitz mit langen, dunklen Ohrpinseln, heller Backenbart **(4A, 4B)**.
LEBENSRAUM Diese Einzelgänger besiedeln ausgedehnte, ungestörte Waldareale mit dichtem Unterholz und deckungsreichen felsigen Regionen.
LEBENSWEISE In der Vergangenheit waren Luchse in West- und Mitteleuropa fast ausgerottet. Heute besiedeln sie dank gezielter Wiederansiedlungsprojekte unter anderem wieder die Alpen, den Jura und die Vogesen, den Harz, das Fichtelgebirge und den Bayerischen Wald. Die dank dichter Haarpolster an den großen Pfoten lautlosen Jäger erbeuten Hasen, Rehe, Nager und Vögel.

5 | Wildkatze
Felis silvestris
Katzen

012

BESCHREIBUNG Fell oben stets graubraun bis grau mit dunkler Tigerung, an der Unterseite hell. Buschiger Schwanz mit 3–5 dunklen Ringen und einem stumpfen, schwarzen Ende.
LEBENSRAUM Große, unterholzreiche Waldgebiete mit felsigen Bereichen. War früher in den Waldgebieten Europas weit verbreitet, ist heute selten geworden und muss als stark gefährdete Art eingestuft werden.
LEBENSWEISE Die Schlupfwinkel der Wildkatze sind kleine Felsenhöhlen, Baumhöhlen und alte Fuchsbauten. Ihr Revier markiert sie durch Kratzen an Baumrinde mit Duftstoffen aus Fußdrüsen. Wildkatzen ernähren sich überwiegend von Mäusen und Ratten, erbeuten daneben Kaninchen, Junghasen, Vögel und Frösche. Ihre Feinde sind vor allem Luchs und Wolf.

1

2

3

4A

4B

5

1 | Dachs
Meles meles
Marder

013

BESCHREIBUNG Unverwechselbarer Marder mit plumpem Körper, schwarzweiß gestreiftem Kopf und weißen Ohrspitzen. Gewicht um 10 kg. Oberseite grau gefärbt, Bauch und Beine schwarz. Kräftige Vorderpfoten mit langen Krallen (Grabschaufeln). Stimme: Quiekende, schnaufende, und fauchende Laute.
LEBENSRAUM Laub- und Mischwälder in Wassernähe, gerne mit viel Unterholz.
LEBENSWEISE Dachse leben in Familiengemeinschaften, zu denen erwachsene Männchen, Weibchen und 1–2 Würfe Jungtiere gehören. Gemeinsam bewohnen sie ein ausgedehntes Höhlensystem aus mehreren Stockwerken übereinander, mehreren Aufenthaltsräumen und zahlreichen Ein- und Ausgängen. Im Unterschied zum Fuchsbau führt beim Dachsbau stets eine Rutsche in die Tiefe. Seinen Bau verlässt der dämmerungs- und nachtaktive Dachs meist erst bei Dunkelheit. Dann geht er, von seinem Geruchssinn geleitet, auf Nahrungssuche. Als Allesfresser ist er nicht sehr wählerisch: Regenwürmer, Schnecken, Kleinsäuger, Beeren, Pilze, Wurzeln und Rinde werden vertilgt.

2 | Baummarder
Martes martes
Marder

014

BESCHREIBUNG Etwa hauskatzengroß und bis 2,5 kg schwer. Weibchen etwas kleiner als Männchen. Dichtes rotbraunes Fell, gelber Kehlfleck, buschiger Schwanz **(2A)**. Stimme: Fauchen und Knurren.
LEBENSRAUM Große Laub- und Mischwaldgebiete mit altem Baumbestand und einem reichen Angebot an Baumhöhlen.
LEBENSWEISE Baummarder sind überwiegend nachtaktiv, sehr scheu und keine Kulturfolger wie Steinmarder. Als wendige und geschickte Kletterer gehören sie zu den wenigen Tieren, die ein flinkes Eichhörnchen fangen können. Ihre Nahrung suchen sie in den Baumwipfeln, aber auch am Boden. Dabei kommen ihnen ihr vorzügliches Gehör und ihr feiner Geruchssinn zugute. Sie erbeuten Kleinsäuger, Vögel und Insekten, vertilgen aber auch Beeren. Paarungszeit für die Baummarder sind die Monate August/September. Nach einer Tragzeit von 9 Monaten werden in einer Baumhöhle 2–7 Jungtiere geboren **(2B)**. 5 Monate später sind diese ebenso groß wie die Erwachsenen. Die Lebenserwartung der Baummarder beträgt etwa 17 Jahre.

3 | Mauswiesel
Mustela nivalis
Marder

BESCHREIBUNG Kleinstes Raubtier Europas. Gewicht bis 110 g. Felloberseite rot- bis graubraun, Unterseite weiß bis gelblichweiß, an den Flanken unregelmäßige Trennungslinie zwischen brauner Oberseite und weißer Unterseite. Relativ kurzer Schwanz, keine schwarze Schwanzspitze wie beim Hermelin.
LEBENSRAUM Offene Waldlandschaften, Kahlschläge, abwechslungsreiche und deckungsreiche Kulturlandschaft.
LEBENSWEISE Das tag- und dämmerungsaktive Mauswiesel durchstreift als Einzelgänger ein etwa 8 Hektar großes Revier. Die Grenzen seines Territoriums markiert es mit einem Sekret aus seinen Analdrüsen. Es jagt in der Hauptsache Wühlmäuse, frisst aber auch Vögel und deren Eier, Ratten und Jungkaninchen. Weil es so klein ist, kann es Wühlmäuse mühelos auch durch deren Gänge verfolgen. Ebenso kann es seinen schlanken Körper durch enge Nistkastenöffnungen zwängen. Aber es hat auch selbst viele Feinde: andere Marder, Greifvögel, Eulen und der Fuchs stellen dem Mauswiesel nach. Doch in guten Mäusejahren kann es durch eine schnelle Wurffolge mit vielen Nachkommen diese Verluste ausgleichen.

4 | Hermelin
Mustela erminea
Marder

015

BESCHREIBUNG Etwa so groß wie eine Ratte, Gewicht 120–250 g. Erwachsene Männchen deutlich größer, kräftiger und schwerer als die Weibchen. Langgestreckter, schlanker Körper, kurze Beine. Oberseite braun gefärbt, Unterseite scharf abgegrenzt weiß, Schwanz mit schwarzer Schwanzspitze. Winterkleid bis auf die schwarze Schwanzspitze reinweiß.
LEBENSRAUM Wälder mit Lichtungen, abwechslungsreiche Kulturlandschaft mit Hecken.
LEBENSWEISE Das Hermelin ist tag- und nachtaktiv. Die Tiere leben nur während der Paarungszeit und der Aufzucht der Jungen im Familienverband. In der übrigen Zeit des Jahres sind sie Einzelgänger. Obwohl Hermeline gute Kletterer sind, halten sie sich vorwiegend am Boden auf. Sie jagen in schnellem Lauf (30 km/h schnell) Kaninchen, Ratten, Lurche und Kriechtiere sowie Vögel und deren Brut. Die Umfärbung vom braunen Sommerfell ins weiße Winterfell ist temperaturgesteuert. Das erklärt, warum sich die Tiere in wärmeren Regionen ihres Verbreitungsgebietes nur wenig oder gar nicht umfärben.

1

2A

2B

3

4

1 | Europäischer Iltis
Mustela putorius
Marder
016

BESCHREIBUNG Schlanker, langgestreckter Marder mit kurzen Beinen und buschigem Schwanz. Gewicht des Männchens etwa 1100 g, des Weibchens etwa 700 g. Fell dunkelbraun bis schwarz mit cremegelber, an den Seiten durchschimmernder Unterwolle. Gelblichweiße Gesichtsmaske mit heller Schnauze, hellem Bereich hinter den Augen und schwarzen Flecken um und vor den Augen. Spitzen der Ohren weißlich.
LEBENSRAUM Gehört zu den häufigsten einheimischen Mardern. Bewohnt Wälder und Wiesen in Feuchtgebieten.
LEBENSWEISE Trotz der volkstümlichen Bezeichnung „Waldiltis" ist der Europäische Iltis kein ausgesprochener Waldbewohner. Er bevorzugt eher die offenen Waldränder. Hier ruht das nachtaktive Tier während des Tages in selbst gegrabenen Höhlen, Felsspalten, Baumhöhlen oder in verlassenen Bauen anderer Tiere. Nachts gehen Iltisse auf Nahrungssuche. Die überwiegenden Fleischfresser erbeuten Frösche, Mäuse, Vögel, manchmal auch Schlangen. Werden sie ihrerseits von Dachs oder Fuchs angegriffen, wehren sie sich mit einem widerlich riechenden Sekret aus ihrer Analdrüse.

2 | Fischotter
Lutra lutra
Marder
017

BESCHREIBUNG Etwa fuchsgroß, Gewicht bis 15 kg. Bis 85 cm langer Wassermarder mit dickem, spitz zulaufenden Schwanz. Fell kurz und dicht, am Rücken braun, an der Bauchseite hell bis silbrig weiß. Ohren klein und abstehend. Alle Zehen mit Schwimmhäuten verbunden.
LEBENSRAUM Ein Wassermarder, der an das Leben in langsam fließenden Gewässern angepasst ist. Er bewohnt flache, naturnahe Flüsse, Bäche, Seen und Sümpfe mit zugewachsenen Ufern und reichem Fischangebot.
LEBENSWEISE An Land bewegen sich Fischotter eher hoppelnd fort. Im Wasser dagegen sind sie sehr wendig. Sie sind bekannt als hervorragende Schwimmer und ausdauernde Taucher. Bis zu 8 Minuten können sie unter Wasser bleiben. Zu ihrem Beutespektrum gehören in der Hauptsache Fische, aber auch Frösche, Kleinsäuger, Muscheln und Schnecken. Kleinere Beutetiere fressen sie im Wasser, größere bringen sie an Land. Fischotter jagen vornehmlich nachts. Bei ihren Streifzügen legen sie in einer Nacht bis zu 10 km zurück. Zu den Feinden des Fischotters gehören der Wolf, der Luchs und der Seeadler.

3 | Vielfraß
Gulo gulo
Marder

BESCHREIBUNG Größter europäischer Vertreter der Marder. Körperlänge 70–85 cm, Schulterhöhe 40 cm und mehr, Gewicht bis zu 30 kg. Langes, dichtes Fell, Rücken, Unterseite und Beine dunkelbraun bis schwarz gefärbt. An Stirn und Flanken helle Fellbereiche. Behaarte Fußsohle ähnlich wie bei Eisbären. Zwischen den Zehen befindet sich eine Spannhaut, die tiefes Einsinken im Schnee verhindern soll.
LEBENSRAUM Der bevorzugte Lebensraum sind weite, boreale Nadelwälder und Moore. Im Gebirge bis zur Baumgrenze anzutreffen.
LEBENSWEISE Der deutsche Name „Vielfraß" leitet sich vom skandinavischen Begriff „Fjäl-Fräs" ab, was soviel wie Felsenkatze bedeutet. Die Tiere durchstreifen als Einzelgänger riesige Reviere. Sie sind ausdauernde Läufer und können mühelos 50 und mehr Kilometer am Stück zurücklegen. Einen ausgeprägten Tag-Nacht-Rhythmus haben sie nicht. Ruhepausen machen sie nach Bedarf. Auch Winterruhe halten sie nicht. Während Vielfraße im Sommer eher Vogeleier, Beeren und Baumtriebe fressen, sind sie im Winter erfolgreiche Jäger, die Schneehasen, Füchse und selbst Rentiere erbeuten.

4 | Waschbär
Procyon lotor
Kleinbären
018

BESCHREIBUNG Etwa fuchsgroß. Gewicht bis 10 kg. Graubraunes Fell, schwarze Gesichtsmaske durch die Augen, darüber weißes Stirnband, spitze Schnauze, buschiger Schwanz mit hellen und dunklen Ringeln. Stimme: trillernde Laute, Kreischen und Zischen.
LEBENSRAUM Bewohnt Laub- und Mischwälder sowie Parklandschaften mit Baumhöhlen, möglichst in der Nähe langsam fließender Gewässer.
LEBENSWEISE Der Waschbär ist ein Neubürger aus Nordamerika. Seit den 1930er und 1940er Jahren ist er in Mitteleuropa eingebürgert, nachdem Tiere ausgesetzt wurden oder aus Wildgehegen und Pelztierfarmen entkommen konnten. Der rein nachtaktive Einzelgänger ist ein ausgezeichneter Kletterer und guter Schwimmer. Als vielseitiger Allesfresser geht er häufig am Ufer von flachen Gewässern auf Nahrungssuche. Zu seinen Beutetieren gehören Schnecken, Muscheln, Insektenlarven und manchmal auch Fische. Daneben nimmt er Getreide, Beeren und anderes Obst zu sich. Für die heimische Tierwelt ist er keine Bedrohung.

1

2

3

4

1 | Biber
Castor fiber
Biber

019

BESCHREIBUNG Größtes Nagetier Mitteleuropas. Gedrungener Körper. Dichtes, braunes Fell **(1A)**. Breiter, flacher Schwanz, unbehaart, mit schuppiger Oberfläche. Augen und Ohren klein, Hinterfüße mit Schwimmhäuten.
LEBENSRAUM Fluss- und Seenlandschaften, durchsetzt von großen Auwäldern.
LEBENSWEISE Biber leben gesellig in Familienverbänden. Die dämmerungs- und nachtaktiven Tiere verändern die Landschaft auffällig: Sie fällen Bäume bis zu einer Dicke von 20 cm, legen Dämme aus Steinen, Ästen und Zweigen an **(1B)**, bauen Kanäle und stauen Flüsse. Biber halten keinen Winterschlaf. Sie sind auch im Winter an Land und im Wasser aktiv und suchen nach Nahrung. Sie fressen Rinde, Äste und Blätter von Weichhölzern: Zitterpappel *(Populus tremula)*, Schwarzpappel *(Populus nigra)*, Kanadapappel *(Populus × canadensis)* und Weidenarten. Andere, wie etwa die Erlen meiden sie.

2 | Feldhase
Lepus europaeus
Hasen

BESCHREIBUNG Deutlich größer als Kaninchen. Fell oberseits braun, Flanken gelb, Bauch weiß. Länglicher Kopf, lange, bewegliche Ohren mit schwarzen Ohrspitzen, große Augen. Hinterbeine sehr lang, länger als Vorderbeine. Schwanz kurz, oben schwarz, unten weiß.
LEBENSRAUM Waldränder, Wiesen, Felder. Höchste Bestandsdichte in kleinräumigen, abwechslungsreichen Kulturlandschaften.
LEBENSWEISE Feldhasen leben meist einzeln, sind standorttreu und dämmerungsaktiv. Sie graben keine unterirdischen Röhren. Ihre Ruheplätze sind einfache, flache Mulden (Sassen). Sie ernähren sich von Gräsern, Früchten, Wurzeln, Aas, Knospen und Rinde. Ihre Feinde sind Raubtiere, Rabenvögel und Greifvögel.

3 | Wildkaninchen
Oryctolagus cuniculus
Hasen

BESCHREIBUNG Stammform des Hauskaninchens. Felloberseite graubraun, Nacken rostrot, Bauch weiß. Runder Kopf. Rundliche, deutlich kürzere Ohren als bei Feldhasen, ohne schwarze Spitzen. Große hervortretende Augen. Sehr kurzer Schwanz, oben dunkel, unten weiß.
LEBENSRAUM Helle Wälder, Heideflächen, Wiesen und Felder.
LEBENSWEISE Wildkaninchen leben gesellig in Familienverbänden. Die dämmerungsaktiven Tiere graben verzweigte Höhlensysteme, in die sie auch bei Gefahr flüchten. In einem Radius von etwa 200 m um den Bau weiden sie Gräser, Wurzeln, Feldfrüchte und junge Saat ab, im Winter auch Rinde. Mit 5–7 Würfen pro Jahr und 4–5 Jungen pro Wurf ist ihre Vermehrungsrate sehr hoch.

4 | Europäisches Eichhörnchen
Sciurus vulgaris
Hörnchen

020

BESCHREIBUNG Hörnchen mit rundem Kopf, seitlichen Augen und fast körperlangem, buschigen Schwanz, Spitzen der Schwanzhaare rötlich oder bräunlich, niemals weiß. Gewicht bis 400 g. Felloberseite rostrot bis dunkelbraun, Bauchseite immer weiß. Winterkleid mit langen Ohrbüscheln.
LEBENSRAUM Bewohnt unterholzreiche Laub-, Misch- und Nadelwälder mit altem Baumbestand, Park- und Gartenanlagen.
LEBENSWEISE Eigentlich ein Waldbewohner sucht das Eichhörnchen gerne die Nähe des Menschen und bewohnt auch Parks und Gärten. Denn: Viele seiner Feinde, allen voran Baummarder und Habicht, meiden unsere Nähe. Dabei sind die tagaktiven Kletterer ein Segen für den Wald. Sie vergraben im Herbst Eicheln und Bucheckern als Vorrat für den Winter, vergessen aber viele ihrer Verstecke wieder und „pflanzen" auf diese Weise neue Laubbäume.

5 | Grauhörnchen
Sciurus carolinensis
Hörnchen

BESCHREIBUNG Größer als das Eichhörnchen, Gewicht bis 700 g. Graues Fell. Die weiteren Unterschiede: das Grauhörnchen hat ganzjährig kahle Ohren, niemals Ohrbüschel. Die Spitzen der Schwanzhaare sind weiß.
LEBENSRAUM Unterholzreiche Wälder, Parks und Gärten.
LEBENSWEISE Dieses ursprünglich nordamerikanische Hörnchen verdrängt heute massiv unser heimisches Eichhörnchen. Vor allem in Großbritannien ist das Eichhörnchen durch die Konkurrenz des Grauhörnchens nahezu ausgestorben. Dieser rasche Rückgang und die gleichzeitige Ausbreitung der Grauhörnchen in gemeinsamen Verbreitungsgebieten führt man auf den Parapoxvirus der Hörnchen zurück. Dieses Virus ist verantwortlich für die hohe Sterblichkeit der roten Eichhörnchen, während die Grauhörnchen gegen den von ihnen eingeschleppten Erreger immun sind.

1A

1B

2

3

4

5

1 | Siebenschläfer
Glis glis
Bilche

021

BESCHREIBUNG Erinnert im Aussehen an ein Eichhörnchen, ist aber kleiner und silbergrau. Fell oberseits bräunlich bis silbergrau gefärbt, Unterseite scharf abgegrenzt weiß. Große Augen mit dunklem Augenring. Kleine runde Ohren. Buschiger Schwanz.
LEBENSRAUM Unterholzreiche Laub- und Mischwälder, Parks, Gärten. Bezieht auch Dachstühle von Gebäuden. Weit verbreitet.
LEBENSWEISE Die nachtaktiven Nagetiere leben in Familienrudeln in alten, höhlenreichen Laubmischwäldern. Dort bewohnen sie Baumhöhlen. Aber längst leben sie nicht mehr nur dort. Nistkästen, Gartenschuppen und alte Speicher sind beliebte Ausweichquartiere. Ihr Name ist Programm, ihr Winterschlaf dauert 7, manchmal sogar 8 Monate. In dieser Zeit sinkt ihre Körpertemperatur auf wenige Grad, ihre Atemfrequenz auf 1–3 Züge pro Minute. Ehe sie sich im Oktober in eine frostsichere Höhle zurückziehen, fressen sie sich einen Winterspeck an. Bucheckern, Eicheln, Haselnüsse und andere fettreiche Samen werden jetzt bevorzugt. Im Sommer besteht ihre Nahrung eher aus Knospen, Rinden, Früchten und Pilzen.

2 | Haselmaus
Muscardinus avellanarius
Bilche

022

BESCHREIBUNG Kleinster Bilch Europas, hat etwa die Größe einer Hausmaus. Gewicht 15–35 g. Oberseite gelblichbraun gefärbt, Bauch heller, Brust und Kehle weiß. Augen groß, Ohren klein und rund, Schwanz dicht und buschig behaart. Stimme: bei Störungen ein hohes, feines Fiepen.
LEBENSRAUM Unterholzreiche Laub-, Misch- und Auwälder mit reichem Buschbestand, am liebsten mit vielen Haselsträuchern. Auch in Parkanlagen, Obstgärten und gebüschreichen landwirtschaftlichen Flächen.
LEBENSWEISE Haselmäuse leben wenig gesellig in schwer zugänglichen Biotopen. Aus Gräsern und anderen Materialien bauen sie ein etwa faustgroßes, kugelförmiges Nest in dorniges Gebüsch, gelegentlich auch in Nistkästen. Hier verbringen die dämmerungs- und nachtaktiven Tiere den Tag. Von Mai bis Oktober streifen sie nachts durch ihren Lebensraum und suchen nach Futter. Als Allesfresser nehmen sie Knospen, Blätter, Früchte und besonders gerne Haselnüsse. Aber auch Insekten und deren Larven werden gefressen. Von Ende Oktober bis April halten sie in einem frostsicheren Nest Winterschlaf. Zu ihren Hauptfeinden gehören der Rotfuchs, das Mauswiesel und das Hermelin, aber auch Greifvögel und Eulen stellen ihnen nach.

3 | Gelbhalsmaus
Apodemus flavicollis
Langschwanzmäuse

BESCHREIBUNG Oberseite sandbraun, Flanken orange, Unterseite deutlich abgesetzt weiß, um den Hals ein gelbliches Band. Große Ohren, heraussstehende Knopfaugen. Schwanz mehr als körperlang.
LEBENSRAUM Laubwälder und Parks mit nur geringem Unterwuchs. Im Unterschied zur Waldmaus häufig im Inneren der Wälder anzutreffen.
LEBENSWEISE Die nachtaktive Gelbhalsmaus schätzt alte Laubwälder. Dort baut sie sich aus Blättern und Gras ein Nest unter Baumwurzeln. Sie frisst nicht nur Eicheln, Bucheckern und Haselnüsse, sondern auch Knospen, Beeren und Insekten. Ihr Anteil an tierischer Nahrung liegt bei etwa 10 %. Gelbhalsmaus-Verstecke im Wurzelbereich alter Bäume erkennt man oft an Nahrungsresten wie ausgefressenen Bucheckernhüllen oder Nussschalen. Weil sie keinen Winterschlaf hält, legt sie im Herbst Nahrungsdepots aus Eicheln und Bucheckern an. Nicht selten sprießen aus diesen Verstecken im nächsten Frühling neue Laubbäume, weil die Maus im Winter Opfer eines Beutegreifers wurde.

4 | Waldmaus
Apodemus sylvaticus
Langschwanzmäuse

BESCHREIBUNG Häufigste Langschwanzmaus in Europa. Etwas größer als Hausmaus. Oberseite goldbraun, Flanken gelb, Unterseite weiß, gelber Kehlfleck. Sehr große Augen und Ohren. Schwanz fast körperlang. Typisch: Springt oft auf 2 Füßen wie ein Känguru. Stimme: helles Fiepen.
LEBENSRAUM Waldränder, Feldgehölze, Hecken, Gärten und Parks. Auch in Mooren und Sanddünen.
LEBENSWEISE Sie ist ein agiles, nachtaktives Tier, ein guter Kletterer und scheuer Einzelgänger, alle diese Eigenschaften sind typisch für die Waldmaus. Diese Maus hält keinen Winterschlaf, ist selbst bei Schnee unterwegs. Bei ihren Ausflügen hat sie nicht selten einen Aktionsradius von bis zu 400 m. Ihre Rückzugsorte sind entweder alte Wühlmausbaue oder selbst gegrabene tiefe Erdgänge, in denen sie Vorräte hortet und in einem Nest in 3–5 Würfen pro Jahr jeweils 4–7 Junge aufzieht. Ihre Baue besitzen meist zwei Eingänge, vor dem Eingang liegt oft ein Erdhäufchen. Ihre Nester kleidet die Waldmaus mit Grashalmen und Moos aus, im Winter sinnvollerweise viel sorgfältiger als im Sommer. Die Größe des Wohngebiets einer Waldmaus schwankt mit dem Futterangebot zwischen 16 Quadratmeter und mehr als zwei Hektar. Männchen besitzen meist größere Territorien als Weibchen. Auf Jungtiere entfallen sehr kleine Wohnbezirke.

1

2

3

4

1 | Rötelmaus
Clethrionomys glareolus
Wühler

BESCHREIBUNG Oberseits rötlichbraunes Haarkleid, oft auch fuchsrot, Unterseite und Füße weiß. Stumpfe Schnauze, mittelgroße Augen, kurze, runde Ohren **(1A)**. Kurzer, borstiger Schwanz.
LEBENSRAUM Häufigste Wühlmaus unserer Wälder und typischer, leicht zu beobachtender Waldbewohner. Bewohnt unterholz- und krautreiche Laub- und Mischwälder, waldnahe Hecken und Feldgehölze, Parks und Gärten.
LEBENSWEISE Die Rötelmaus ist die Wühlmaus der Wälder. Dort huscht das tag- und nachtaktive Tier durch Laub und Moos, entfernt sich aber nie sehr weit von seinem verzweigten Tunnelsystem. Sie frisst Wurzeln und Nüsse, Blattstückchen, Pilze sowie Insekten aller Art und trägt auch Vorräte ein. Weil sie sich im Winter auch von Baumrinde ernährt und dabei Buchen, Ahorne und Lärchen entrindet, gilt sie als Forstschädling. Nach der Paarung in der Zeit von März bis Oktober wirft sie nach 20 Tagen Tragzeit 3–7 Junge **(1B)**, in nahrungsreichen Jahren bis zu fünfmal. Zu ihren Feinden gehören viele Beutegreifer, Eulen, Fuchs, Luchs, Wildkatze und Schlangen. Die Rötelmaus ist ein Zwischenwirt des Fuchsbandwurms und Träger des Hanta-Virus.

2 | Erdmaus
Microtus agrestis
Wühler

BESCHREIBUNG Etwas größer als die sehr ähnliche Feldmaus. Graubraunes Fell, stumpfe Schnauze, kurze Ohren, kurzer Schwanz.
LEBENSRAUM Bevorzugt feuchte und kühle Habitate. Bewohnt feuchte Waldlichtungen und Kahlschläge, verwilderte Wiesen und Felder, Gewässerränder.
LEBENSWEISE Die gesellig lebenden, tag- und nachtaktiven Tiere graben dicht unter der Erdoberfläche weitverzweigte Gangsysteme mit mehreren Eingängen. Ihre Ernährung ist ausschließlich pflanzlich, im Sommer fressen sie Gräser und Kräuter, im Winter auch Wurzeln und Rinde. Der Bestand der Erdmaus schwankt in vielen Populationen rhythmisch. Schnelle Anpassungen an vorteilhafte Lebensbedingungen wie eine rasche Wurffolge, eine frühe Geschlechtsreife und die Bildung von Nestgemeinschaften durch mehrere Weibchen führen zu Massenvermehrungen in einem 3- bis 5-jährigen Zyklus. Zu den Feinden der Erdmäuse gehören Greifvögel, Eulen und der Fuchs.

3 | Wald-Spitzmaus
Sorex araneus
Spitzmäuse

BESCHREIBUNG Oberseite schwarzbraun, Flanken gelb, Unterseite graubraun. Lange, rüsselförmige Schnauze mit langen Tasthaaren. Winzige Augen. Kleine, runde, fast ganz im Fell versteckte Ohren.
LEBENSRAUM Häufigste Spitzmaus in Mitteleuropa. Bewohnt feuchte Wälder, Wiesen, Hecken, Moore und Sümpfe. Auch die Verlandungszonen von Seen und Teichen gehören zu den von ihr bevorzugten Gebieten.
LEBENSWEISE Waldspitzmäuse besitzen zwar eine rüsselartig verlängerte Schnauze, aber sie sind keine Mäuse. Anders als diese vegetarisch lebenden Nagetiere gehören sie zu den Insektenfressern und sind mit Igel und Maulwurf verwandt. Die fleißigen Vertilger von Insekten, Spinnen, Regenwürmern, Schnecken und Aas leben die meiste Zeit im Untergrund. Dort orientieren sie sich mit ihren langen Tasthaaren und ihrem Geruchssinn. Den Sommer verbringen sie in alten Wühlmausgängen, im Winter halten sie sich oft in Gebäuden oder unter Baumwurzeln auf. Im Freiland werden Waldspitzmäuse maximal 16 Monate alt.

4 | Igel
Erinaceus europaeus
Igel

023

BESCHREIBUNG Einziges Säugetier Mitteleuropas mit Stacheln. Länge 23–29 cm, Gewicht 450–1200 g. Körper plump und kurzbeinig. Kopf und Bauchseite braun, behaart. Oberseite mit Stachelkleid aus etwa 5000 dunkelbraunen, an der Spitze gelblichen Stacheln. Schnauze spitz, Ohren kurz und rundlich, Augen klein **(4A)**.
LEBENSRAUM Unterholzreiche Laub- und Mischwälder, buschreiche Waldränder, Parkanlagen, Feldhecken und Gärten. Verbreitet und noch häufig.
LEBENSWEISE Der dämmerungs- und nachtaktive Igel ist wenig gesellig, eher ein streitbarer Einzelgänger. Laut schmatzend und schnaufend streift er auf der Suche nach Regenwürmern, Schnecken, Insekten und Asseln nachts durch sein Revier. Auch Obst, Frösche, Eier und Jungvögel verschmäht er nicht. Bei Gefahr rollt er sich zu einer Kugel zusammen und ist so für seine Feinde unangreifbar **(4B)**. Im Herbst häuft er trockenes Laub an und umgibt es mit Brombeerranken. Darunter hält er Winterschlaf. Bei einer stark abgesenkten Körpertemperatur, zwei Herzschlägen und einem Atemzug pro Minute zehrt er dann von seinen Fettvorräten. Igel bringen zweimal pro Jahr bis zu sieben Junge zur Welt. Die Tragzeit beträgt etwa zwei Monate.

1A

1B

2

3

4A

4B

1 | Bechsteinfledermaus
Myotis bechsteinii
Glattnasen

BESCHREIBUNG Oberseite schwach rot gefärbt, Unterseite grau, Gesicht und Flughaut braun. Ohren sehr lang, hängen in Ruhehaltung nach unten.
LEBENSRAUM Laubwälder, Parks und Obstgärten.
LEBENSWEISE Fledermäuse sind ausgesprochen soziale Säugetiere. Vergesellschaftungen verschiedener Arten sind in den Winterquartieren häufig, kommen aber auch in Sommerquartieren und Wochenstuben vor. Diese Art beginnt ihren Jagdflug erst ab etwa Mitternacht. In langsamem, schwerfälligem Flug erbeutet sie vor allem Nachtschmetterlinge, Mücken und Fliegen.

2 | Braunes Langohr
Plecotus auritus
Glattnasen

024

BESCHREIBUNG Kleine Fledermaus mit riesigen, im Ruhezustand zurückklappbaren Ohren. Länge 4–5 cm, Spannweite 24 cm, Gewicht 5–10 g. Fell oberseits graubraun bis braun, unten heller.
LEBENSRAUM Lockere Laub- und Nadelwälder, Parks und Gärten.
LEBENSWEISE Das Braune Langohr jagt erst bei Dunkelheit. Dann zeigt sich das Jagdprinzip der Fledermäuse: Im Ultraschallbereich ausgestoßene Laute werden von Hindernissen und Beutetieren zurückgeworfen und mit den großen Ohren empfangen. Ihre Sommerquartiere nehmen die Tiere in Baumhöhlen. Zum Winterschlaf ziehen sie sich in Höhlen oder feuchte Stollen zurück.

3 | Mopsfledermaus
Barbastella barbastellus
Glattnasen

BESCHREIBUNG Eine unverwechselbare Art mit den breiten, auf der Stirn zusammenstoßenden Ohren. Rückenfell schwärzlich, mit hellen Haarspitzen. Breite, sehr kurze Schnauze. Große, breite, nach vorne gerichtete Ohren.
LEBENSRAUM Bergige Wälder mit Flusstälern, Dörfer und Städte.
LEBENSWEISE Ihren Namen verdankt die Mopsfledermaus ihrem breiten, kurzschnäuzigen „Mopsgesicht". Die Sommerquartiere dieser Art befinden sich meist im Wald, zumindest in der Nähe eines Waldes. Winterquartier nehmen die sehr kälteresistenten Tiere in Höhlen und Stollen. Der Jagdflug beginnt in der Abenddämmerung. Erbeutet werden kleine Insekten. Für die Geburt und Aufzucht der Jungen – meist ab Juni – schließen sich die Weibchen zu kleinen Wochenstubengruppen zusammen.

4 | Fransenfledermaus
Myotis nattereri
Glattnasen

025

BESCHREIBUNG Körperlänge 4–5 cm, Flügelspannweite 25 cm, Gewicht 5–10 g. Oberseite graubraun, Unterseite hellgrau. Ohren hell durchscheinend, Ohrdeckel lang und spitz. Besonderes Kennzeichen ist ein Borstensaum am Hinterrand der Schwanzflughaut.
LEBENSRAUM Offene Waldlandschaften, Parks und Obstgärten.
LEBENSWEISE Jagdrevier dieser Art ist der Wald und hier vor allem die bodennahen Regionen. Fliegen, Mücken und Nachtfalter, aber auch Raupen und Spinnen gehören zu den Beutetieren. Als Sommerquartier und Wochenstube werden Baumhöhlen, Fledermauskästen und Dachstühle genutzt.

5 | Großer Abendsegler
Nyctalus noctula
Glattnasen

026

BESCHREIBUNG Auffallend große, gedrungene Fledermaus. Länge 7–8 cm, Spannweite 36 cm, Gewicht 15–40 g. Charakteristisch rötlichbraunes kurzes Fell, dunkles Gesicht. Breite dreieckige Ohren, kurzer Ohrdeckel.
LEBENSRAUM Besiedelt Laub- und Mischwälder, Parks und Gärten mit altem Baumbestand.
LEBENSWEISE Als typische Baumfledermaus bewohnt der Große Abendsegler im Sommer alte Spechthöhlen. Seine Jagdflüge beginnt er noch vor Sonnenuntergang. Seine Beutetiere, größere Fluginsekten, ortet er mit Ultraschall. Von Oktober bis April zieht sich die Art zum Überwintern auf Dachböden zurück.

6 | Wasserfledermaus
Myotis daubentonii
Glattnasen

BESCHREIBUNG Fledermaus mit auffallend großen Füßen und gespreizten Zehen. Länge 4–5 cm, Spannweite 24–27 cm, Gewicht 7–15 g. Langhaariges Fell, oben braunrötlich bis bronzefarben, Bauch silbergrau. Schnauze kurz, Ohren oval, Ohrdeckel sehr kurz.
LEBENSRAUM Wälder mit alten, höhlenreichen Bäumen in Gewässernähe.
LEBENSWEISE Den Tag verbringen Wasserfledermäuse in Baumhöhlen. Von der Dämmerung bis zum Morgen jagen sie über Wasserflächen vor allem nach Zuckmücken, daneben auch nach Nachtfaltern. Etwa ein Drittel ihres durchschnittlichen Körpergewichts von 10 g müssen sie in einer Nacht vertilgen. Die Tiere halten in großen Gruppen von September/Oktober bis Ende März Winterschlaf in Höhlen, Kellern oder alten Brunnen.

1

2

3

4

5

6

Vögel

Vögel im Nadelwald

Mitteleuropäische Wälder sind sehr vogelreich. Selbst in monotonen Fichtenforsten trifft man eine Reihe von Vogelarten an, die sich an diesen Lebensraum angepasst haben. Das sind zwei Goldhähnchenarten, das Sommer- und das Wintergoldhähnchen. Sie suchen zwischen den Nadeln nach Futter. Auch Meisen wie die Tannenmeise oder die Haubenmeise und selbst die größere Kohlmeise halten sich hier auf. Schwanzmeisen turnen äußerst geschickt an den Zweigspitzen. An den Stämmen klettert der Waldbaumläufer auf der Suche nach Spinnen und Insekten auf und ab. Und wo sich der Fichtenbestand ein wenig auflockert, streifen Buchfinken und andere Kleinvogelarten umher.

Vögel im Laubwald

Deutlich vielfältiger sind Singvogelarten in reich strukturierten Laubwäldern vertreten. Auf einem Quadratkilometer Mischwald können 80–100 verschiedene Brutvogelarten vorkommen. Es sind vor allem drei weitere Meisenarten, die Blaumeise, die Sumpf- und die Weidenmeise, Laubsängerarten, mehrere Drossel- und Grasmückenarten sowie zahlreiche Finkenvögel. Sie alle leben erstaunlicherweise recht eng nebeneinander und suchen in der gleichen Baumkrone nach Nahrung, ohne sich gegenseitig in die Quere zu kommen. Einnischung nennt man dieses Neben- und Miteinander der verschiedenen Vogelarten.

Die ökologische Nische

Die einzelnen Vogelarten haben während ihrer Stammesgeschichte unterschiedliche Schnabel- und Krallenformen entwickelt. Dazu kommt eine angeborene Vorliebe für bestimmte Strukturen ihres Lebensraumes. Die Wahl des richtigen Platzes zum Leben und der Einsatz eines arttypischen Schnabels und Fußes bilden zusammen die „ökologische Nische" einer Vogelart.

Ein Baum wie die Buche mit ihrer dreidimensionalen Struktur und ihren vielen Einzelheiten wie Blätter, dünne oder dicke Äste, Stamm und Borke bietet eine Reihe von Möglichkeiten zum Leben. Auf diese Weise ist der Wald vollgepackt mit den verschiedensten ökologischen Nischen, die von vielen verschiedenen Vogelarten eingenommen werden.

Die Nischen und ihre Bewohner

Die Nische „Insektenfänger aus der Luft" besetzen an der Buche der Grauschnäpper, der Trauerfliegenschnäpper und der Gartenrotschwanz. Zu den „Insektenfressern auf den Blättern der Krone" zählen die Laubsängerarten Zilpzalp, Fitis und Waldlaubsänger. Ein Stockwerk tiefer, in der Strauchschicht, jagen die Grasmücken und der Gelbspötter. Den Stamm- und Zweigbereich teilen sich die Insektenjäger Blaumeise (ganz außen), Kohlmeise (dickere Äste), Baumläufer und Kleiber (Stammoberfläche) und der Buntspecht (Holz). Die Beutegreifer teilen sich den Tag (Sperber) und die Nacht (Waldkauz). Eine Reihe von Vogelarten besetzt weitere Nischen, allerdings ohne jede Spezialisierung: Kernbeißer, Ringeltaube, Eichelhäher und Rabenkrähe sind Allesfresser.
Nicht allein der Schnabel, auch die Ausgestaltung der Zehen ist entscheidend für die Lebensraumwahl. So können die meisten Singvögel, die im Blätterdach nach Insekten und Spinnen suchen, mit den Stämmen nichts anfangen. Sie finden mit ihren Füßen hier keinen Halt. Die Vögel, die in den äußersten Zweigspitzen nach Futter suchen, haben mit anderen Einschränkungen zu kämpfen. Selbst wenn ihre Füße klein genug sind, um die Zweigspitzen fest zu umfassen, sind sie noch nicht am Ziel. Sie müssen zusätzlich sehr leicht sein, sonst werden sie von den Zweigspitzen nicht getragen. Meister im Turnen in den äußersten Zweigspitzen sind die Schwanzmeisen. Mit einem Gewicht von gerade acht Gramm und einem mehr als körperlangen Schwanz, den sie als Balancierstange einsetzen, sind sie in der Nische äußerstes Geäst am richtigen Platz.

Baumläufer: Spezialist für Borken.

Schwanzmeise: Perfekter Turner im Geäst.

Eiweißreiche Insekten im Sommer – fettreiche Samen im Winter

Der jahreszeitliche Rückgang der Insektennahrung zwingt viele Singvogelarten in südliche Gefilde zu ziehen oder aber auf Samenkost umzusteigen.
Doch das ist leichter gesagt als getan. Zum einen erfordert die Umstellung Veränderungen in der Leistung des Magens und der Verdauung. Ein Vogelmagen besteht aus zwei getrennten Abschnitten, dem Drüsenmagen und dem Muskelmagen. Bei der Zerkleinerung der Samen ist ein starker Muskelmagen gefragt, der bei Insektenfressern weniger ausgeprägt ist, denn Insekteneiweiß ist verhältnismäßig leicht verdaulich.
Zum anderen muss die Umstellung von tierischer auf pflanzliche Kost auch die Anforderungen der Energiebilanz des Vogels erfüllen. Pflanzliches Eiweiß liegt in den meisten Pflanzenteilen in so geringen Mengen vor, dass Pflanzenfresser die fünf- bis zehnfache Menge an Nahrung zu sich nehmen müssten, um die gleiche Menge Eiweiß zu gewinnen, die tierischer Nahrung entspricht. Das erfordert große Körper.
Die Körper der kleinen Singvögel können das nicht schaffen. Allein die Aufrechterhaltung ihrer hohen Körpertemperatur von 40 Grad Celsius kostet so viel Energie, dass normale Pflanzenkost für ihre Freisetzung nicht reichen würde. Deshalb müssen Kleinvögel tierische Nahrung suchen und diese im Winter mit fettreicher Samenkost vervollständigen. Zum Warmhalten der kleinen Vogelkörper in kalten Winternächten ist der Energiegehalt fettreicher Samen sehr gut geeignet.
Die Versorgungskrise des Winterwaldes macht deutlich, warum nur wenige Vögel wie beispielsweise Meisen, Drosseln oder Gimpel den Winter bei uns verbringen. Sie sind Gemischtköstler.

Überfluss und Mangelzeiten

Überfluss und Mangel sind im Jahresverlauf durchaus unterschiedlich verteilt, je nachdem welche Vogelart man betrachtet. Für die Insektenfresser hat die Mangelzeit längst begonnen, wenn die Samenfresser im Überfluss schwelgen. Der Winter bedeutet nicht für alle Vögel gleichermaßen Mangel. So reifen die Samen der Fichten im Winter. Die harten Schuppen der Zapfen beginnen sich jetzt abzuspreizen und die Samen zugänglich zu machen. Für Kreuzschnäbel ist der Tisch nun reicher gedeckt als zu anderen Jahreszeiten. Die Mangelzeit für Samenfresser wie sie stellt sich erst ein, wenn alle Samen in den Zapfen aufgebraucht sind.

Kommunikation der Waldvögel

Ein Laubwald ist von seiner Struktur her eine große Halle aus dicken Stämmen und einem dicken, dunklen Laubdach als Decke. Wer sich hier verständigen will, muss spezielle Gesänge entwickeln, die in der Akustik der Laubhalle zur Geltung kommen. Ganz offensichtlich bevorzugen die Waldvögel zwei Singmuster. Die Tauben beispielsweise gurren in tiefen weitreichenden Frequenzen ihren Balz- und Reviergesang. Viele kleinere Singvögel singen Strophen in den höchsten Tönen mit abfallenden oder aufsteigenden Trillern. Zu dieser Kategorie gehören das Rotkehlchen, der Buchfink, der Zilpzalp und die Heckenbraunelle. Und Spechte benutzen das Holz als tief klingenden Resonanzkörper. Ihre Trommelwirbel sind weithin zu hören.

Artenzahl und Überleben

Die Anzahl der regelmäßigen Brutvögel in den verschiedenen Wäldern hat drastisch abgenommen. Es sind dies vor allem Vogelarten, die am Ende der Nahrungskette stehen wie die Greifvögel. Für sie wurde die Nahrungsbasis vielfach zu schmal. Oder es sind Vogelarten, die besondere Anforderungen an die Waldstruktur stellen, wie Schwarzstorch, Birkhuhn oder Waldschnepfe. Arten, die in nadelholzreichen Monokulturen zuhause sind, wie der Tannenhäher oder der Fichtenkreuzschnabel konnten sich dagegen halten. Die Artenbilanz insgesamt wird aber weiter absinken.
Die für die meisten Vogelarten der Wälder überlebenswichtigen „Einrichtungen" des Waldes sind Höhlenangebote in morschen Stämmen, samenreicher Unterwuchs, ein reiches Früchteangebot im Frühherbst und ein stockwerkartiger Aufbau mit verschiedenen Altersklassen, all dies Einrichtungen, die in naturnahen Wäldern von selbst entstehen.

Der Fichtenkreuzschnabel findet im Winter einen reich gedeckten Tisch.

1 | Mäusebussard
Buteo buteo
Habichtartige

027

BESCHREIBUNG Häufigster und am weitesten verbreiteter Greifvogel Mitteleuropas mit charakteristischem „hiäh"-Ruf und typischem kreisenden Segelflug über seinem Revier. Im Flugbild am kurzen breitgefächerten Schwanz mit dunkler Endbinde und 5–6 weiteren schmalen dunklen Querbinden zu erkennen. Färbung des Gefieders variiert von fast weiß bis sehr dunkel, Oberseite jedoch meist braun, Unterseite hellbraun mit dunkler Längs- und Querzeichnung. Schnabel und Beine gelb. Weibchen wie Männchen gefärbt, aber etwas größer.
LEBENSRAUM Brut in aufgelockerten Wäldern, Nahrungssuche in offener Kulturlandschaft.
LEBENSWEISE Mäusebussarde kann man fast überall beobachten, im Tiefland wie im Gebirge. Vor allem in den Wintermonaten sieht man sie häufig auf Sitzwarten am Straßenrand auf Beute lauern. Der Mäusebussard ist ein Ansitzjäger. Stundenlang sitzt er auf Weidezäunen, Erdhaufen oder auf den unteren Ästen eines einzeln stehenden Baumes und wartet auf Beutetiere, die er dann zu Fuß oder im Gleitflug erlegt. Wie sein Name vermuten lässt, ist das Hauptbeutetier die Feldmaus, daneben nimmt er auch Amphibien, Reptilien, Insekten, Würmer und Aas. Seine bevorzugten Horstbäume sind hohe Eichen und Kiefern. Hier zieht er pro Jahr 2–3 Junge groß.

2 | Sperber
Accipiter nisus
Habichtartige

028

BESCHREIBUNG Sehr wendiger Flieger mit typischem Flugbild: kurze gerundete Schwingen, Flügelspitzen schwarz, langer Schwanz mit 4–5 Querbinden **(2A)**. Männchen (Terzel) etwa ein Drittel kleiner als Weibchen. Männchen oberseits blaugrau, an Brust- und Bauchseite mit rostrotem Streifenmuster **(2B)**. Weibchen oberseits dunkel graubraun, unterseits mit bräunlicher Querbänderung auf schmutzigweißem Grund. Bei Störungen am Brutplatz typischer „gi-gi-gi-gi"-Ruf.
LEBENSRAUM Brütet in Nadelwäldern und Feldgehölzen, jagt in reich strukturierter Heckenlandschaft.
LEBENSWEISE Wie kein anderer Greifvogel beherrscht der Sperber den Überraschungsangriff. Unter Ausnutzung aller Landschaftskonturen erlegt er in schnellem Pirschflug Kleinvögel wie Sperlinge und Grünfinken. Ihren Horst aus Reisig bauen beide Partner in mittlerer Höhe dicht am Stamm. Die 4–5 Eier brütet das Weibchen in 33–35 Tagen alleine aus.

3 | Habicht
Accipiter gentilis
Habichtartige

029

BESCHREIBUNG Bussardgroßer Greifvogel mit besonderer Wendigkeit im Jagdflug. Auffälliger Größenunterschied der Geschlechter: das Männchen (50 cm Gesamtlänge) deutlich kleiner als das Weibchen (60 cm Gesamtlänge). Männchen oben graubraun, Weibchen schiefergrau. Unterseite bei beiden waagrecht gebändert. Im Flug sichtbar: breite, abgerundete Flügel, sehr langer Schwanz, weiße Unterschwanzdecken. Stimme bussardähnlich, bei Gefahr lange Reihen kurzer Laute(„gik-gik-gik").
LEBENSRAUM Ausgedehnte Waldgebiete, Heckenlandschaften. Brütet in Wäldern, jagt bevorzugt im Waldrandbereich.
LEBENSWEISE Der Habicht ist ein Überrumpelungsjäger und nutzt bei der Jagd alle Geländekonturen, um seine Beutetiere zu überraschen. Das kleinere Männchen erlegt Kleinvögel bis Taubengröße, das größere Weibchen schlägt Rabenvögel, Kaninchen und Eichhörnchen. Seinen Horst baut der Habicht nur auf sehr hohe Bäume. Das Weibchen ist während der Brutzeit flugunfähig. Es mausert in dieser Zeit und wird ebenso wie die 3–4 Jungvögel vom Männchen mit Nahrung versorgt.

4 | Rotmilan
Milvus milvus
Habichtartige

030

BESCHREIBUNG Bussardgroßer Greifvogel mit rostrotem Gefieder, grauweißem Kopf **(4A)** und tief gegabeltem Schwanz. Wird im Volksmund deswegen auch „Gabelweihe" genannt: Im Flugbild unterseits ein großes helles Feld im Handflügelbereich **(4B)**. Weibchen wie Männchen. Stimme: ein leicht klagendes„wiäh-wihewihewihe".
LEBENSRAUM Brütet in Laubwäldern, Auwäldern und Feldgehölzen, Nahrungssuche in offener Landschaft. Teilzieher, überwintert im nördlichen Mittelmeerraum, mitunter auch bei uns.
LEBENSWEISE Der Rotmilan braucht den Wald nur zum Brüten. Seinen Horst aus Reisig und Knüppeln baut er meist auf hohe Eichen und verziert ihn mit Plastikresten. Das Gelege aus 2–3 weißbraun gefleckten Eiern wird vom Weibchen in etwa 32 Tagen erbrütet. Zur Brutzeit hat jedes Paar sein eigenes Revier. Darüberhinaus sind Rotmilane recht gesellig. Hauptbeutetiere sind Kleinsäuger und Fische. Als Aasfresser sammeln sie auch tote Tiere von Straßen. Oft nehmen sie anderen Greifvögeln die Beute ab.

1

2A

2B

3

4A

4B

1 | Schwarzmilan
Milvus migrans
Habichtartige

031

BESCHREIBUNG Etwa bussardgroßer Greifvogel, vom Rotmilan gut zu unterscheiden durch sein dunkleres Gefieder und den weniger tief gegabelten Schwanz. Oberseite einheitlich dunkelbraun, Kopf und Nacken heller, Unterseite rötlich braun. Weibchen wie Männchen gefärbt, aber etwas größer. Stimme ähnlich wie bei Mäusebussard ein schrilles „wihäää".
LEBENSRAUM Waldgebiete mit Seen oder Flusstälern. Sumpfgebiete, die mit Wäldern oder Hecken umstanden sind. Flussbegleitende Auwälder. Winterquartiere in Zentralafrika.
LEBENSWEISE Dem Schwarzmilan begegnet man hauptsächlich über Gewässern, wo er tote oder kranke Fische von der Wasseroberfläche aufnimmt. Zur Brutzeit der Wasservögel fängt er häufig auch junge Enten und Rallen. Im Frühjahr, zur Paarungszeit, unternehmen die Männchen ausgedehnte Balzflüge. Schwarzmilane horsten an Waldrändern auf hohen alten Bäumen, gerne in der Nähe von Graureiherkolonien. Die Horste sind oft mit Papier- und Plastikresten ausgekleidet. Die Gelege mit 2–4 Eiern werden vom Weibchen in 32 Tagen erbrütet.

2 | Wespenbussard
Pernis apivorus
Habichtartige

032

BESCHREIBUNG Etwa so groß wie ein Mäusebussard. Gefiederfärbung sehr unterschiedlich: Rücken dunkelbraun, Oberkopf schieferbraun **(2A)**, Körperunterseite braun mit großen rotbraunen Flecken und Bändern **(2B)**. Augen gelb. Weibchen wie Männchen gefärbt, aber deutlich größer. Charakteristischer Flugruf des Männchens ist ein hohes mehrsilbiges Pfeifen, das sich etwa wie „gliüi-hü-hü-hü-hü-ü" anhört.
LEBENSRAUM Große Laub- und Mischwälder mit eingestreuten Wiesen und Lichtungen. Ausgeprägter Zugvogel, überwintert südlich der Sahara, lebt bei uns nur von Mai bis September.
LEBENSWEISE Wespenbussarde sind im Hinblick auf ihre Ernährung hoch spezialisiert: sie scharren mit den Füßen Hummel- und Wespennester frei, bis sie an die Waben mit den Maden gelangen. Vor den Stichen schützen sie schlitzförmige Nasenlöcher, schuppenartige Kopffedern und Hornplatten auf den Läufen. Ihren Horst bauen Wespenbussarde auf hohe Laub- und Nadelbäume. Die Horstmulde wird stets mit grünen Zweigen ausgelegt. Die meist 2 Eier werden von beiden Partnern erbrütet. Die Brutdauer beträgt 34 Tage.

3 | Baumfalke
Falco subbuteo
Falkenartige

033

BESCHREIBUNG Fast turmfalkengroßer, dunkler Falke mit rotem Beingefieder und rostrotem Unterschwanz. Oberseite dunkel schiefergrau, Unterseite hell mit schwärzlicher Fleckung. Kehle weiß. Charakteristisch die Gesichtszeichnung mit dem schmalen schwarzen Backenstreifen. Weibchen wie Männchen, aber größer. Der Ruf ist ein gedehntes klagendes „gihgihgih".
LEBENSRAUM Laub- und Nadelwälder, offenes Gelände mit kleinen Baumgruppen. Gerne in Randbereichen alter Kiefernwälder. Winterquartier der europäischen Baumfalken in Ost- und Südafrika.
LEBENSWEISE Von allen Greifvögeln ist der Baumfalke am besten an die Jagd im freien Luftraum angepasst. Im normalen Gleitflug erreicht er eine Geschwindigkeit von 150 km/h, bei der Jagd kann er kurzzeitig auf 240 km/h beschleunigen. Mit diesem unglaublichen Tempo erlegt er Schwalben und sogar die schnellen Mauersegler. Baumfalken jagen ausschließlich fliegende Beute: Kleinvögel und Insekten.

4 | Waldschnepfe
Scolopax rusticola
Schnepfenvögel

034

BESCHREIBUNG Etwa taubengroß. Typische Schnepfe mit dickem Kopf, langem, kräftigen Schnabel und ungewöhnlich großen, hoch liegenden Augen. Gefieder in der Färbung wie Falllaub: Oberseite rostbraun, schwarz und grau gemustert. Hinterkopf mit weißen Querbändern. Unterseite hellbraun mit dunkleren Querbändern. Beide Geschlechter gleich. Das balzende Männchen äußert im Flug über seinem Brutterritorium abwechselnd ein tiefes Quorren und ein hohes scharfes „pissp".
LEBENSRAUM Dichte Mischwälder mit einer reichen Kraut- und Strauchschicht, oft mit eingestreuten Feuchtgebieten und Waldwiesen.
LEBENSWEISE Ab März zeigen die dämmerungsaktiven Waldschnepfenmännchen ihre eindrucksvollen Balzflüge: In Zickzackbahnen streichen sie über Baumwipfel und suchen nach lockenden Weibchen. Das Weibchen brütet alleine 4 Eier in einem Bodennest aus. Die Nestmulde aus Laub und Gras wird am Fuß eines Baumes angelegt. Ab April werden die Jungen von der Mutter durch den Wald geführt. Sie zeigt ihnen unter dem Laub kleine Insekten, Würmer und Schnecken. Ab September verlassen die Vögel ihre Brutreviere. Dann kann man sie manchmal in kleinen Parks oder auf Friedhöfen auch mitten in der Stadt antreffen.

1

2A

2B

3

4

1 | Hohltaube
Columba oenas
Tauben

035

BESCHREIBUNG Gefieder an Kehle und Brust rötlich getönt, Halsseiten grün schillernd, Schwanz mit breiter schwarzer Endbinde, ansonsten blaugrau. Im Flugbild zu erkennen an 2 kurzen schwarzen Flügelbinden. Weibchen wie Männchen, lediglich oberseits etwas bräunlich.
LEBENSRAUM Laub-, Misch- und Kiefernwälder in offener Landschaft mit Altholzbeständen, Parklandschaften mit hohlen Bäumen.
LEBENSWEISE In Mitteleuropa brüten Hohltauben meist in Spechthöhlen, beziehen aber auch andere größere Baumhöhlen und große Nistkästen. In Westeuropa dagegen brüten sie oft in Felshöhlen und Mauernischen von Ruinen. In den Dünenlandschaften der Küsten beziehen sie sogar Kaninchenbauten. Diese Vögel sind sehr scheu. Am ehesten bekommt man sie bei der Nahrungssuche auf Feldern zu Gesicht. Sie leben von Früchten und Samen, Eicheln und Bucheckern, auch kleinen Weichtieren.

2 | Ringeltaube
Columba palumbus
Tauben

036

BESCHREIBUNG Größte Wildtaube Europas. Typisch für sie sind die weißen Halsflecken. Im Flug werden breite weiße Flügelbänder sichtbar. Oberseite blaugrau, Nacken grün schillernd, Brust weinrot angehaucht, Schwanz grau mit breiter dunkler Endbinde. Weibchen wie Männchen, aber mit kleinerem weißen Halsfleck.
LEBENSRAUM Waldgebiete aller Art, Obstgärten, Parkanlagen. Auf Inseln besiedelt sie auch baumlose Dünenlandschaften, im Norden ihres Verbreitungsgebietes sogar Zwergstrauchheiden. Häufig auch in Städten anzutreffen.
LEBENSWEISE Ringeltauben gehören zu den erfolgreichsten Vögeln unserer Kulturlandschaft. Laub- oder Nadelbäume bieten ihnen auch in der Stadt viele Nistmöglichkeiten. Ihre Nahrung wie Samen, Gräser, Blätter und Knospen finden sie reichlich auf den umliegenden Feldern. Im Frühling vollführen die Männchen auffällige Schauflüge. Damit wollen sie ihr Nistrevier abgrenzen und ein Weibchen anlocken. Das Nest ist ein einfacher Bau aus Zweigen, das auf Bäumen oder in höheren Büschen angelegt wird. Auf den Nordseeinseln hat man auch Bodenbruten beobachtet. Die meist zwei Eier erbrüten Männchen und Weibchen gemeinsam. Die Jungvögel werden mit Kropfmilch und eingeweichten Sämereien gefüttert. Die Partner bleiben nur eine Brutsaison zusammen. Außerhalb der Brutzeit ziehen Ringeltauben in großen Schwärmen übers Land und suchen gemeinsam nach Fressbarem.

3 | Turteltaube
Streptopelia turtur
Tauben

037

BESCHREIBUNG Kleinste Wildtaube Europas. Schlanker Vogel mit je einem schwarz-weiß gestreiften Fleck an den Halsseiten. Kopf blaugrau, Federn der Flügeldecken mit rostbraunen Säumen, Bauch und Kehle zart rötlich. Weibchen wie Männchen, jedoch weniger intensiv ausgefärbt.
LEBENSRAUM Aufgelockerte Wälder, Feldgehölze, Auwälder, verwilderte Heckenlandschaften, Obstgärten. Zugvogel, verbringt den Winter in den Savannengebieten südlich der Sahara.
LEBENSWEISE Turteltauben brauchen warmes, trockenes Klima. Sie besiedeln vor allem das Tiefland. In höheren Lagen sind sie selten anzutreffen. Zur Nahrungsaufnahme fliegen sie oft zu mehreren auf offene Flächen. Wie andere Taubenarten ernähren sie sich fast ausschließlich vegetarisch von Sämereien und Früchten. Die Jungen werden mit Kropfmilch gefüttert, einer Ausscheidung des Kropfes, in dem gesammelte Sämereien vorquellen. Als Einzel- und Koloniebrüter besitzen sie keine Reviere, verteidigen nur den unmittelbaren Nestbereich.

4 | Kuckuck
Cuculus canorus
Kuckucke

038

BESCHREIBUNG Schlanker, langschwänziger, sperberähnlicher Vogel mit 2 Farbphasen in der Gefiederfärbung: graue Form **(4A)**, häufiger bei Männchen, und rotbraune Form **(4B)**, häufiger bei Weibchen. Oberseite der Männchen hellgrau, der Weibchen rotbraun, Bauchseite weiß mit dunkler Querbänderung, reicht bei Weibchen bis zur Kehle.
LEBENSRAUM Bewohnt Wälder aller Art, meidet lediglich ausgedehnte, dichte Waldbestände. Die Häufigkeit seines Vorkommens in diesen Habitaten ist abhängig von der Siedlungsdichte geeigneter Wirtsvögel. Zugvogel und Weitstreckenzieher, der in Afrika südlich des Äquators überwintert.
LEBENSWEISE Der Kuckuck lebt als einziger Vogel Mitteleuropas als Brutparasit. Das Weibchen legt sein Ei in die Nester insektenfressender Kleinvögel. Dabei bevorzugt jedes Weibchen zeitlebens eine bestimmte Vogelart. Kuckuckswirte sind Singvogelarten von Zaunkönig- bis Drosselgröße. Das Kuckucksweibchen beobachtet die Wirtsvögel schon beim Nestbau. Erst dadurch wird seine Eiproduktion angeregt und der Legezeitpunkt mit dem des Wirtsweibchens synchronisiert. Der frisch geschlüpfte Jungkuckuck wirft dann Eier und Jungvögel seiner Wirtseltern über den Nestrand und wird allein von den Wirtseltern großgezogen **(4C)**.

1

2

3

4A

4B

4C

1 | Uhu

Bubo bubo
Eigentliche Eulen

039

BESCHREIBUNG Größte europäische Eule mit einer Flügelspannweite von etwa 170 cm. Typisch sind abstehende Federohren und große, orangerote Augen. Gefiedergrundfarbe erdbraun, Oberseite braunschwarz gefleckt, Bauchseite dunkel längs gestrichelt. Beine bis zu den Krallen befiedert. Weibchen wie Männchen, aber etwas größer. Stimme: ein tiefes kurzes „u-hu“, darüberhinaus kichernde oder bellende Laute.
LEBENSRAUM Waldgebiete mit felsigem Gelände, Klippen, Berghänge.
LEBENSWEISE Uhus sind dämmerungs- und nachtaktiv. In der Morgen- und Abenddämmerung streifen sie durch ihr Revier und erlegen Wirbeltiere von Feldmaus- bis Hasen- und Auerhuhngröße. Unverdauliche Teile wie Knochen, Haare und Federn würgen sie in Form mäusegroßer Gewölle (Speiballen) wieder aus.

2 | Sperlingskauz

Glaucidium passerinum
Eigentliche Eulen

040

BESCHREIBUNG Kleinste Eule Europas, etwa starengroß. Gesicht und Oberseite graubraun, weiß gepunktet. Bauchseite hell und dunkelbraun gestrichelt. Augen gelb. Weibchen wie Männchen.
LEBENSRAUM Abwechslungsreiche Nadel- und Mischwälder mit Lichtungen und Schneisen in den Mittelgebirgen und Alpen.
LEBENSWEISE Seinem gefährlichsten Feind, dem Waldkauz, weicht der Sperlingskauz oft in höhere Lagen aus. So brütet er meist erst in Höhen über 900 m. Auf Beutefang geht er in der Morgen- und Abenddämmerung. Nur während der Brutzeit sieht man ihn auch tagsüber auf Nahrungssuche. Beutetiere sind vor allem Kleinvögel bis zur eigenen Körpergröße. So steht die Tannenmeise ganz oben auf seiner Beuteliste. Daneben nimmt er auch Mäuse und Reptilien.

3 | Waldkauz

Strix aluco
Eigentliche Eulen

041

BESCHREIBUNG Häufigste und anpassungsfähigste Eulenart Mitteleuropas. Großer runder Kopf. Große schwarze Augen. Tritt in 2 Gefiedervarianten auf: Grundfarbe rostbraun oder grau. Ober- und Bauchseite dunkel längsgefleckt. Stimme: im Herbst häufig lautstarke nächtliche Revieraufteilung mit „kuwitt“-Rufen, im Februar/März „guhguguguguhu“-Rufe.
LEBENSRAUM Laub- und Mischwälder mit altem Baumbestand, häufig auch in Parkanlagen und Gärten mitten in der Großstadt.
LEBENSWEISE Der Waldkauz geht in der Dämmerung und nachts auf die Jagd. Seine Beutetiere ortet er mit dem Gehör. Eichhörnchen, Kaninchen, Vögel und auch Frösche gehören dazu. Als Nistplatz wählt der Waldkauz geräumige Baumhöhlen, bezieht aber auch Mauerlöcher und Kamine.

4 | Raufußkauz

Aegolius funereus
Eigentliche Eulen

042

BESCHREIBUNG Kopf rund, mit ausgeprägtem, runden Gesichtsschleier. Augen gelb mit schwarzem Augenring. Stirn fein weiß geperlt. Gefiederoberseite graubraun, Bauchseite heller mit grauer Schuppenzeichnung. Weibchen wie Männchen. Stimme: ein ansteigendes, ständig wiederholtes „huhuhu“.
LEBENSRAUM Von Schneisen und Lichtungen durchsetzte Nadelwälder im Mittel- und Hochgebirge. Selten auch in alten Buchenbeständen.
LEBENSWEISE Diese nachtaktive Eule macht mit ihrem monotonen Reviergesang auf sich aufmerksam. Als Nistplatz bevorzugt der Raufußkauz die geräumigen Schwarzspechthöhlen. Doch auch große Nistkästen werden angenommen. Beutetiere sind vor allem Waldmäuse, daneben schlägt er auch Kleinvögel. Sein gefährlichster Feind ist der Baummarder.

5 | Waldohreule

Asio otus
Eigentliche Eulen

043

BESCHREIBUNG Nachtaktive Eule mit auffälligen, langen Federohren, einem scharf begrenzten Gesichtsschleier und orangegelben Augen. Gefieder rindenbraun, längs gefleckt. Schwingen und Schwanz dunkel gebändert. Stimme: ein dumpfes, oft wiederholtes „huh“.
LEBENSRAUM Typische Lebensräume sind inselartige Nadel- und Mischwälder, die verstreut in der Landschaft liegen.
LEBENSWEISE Den Tag verbringt die Waldohreule in Bäumen, dicht an den Stamm geschmiegt. Wird sie von einem Feind entdeckt, legt sie ihr Gefieder dicht an den Körper und imitiert einen Ast. In der Dämmerung und nachts streicht sie lautlos über die Felder und erbeutet Mäuse, Reptilien und Frösche. Sie brütet in Krähen- und Falkennestern. Die 4–6 Jungen tragen lange ein weißes Dunenkleid. Mit etwa 20 Tagen verlassen sie noch nicht flugfähig das Nest. Ihre Bettelrufe sind dann in Nestnähe noch fast 2 Monate zu hören.

1

2

3

4

5

1 | Ziegenmelker
Caprimulgus europaeus
Nachtschwalben

044

BESCHREIBUNG Etwa starengroßer, langflügeliger und langschwänziger Vogel. Gefieder graubraun, oberseits rindenfarbig gefleckt und gestrichelt, unterseits fein quer gebändert. Stimme: typisches langes Schnurren „err-örr-err".
LEBENSRAUM In lockere Kiefern- und Laubwälder mit Schonungen oder Lichtungen, auf Heideflächen und Sanddünen.
LEBENSWEISE Den Tag verbringt der Ziegenmelker schlafend auf einem Ast und ist dann dank seiner ausgezeichneten Tarnfärbung schwer zu entdecken. In der Dämmerung wird er aktiv und geht auf die Jagd. Mit weit geöffnetem Rachen fliegt er umher und fängt Nachtfalter und andere Fluginsekten. Die Nester sind einfache Sandmulden im trockenen Gras oder Vertiefungen auf einem Baumstubben. Ab Ende August ziehen Ziegenmelker nach Nordafrika.

2 | Schwarzstorch
Ciconia nigra
Störche

045

BESCHREIBUNG Überwiegend schwarzes Gefieder mit metallischem Glanz, nur Bauchseite reinweiß. Beine und Schnabel rot **(2A)**. Beide Geschlechter gleich.
LEBENSRAUM Brütet in unberührten Laub- und Mischwäldern, Nahrungssuche an Tümpeln, Bächen und Sümpfen.
LEBENSWEISE Im Gegensatz zum Weißstorch *(Ciconia ciconia)* ist dieser scheue Vogel ein reiner Waldbewohner. Meist bekommt man ihn nur bei Flügen zwischen Nest und Nahrungsgebiet zu Gesicht. An Waldbächen, Tümpeln und Altwässern jagt er im seichten Wasser Fische, Frösche und Molche. Ihren Reisighorst bauen Schwarzstörche auf hohe Eichen oder Kiefern **(2B)**. Sie benutzen ihre Nester jahrelang. In ihr Winterquartier nach Ostafrika ziehen sie in kleinen Familientrupps. Die am häufigsten gewählte Zugroute führt über den Bosporus.

3 | Graureiher
Ardea cinerea
Reiher

046

BESCHREIBUNG Häufigster, großer Reiher. Oberseite grau, Bauchseite hell. Gelbe Augen mit schwarzem Überaugenstreif. Gelber, kräftiger Schnabel. Zwei lange Schmuckfedern am Hinterkopf. Typisch: im Flug ist der Kopf S-förmig eingezogen. Weibchen wie Männchen.
LEBENSRAUM Lebt an Gewässern aller Art. Brütet auf hohen Bäumen gewässernaher Gehölzgruppen.
LEBENSWEISE Graureiher brüten in Kolonien. Ihre Horste bessern die Paare Jahr für Jahr aus. Die Jungvögel schlüpfen nach 30 Tagen Brutzeit, bleiben etwa 2 Monate im Nest und werden hier von den Alten gefüttert. Zum Beutefang fliegen die Altvögel oft bis zu 40 km weit entfernte Nahrungsgebiete an.

4 | Grünspecht
Picus viridis
Spechte

047

BESCHREIBUNG Olivgrüner Specht mit roter Kopfkappe, die bis zum Nacken reicht. Etwa eichelhähergroß. Männchen mit rotem, schwarz umrandeten Bartstreif. Weibchen nur mit schwarzem Bartstreif. Stimme: lachende, in der Tonhöhe leicht abfallende Rufreihe, klingt wie „glückglückglück".
LEBENSRAUM Lichte Laubmischwälder, Feldgehölze, Parkanlagen, Obstgärten.
LEBENSWEISE Seine Bruthöhle mit querovalem Schlupfloch baut der Grünspecht in morsche Laub- oder Obstbäume. Dieser Specht trommelt sehr selten. Er hält sich meist am Boden auf, denn seine Hauptnahrung sind Ameisen und deren Puppen. Um sie zu erbeuten, setzt er seinen Schnabel und seine etwa 10 cm lange klebrige Zunge ein, die an ihrer verhornten Spitze mit Widerhaken versehen ist. Doch diese Spezialisierung wird dem Grünspecht im Winter manchmal zum Verhängnis. Dann sind die Ameisenhaufen oft überfroren und er kommt trotz Meißelschnabel nicht an sein Futter. Nicht selten erleiden diese Spechte dann herbe Verluste. Grünspechte sind Standvögel und überwintern in ihrem Brutgebiet.

5 | Grauspecht
Picus canus
Spechte

048

BESCHREIBUNG Graugrüner Specht mit perfekter Tarnung an graugrünen Buchenstämmen. Männchen mit roter Stirnplatte, Weibchen ohne Rot am Kopf.
Typisch: wellenförmiger Flug, hüpft oft auf dem Boden.
LEBENSRAUM Lockere Laub- und Mischwälder, Parkanlagen.
LEBENSWEISE Der Grauspecht ist ebenso wie der Grünspecht in seiner Ernährung auf Ameisen und deren Puppen spezialisiert. Mit seiner langen klebrigen Zunge holt er sie geschickt auch aus verwinkelten Bauten. Grauspecht und Grünspecht sind deswegen oft auf dem Boden zu beobachten, was ihnen die Bezeichnung „Erdspechte" eingetragen hat. Der Grauspecht nimmt aber, im Gegensatz zum Grünspecht, auch Samen und Früchte an und sucht im Winter Futterstellen auf. So kann er längere Kälteperioden ohne Verluste überstehen.

1

2A

2B

3

4

5

1 | Schwarzspecht
Dryocopus martius
Spechte

049

BESCHREIBUNG Größter europäischer Specht, etwa krähengroß. Gefieder schwarz. Männchen mit leuchtend roter Kopfplatte. Weibchen nur mit einem roten Fleck am Hinterkopf.
LEBENSRAUM Bergwälder bis zur Baumgrenze, nicht an bestimmte Waldtypen gebunden. Brütet in Altholzbeständen.
LEBENSWEISE Seine Hauptbeutetiere sind Käferlarven und Ross- und Waldameisen, die in vermodertem Holz leben. In unseren Wirtschaftswäldern fehlt seinen Beutetieren aber oft die Lebensgrundlage. Seinem derart eingeschränkten Nahrungsangebot begegnet der Schwarzspecht mit einer Vergrößerung seines Reviers. Ein Schwarzspechtbrutpaar beansprucht 300–400 ha Wald. Die Revierbildung beginnt im März mit Höhleninspektion und Trommeln als Reviermarkierung.

2 | Buntspecht
Dendrocopos major
Spechte

050

BESCHREIBUNG Unser häufigster Specht, amselgroß. Kopfplatte schwarz, Kopfseiten weiß mit schwarzem Band zum Schnabel. Rücken schwarz mit ovalen, weißen Schulterflecken. Unterschwanz leuchtend rot. Männchen mit rotem Fleck am Hinterkopf, Weibchen ohne Rot.
LEBENSRAUM Wälder, Feldgehölze.
LEBENSWEISE Im Gegensatz zum Grünspecht, der fast ausschließlich von Ameisen lebt, ist der Buntspecht in seiner Ernährung recht vielseitig. Im Winter nimmt er Nüsse, Bucheckern und Koniferensamen. Im Sommer bevorzugt er im Holz lebende Insektenlarven. Erreicht er eine tief im Bohrgang sitzende Larve nicht, erweitert er den Gang mit ein paar Schnabelhieben und zieht sie mit seiner langen, am Ende mit Widerhaken besetzten Zunge heraus.

3 | Mittelspecht
Dendrocopos medius
Spechte

051

BESCHREIBUNG Knapp buntspechtgroß. Gefiederfärbung buntspechtähnlich, aber Männchen und Weibchen mit rotem Scheitel. Unterseite weißlich, an Bauch und Unterschwanz in Rosa übergehend.
LEBENSRAUM Typischer Bewohner von Laubwäldern mit altem Eichen- und Hainbuchenbestand.
LEBENSWEISE In Mitteleuropa ist der Mittelspecht nur gebietsweise anzutreffen. Obwohl er ganzjährig in seinem Revier lebt, bekommt man ihn nur selten zu Gesicht. Eher hört man im Frühling das wehklagende Quäken der Mittelspechte. Beide Partner zimmern gemeinsam eine Bruthöhle ins Holz. Der Mittelspecht hackt selten. Meist bearbeitet er mit seinem relativ kleinen, schwachen Schnabel die Rinde der Bäume. Oder er sammelt Insekten und Spinnen auf den Zweigen ab.

4 | Weißrückenspecht
Dendrocopos leucotos
Spechte

052

BESCHREIBUNG Amselgroßer, schwarz-weiß-rot gezeichneter Specht. Flügeldecken gebändert. Unterschwanzdecken hellrot. Bürzel und Rücken weiß. Männchen mit rotem Scheitel, Weibchen ohne Rot am Kopf.
LEBENSRAUM Benötigt urwaldähnliche Mischwälder mit hohem Anteil an Laubhölzern wie Buche und Bergahorn. Ebenso sind absterbende und tote Bäume wichtiger Bestandteil seines Brutbiotops.
LEBENSWEISE Seine spezifischen Biotopansprüche sind wohl der Grund für den rückläufigen Bestand dieser Spechtart in Mitteleuropa, denn auch Wälder in Berglagen werden hier immer stärker bewirtschaftet. Keine gute Situation für einen Vogel, der von Totholz und Ruhe abhängig ist. Weißrückenspechte ernähren sich vorwiegend von Bockkäferlarven und Ameisen.

5 | Kleinspecht
Dendrocopos minor
Spechte

053

BESCHREIBUNG Kleinster Specht Europas, kaum sperlingsgroß. Rücken schwarz-weiß gestreift, ohne weißen Schulterfleck. Männchen mit roter, Weibchen mit weißer Stirnplatte. Unterschwanz im Gegensatz zu den Buntspechten nicht rot gefärbt.
LEBENSRAUM Bewohnt Laub- und Mischwälder mit Pappel-, Weiden- und Birkenbeständen. Reine Nadelwälder meidet er.
LEBENSWEISE Der Kleinspecht ist wohl der eifrigste Trommler unter den Spechten. Sein Trommelwirbel besteht aus 22 Schlägen pro Sekunde, 12–14 solcher Trommelwirbel pro Minute sind keine Seltenheit. Zwischen den Trommelwirbeln hört man seine „kikikiki"-Rufreihen. Beide Geschlechter rufen und trommeln. Beide zimmern auch gemeinsam eine Nisthöhle in weiches Totholz. Die Brut erfolgt ab April. Die Gelege bestehen aus 4–6 Eiern, gebrütet wird 10–12 Tage, hauptsächlich vom Männchen.

1

2

3

4

5

1 | Wendehals
Jynx torquilla
Spechte

054

BESCHREIBUNG Etwa haussperlinggroßer, spechtartiger Vogel mit baumrindenartiger Gefiederzeichnung, dunkelbraunem Augenstreif und dunkelbraunem Längsstreif auf dem Rücken. Weibchen wie Männchen gefärbt. Stimme: etwas leierige, ansteigende Laute wie „kjä-kjä", oft im Duett mit dem Weibchen, warnt bei Gefahr „teck".
LEBENSRAUM Lebt in lockeren Laubwäldern, Feldgehölzen, Streuobstbeständen, Weinbergen und Parks mit altem Baumbestand. Das Angebot an bestimmten Ameisenarten sowie Brutmöglichkeiten in Baumhöhlen oder Nistkästen begrenzen das Vorkommen.
LEBENSWEISE Der Wendehals klettert nicht wie Spechte an Baumstämmen, er trommelt nicht und er zimmert keine Bruthöhle. Lediglich seine spechtartigen Füße mit zwei nach vorne und zwei nach hinten gerichteten Zehen sowie seine leimrutenartige Zunge zeigen seine Verwandtschaft mit den Spechten. Der Wendehals brütet in Spechthöhlen, in die er kein Nistmaterial einträgt. Er ernährt sich wie Grau- und Grünspecht von Weg- und Wiesenameisen und deren Puppen. Den Winter verbringen Wendehälse in Afrika.

2 | Seidenschwanz
Bombycilla garrulus
Seidenschwänze

055

BESCHREIBUNG Knapp starengroßer Wintergast mit auffällig rötlichbrauner Federtolle am Hinterkopf. Oberseite rötlichbraun und von seidiger Feinheit. Brust rötlichbraun bis grau. Schwanz mit sattgelber Schwanzbinde. Augenstreif und Kehle schwarz. Braunschwarze Flügel mit einigen lackroten Hornplättchen. Weibchen wie Männchen gefärbt. Stimme: ein hohes, klirrendes „sirr".
LEBENSRAUM Brütet in aufgelockerten Nadel- und Birkenwäldern der Taiga. Im Winter in Wäldern, Parks und Gärten mit Beerensträuchern.
LEBENSWEISE Seidenschwänze sind Teilzieher. Im Winterhalbjahr fallen sie oft in großen Schwärmen in Mitteleuropa ein und plündern Ebereschen, Schneeballsträucher und Weißdornbüsche. In der kalten Jahreszeit ernähren sich Seidenschwänze ausschließlich von Beeren. Während der Brutzeit im Sommer jagen sie fliegenschnäpperartig Mücken und andere Insekten. Seidenschwänze brüten in lockeren Kolonien in Birken- und Lärchenwäldern. Ihre Nester bestehen aus Zweigen, Halmen, Flechten und Moos.

3 | Heckenbraunelle
Prunella modularis
Braunellen

056

BESCHREIBUNG In Größe und Färbung einem Haussperling *(Passer domesticus)* ähnlich, aber Brust bleigrau und Schnabel pinzettenförmig spitz. Rücken und Bauch hellbraun gefleckt, Schwanz und Flügel braun. Weibchen wie Männchen. Stimme: klirrendes „sisisi", häufig von Busch- oder Baumspitzen aus vorgetragen.
LEBENSRAUM Nadelwälder mit Gebüschrändern, Gärten mit dichten Fichtenhecken, zugewachsene Schonungen, buschreiche Parks, naturnahe Gärten.
LEBENSWEISE Obwohl die Heckenbraunelle in unserer Umgebung eine der häufigeren Vogelarten ist, sieht man sie meist nur im Frühling, wenn sie von erhöhter Warte aus ihre Strophen zwitschert. Ansonsten huscht sie gut versteckt durchs Gebüsch und ist mit ihrem unauffälligen Gefieder nur schwer zu entdecken. Ihr Nest aus Zweigen und Moos baut sie etwa 80 cm hoch in Reisighaufen und dichte Fichten. Bei der Nahrungssuche nimmt sie nur am Boden liegende Sämereien auf, im Winter kommt sie auch an Futterstellen.

4 | Zaunkönig
Troglodytes troglodytes
Zaunkönige

057

BESCHREIBUNG Lebhafter, brauner Kleinvogel mit kurzem, oft steil aufgerichtetem Schwanz **(4A)**. Gefieder an der Oberseite fein gebändert, Brustseite hellbraun mit deutlicher Querstreifung. Heller Überaugenstreif. Spitzer Pinzettenschnabel. Geschlechter gleich. Stimme: weithin hörbarer, schmetternder Gesang mit trillernden Passagen, von Singwarten vorgetragen, bei Störungen ruft er ein hartes „ticktickticktick".
LEBENSRAUM Unterholzreiche Laub- und Mischwälder in Wassernähe, Parks und größere Gärten mit bodennaher Deckung.
LEBENSWEISE Der Zaunkönig ist einer der kleinsten Vögel Mitteleuropas. Doch trotz seiner geringen Größe gehört der Gesang der Zaunkönigmännchen zu den lautesten und auffälligsten der europäischen Vogelwelt. Ihr Lied ist fast rund ums Jahr zu hören. Mit ihrer Stimme grenzen sie nicht nur ihr Brutterritorium ab, sondern auch ihr Nahrungsrevier im Winter. Zaunkönige bauen mehrere kugelförmige Nester in niedrige Astquirle oder Hexenbesen von Fichten und Lärchen, auch in Efeuranken und sogar in Türkränze **(4B)**. Sie leben von Insekten, Spinnen und Würmern.

1

2

3

4A

4B

1 | Baumpieper
Anthus trivialis
Stelzen und Pieper

058

BESCHREIBUNG Häufigste Pieperart in Mitteleuropa. Etwa bachstelzengroß. Oberseite erdfarben, schwarz gefleckt. Brust auf rahmgelbem Grund dunkel längsgefleckt. Unverwechselbares Verhalten: Gesang von hoher Baumwarte oder im Singflug.
LEBENSRAUM Bewohnt offenes Gelände mit einzelnen Baumgruppen, Kahlschläge mit einzelnen Bäumen, Waldränder, Kiefernheiden.
LEBENSWEISE Unüberhörbar und weithin sichtbar zeigen Baumpiepermännchen ihre Singflüge, um Weibchen anzulocken. Bei der Nahrungssuche verhalten sie sich dagegen sehr versteckt. Im dichten Pflanzenbewuchs sammeln sie kleine Insekten vom Boden auf. Bereits Ende Juli verlassen die Baumpieper in kleinen Trupps Mitteleuropa. Sie verbringen den Winter im Mittelmeerraum.

2 | Gelbspötter
Hippolais icterina
Rohrsängerartige

059

BESCHREIBUNG Rohrsängerähnliche Gestalt. Oberseite olivbraun, Unterseite und Augenbinde gelb. Stimme: laut und lebhaft vorgetragene abwechslungsreiche Gesangsstrophen, die zahlreiche Imitationen anderer Vogelstimmen enthalten. Imitiert vor allem Wacholderdrosseln mit „tschak"-Rufen.
LEBENSRAUM Typischer Singvogel feuchter, unterholzreicher Laubmisch- und Auwälder.
LEBENSWEISE Der Gelbspötter singt aus der Deckung heraus, versteckt in den Baumkronen. Auch seine Nahrung – Fluginsekten und Spinnen – findet er hier oben. Das napfförmige Nest aus Pflanzenfasern, Zweigen und Birkenrinde wird meist um eine Astgabel geflochten. Die 5 Eier werden vom Weibchen erbrütet. Die Art überwintert in den Akazienwäldern des tropischen Afrika.

3 | Mönchsgrasmücke
Sylvia atricapilla
Grasmückenartige

060

BESCHREIBUNG Männchen mit schwarzer Kopfplatte **(3A)**, Hals, Kehle und Bauchseite aschgrau, Rücken und Schwanz graubraun. Weibchen mit rotbrauner Kopfplatte **(3B)**, insgesamt bräunlicher gefärbt. Stimme: Typischer Warnruf ist ein hartes „tack", Reviergesang variabel und melodiös, viele regional unterschiedliche Dialekte.
LEBENSRAUM Bewohnt Laub- und Nadelwälder mit Brombeergebüschen, buschreiche Gärten und Parks.
LEBENSWEISE Um ein Weibchen anzulocken bauen die Männchen mehrere unordentliche Spielnester in geringer Höhe über dem Erdboden ins Gestrüpp. Das Weibchen stellt ein ausgewähltes Nest fertig. Die 3–6 Jungen werden häufig mit den Larven des Schneeballkäfers gefüttert. Vor dem Zug ins Winterquartier werden Holunderbeeren als Energiequelle gefressen.

4 | Klappergrasmücke
Sylvia curruca
Grasmückenartige

061

BESCHREIBUNG Kleinste mitteleuropäische Grasmücke, etwa feldsperlinggroß. Oberkopf und Wangen grau. Rücken, Flügel und Schwanz graubraun. Unterseite weißlich. Durch das Auge ein dunkler Strich. Stimme: Gesang besteht aus 2 Teilen, zunächst leiser, schwätzender Vorgesang, dann lautes, eintöniges, etwas hölzernes Klappern auf gleicher Tonhöhe.
LEBENSRAUM Halboffenes Gelände mit dichtem Gebüsch, Fichtenschonungen, Waldränder, Parks und Gärten mit abwechslungsreichen Bewuchs.
LEBENSWEISE Beide Partner bauen am Nest, brüten und füttern gemeinsam. Die sommerliche Insektenkost wird im Herbst durch Beeren, vor allem Holunderbeeren ergänzt.

5 | Gartengrasmücke
Sylvia borin
Grasmückenartige

062

BESCHREIBUNG Unauffällig, ohne Zeichnung und Farbkontraste. Oberseite einheitlich graubraun, Unterseite rahmfarben. Weibchen wie Männchen. Stimme: warnt mit „tschek tschek"-Rufen, daneben eintöniger, schwatzender Gesang, erinnert im Klangeindruck an Drosselgesang.
LEBENSRAUM Bewohnt üppig bewachsenes Brennnessel- und Uferdickicht, Brombeergestrüpp, gebüschreiche Waldränder.
LEBENSWEISE Die Gartengrasmücke verbringt nur knapp 5 Monate in ihrem europäischen Brutgebiet. Erst Anfang Mai kehrt sie aus dem Winterquartier im tropischen Afrika zurück und bereits im September zieht sie wieder ab. Sie ist ein Weitstreckenzieher, der das Mittelmeer und die Sahara überquert. Um diese Strecke bewältigen zu können, legen sich die Vögel ein Fettpolster zu, das bis zu 30 % ihres Normalgewichts ausmacht. Wie bei Grasmücken üblich, legen die Männchen mehrere einfache Nester dicht über dem Boden an. Eines dieser Nester wählt das Weibchen aus und vollendet es. Die 4–5 Eier werden von beiden Partnern abwechselnd bebrütet.

1

2

3A

3B

4

5

1 | Waldlaubsänger

Phylloscopus sibilatrix
Grasmückenartige

063

BESCHREIBUNG Agiler Vogel mit seidenweißer Unterseite und leuchtend grüner Oberseite. Brust, Kehle und Überaugenstreif meist zitronengelb. Weibchen wie Männchen. Lauter Sänger mit Schwirrflug von Ast zu Ast („Waldschwirrvogel"). Stimme: ein sehr laut schallendes, typisches „sib-sib-sib-sirrr", dazwischen ein gedehntes „düh-düh-düh".
LEBENSRAUM Brütet in Laub- und Mischwäldern mit geringem Unterwuchs, besonders häufig in hochstämmigen Buchenaltbeständen.
LEBENSWEISE Vor allem in lockeren Buchenwäldern kann man den Waldlaubsänger gut beobachten, wenn er in langsamem, horizontalen Singflug von einem Ast zum anderen wechselt. In der Nähe des singenden Männchens baut das Weibchen am Boden ein kugeliges Nest aus Gras und Blättern mit seitlichem Eingang. Das Weibchen brütet die 6–7 Eier alleine aus. Beim Füttern der Jungen mit Insekten des Blätterdaches wird es aber vom Männchen unterstützt. Waldlaubsänger halten sich nur kurz in ihrem Brutgebiet auf. Sie kommen im Laufe des April und ziehen bereits Ende August wieder in ihre Winterquartiere in den Regenwäldern und Feuchtsavannen Zentralafrikas zurück.

2 | Berglaubsänger

Phylloscopus bonelli
Laubsängerartige

064

BESCHREIBUNG Oberseite grünlichgrau, Unterseite weißlich. Flügelfedern mit grünlichen Rändern. Undeutlicher weißer Überaugenstreif. Weibchen wie Männchen. Stimme: scheppernder Gesang ähnlich dem Schwirren des Waldlaubsängers, kein Singflug. Typisches Verhalten: Schlüpft ruhelos durch die Baumkronen.
LEBENSRAUM Trockene, warme Laub-, Nadel- und Mischwälder in Berglandschaften. Am häufigsten in den Alpen in lichten Kiefern-, Lärchen- und Laubholzbeständen sonniger Südhänge, bis in 1700 m Höhe. Überwintert südlich der Sahara.
LEBENSWEISE Anders als Waldlaubsänger unternehmen Berglaubsänger keine Singflüge. Aber sie bauen das für Laubsänger typische überdachte Nest in eine Bodenmulde, gut versteckt unter Grasbüscheln oder im dichten Gewirr aus Zwergsträuchern. Nur das Weibchen baut. Hauptbrutzeit ist von Mai bis Juli. Die 4–6 Eier werden vom Weibchen allein bebrütet. Die Jungvögel bleiben 11–13 Tage im Nest und werden von beiden Eltern versorgt.

3 | Zilpzalp

Phylloscopus collybita
Laubsängerartige

065

BESCHREIBUNG Nur durch seinen ausdauernden „zilp-zalp"-Gesang vom Fitis zu unterscheiden. Oberseite grünlichbraun, Bauchseite schmutzigweiß, Brust olivbraun getönt. Angedeuteter heller Überaugenstreif und dunkler Augenstreif. Beine schwärzlich. Weibchen wie Männchen. Stimme: singt unverkennbar monoton „zilp-zalp-zilp-zalp", dazwischen oft ein gedämpftes „trrr-trrr".
LEBENSRAUM Unterholzreiche Laubmischwälder, Flussauen, Weidengebüsche.
LEBENSWEISE Dieser Vogel ist ständig in Bewegung. Im Blättergewirr von Laubbäumen hüpft und flattert er ohne Pause auf der Suche nach Insekten umher. An schwer zugänglichen Stellen sammelt er seine Beute auch im Rüttelflug von den Blättern. Der Zilpzalp ist ein eifriger Blattlausvertilger. Das Nest des Zilpzalp liegt meist dicht über dem Boden im Unterholz versteckt. Der Zilpzalp ist ein Teilzieher, er wandert im Zeitraum von August bis November ins Mittelmeergebiet ab. Wegen ihres kurzen Zugweges finden sich die ersten Rückkehrer meist schon Anfang März wieder im Brutrevier ein.

4 | Fitislaubsänger

Phylloscopus trochilus
Laubsängerartige

066

BESCHREIBUNG Häufiger, weit verbreiteter Laubsänger. Oberseite olivgrün, Bauchseite gelblichweiß mit olivgrüner, manchmal auch gelblicher Brust. Auffälliger dunkler Streifen durch das Auge sowie ein heller Streifen darüber. Beine bräunlich. Weibchen wie Männchen. Stimme: melodischer und melancholischer, in der Tonhöhe fallender Gesang; der Warnruf ist ein zweisilbiges „hü-id".
LEBENSRAUM Unterholzreiche, lichte Laub- und Mischwälder, Auwälder, Hochmoore, Gärten und Parkanlagen mit lockeren Birkenbeständen oder ausgedehntem Weidengebüsch und Wassernähe. Überwintert im tropischen West- und Südafrika.
LEBENSWEISE Die beiden Laubsängerarten Fitis und Zilpzalp sind nur durch ihren Gesang zu unterscheiden. Der Fitis singt lange melodische Strophen, der Zilpzalp ruft klar und deutlich seinen Namen:„zilp-zalp". Beide Arten bauen kugelförmige Nester mit seitlichem Eingang in Brombeerranken. Ab Mai bebrütet das Weibchen 4–7 Eier etwa 2 Wochen lang. Die Nesthockerjungen werden von beiden Eltern mit Blattwespenraupen, Schnaken und Spinnen gefüttert.

1

2

3

4

1 | Wintergoldhähnchen
Regulus regulus
Goldhähnchen

067

BESCHREIBUNG Sehr kleiner Vogel, wiegt nur 5 g. Oberseite grau bis olivgrün, Unterseite gelblichgrün. Gelber Scheitel mit orangerotem Mittelstreif. Flügel dunkel, mit 2 hellen Binden. Auffallend großes dunkles Auge. Stimme: ruft hoch und dünn „si-si-si".
LEBENSRAUM Fichten- und Tannenwälder.
LEBENSWEISE Goldhähnchen sind die kleinsten und leichtesten Vögel Europas. Wintergoldhähnchen sind eng an Nadelbäume gebunden und fehlen in keinem Fichten- oder Tannenwald. Reine Kiefernwälder dagegen meiden sie. Ihre Ernährungsweise, kleinste Insekten zwischen den Nadeln herauszusammeln, erschwert ihnen das Leben in langnadeligen Kiefern. Ihre kugeligen Hängenester bauen sie zwischen Fichten- und Tannenzweige, die sie mit Gespinsten von Spinnen und Raupenkokons zusammenbinden. Wie der Name schon andeutet, sind unsere mitteleuropäischen Populationen Standvögel.

2 | Sommergoldhähnchen
Regulus ignicapillus
Goldhähnchen

068

BESCHREIBUNG Ähnlich dem Wintergoldhähnchen, aber mit schwarzem Streifen durch das Auge und hellem Überaugenstreif. Männchen mit orangefarbenem Scheitel, Weibchen mit gelbem. Stimme: ruft hoch und dünn wie Wintergoldhähnchen „sisisi".
LEBENSRAUM Weniger an Fichtenwald gebunden als die Zwillingsart, lebt auch in offenem Misch- und Laubwald. Überwintert im Mittelmeerraum.
LEBENSWEISE Lebensweise, Nestbau und Lebensraum sind bei beiden Goldhähnchenarten vergleichbar. Lediglich das Nahrungsspektrum ist hier etwas vielseitiger. Neben kleinen Insekten, die es zwischen den Nadeln aufsammelt, nimmt das Sommergoldhähnchen auch etwas größere Kerbtiere und bezieht Gebüschzonen in sein Revier mit ein.

3 | Trauerschnäpper
Ficedula hypoleuca
Fliegenschnäpper

BESCHREIBUNG Schwarzweißer Vogel, etwa rotkehlchengroß. Männchen oben schwarz, weißer Stirnfleck, weißer Fleck im Flügel, Unterseite reinweiß. Weibchen graubraun. Stimme: Singt von halbhohen Sitzwarten ein zweisilbiges „wutiwuti", gefolgt von einem variablen Zwitschern. Typisches Verhalten: Fängt Insekten im Flug.
LEBENSRAUM Laubwälder und lockere Nadelwälder mit hohen alten Bäumen, Gärten und Parkanlagen. Winterquartier im tropischen Afrika.
LEBENSWEISE Der Trauerschnäpper steht als Höhlenbrüter oft in Konkurrenz zu Meisen und Rotschwänzen und ist lokal selten geworden. Durch Nistkastenhilfen tritt er in einigen Gebieten wieder häufiger auf. Das Nest aus Farnen, Halmen und Laub wird vom Weibchen gebaut. Auch die 5–7 Eier werden vom Weibchen allein bebrütet. Aber beide Eltern füttern die Jungen.

4 | Halsbandschnäpper
Ficedula albicollis
Fliegenschnäpper

069

BESCHREIBUNG Ähnelt in Größe und Gefiederfärbung dem Trauerschnäpper, trägt aber eine weiße Halsbinde (Name). Stimme: Ruft durchdringend hoch und gedehnt „siebsieb". Typisches Verhalten: Fängt Insekten im Flug.
LEBENSRAUM Laubwälder mit altem Baumbestand, auch in Obstgärten. Selten in Nadelwäldern. Winterquartier im tropischen Afrika.
LEBENSWEISE Lebensraum, Brutbiologie und Nahrungszusammensetzung der beiden Schnäpperarten gleichen einander. Auch der Halsbandschnäpper nimmt Nisthöhlen an. Und er ist wie die Zwillingsart ein eifriger Insektenfänger. Aber er ist bei uns seltener als der Trauerschnäpper, ist auch zu Zugzeiten nur selten zu sehen.

5 | Gartenrotschwanz
Phoenicurus phoenicurus
Fliegenschnäpper

070

BESCHREIBUNG Etwa rotkehlchengroß. Unverkennbar gefärbt: Oberseite schiefergrau, Brust, Bürzel und Schwanz rostrot, Kehle, Kopfseiten und Auge schwarz, Stirn weiß. Stimme: Der Reviergesang ist ein melodisches Flöten.
LEBENSRAUM Brutvogel in lichten Wäldern mit altem Baumbestand, Parks und Obstplantagen. Winterquartier in Afrika.
LEBENSWEISE Als Höhlen- und Halbhöhlenbrüter ist der Gartenrotschwanz eng an alten Baumbestand gebunden. Seine Brutbestände sind in ganz Europa rückläufig. Gründe hierfür sind zum einen der Verlust von Altholzbeständen mit einem reichen Höhlenangebot. Zum anderen sind es aber auch Veränderungen in den afrikanischen Überwinterungsgebieten und ein riskanter Flug durch die trockene Sahelzone Afrikas. Dürrezeiten dort führen zu starken Bestandsschwankungen.

1

2

3

4

5

1 | Nachtigall

Luscinia megarhynchos
Fliegenschnäpper

071

BESCHREIBUNG Etwas größer als das Rotkehlchen. Gefiederoberseite mittelbraun, Unterseite hellgrau, rötlicher Schimmer auf Schwanz und Flügeln. Dunkles Auge mit hellem Augenring. Beide Geschlechter gleich.
LEBENSRAUM Lebt versteckt im Dickicht von Laubmischwäldern, Auwäldern und buschigen Parklandschaften. Winterquartier in den Savannengebieten Afrikas.
LEBENSWEISE Bereits ab Mitte April verteidigen die Männchen mit lautem Gesang Brutreviere. Nur mittags und um Mitternacht sind sie still. Die Nester aus Gras, trockenen Blättern und Haaren werden am Boden in dichtem Gestrüpp angelegt. Das Weibchen brütet allein, die Jungen werden jedoch von beiden Eltern versorgt. Nachtigallen leben hauptsächlich von Insekten, Spinnen und Würmern.

2 | Rotkehlchen

Erithacus rubecula
Fliegenschnäpper

072

BESCHREIBUNG Rundlicher Vogel mit großen dunklen Augen und zartem Schnabel. Oberseite braun, Bauch schmutzig grau, Gesicht, Kehle und Brust orangerot. Geschlechter gleich.
LEBENSRAUM Typischer Vogel buschreicher Laub- und Nadelwälder, Gärten und Parks.
LEBENSWEISE Rotkehlchen sind Bodenvögel. Am Boden liegen gut versteckt ihre Nester, oft unter Erdvorsprüngen, an Böschungen oder unter Wurzeln. Am Boden finden sie auch ihr Futter, vor allem Insekten. Der bei allen beliebte Vogel ist während der Brutzeit gegenüber Artgenossen ziemlich aggressiv. Revierkämpfe gehen oft bis zur Erschöpfung, enden manchmal auch mit dem Tod eines Rivalen. Auslöser dieser Streitigkeiten ist die Farbe Rot an Gesicht, Kehle und Brust.

3 | Misteldrossel

Turdus viscivorus
Drosseln

073

BESCHREIBUNG Größte Drossel Mitteleuropas. Oberseite graubraun, Unterseite hell, dicht schwarzbraun gefleckt. Geschlechter gleich. Stimme: Gesang amselähnlich. Typisches Verhalten: Flug in großen Wellenlinien.
LEBENSRAUM Charaktervogel von Nadelhochwäldern und hochstämmigen Laubbaumbeständen. Viele dieser Vögel überwintern in milderen Gegenden Mitteleuropas, der Großteil jedoch im Mittelmeergebiet oder in Nordafrika.
LEBENSWEISE Das Nahrungsspektrum der Misteldrossel ist recht vielseitig. Im Frühling und Sommer lebt sie vorwiegend von Insekten, Spinnen, Würmern und Schnecken, im Herbst und Winter hauptsächlich von Mistelbeeren und Fallobst. Da die Samen der Misteln nur keimen, wenn sie vorher den Darm einer Misteldrossel passiert haben, ist dieser Vogel für die Verbreitung der Misteln unentbehrlich.

4 | Amsel

Turdus merula
Drosseln

074

BESCHREIBUNG Männchen einheitlich schwarz mit orangegelbem Schnabel und gelbem Lidring **(4A)**, Weibchen dunkelbraun **(4B)**.
LEBENSRAUM Ursprünglich ein Bewohner dunkler, unterholzreicher Wälder, heute einer der häufigsten Singvögel in Dorf und Stadt.
LEBENSWEISE Oft ertönen schon im Spätwinter in der Morgendämmerung die melodischen Strophen der Amseln von den Dächern. Bereits wenig später beginnen sie mit dem Nestbau. Bis zu 4 Bruten zieht eine Amsel pro Jahr auf. Die notwendige Nahrung findet sie am Boden. Amseln sind charakteristische Laubwender. Neben allen Insektenformen fressen sie vor allem Regenwürmer. Im Winter zeigen sie eine besondere Vorliebe für Weißdorn- und Ebereschenfrüchte.

5 | Singdrossel

Turdus philomelos
Drosseln

075

BESCHREIBUNG Etwas kleiner als die Amsel. Oberseite braun, Unterseite hell mit vielen kleinen, dunklen Flecken. Weibchen wie Männchen gefärbt. Stimme: Melodischer Gesang von Singwarten bis in die Dunkelheit, besteht aus 2- bis 3mal wiederholten, flötenden und zwitschernden Motiven. Alarmrufe klingen wie „dickdickdick".
LEBENSRAUM Laub-, Misch- und Nadelwälder, Feldgehölze, Parkanlagen und Gärten.
LEBENSWEISE Diesen Vogel erkennt man gut an seinem typischen Verhalten bei der Nahrungssuche: Er rennt ein Stück über den Boden, bleibt ruckartig stehen und rennt wieder ein Stück. Sein Lieblingsfutter sind Gehäuseschnecken, die er an einem Stein aufschlägt (Drosselschmiede). Leicht zu erkennen ist auch das Singdrosselnest, denn es ist mit verklebtem Holzmulm oder Lehm ausgekleidet. Die Singdrossel brütet zweimal im Jahr 3–6 hellblaue, mit runden dunklen Tupfen gesprenkelte Eier aus. Oft folgen die bereits flüggen Jungen bettelnd dem ruckartig rennenden Altvogel.

1

2

3

4A

4B

5

1 | Rotdrossel
Turdus iliacus
Drosseln

076

BESCHREIBUNG Kleinste Drossel Europas, gedrungen und kurzschwänzig. Auffälliger rahmfarbener Überaugenstreif und Bartstreif. Gefieder oben braun, Unterseite weißlich, dunkelbraun gefleckt. Im Flug leicht an rostbraunen Unterflügeln zu erkennen. Weibchen wie Männchen. Stimme: abgehackter, wenig melodischer Gesang. Rastende Vögel auf dem Durchzug schwatzen wacholderdrosselähnlich.
LEBENSRAUM Brütet in Laub-, Misch- und Nadelwäldern Nordeuropas, in Mitteleuropa häufiger Durchzügler. Außerhalb der Brutzeit in offenen Hecken- und Strauchlandschaften.
LEBENSWEISE In den Monaten Oktober/November und März/April sind Rotdrosseln in Mitteleuropa auf dem Durchzug. Diese Vogelart zeigt, wie weiträumig Nahrungsquellen Landschaften vernetzen. Im Sommer fressen Rotdrosseln in ihrer nördlichen Heimat Regenwürmer und Käfer. Auf dem Herbstzug in Mitteleuropa sieht man sie häufig in Beerensträuchern. Und sie nutzen besonders gerne Weintrauben als Energiequelle.

2 | Wacholderdrossel
Turdus pilaris
Drosseln

077

BESCHREIBUNG Etwas größer als die Amsel. Kopf, Nacken und Bürzel hellgrau, Flügel und Rücken kastanienbraun, Brust und Kehle gelblichbraun mit dunklen Flecken. Weibchen wie Männchen. Stimme: laute, schackernde „tschak tschak"- Rufe, Gesang wenig auffälliges Schwätzen und Zwitschern.
LEBENSRAUM Ursprünglich ein Bewohner der sibirischen Taiga hat die Wacholderdrossel in den letzten 150 Jahren ihr Brutgebiet nach Mitteleuropa ausgedehnt. Mit dem Vordringen in neue Gebiete hat sich diese Vogelart auch in ihren Biotopansprüchen angepasst: Besiedelte sie ehemals nur Gehölze mooriger Gebiete, nistet sie heute auch in aufgelockerten Wäldern, in Auwäldern, Feldgehölzen, Parkanlagen und Obstgärten.
LEBENSWEISE Als gesellige Vögel brüten Wacholderdrosseln in kleinen Kolonien. Manchmal findet man mehrere Nester in einem Baum. Eindringende Krähen oder Greifvögel wehren sie mit Kotattacken ab, die den Angreifer zur Notlandung zwingen, weil sein Gefieder verklebt. Wie alle Drosseln leben sie von Schnecken, Würmern und Insekten, aber auch von Beeren und anderen Früchten. Diese Vögel sind die Wetterboten der Bauern. Fallen sie in die Vogelbeerbäume der Täler ein, wird es bald schneien.

3 | Schwanzmeise
Aegithalos caudatus
Schwanzmeisen

078

BESCHREIBUNG Unverwechselbare Art mit körperlangem Schwanz, kugeligem Körper und kleinem Schnabel. Nacken und Rückenmitte schwarz befiedert. Unterseite grauweiß bis rosa. Flügel schwarz mit weißlichem Feld. Schwanz schwarz mit weißen Außenkanten. In Nord- und Nordosteuropa weißköpfig mit schwarzem Überaugenstreif, in West- und Südeuropa mit dunklem Kopf, in Mitteleuropa können beide Formen auftreten. Weibchen wie Männchen gefärbt. Stimme: Häufig sind knarrende Rufe wie „tschrrt".
LEBENSRAUM Unterholzreiche Laub- und Mischwälder mit Feuchtzonen, Auwälder, Heidelandschaften mit Wacholderbüschen.
LEBENSWEISE Diese winzigen Vögel bauen aus Flechten, Moos, Federn, Haaren und Spinnweben kunstvolle Kugelnester mit Seiteneingang in dornige oder nadelige Gebüsche. Beide Partner bebrüten abwechselnd die 8–10 Eier. Nach der Brutzeit bleiben die Familienverbände noch bis zum nächsten Frühling bestehen. In kalten Winternächten kuscheln sich die Tiere zu mehreren dicht zusammen, um möglichst wenig Wärme und Energie zu verlieren. Ihre Nahrung sind kleine Insekten und Spinnen.

4 | Haubenmeise
Parus cristatus
Meisen

079

BESCHREIBUNG Unverwechselbar durch ihre spitze, schwarzweiße Federhaube. Kopfseiten weiß, schwarzer Augenstreif. Kinn und Kehle schwarz. Oberseite braun, mit schwarzem Halsring gegen den Kopf abgesetzt. Unterseite rahmfarben. Weibchen wie Männchen. Stimme: Ruft auffällig schnurrend „ürrr-r", Gesang selten zu hören.
LEBENSRAUM Bei uns an Nadelwälder gebunden. Bevorzugen in Mitteleuropa Kiefernwälder, leben aber auch in Mischwäldern, in Südeuropa sogar in reinen Laubwäldern.
LEBENSWEISE Im Gebirge kommt die Haubenmeise häufig zusammen mit der Weiden- und der Tannenmeise vor. Um deren Konkurrenz aus dem Weg zu gehen, sucht sie ihre Nahrung – Insekten und Spinnen – in höheren Baumetagen als die beiden anderen. Für den Nestbau wählt sie enge Naturhöhlen in Bäumen oder Baumstümpfen, gelegentlich sogar in Eichhörnchenkobeln. Nistkästen werden nur im äußersten Notfall angenommen. Das Weibchen brütet allein, aber beide Partner versorgen die Jungen. Haubenmeisen sind Standvögel.

1

2

3

4

1 | Sumpfmeise
Parus palustris
Meisen
080

BESCHREIBUNG Sehr ähnlich der Weidenmeise. Oberseite graubraun, Unterseite schmutzig weiß, Kopfkappe glänzend schwarz, Kinn schwarz, ohne helles Flügelfeld. Weibchen und Männchen gleich gefärbt. Stimme: Ruft sehr auffällig „pistjä", gefolgt von einem schnellen Zetern wie „dädädä", Gesang erinnert an die Strophen der Klappergrasmücke.
LEBENSRAUM Der Name dieses Vogels ist irreführend. Die Sumpfmeise lebt nicht, wie man vermuten könnte, in sumpfigen Regionen, sondern vielmehr in Laub- und Mischwäldern, Obstpflanzungen, Parkanlagen und Gärten. Im Gebirge brütet sie nicht über 1400 m.
LEBENSWEISE Eine sehr agile Meise, die ständig in Bewegung ist und häufig mit dem Bauch nach oben durchs Geäst schlüpft. Das Nest aus Moos baut das Weibchen in Baumhöhlen. Auch Nistkästen werden angenommen. Die Jungvögel werden mit Insekten und Spinnen gefüttert. Während der kalten Jahreszeit leben Sumpfmeisen auch von Sämereien. Als Standvögel bleiben sie im Winter in ihrem Brutgebiet, und kommen, im Gegensatz zur Weidenmeise, dann oft an Futterstellen.

2 | Weidenmeise
Parus montanus
Meisen
081

BESCHREIBUNG Sehr ähnlich der Sumpfmeise. Oberseite graubraun, Unterseite schmutzig weiß, Kinn schwarz, Kopfkappe matt schwarz, mit hellem Flügelfeld. Weibchen und Männchen gleich gefärbt. Stimme: Ruft auffällig breit gedehnt „däh-däh-däh" oder „zi-zi-däh-däh".
LEBENSRAUM Bewohnt feuchte Nadelwälder, Auwälder mit Birken, Erlen, Pappeln und Weiden, bachbegleitende Gebüsche, Moore. Meidet als Kulturflüchter menschliche Siedlungen.
LEBENSWEISE In Europa leben mehrere Rassen dieser Vogelart: Am häufigsten ist die in den Alpen bis auf 1900 m brütende Alpenweidenmeise. Im Gegensatz zu Sumpfmeisen zimmern Weidenmeisen nach Spechtart eigene Nisthöhlen in altersmorsche Weiden oder Pappeln. Bei dieser anstrengenden Arbeit wechseln sich beide Partner ab. Das Weibchen brütet allein, wird aber in dieser Zeit vom Männchen mit Futter – Insekten, Larven und Spinnen – versorgt. Weidenmeisen sind Standvögel. Sie bleiben auch im Winter in ihrem Brutgebiet und kommen nicht an Futterstellen. Selbst in den Alpen bleiben sie in den Hochlagen.

3 | Blaumeise
Parus caeruleus
Meisen
082

BESCHREIBUNG Unverwechselbar: einziger heimischer Vogel mit blau-gelbem Federkleid. Kopfplatte blau, weiß umrandet. Stirn und Wangen weiß, langer schwarzer Augenstreif, Kinn schwarz, Rücken olivgrün, Flügel und Schwanz blau, Bauchseite blassgelb. Stimme: Ruft ansteigend „tsi-tsi-tsi-tsit".
LEBENSRAUM Ist als anpassungsfähige Art an kein Biotop gebunden, bevorzugt aber Eichenwälder oder eichendominierte Mischwälder und meidet reine Nadelwälder. Ist auch in Menschennähe in Gärten und Parklandschaften anzutreffen.
LEBENSWEISE Im Sommer ernähren sich Blaumeisen fast ausschließlich von kleinen Insekten. Im Winter treten Pflanzensamen in den Vordergrund. Neben der Kohlmeise erscheinen Blaumeisen wohl am häufigsten am winterlichen Futterhaus. Mit ihrem harten Meißelschnabel schaffen sie es, selbst Sonnenblumensamen aufzupicken. Blaumeisen sind Höhlenbrüter und nutzen außer natürlichen Baumhöhlen auch Nistkästen. Deren Einschlupfloch sollte, um die kräftigeren Kohlmeisen fernzuhalten, etwa 25–27 mm Durchmesser haben.

4 | Kohlmeise
Parus major
Meisen
083

BESCHREIBUNG Kopf schwarz mit weißen Wangen, Rücken olivgrün, Unterseite gelb mit schwarzem Mittelstreifen. Weibchen etwas blasser gefärbt. Stimme: Verfügt über viele verschiedene Rufe, die oft andere Meisen nachahmen, am häufigsten hört man „zizibäh-zizibäh".
LEBENSRAUM Hat ein größeres Verbreitungsgebiet als alle anderen Meisen, besiedelt sehr vielfältige Lebensräume. Von Parks und Gärten bis in die Latschenregion der Gebirge bewohnt sie fast alle baumbestandenen Landschaftsformen, allerdings in unterschiedlicher Dichte. Die höchste Populationsdichte erreicht sie in aufgelockerten Mischwäldern und in Parkanlagen.
LEBENSWEISE Kohlmeisen sind vielseitige Insektenfresser und oft hilfreich bei Massenvermehrungen von Insekten im Forst. Deshalb werden sie auch mit Nistkästen unterstützt. Kohlmeisen bebrüten zweimal im Jahr 8–12 Eier. Doch trotz der hohen Eizahl und der 2 Jahresbruten kommt es nicht zu einer Massenvermehrung, denn Meisen haben viele natürliche Feinde. Meist sterben im 1. Jahr bereits 85 % der Jungvögel. Ihre Lebenserwartung beträgt nur knapp 2 Jahre, obwohl diese Vögel bis zu 12 Jahre alt werden könnten.

1

2

3

4

1 | Tannenmeise
Parus ater
Meisen

084

BESCHREIBUNG Kleinste Meise Europas. Kopf schwarz mit weißen Wangenseiten und weißem Nackenfleck. Kehle schwarz, Flügel dunkelgrau mit 2 gepunkteten weißen Binden, Oberseite dunkelgrau, Unterseite graubraun. Männchen und Weibchen gleich gefärbt. Stimme: ruft hoch und dünn „tsi" oder goldhähnchenartig „sissi-sissi", Reviergesang erinnert an den der Kohlmeise.
LEBENSRAUM Eng an dunkle Fichten- und Tannenwälder gebunden. Nur gelegentlich in Mischwäldern, sofern Fichten vorhanden sind.
LEBENSWEISE Die Tannenmeise ist die am häufigsten vertretene Meisenart im geschlossenen Fichten- und Tannenwald und im Gebirge bis zur Baumgrenze anzutreffen. Wie alle Meisen lebt sie von Insekten und Spinnen, die sie hoch in den Bäumen turnend erbeutet. Als Höhlenbrüter legt sie ihre Nester in morschen Fichtenstämmen, Wurzelstöcken und bei Höhlenmangel selbst in Mäuselöchern an. Im Winter schließen sich Tannenmeisen mit anderen Meisenarten zu Trupps zusammen und besuchen die Futterhäuschen.

2 | Kleiber
Sitta europaea
Kleiber

085

BESCHREIBUNG Wendiger Klettervogel mit gedrungenem Körperbau, großem Kopf, kurzem Schwanz und spechtartigem Schnabel („Spechtmeise"). Oberseite blaugrau, Unterseite orangebraun. Auffälliger, dunkler, langer Augenstreif. Stimme: Sehr ruffreudiger Vogel, ruft laut „twett" oder „siet", Gesang besteht aus langgereihten Pfeiftönen oder Trillern, klingt wie „wiwiwiwi".
LEBENSRAUM Laub- und Mischwälder mit alten Eichen, Parks mit altem Baumbestand.
LEBENSWEISE Kleiber klettern wendig und geschickt an Baumstämmen auf und ab, typischerweise abwärts mit dem Kopf voran. Weil sie so kräftige Füße haben, können sie auf einen Stützschwanz, wie ihn Spechte und Baumläufer besitzen, verzichten. Ihr Name ist Programm: Er leitet sich von ihrem Verhalten ab, bezogene Spechthöhlen oder Stammrisse mit einem Brei aus Lehm zuzukleistern und so an ihren Körperdurchmesser anzupassen. Selbst vom Kleiber bezogene Nistkästen sind oft völlig lehmverschmiert. Diese Fähigkeit der Kleiber, den Eingang der Bruthöhle zu verkleinern, ist ein wirksamer Schutz gegen Nesträuber.

3 | Waldbaumläufer
Certhia familiaris
Baumläufer

086

BESCHREIBUNG Sehr ähnlich dem Gartenbaumläufer, aber Vorderstirn gefleckt. Oberseite rindenfarbig braun mit hellen Flecken (nicht gestrichelt wie bei der Zwillingsart), Unterseite reinweiß. Heller Überaugenstreif. Feiner, abwärts gebogener Schnabel. Männchen und Weibchen gleich. Stimme: Ruft hoch und dünn „sirr" oder „sit".
LEBENSRAUM Bewohnt in erster Linie dichte Fichten- und Tannenwälder, daneben aber auch Mischwälder mit einem hohen Anteil an Nadelbäumen.
LEBENSWEISE Waldbaumläufer sind Spezialisten für die ökologische Nische „Insekten und Spinnen in rissiger Borke". Im Winter nehmen sie auch Koniferensamen und Flechten. Der Waldbaumläufer ist unempfindlicher gegen Kälte als seine Zwillingsart, der Gartenbaumläufer. Er kann auf winterliche Schlafgemeinschaften, wie sie der Gartenbaumläufer praktiziert, verzichten. Sein Nest aus Gras, Moos und Federn baut der Waldbaumläufer in einen Baumspalt hinter loser Borke oder in einen speziellen Baumläufernistkasten mit seitlichem Einschlupfloch direkt am Baumstamm.

4 | Gartenbaumläufer
Certhia brachydactyla
Baumläufer

087

BESCHREIBUNG Sehr ähnlich dem Waldbaumläufer, aber Vorderstirn ungefleckt. Hält sich bevorzugt am Stamm von Laubbäumen auf. Gefieder oben rindenfarbig graubraun, weißlich gestrichelt., Unterseite weißlich. Langer Stützschwanz. Weißlicher Überaugenstreif. Langer, abwärts gebogener Schnabel. Beide Geschlechter gleich gefärbt. Stimme: Ruft hoch und laut „tüt-tüt" oder „tititi", der Gesang ist eine ansteigende Reihe hoher Pfeiftöne.
LEBENSRAUM Häufiger Brutvogel in Laub- und Mischwäldern, Gärten und Parks mit altem Eichenbestand.
LEBENSWEISE Der Ablauf ist immer der gleiche: Ein kleiner Vogel mit langem Pinzettenschnabel landet unten am Stamm eines Laubbaumes, klettert mit ruckartigen Bewegungen hinauf, steckt unterwegs seinen Schnabel in jede Ritze und fliegt zum nächsten Baum. Dort beginnt das gleiche Spiel wieder, von unten nach oben. Jeder Baum mit rissiger Borke, der viele Insektenverstecke verspricht, wird angeflogen. Der Gartenbaumläufer kontrolliert auf diese Weise bis zu 200 Bäume täglich und legt kletternd 2–3 km zurück.

1

2

3

4

1 | Buchfink
Fringilla coelebs
Finken

088

BESCHREIBUNG Kopfscheitel, Nacken und Schnabel des Männchens blaugrau **(1A)**. Kopfseiten und Brust rostbraun. Dunkle Flügel mit 2 weißen Flügelbinden. Weibchen schlicht oliv bis graubraun **(1B)**. Stimme: Ruft hart „pink", schmetternder Gesang aus 3 abfallenden Teilen und einem Endschnörkel.
LEBENSRAUM Bewohnt Wälder aller Art: Mischwälder, Auwälder, dunkle Fichtenwälder. Daneben auch Kulturland mit Hecken und Baumgruppen.
LEBENSWEISE Der Gesang der Buchfinken („Finkenschlag") ist regional unterschiedlich. Das Grundschema ist zwar überall dasselbe, aber einzelne Teile der Strophe werden lokal verändert. Vor allem der Schlussschnörkel klingt sehr unterschiedlich. Diesen „Dialekt" erlernen die Jungvögel von Artgenossen und behalten ihn dann ein Leben lang bei.

2 | Bergfink
Fringilla montifringilla
Finken

089

BESCHREIBUNG In Größe und Gestalt dem Buchfink ähnlich, aber mit orangefarbener Brust, auffallend weißem Bauch und Bürzel und schwarzen Flügeln mit einer orangefarbenen Flügelbinde. Männchen im Prachtkleid mit blauschwarzem Kopf. Im Winterkleid ähneln sie den unauffälligeren Weibchen. Stimme: Ruft häufig „Dschäh" oder „djä", Gesang sehr eintönig.
LEBENSRAUM Bergfinken sind in Mitteleuropa nur Durchzügler und Wintergäste. Sie brüten vor allem in den Birkenwäldern Skandinaviens und der Taiga.
LEBENSWEISE Im Spätherbst und ab Februar ziehen Bergfinken in Schwärmen durch Mittel- und Südeuropa. Oft fliegen sie im Verband mit Buchfinken an Straßenböschungen entlang und suchen Sämereien, kommen aber auch ans Futterhaus.

3 | Grünfink, Grünling
Carduelis chloris
Finken

090

BESCHREIBUNG Großer, kräftiger, gelbgrüner Fink mit dickem Schnabel. Männchen unten gelbgrün, mit gelbem Flügelstreif und gelben Schwanzseiten. Weibchen bräunlicher. Stimme: Gesang erinnert an Kanarienvögel, enthält rollende, trillernde und klingelnde Tonfolgen.
LEBENSRAUM Einer der häufigsten Singvögel in Dorf und Stadt, lebt außerhalb der Siedlungen in lichten Misch- und Auwäldern.
LEBENSWEISE Der Grünfink singt nicht nur von Baumspitzen, sondern auch in einem merkwürdig gaukelnden Singflug mit langsam rudernden Flügelschlägen. Schon ab Januar und bis in den Spätsommer singen die Männchen ihr Lied. Grünfinken sind überzeugte Vegetarier. Sie leben von Samen, Knospen und Beeren. Die Jungvögel erhalten eine breiartige vegetarische Kost aus dem Kropf der Eltern.

4 | Erlenzeisig
Carduelis spinus
Finken

091

BESCHREIBUNG Gelbgrünes Gefieder und schwarzer Scheitel. (Männchen), Schwanz schwarz. Weibchen ohne dunklen Scheitel, mit mehr Grau im Gefieder. Stimme: Ruft im Flug ein heiseres „diäh", der Reviergesang ist eine kurze zwitschernde Strophe mit gezogenem Endlaut.
LEBENSRAUM Lichte Fichtenwälder in den Mittelgebirgen und Alpen, Mischwälder mit Fichten, Tannen, Erlen und Birken.
LEBENSWEISE Die Populationsdichte der Erlenzeisige schwankt in Abhängigkeit vom Samenangebot der Fichten, Tannen, Erlen und Birken – ihrer Hauptnahrung – von Jahr zu Jahr. Zur Brutzeit nehmen sie auch Blattläuse. Außerhalb der Brutzeit ziehen sie in Schwärmen weit umher und halten dabei untereinander ständig Kontakt mit ihrem Stimmfühlungsruf.

5 | Bluthänfling
Acanthis cannabina
Finken

092

BESCHREIBUNG Kleiner als der Buchfink. Vorderscheitel und Brust rot, Kehle weißlich, Rücken rotbraun. Weibchen ohne Rot. Stimme: Ruft im Flug auffällig „geckgeckgeck".
LEBENSRAUM Bevorzugt offenes Gelände mit Hecken und Feldgehölzen, lebt aber auch am Waldrand, in Wacholderheiden, sonnigen Fichtenjungwüchsen, Parkanlagen.
LEBENSWEISE Bluthänflinge brüten in lockeren Kolonien. Nicht selten liegen ihre Nester nur wenige Meter voneinander entfernt in niedrigen Büschen versteckt. Sie sind Samenfresser, leben von den Samen verschiedenster krautiger Pflanzen, aber auch von Bäumen. Auch ihre Jungen füttern sie mit Sämereien, die von beiden Eltern im Kropf gesammelt, eingeweicht und zum Füttern wieder ausgewürgt werden. Außerhalb der Brutzeit durchstreifen Bluthänflinge in großer Zahl die Landschaft. In milden Wintern streunen sie gemeinsam mit anderen Finken die Meeresstrände entlang. Bei Frost weichen sie ins Mittelmeergebiet aus.

1A

1B

2

3

4

5

1 | Fichtenkreuzschnabel
Loxia curvirostra
Finken
093

BESCHREIBUNG Fink mit überkreuzten Schnabelspitzen, klettert papageienartig an zapfentragenden Nadelzweigen. Das Gefieder der Männchen ziegelrot, Flügel schwarzbraun, Schwanz schwarzbraun und tief gekerbt **(1A)**. Weibchen oberseits olivgrün, Unterseite und Bürzel gelblich **(1B)**, Schwanz ebenfalls tief gekerbt. Stimme: Ruft im Flug hart „kippkipp".
LEBENSRAUM Lebt vorwiegend im Gebirge in älteren zapfenreichen Fichtenwäldern, selten in Lärchen- oder Kiefernwäldern. Zieht außerhalb der Brutzeit in Trupps vagabundierend umher und ist dann auch in Parks und Gärten zu beobachten.
LEBENSWEISE Fichtenkreuzschnäbel leben vorwiegend von Fichtensamen. Ihre besondere Schnabelform macht es ihnen leicht, die Schuppen an Fichtenzapfen auseinanderzuspreizen und an die Samen darunter zu gelangen. Deshalb folgen sie ihrem bevorzugten Nahrungsbaum, der Fichte. Waren ihre Vorkommen früher in Mitteleuropa auf die Hochlagen der Mittelgebirge beschränkt, so haben diese Vögel bis heute durch den verbreiteten Fichtenanbau ihren Lebensraum doch beträchtlich erweitert.

2 | Kernbeißer
Coccothraustes coccothraustes
Finken
094

BESCHREIBUNG Größter und schwerster Finkenvogel Mitteleuropas mit großem orangebraunem Kopf und auffällig klobigem, blaugrauem Schnabel. Nacken grau, Rücken dunkel rotbraun, Unterseite hell rötlichbraun. Flügel schwarz mit weißer Binde und einem blau schillernden Feld. Weibchen blasser im Gefieder. Stimme: Ruft häufig ein scharfes „zicks" oder ein gedehntes „zieh", Gesang selten zu hören.
LEBENSRAUM Brüten in Eichen- und Hainbuchenwäldern, auch in Auwäldern. Zur Früchtezeit sieht man sie häufig in Gärten. In Mitteleuropa vorwiegend Standvogel, nördliche und östliche Populationen verbringen den Winter im Mittelmeergebiet.
LEBENSWEISE Dieser größte heimische Finkenvogel ist auf die Samen von Laubbäumen sowie von Schlehen, Pflaumen, Kirschen und anderen Steinfrüchten spezialisiert. Ab April baut das Weibchen ein Nest aus Zweigen, Wurzeln, Flechten und Moos bis zu 25 m hoch in die Baumwipfel. Es brütet allein, aber das Männchen hilft beim Versorgen der Jungen. Diese bekommen neben vegetarischer Kost auch viele Insekten.

3 | Gimpel
Pyrrhula pyrrhula
Finken
095

BESCHREIBUNG Mittelgroßer Finkenvogel mit typischer schwarzer Kopfkappe und kräftigem, schwarzen Kegelschnabel. Flügel und Schwanz schwarz, weiße Flügelbinde. Unterseite und Wangen beim Männchen leuchtend rot **(3A)**, beim Weibchen blasser und eher etwas bräunlich **(3B)**. Stimme: häufig ein melodisches „djü", daneben ein leiser zwitschernder Gesang aus pfeifenden Lauten.
LEBENSRAUM Bewohnt überwiegend Nadelwälder, Mischwälder, Fichtenschonungen und Gärten mit einem hohen Koniferenanteil.
LEBENSWEISE Der Gimpel oder auch Dompfaff ist eine auffällige Finkenart und in freier Natur oder am Futterhäuschen leicht zu identifizieren. Mit seinem kräftigen Schnabel knipst er vor allem Knospen ab oder schält Samen aus den Hülsen. Im Herbst frisst er auch Beeren. Gimpel leben eigentlich im Wald, doch das warme Klima der Städte lockte sie in unsere Gärten. Dort gibt es aufbrechende Knospen bereits früher im Jahr. Ihr Nest aus flachen Reisern, Wurzeln und Haaren liegt meist in einer dichten Fichte, einem Wacholderstrauch oder einer Eibe.

4 | Star
Sturnus vulgaris
Stare
096

BESCHREIBUNG Im Sommer schwarzes, grün und violett schillerndes Gefieder, langer gelber Schnabel. Außerhalb der Brutzeit mit vielen weißen Fecken („Perlstar"), Schnabel dunkel. Weibchen wie Männchen, im Winterkleid stärker getupft. Stimme: sehr abwechslungsreiche Mischung aus pfeifenden, schnalzenden und schnurrenden Lauten, die andere Vogelstimmen nachahmt.
LEBENSRAUM Laub- und Mischwälder, Auwälder, Parks und Gärten. Teilzieher, mitteleuropäische Brutvögel ziehen nach Südeuropa oder Nordafrika, nordöstliche Populationen überwintern meist in Mittel- und Westeuropa.
LEBENSWEISE Als Höhlenbrüter beziehen Stare oft alte Buntspechthöhlen, nehmen aber auch Nisthilfen an. Aber sie brüten nicht gern allein, schätzen reiche Nachbarschaft. Jedes Brutpaar verteidigt nur die unmittelbare Umgebung der Höhle. Ihr Gesang richtet sich nicht gegen Rivalen, er dient dem sozialen Zusammenhalt, nicht der Auseinandersetzung. Auch außerhalb der Brutzeit bilden Stare große Schwärme, fallen auf Feldern und Wiesen, in Obst- und Weinbaugebieten ein. Oft übernachten die Schwärme im Schilf.

1A

1B

2

3A

3B

4

1 | Pirol
Oriolus oriolus
Pirole

097

BESCHREIBUNG Drosselgroßer, gelber Vogel mit schwarzen Flügeln. Weibchen oberseits grünlich, Flügel und Schwanz braunschwarz. Stimme: Ruft bei Störung häherartig „gjwääk", Gesang besonders klangvoll und flötend, klingt wie „didüalüo" und wird lautmalerisch mit „Vogel Bülow" wiedergegeben.
LEBENSRAUM Brütet in feuchten Laubwäldern, Auwäldern, Parks mit Gewässern und altem Laubbaumbestand. Überwintert im tropischen Afrika.
LEBENSWEISE Zur Brutzeit lebt der scheue Pirol versteckt im Blätterdach der Bäume und macht nur mit seinem klangvollen Gesang auf sich aufmerksam. Ab Mai baut das Paar gemeinsam ein kunstvolles napfförmiges Nest in großer Höhe in eine Astgabel. Pirole ernähren sich von größeren Insekten, nehmen aber auch Beeren und anderes Obst.

2 | Eichelhäher
Garrulus glandarius
Rabenvögel

098

BESCHREIBUNG Rötlichbrauner Vogel mit auffälliger Flügelzeichnung: Flügel schwarz mit weißem und blauschwarz gebändertem Federfeld. Weibchen wie Männchen gefärbt. Stimme: Warnruf ist ein laut lärmendes „rräh rräh".
LEBENSRAUM In allen Waldformen mit dichtem Unterholz vertreten.
LEBENSWEISE Eichelhäher gelten als „Gehilfen" der Förster. Sie vergraben im Herbst Eicheln und Bucheckern als Wintervorräte, die zum Teil im nächsten Frühling austreiben. So fördern sie die Naturverjüngung des Waldes und wandeln ganz nebenbei im Laufe der Jahre reine Fichten- und Kiefernmonokulturen zu abwechslungsreichen Mischwäldern. Zur Brutzeit ernähren sich Eichelhäher neben Großinsekten wie Maikäfer und Bockkäfer auch von Eiern und jungen Singvögeln.

3 | Tannenhäher
Nucifraga caryocatactes
Rabenvögel

099

BESCHREIBUNG Etwa eichelhähergroß. Körper und Kopfplatte dunkel schokoladenbraun, Rücken und Bauchseite weiß gestrichelt. Unterschwanz weiß. Weibchen wie Männchen gefärbt. Stimme: schnarrendes „kerr-kerr".
LEBENSRAUM Nadel- und Mischwälder der Mittelgebirge, vor allem aber die Arvengebiete (Zirbelkiefer, *Pinus cembra*) der alpinen Regionen.
LEBENSWEISE „Nucifraga" heißt „Nussbrecher" und erklärt die Vorliebe dieses Vogels für die Nüsschen der Zirbelkiefer, für Bucheckern, Eicheln und Haselnüsse, die er aufbricht. Zur Brutzeit bauen beide Partner ein Nest aus Stöckchen, Gras und Flechten, verkleistert mit Lehmerde, in großer Höhe in Nadelbäume. Im Herbst tragen Tannenhäher Haselnüsse aus dem Tal in die Bergwälder und vergraben sie als Wintervorrat.

4 | Dohle
Corvus monedula
Rabenvögel

100

BESCHREIBUNG Taubengroßer, grauschwarzer Rabenvogel. Hinterkopf und Nacken hellgrau, Rücken, Stirn und Schnabel schwarz. Unterseite grauschwarz. Weibchen wie Männchen. Stimme: Ruft klangvoll „kiack", auch mehrfach nacheinander.
LEBENSRAUM Bewohnen bevorzugt Parklandschaften und offenes Gelände mit angrenzenden Laubwäldern, Felswänden oder Ruinen.
LEBENSWEISE Dohlen sind als Höhlenbrüter auf ausgefaulte Bäume, Schwarzspechthöhlen oder Felsnischen angewiesen. Gelegentlich beziehen sie auch verlassene Nester anderer Rabenvögel. Sie brüten in Kolonien aus bis zu 100 Paaren. Im Winter ziehen Dohlen mit Saatkrähen übers Land und suchen auf den Feldern nach Insekten, Würmern, Schnecken und Körnern.

5 | Kolkrabe
Corvus corax
Rabenvögel

101

BESCHREIBUNG Etwa bussardgroß. Gefieder tiefschwarz, blau schillernd. Kräftiger schwarzer Schnabel. Weibchen wie Männchen. Stimme: ruft laut und tief „kroar" oder krähenartig „wärr".
LEBENSRAUM Besiedelt die unterschiedlichsten Lebensräume wie lockere Laub- und Nadelwälder, felsige Küsten, Gebirge, meidet nur größere zusammenhängende Waldgebiete.
LEBENSWEISE Dieser größte einheimische Rabenvogel fällt gelegentlich an Parkplätzen auf, wenn er Vogeleier, Nüsse oder Schnecken aus großer Höhe auf den Asphalt fallen lässt, um die Schale zu knacken. Bei der Balz zeigt das Kolkrabenpaar ungewöhnliche Flugspiele in großer Höhe. Der Horst wird in hohe alte Bäume oder Halbhöhlen in Felswänden angelegt. Brutbeginn ist bereits im Februar. Das Weibchen erbrütet 4–6 Eier in etwa 3 Wochen. Die Jungen werden mindestens 40 Tage lang gefüttert. Auch nach dem Ausfliegen bleibt die Familie noch zusammen. Im Winter schließen sich Kolkraben zu Trupps zusammen.

1

2

3

4

5

Lurche und Kriechtiere

Lurche und Kriechtiere

Der Wald ist einer der wichtigsten Lebensräume für Frösche, Kröten, Molche und Salamander. Man vermutet diese Tiergruppe meist im Wasser. Tatsächlich aber verbringen sie den größten Teil ihres Lebens in Laubwäldern. Gründe dafür sind die hohe Luftfeuchte, die Lurche als vorwiegende Hautatmer brauchen, die Versteckmöglichkeiten in der Laubschicht und der Reichtum an fressbarer Bodenfauna. Lediglich die kurze Lebensspanne der Paarung, Eiablage und Larvalentwicklung verbringen die Lurche im Wasser. Und sie nutzen auch hierfür waldnahe Feuchtbiotope. Diese erreichen sie auf jahrzehntelang benutzten Wanderwegen. Die Krötenwanderungen zweimal im Jahr sind eindrucksvolle Leistungen der wenig mobilen Tiere.
Je nach Witterung wandern die Lurche im März zu den Laichgewässern, in denen sie sich einst selbst entwickelten. Auslöser für die Wanderungen ist die Nachttemperatur von mehr als fünf Grad Celsius. Meist ist es um den 20. März soweit, kann sich aber bei Nachtfrösten auch verzögern. Das größte Problem für die wandernden Frösche sind dann die Straßen, die mittlerweile jedes Waldgebiet durchschneiden und zu gefährlichen Schneisen geworden sind. Rund 1–3 Stunden braucht etwa eine Erdkröte, um eine Straße zu überqueren. Viele werden dabei von Autos überfahren. Als wichtigste Rettungsmaßnahme haben sich Krötenzäune, 20 cm hohe Kunststoffbänder, die parallel zur Straße als Wanderbarriere aufgespannt werden, erwiesen.

Die häufigsten Arten

In Deutschland leben 21 Amphibien- und 14 Reptilienarten. Zu den Amphibien gehören Frösche, Kröten, Unken, Molche, Lurche und Salamander. Die Reptilien in Deutschland sind vorwiegend durch Eidechsen, Schleichen und Schlangen vertreten sowie mit einer landlebenden Schildkrötenart.
Unter den heimischen Amphibien hat der **Feuersalamander** die engste Bindung an den Wald. Dieser schwarzgelbe Lurch lebt in großen Laubmischwäldern der Mittelgebirgsregionen mit naturnahen Bachläufen. Die Eifel mit ihren dunklen naturnahen Laubwäldern ist ein typisches Habitat der Feuersalamander. Für dieses terrestrische Landleben haben sie mehrere Besonderheiten entwickelt. Zur Feindabwehr besitzen die etwa 20 Zentimeter langen und 40 Gramm schweren Salamander Ohrdrüsen, die einen ätzenden Giftcocktail absondern. In der Not können diese Drüsen sogar einen Meter weit spritzen und Feinde wie Eulen, Igel oder Marder abhalten. Wer Feuersalamander anfasst, bekommt das leicht ätzende Gift an den Händen zu spüren. Für Kinder wird es gefährlich, wenn der Stoff Samandaridin in die Augen gerät (mit viel Wasser ausspülen). Das gilt auch für viele Kröten, die sich auf diese Art wehren und nicht berührt werden wollen. Ganz erstaunlich ist das Lebensalter der Feuersalamander. Werden Amphibien meist nur drei Jahre alt, so werden die „Feuerlurche" im Freiland bis zu 20 Jahre alt. In einem Terrarium lebte einer sogar über 50 Jahre.

Häufigste Art in Deutschland: Der Grasfrosch.

Waldeidechsen sind lebend gebärend und bewachen noch lange ihre Jungen.

Typisch und namengebend für die Kreuzotter ist das Kreuzband, das sich über den ganzen Körper erstreckt.

Die wohl flexibelste heimische Amphibienart ist der **Grasfrosch**. Dieser sehr häufige Braunfrosch hat sich fast alle Lebensräume erschlossen, soweit Wasser vorhanden ist. Von Gartenteichen bis Grünland, von feuchten Wäldern bis Hecken und Gebüschen. Dort geht der gute Springer nachts auf Heuschreckenjagd. Grasfrösche sind sehr ortstreu und benutzen stets das gleiche Laichgewässer. Ihre Flexibilität verbunden mit hohem Lebensrisiko kompensieren sie mit einer hohen Zahl an Nachkommen. Ihre Eischnüre umfassen 700–4400 Eier. Allerdings ist auch die Zahl ihrer Feinde groß: Störche, Mäusebussard, Milane, Uhu und Schleiereulen jagen den häufigen Frosch. Man sah sogar schon Amseln einen Grasfrosch erbeuten und verzehren. Bei dieser Gefahrenlage werden Grasfrösche selten älter als 10 Jahre.

Die Reptilienart mit der größten Verbreitung ist die **Waldeidechse**. Mit ihrem geringeren Wärmebedarf kann sie Waldlichtungen und Säume sowie Bergregionen bis ans Eismeer bewohnen. Ihre Lebensnische sind die Bergregionen, wo sie die Konkurrenz mit der Wärme liebenden Zauneidechse vermeiden kann. Schon bei 10 Grad Lufttemperatur im März sind die Männchen aktiv und sonnen sich auf südexponierten Steinen oder Baumwurzeln. Diese tagaktive Art ist deshalb so flexibel weil sie lebendgebärend ist. Sie bringt die 5–8 Jungtiere im Sommer zur Welt, in kalten Jahren auch erst im Herbst. Waldeidechsen leben in der Laubschicht und jagen dort Wolfspinnen und Grillen. Sie verlassen sich so auf ihre Tarnung durch braune Flecken, dass sie bei Annäherung ruhig liegen bleiben und sich beobachten lassen.

Die einzige Giftschlange Deutschlands ist die **Kreuzotter**. Sie bewohnt Waldlichtungen und Waldränder, Moore, also Lebensräume mit starken Temperaturschwankungen zwischen Tag und Nacht. In den Morgenstunden sonnen sich Kreuzottern, bis sie eine Körpertemperatur von 30–33 Grad Celsius erreichen. Dann sind sie tagsüber aktiv und jagen Kleinsäuger, Frösche und Eidechsen. Bei fallenden Temperaturen im Oktober gehen sie in eine halbjährliche Kältestarre. Ihre große Flexibilität, selbst nordische Gebiete bis zum Polarkreis und alpine Waldgebiete zu besiedeln, verdanken sie ihrer Fähigkeit, Jungtiere lebend zu gebären. Die bleistiftgroßen Jungschlangen kommen von August bis Oktober zur Welt. Merkwürdigerweise besiedeln Kreuzottern aber nicht die wärmeren westlichen Mittelgebirge wie Westerwald oder Eifel, sondern eher die östlichen wie Bayerischer Wald, Schwarzwald oder Alpen. Kreuzottern flüchten meist bei Annäherung, sie nehmen unsere Tritte als Erschütterungen früh wahr. Werden sie dennoch überrascht, reagieren sie mit Drohgebärden und Zischen, bevor sie zum Biss zustoßen. Ihr Gift verursacht Atemnot und Herzrasen. Manche Menschen reagieren gar nicht darauf, manche müssen sofort in die Klinik. Die Bissstelle ist an einem roten Ring auf der Haut zu erkennen.

Mit den ersten warmen Märztagen beginnt die Wanderung der Erdkröten.

1 | Feuersalamander
Salamandra salamandra
Echte Salamander

BESCHREIBUNG Plumper Körper mit kräftigen Beinen und auffällig rundem Schwanz. Breiter Kopf mit großen Ohrdrüsen. Haut feucht, glänzend schwarz mit gelben bis orangefarbenen Flecken, Streifen oder Bändern **(1A)**.
LEBENSRAUM Schattige, feuchte Laubwälder im Berg- und Hügelland. Reine Nadelwaldbestände werden gemieden.
LEBENSWEISE Am Tag bekommt man Feuersalamander bestenfalls bei strömendem Regen zu Gesicht. Die Tiere sind nachtaktiv. Wie fast alle heimischen Amphibien haben auch Feuersalamander wasserlebende Larven **(1B)**. Diese setzt das lebendgebärende Weibchen im Frühling oder Sommer nach einer Tragzeit von acht Monaten ins saubere Wasser kleiner Waldbäche ab. Etwa 4 Monate später verlassen sie das Wasser und werden zu landlebenden Tieren.

2 | Bergmolch
Ichthyosaura alpestris
Echte Salamander

BESCHREIBUNG Langgestreckter Körper mit seitlich zusammengedrücktem Schwanz. Rücken dunkel marmoriert auf bläulichem, gelbbraunem oder dunkelbraunem Grund. Bauch orangefarben, ungefleckt. Männchen zur Paarungszeit mit einem gelbschwarz gebänderten Kamm auf der Rückenlinie.
LEBENSRAUM Gewässerreiche Wälder der Mittelgebirge. Laichplätze sind kleine stehende, selten langsam fließende Gewässer.
LEBENSWEISE Die meisten Amphibien leben den Großteil des Jahres in den Wäldern. Nur zur Paarung, Eiablage und Larvalentwicklung wird das Wasser benötigt. Die Laichzeit der Bergmolche ist im April/Mai. In dieser Zeit werden die Eier einzeln an Wasserpflanzen abgelegt. Während des Sommers durchläuft der Molchnachwuchs seine komplette Entwicklung. Im Herbst wird er zum Landtier.

3 | Europäischer Laubfrosch
Hyla arborea
Laubfrösche

102

BESCHREIBUNG Kleinster einheimischer Frosch und einziger heimischer Frosch, der klettert. Größe bis 5 cm. Glatte Hautoberseite und heller, gekörnter Bauch. Oberseite grasgrün, kann je nach äußeren Bedingungen zu hellgrün, gelblich, braun, grau oder auch schwarzgrau wechseln. Haftscheiben an Fingern und Zehen.
LEBENSRAUM Buschreiches Gelände an Waldrändern. Laichgewässer sind flache, wasserpflanzenreiche Teiche und Tümpel.
LEBENSWEISE Amphibien sind wechselwarme Tiere mit einer feuchten, drüsenreichen Haut. Deshalb brauchen sie auch während ihres Landlebens eine bestimmte Feuchte. Die einzelnen Arten zeigen dabei unterschiedliche Vorlieben für schattige Lebensräume. Der Laubfrosch schätzt Brombeerhecken am Waldrand. Als ausgezeichneter Kletterer sucht er sich hier gern erhöhte Plätze.

4 | Grasfrosch
Rana temporaria
Echte Frösche

103

BESCHREIBUNG Größe bis 10 cm. Frosch mit kurzer, stumpfer Schnauze. Rücken rötlichbraun mit dunklen Flecken und Tupfen. Hinterbeine dunkel quer gebändert. Typisch: dunkler Schläfenfleck hinter dem Auge **(4A)**.
LEBENSRAUM Besiedelt Laubwaldgebiete, Waldlichtungen, Waldränder, manchmal auch Moore. Laichplätze sind alle stehenden oder langsam fließenden Gewässer.
LEBENSWEISE Der Grasfrosch ist nach dem Winter der erste Frosch am Laichgewässer. Bereits im Februar legt das Weibchen im flachen Wasser 2000–4000 Eier in großen gallertartigen Massen ab **(4B)**. Im Juni verlassen die dann etwa 1 cm großen Jungfrösche das Wasser und verbringen die übrige Zeit des Jahres zwischen feuchtem Laub und Gras. Beim Verlassen ihres Geburtsgewässers erscheinen die Jungfrösche oft in sehr großer Zahl im Uferbereich („Froschregen"). Sie zeigen dann auch schon beträchtliche Färbungsunterschiede.

5 | Springfrosch
Rana dalmatina
Echte Frösche

104

BESCHREIBUNG Größe maximal 9 cm. Schlanker Körper, spitze Schnauze. Oberseite lehmgelb oder rötlichbraun, einfarbig oder leicht gefleckt. Unterseite einheitlich gelblichweiß. Brauner Schläfenfleck.
LEBENSRAUM Gewässerreiche Laubmischwälder. Als Laichgewässer werden Waldtümpel, kleine Teiche und Wassergräben genutzt.
LEBENSWEISE Springfroschmännchen wandern bereits im Herbst in ihre Laichgewässer und überwintern dort im Bodenschlamm. Die Weibchen überwintern in Gewässernähe an Land unter einer dicken Laubschicht. Zur Laichzeit im März/April werden bis zu 1800 Eier in dicken Laichballen an Unterwasserpflanzen geheftet. Die geschlüpften Kaulquappen verwandeln sich nach etwa 3 Monaten zu Jungfröschen und verlassen das Gewässer.

1A

1B

2

3

4A

4B

5

1 | Erdkröte

Bufo bufo
Kröten

105

BESCHREIBUNG Größte einheimische Kröte. Auge mit waagrechter Pupille. Rücken graubraun, Bauchseite grauweiß, manchmal mit dunklen Flecken. Haut trocken, mit warzigen Drüsen **(1A)**.
LEBENSRAUM Besiedeln Laubwälder, Streuobstwiesen, Gärten.
LEBENSWEISE Erdkröten bewohnen immer wieder den gleichen Unterschlupf. Nur bei warmem, regnerischen Wetter verlassen die dämmerungs- und nachtaktiven Tiere ihr Versteck auch tagsüber und jagen Würmer, Nacktschnecken, Asseln und Spinnen. Jedes Jahr im März wandern sie in Massen zu den immer wieder gleichen Laichtümpeln. Dort legen die Weibchen 2000–6000 Eier in bis zu 2 m langen Laichschnüren ab **(1B)**. Je nach Witterung entwickeln sich die Kaulquappen **(1C)** nach etwa 10–16 Tagen und verlassen im Juni als Jungkröten das Wasser.

2 | Wechselkröte

Bufo viridis
Kröten

106

BESCHREIBUNG Kräftige Kröte mit wechselnder Färbung (Name). Augen mit waagrechter Pupille. Rücken grau bis oliv, mit einem unverwechselbaren Muster aus unregelmäßigen grünen bis schwärzlichen Flecken. Bauchseite weiß.
LEBENSRAUM Heideflächen, Trockenrasen, Dünen. Laichgewässer sind vegetationsarme Tümpel mit flachen Uferzonen.
LEBENSWEISE Als Art, die aus den Steppengebieten Zentralasiens stammt, ist die Wechselkröte an Trockenheit und Wärme gut angepasst. Demzufolge sagen ihr auch trockene, sonnenexponierte, steppenartige Lebensräume zu. Außerhalb der Laichzeit ist sie die am wenigsten auf Feuchtigkeit angewiesene Kröte. Sie ist heute als „stark gefährdete Art" in der Roten Liste geführt. Hauptursache hierfür ist wohl die Veränderung ihrer Laichgewässer.

3 | Gelbbauchunke

Bombina variegata
Unken

107

BESCHREIBUNG Gedrungener Körper, runde Schnauze. Auge mit herzförmiger Pupille. Rücken graugrün bis braun, mit kräftigen Warzen. Bauch graublau bis schwarz, mit gelbem Fleckenmuster. Haut der Gliedmaßen warzig.
LEBENSRAUM Vegetationsarme, besonnte Kleintümpel, wassergefüllte Wagenspuren, lehmige Gräben.
LEBENSWEISE Amphibien haben nur wenige Möglichkeiten zur Abwehr von Feinden entwickelt. Wird die Gelbbauchunke im Wasser angegriffen, taucht sie unter und gräbt sich im Schlamm ein. An Land nimmt sie in lebensbedrohlichen Situationen die sogenannte Kahnstellung ein. Dabei zeigt sie mit durchgebogenem Rücken und hochgezogenen Beinen die Warnfärbung ihrer Unterseite und sondert ein giftiges Hautsekret ab.

4 | Waldeidechse

Zootoca vivipara
Eidechsen

BESCHREIBUNG Unsere kleinste Eidechse. Beide Geschlechter oben braun mit weißen Flecken oder Streifen, die dunkel umrahmt sind. Männchen unten orange, mit zahlreichen schwarzen Flecken. Weibchen unten zitronengelb, ohne Flecken.
LEBENSRAUM Feuchte Waldränder, Lichtungen, Heideland.
LEBENSWEISE Anders als andere Eidechsen legt die Waldeidechse keine Eier, sondern bringt fertig entwickelte Jungtiere zur Welt. Dieses Verhalten ermöglicht der Art das Überleben in kälteren Regionen. Die tagaktiven Tiere ernähren sich von Spinnen und Bodeninsekten. Sie überwintern oft gemeinsam mit Blindschleichen, Kreuzottern und Erdkröten in alten Baumstümpfen, trockenen Erdhöhlen oder unter Steinen.

5 | Zauneidechse

Lacerta agilis
Eidechsen

BESCHREIBUNG Gedrungener Körper, kurze Beine, dicker Kopf. Rücken bei beiden Geschlechtern hellbraun mit dunklem Längsband und weiß-dunkelbraunen Flecken. Zur Paarungszeit unterschiedliche Färbung der Geschlechter: Männchen mit grünen Flanken und grüner Unterseite, Weibchen mit cremefarbenen Flanken und gelblichweißer Unterseite, jeweils mit dunklen Flecken oder Punkten.
LEBENSRAUM Waldlichtungen, Waldränder, Böschungen, Heideflächen.
LEBENSWEISE Diese flinke Eidechse ist tagaktiv, nicht besonders scheu und sehr wärmeliebend. Sie sonnt sich gerne auf Steinen, um Wärme zu tanken und den wechselwarmen Organismus auf Betriebstemperatur zu bringen. Bei kühlem Wetter verkriecht sie sich in Erdhöhlen. In frostsicheren Erdhöhlen verbringt sie auch den Winter. Zur Paarungszeit kämpfen die Männchen mit Rivalen und stellen dabei ihre grünen Flanken zur Schau. Im Mai/Juni vergräbt das Weibchen bis zu 15 Eier im warmen Sand. Etwa 3 Monate später schlüpfen die Jungen.

1A
1B
1C
2
3
4
5

1 | Blindschleiche
Anguis fragilis
Schleichen

BESCHREIBUNG Ähnelt im äußeren Erscheinungsbild einer Schlange, ist aber eine beinlose Echse. Kopf stets eidechsenähnlich. Länge bis 45 cm. Körper drehrund, mit goldglänzender, glattschuppiger Oberfläche. Färbung sehr variabel: Oberseite grau oder braun, oft mit Längsstreifen, Strich- oder Punktreihen.
LEBENSRAUM Bewohnt Laubwälder, feuchte Stellen auf Waldlichtungen und Weideland.
LEBENSWEISE Blindschleichen sind im Unterschied zu anderen heimischen Reptilien deutlich weniger auf Wärme angewiesen. Sie sind lieber im kühlen Schatten unterwegs und gehen abends und bei feuchtem Wetter auf die Jagd nach Nacktschnecken und Regenwürmern. Tagsüber verkriechen sie sich unter Steinen, Laub oder in den Erdgängen von Nagetieren. Auch bei der Fortpflanzung verlassen sie sich nicht auf die Wärme der Sonne. Die lebend gebärenden Tiere bringen im Spätsommer 5–25 Junge zur Welt. Den Winter verbringen Blindschleichen oft in Gruppen unter dicken Baumwurzeln. Terrarientiere können bis zu 50 Jahre alt werden.

2 | Kreuzotter
Vipera berus
Vipern

BESCHREIBUNG Gesamtlänge Männchen bis zu 55 cm, Weibchen bis 65 cm. Giftschlange mit variabler Färbung und Zeichnung: Männchen oben weiß, grüngrau, oliv oder schwarz. Weibchen sandgelb, kupferfarben oder dunkelbraun. Im Gebirge und in Mooren findet man sogenannte Höllennattern: einheitlich schwarz gefärbte Kreuzottern. Beide Geschlechter mit Zickzackband auf dem Rücken und V- oder X-Zeichnung auf dem Kopf. Pupille senkrecht.
LEBENSRAUM Bewohnt als wärmebedürftige Schlange sonnige Waldlichtungen, Waldränder, Heidebestände und Moore.
LEBENSWEISE Die scheue, tag- und dämmerungsaktive Kreuzotter ernährt sich von Kleinsäugern, Froschlurchen und Eidechsen, die sie mit einem Giftbiss tötet. Menschen beisst sie nur, wenn sie in die Enge getrieben wird. Eher sucht sie ihr Heil in der Flucht. Kreuzottern haben traditionelle Paarungsplätze. Nach einer Entwicklungszeit von etwa 8–10 Wochen werden 5–18 voll entwickelte Junge geboren. Die Zeit von Oktober bis März verbringen Kreuzottern in Winterstarre. Fressfeinde der Kreuzotter sind Greifvögel wie der Mäusebussard, die Wiesen- und die Rohrweihe, auch der Uhu und die Aaskrähe.

3 | Schlingnatter
Coronella austriaca
Nattern

BESCHREIBUNG Gesamtlänge 60–80 cm, Männchen kleiner als Weibchen. Körper braun bis grau, mit dunklen paarigen oder schräg gegeneinander versetzten Doppelflecken. Kein Zickzackmuster wie bei Kreuzottern, mit der sie oft verwechselt wird. Kopf klein, mit seitlichem dunklen Streifen von der Nasenöffnung durch das Auge bis zum Hals. Pupillen rund.
LEBENSRAUM Bewohnt trockene, warme Regionen. Man findet sie vor allem auf Waldlichtungen, in Heidelandschaften, im sandigen Hügelland. In Mitteleuropa weit verbreitet, aber nicht flächendeckend vertreten.
LEBENSWEISE Die tagaktive Schlingnatter ist kein typischer Waldbewohner. Sie hält sich lieber auf sonnigen, trockenen, warmen Lichtungen auf. Dort geht sie auf die Jagd nach Eidechsen, kleinen Schlangen, auch nach Vögeln und Kleinsäugern. Ihre Beutetiere überwältigt sie, indem sie diese umschlingt und erdrückt. Wird sie in die Enge getrieben, beisst sie sofort zu. Ihr Biss ist aber ungiftig. Paarungszeit der Schlingnattern ist das Frühjahr. Im Spätsommer bringt das Weibchen 2–15 Junge zur Welt.

4 | Ringelnatter
Natrix natrix
Nattern

BESCHREIBUNG Gesamtlänge der Männchen bis 75 cm, der Weibchen bis 150 cm. Rücken schiefergrau bis braun, mit schwarzen Flecken. Bauchseite schmutzig weiß, mit dunkler Zeichnung. Augen mit runder Pupille. Typisch: gelbe, manchmal weiße Halbmondzeichnung hinter dem Kopf **(4A)**.
LEBENSRAUM Lebt im Uferbereich von Tümpeln, Teichen, Bächen und Seen. Auch in Laub- und Kiefernwäldern, an Bahndämmen und in Gärten regelmäßig zu beobachten. Hier findet man auch oft die abgestreifte Haut, das „Natternhemd" **(4B)**.
LEBENSWEISE Ringelnattern sind tagaktive Tiere. Diese scheuen Schlangen kann man besonders in den Morgenstunden schwimmend beobachten, wenn sie Frösche, Molche und Fische fangen. Für den Menschen sind diese ungiftigen Schlangen völlig ungefährlich. Fühlen sie sich bedroht, stellen sie sich auf dem Rücken liegend tot, lassen die Zunge aus dem weit geöffneten Maul hängen und sondern eine stinkende Flüssigkeit ab. Mit diesem Trick schützen sie sich wahrscheinlich vor ihren Feinden wie Marder, Igel oder Graureiher. Ihre Winterquartiere – oft Baue von Kleinsäugern – suchen Ringelnattern im September/Oktober auf.

1

2

3

4A

4B

Käfer

Käfer

Von allen Tieren auf der Erde gehören Dreiviertel aller Arten zu den Insekten. Und von diesem wiederum sind Dreiviertel aller Arten Käfer. Man kann sagen, Käfern gehört die Welt. Diese Vormachtstellung hat diese Ordnung der Sechsbeiner mit einer enormen Vielfalt erreicht. Zwar ist der Körper aller Insekten weitgehend gleich. Aber die Variationen ihrer Mundwerkzeuge haben im Laufe der Evolution eine enorme Fülle an Lebensformen ermöglicht. Damit können Käfer in Ökosystemen fast alle „Berufsgruppen" stellen und viele Planstellen als „Ökologische Nische" besetzen. Besonders eindrucksvoll ist dies bei den Käfern in Waldökosystemen.

Unglaubliche Vielfalt

Allein schon die Berufsgruppe der Pflanzenfresser (Phytophage) zeigt so viele Variationen, dass jedes Grün in irgendeiner Form angezapft wird. Da gibt es Knospenstecher, Blattwickler, Blattbohrer, Minierer, Tütenfalter, Früchtebohrer, Blattstanzer, Gallenbauer, Pappelblattroller, Holzbohrer, Mullzersetzer und viele andere Lebensformen. Weitere Berufsgruppen sind die Tunnelbohrer, die unter der Rinde komplizierte Gänge mit Brut- und Rammelkammern anlegen, um einen Baum bei Massenbefall umzubringen. Unter den Holzdestruenten gibt es Käferarten, die bis zu 10 Jahre für ihre Entwicklung brauchen, andere schaffen in einem Jahr mehrere Generationen. Schließlich gibt es noch eine Vielzahl von Räubern unter den Käfern, die ebenfalls die ungewöhnlichsten Jagdstrategien entwickelten. Die Larven der Glühwürmchen beispielsweise erlegen Schnecken. Die Laufkäfer sind nachts so schnell unterwegs, dass ihnen kein anderer Käfer entkommen kann, wenn er nicht Abwehrstrategien entwickelt. Wohl die ungewöhnlichste Form sich zu verteidigen zeigen die Bombardierkäfer. Sie erzeugen in ihrem Körper eine explosive Gasmischung und schleudern ihren Feinden eine heiße explodierende Gaswolke entgegen. Außerdem gibt es Kletterer, die bis in die höchsten Wipfel klettern, um dort Blattläuse zu fressen. Wer die Evolution von Lebensformen staunend erleben will, der findet sie in der Vielfalt der Käfer in einem Laub- oder Nadelwald.

Die Berufsgruppen der Käfer

Allein eine 100 Jahre alte Buche, ein Baum in den besten Jahren, produziert jedes Jahr rund eine halbe Million Blätter. Pro Hektar Laubwald fallen damit 4–5 Tonnen Laub jährlich an. Wohin verschwindet diese gewaltige Laubschicht? Im Wald gibt es ein Riesenheer an pflanzenfressenden Tieren, die wie ein gewaltiges Mahlwerk dieses Laub abbauen. Schon im Frühling, wenn uns das gerade ausgetriebene frische Grün des neuen Laubes erfreut, beginnen die **Pflanzenfresser** (Phytophage) mit ihrem Zersetzungswerk. Viele Käfer sind daran beteiligt. Der wohl häufigste Käfer ist ein Zwerg, dessen Werk wir fast in jedem zweiten Blatt sehen können. Der Buchen-Springrüssler stanzt schon in die Buchenblattknospe ein Loch bis auf die Blattrippe und legt sein Ei hinein. Die winzige Larve bohrt sich von der Mittelrippe einen Gang mitten im Blattgewebe zum Rand und frisst dort nur das Feinste vom Blatt, das energiereiche Blattgrün. Im April ein befallenes Blatt gegen das Licht zu halten, offenbart den Übeltäter in seinem fensterartigen Gehäuse. Der Schaden für den Baum ist gering, das Blatt kann weiter Energie aus Sonnenlicht, Wasser und Kohlendioxid produzieren. Aber durch das Werk dieses Käferwinzlings ist das Blatt für Bakterien und Pilze „geöffnet", die bereits jetzt das Werk des Abbaus beginnen. So erstickt der Wald später nicht an seinem Laub.
In der Natur hat jeder Baum seine Pflanzenfresser: Es gibt beispielsweise den Birken-Grünrüssler, den Pappelblattroller, den Blauen Erlenblattkäfer, den schwarzen Fichten-Dickmaulrüssler, den Eichelbohrer, den Weidenblattkäfer. Es kommt für die Bäume nur darauf an, es nicht zu viele werden zu lassen. Und wie bekommen sie das hin? Sie wehren sich mit Appetitzüg-

Kämpfende Hirschkäfer. Es geht darum, einen Holzstamm für die Brut zu besetzen.

Die Larven des Buchen-Springrüsslers minieren oft in jedem zweiten Blatt.

Bohrgänge des Buchdruckers unter der Rinde.

lern gegen die Pflanzenfresser. Gerbstoffe, Fraßgifte, Bitterstoffe oder schwer verdauliches Lignin halten die Insekten in Zaum.

Gefürchtete Schädlinge

Die Gruppe der **Borken- und Holzschädlinge** fürchtet der Förster am meisten. Sie mindern den Holzertrag und sind schwer zu bekämpfen. Zwar gehören beispielsweise der Buchdrucker und der Kupferstecher zur natürlichen Waldausstattung, sie können aber schnell zu gefürchteten Waldschädlingen werden, vor allem nach Stürmen oder heißen und trockenen Sommern. Dann legen diese „Rindenbrüter“ unter der Rinde von Nadelbäumen Brutgänge für ihren Nachwuchs an und vermehren sich sehr schnell. Schon nach einem Jahr können ganze Fichtenbestände wertlos werden.
Für den Wald sehr wichtig, aber für uns Menschen unerwünscht ist die Gruppe der **holzzerstörenden Käfer**. Diese sind darauf spezialisiert, das harte Holz anzubohren und ihre Larven darin groß zu ziehen. Ein sehr schwieriger Lebensraum, denn das Lignin ist schwer aufschließbar. Deshalb tragen diese Käfer Mikroben im Darm, die Holz abbauen und als Nahrung verwenden können. Die Entwicklung der Holzkäfer dauert oft Jahre. Viele **Bockkäfer** gehören zu diesen Spezialisten, die ausschließlich frisches Holz befallen und manchmal ganze Holzstöße wertlos machen. Noch gefährlicher sind die **Nagekäfer**. Diese nur 3–5 Millimeter kleinen Käfer befallen nur verbaute Laubhölzer. Ihre Larven sind uns als Holzwürmer bekannt und deren Entwicklung zum Käfer dauert bis zu acht Jahre. Oft bleiben sie lange unentdeckt, bis sie sich durch das Bohrmehl der Austrittslöcher verraten. Viele antike Schränke, wertvolle Madonnen des Mittelalters, aber auch Dachkonstruktionen sind vom Holzwurm bedroht.

Jäger und Totengräber

Laufkäfer sind, abgesehen von den bei Sonnenschein jagenden Sandlaufkäfern und dem Puppenräuber, meist dämmerungs- und nachtaktiv. In der Dunkelheit streifen Larven und Imagines dieser Käfer auf dem Boden umher und fangen Würmer, Schnecken sowie Insekten und deren Larven. In Waldökosystemen gehören sie zur wichtigen Gruppe der Bodenräuber.
Neben den wichtigen Räubern stellen die Käfer im Wald aber auch eine Berufsgruppe, die in diesem Lebensraum unerlässlich ist: die **Totengräber und Aaskäfer**. Etwa acht Arten haben sich in Mitteleuropa darauf spezialisiert, tote Tier aller Arten zu vergraben und gleichzeitig für ihre Brut zu verwenden. Diese Käfer haben spezielle Antennen, die schon von weitem Aasgeruch wahrnehmen. Männchen und Weibchen graben dann einen schrägen Gang ins Erdreich und ziehen beispielsweise die tote Waldmaus bis zu sieben Zentimeter tief hinunter. Ihre Larven verwerten später das Aas als Nahrung. Damit werden in einem Wald alle Biostoffe recycelt. Nichts bleibt ungenutzt. Die Käfer sitzen hierbei an allen Schaltstellen des Ökosystems Wald.

Totengräber vergraben tote Tiere im Erdreich.

1 | Großer Waldgärtner
Tomicus piniperda
Borkenkäfer

BESCHREIBUNG Glänzend brauner bis schwarzbrauner Käfer, walzenförmiger Körper, 3–5 mm groß. Flügeldecken rot, Fühler gelbrot, Stirn punktiert. Weiße Larven mit dunklem Kopf. Fraßbild: langer Zentralgang (Muttergang) oft mit krückstockartiger Biegung am Ende.
LEBENSRAUM Befällt alle Kiefernarten, selten auch an Fichte, Lärche oder Tanne.
LEBENSWEISE Die Gattung Waldgärtner ist in Mitteleuropa mit 2 Arten vertreten, die beide an Kiefern vorkommen. Diese Käfer befallen nur selten andere Nadelbäume. Als Rindenbrüter bohren die Weibchen einen längs verlaufenden Muttergang unter der Rinde, oft mit spazierstockartiger Biegung am Ende. Die Larvengänge laufen unregelmäßig auf der Oberfläche des Splintholzes vom Muttergang weg. Die Jungkäfer schlüpfen ab Juli und führen an einjährigen Kieferntrieben einen Reifefraß durch. Die ausgehöhlten Triebspitzen fallen zu Boden, die Jungkiefern sehen wie beschnitten aus. Daher der Name „Waldgärtner".

2 | Kleiner Waldgärtner
Tomicus minor
Borkenkäfer

BESCHREIBUNG Dem Großen Waldgärtner ähnlicher schwarzbrauner Käfer. Charakteristisches Schadbild mit einem Muttergang als doppelarmige Querfurche (Gabelgang) von 6–8 cm Länge und kurzen, 2–3 cm langen, senkrecht nach oben und unten abzweigenden Larvengängen. Diese enden in tief in das Splintholz eingesenkten Puppenwiegen.
LEBENSRAUM Hauptsächlich an Kiefern, selten an Fichten und Lärchen. Häufig in der Nähe von Holzlagerplätzen. Ist aber nicht auf vorgeschädigte oder tote Kiefern angewiesen, befällt auch kaum geschwächte Bäume im Kronenbereich.
LEBENSWEISE Der Kleine Waldgärtner ist forstlich bedeutsamer als der etwas früher schwärmende Große Waldgärtner, denn seine tief in das Splintholz eingegrabenen Muttergänge unterbrechen den Saftstrom. Bei stärkerem Befall kann dies zu Wipfeldürre und im schlimmsten Fall auch zum Absterben des Baumes führen. Eine Reihe natürlicher Gegenspieler wie Schlupfwespen, Ameisenbuntkäfer, Laufkäfer, aber auch Pilze und Milben halten eine Massenvermehrung jedoch meist in Grenzen, zumindest sorgen sie dafür, dass die Wirtspopulation schneller zusammenbricht. Verhindern können sie eine Massenvermehrung nicht.

3 | Buchdrucker
Ips typographus
Borkenkäfer

BESCHREIBUNG Dunkel- bis schwarzbraun glänzender Käfer, walzenförmig, 4–5 mm lang **(3A)**. Flügeldecken hinten mit jeweils 4 Zähnen besetzt. Fühler kurz, mit deutlich abgesetzter Endkeule. Weiße, madenartige, beinlose Larven mit dunklem Kopf **(3B)**. Charakteristisches handgroßes Schadbild unter der Rinde geschwächter oder abgestorbener Fichtenstämme **(3C)**.
LEBENSRAUM Verbreitet in den Nadelwäldern Nord- und Mitteleuropas, vor allem an geschwächten Fichten.
LEBENSWEISE Dieser Käfer, auch als „Großer Achtzähniger Fichtenborkenkäfer" bekannt, ist ein gefürchteter Forstschädling. Er befällt als sogenannter „Sekundärschädling" Bäume, die durch andere Ursachen vorgeschädigt sind. Der Buchdrucker profitiert von artenarmen Monokulturen mit standortfremd gepflanzten und dadurch geschwächten Fichten. Ein gesunder Baum ertränkt den Käfer mit einem Harztropfen, sobald er sich in die Rinde bohrt. Aber Fichten an ungeeigneten Standorten sind oft so geschwächt, dass sie sich gegen Borkenkäferattacken nicht mehr wehren können. In der Folge kann es dann zu Käfermassenvermehrungen und der Vernichtung ganzer Wälder kommen.

4 | Kupferstecher
Pityogenes chalcographus
Borkenkäfer

BESCHREIBUNG Braunschwarzer Käfer, 1,6–2,9 mm lang. Frisch geschlüpfte Tiere hell gefärbt. Hintere Flügeldecken der Männchen mit je 3 großen Kegelzähnen, die der Weibchen nur mit je 3 Höckerchen. Weiße Larven mit dunklem Kopf. Schadbild sternförmig, 3–6 Muttergänge, von denen zahlreiche unterschiedlich lange Larvengänge ausgehen. Bei starkem Befall entstehen so oft verworrene Fraßbilder, die entfernt Kupferstichen ähneln, daher der Name.
LEBENSRAUM Nadelwälder vom Flachland bis ins Gebirge. Befällt vor allem Fichten und Kiefern, selten andere Koniferen. Bei großem Vorkommen an geschädigtem Fichtenaltholz sehr häufig.
LEBENSWEISE Wo der Buchdrucker auftritt, ist der Kupferstecher meist nicht weit. Diese beiden Käfer treten oft zusammen auf. Der Kupferstecher ist auch als „Sechszähniger Fichtenborkenkäfer" bekannt. Er befällt meist dünne Fichtenstämme und Äste. Am meisten gefährdet sind Fichten im Stangenholzalter. Größere Bäume besiedelt dieser Käfer nur im Kronenbereich. Folgeschäden sind absterbende Äste und Baumkronen.

1

2

3A

3B

3C

4

1 | Großer Ulmensplintkäfer
Scolytus scolytus
Borkenkäfer

BESCHREIBUNG Rotbrauner bis schwarzer Käfer, 4–6 mm groß.
LEBENSRAUM An vielen geschwächten Ulmen. Auch an Eschen, Pappeln, Weiden und Hainbuchen.
LEBENSWEISE Zur Gattung Scolytus gehören in Mitteleuropa 14 Arten, die vorwiegend zwischen Rinde und Splintholz von Laubhölzern brüten und deshalb auch als Splintkäfer bezeichnet werden. Der Große Ulmensplintkäfer lebt vorwiegend an kränkelnden Ulmen. Die Weibchen fressen einen Muttergang unter die Rinde und belegen ihn mit Eiern. Dabei und beim Einbohren in die Rinde/Borke übertragen sie die Sporen des Schlauchpilzes *Ceratocystis ulmi*. Dieser Pilz, der aus Nordamerika nach Europa eingeschleppt wurde, ist ursächlich am Ulmensterben beteiligt.

2 | Schwarzer Nutzholz-Borkenkäfer
Xylosandrus germanus
Borkenkäfer

BESCHREIBUNG Schwarzer bis schwarzbrauner Käfer, bis zu 3,5 mm groß. Männchen flugunfähig, sind nur in den Fraßgängen zu finden. Typisches Kennzeichen sind die bei frischem Befall am Stamm sichtbaren weißlichen „Bohrmehlwürstchen", die wie Stacheln von der Stammoberfläche abstehen
LEBENSRAUM Befällt Laub- und Nadelhölzer.
LEBENSWEISE Der Schwarze Nutzholzborkenkäfer stammt aus Ostasien. In Deutschland hat sich die Art seit 1952 massiv ausgebreitet. Bisher ist er als typischer Sekundärschädling bekannt geworden, der nur frisch geschlagenes Holz sowie absterbende stehende Bäume befällt. Der holzbrütende Borkenkäfer züchtet ebenso wie der Amerikanische Nutzholzborkenkäfer Ambrosiapilze in seinen Gängen, von denen sich die Larven ernähren.

3 | Amerikanischer Nutzholz-Borkenkäfer
Gnathotrichus materiarius
Borkenkäfer

BESCHREIBUNG Dunkel- bis rötlichbrauner Käfer, etwa 3,5 mm lang. Schadbild: verursacht Larvengänge, die durch den Ambrosiapilz schwarz gefärbt sind.
LEBENSRAUM Dieser aus Nordamerika stammende Käfer ist bei uns bisher nur an Kiefer und Douglasie bekannt geworden.
LEBENSWEISE In Deutschland gibt es etwa 100 verschiedene Borkenkäferarten. Deren Konkurrenz untereinander ist so groß, dass sich viele Arten auf Laub- oder Nadelhölzer oder nur auf bestimmte Baumteile wie Stamm, Wurzel, dicke oder dünne Äste spezialisiert haben. Eine große Gruppe brütet im nährstoffreichen Bast, wo sie an den Versorgungsleitungen der Bäume gut leben kann. Eine andere Gruppe, die im Holz der Baumstämme lebt, ist mit Pilzen vergesellschaftet. Sie lebt von den Pilzrasen, die in den Bohrgängen wachsen.

4 | Großer Brauner Rüsselkäfer
Hylobius abietis
Rüsselkäfer

BESCHREIBUNG Schwarzbrauner Käfer mit fleckiger gelblicher Bänderung, die auf den Flügeldecken in schrägen Reihen angeordnet ist, 8–13 mm lang. Kopf mit Rüssel.
LEBENSRAUM Tritt in Nadel- und Mischwäldern, besonders in Jungkulturen von Fichten, Kiefern und Douglasien auf.
LEBENSWEISE Der Große Braune Rüsselkäfer ist ein typischer Begleiter von Kahlschlägen, Forstbetriebe bezeichnen ihn als Geißel der Kahlschlagwirtschaft. Von Mai bis August legt ein Weibchen etwa 80–150 Eier und 2–3 Wochen später schlüpfen die Larven. Sie entwickeln sich in frischen Baumstümpfen, fressen zunächst im Bast, dringen vor bis ins Splintholz und verpuppen sich in einem hakenförmigen Gang. Während die Larven aber kaum Schäden anrichten, sind die Käfer umso gefürchteter. Sie befressen das Kambium und die Rinde von 3–6jährigen Fichten und Kiefern.

5 | Schwarzer Fichten-Dickmaulrüssler
Otiorhynchus niger
Rüsselkäfer

BESCHREIBUNG Leicht zu erkennende Art mit glänzend schwarzem Körper und dunkel orangefarbenen Beinen, 8–12 mm groß. Rüssel kurz und dick, vorne lappenartig verbreitert.
LEBENSRAUM Bedeutender Forstschädling der Mittelgebirge und Alpen. Fehlt in der Tiefebene.
LEBENSWEISE Auch dieser Rüsselkäfer ist ein Forstschädling. Die flugunfähigen Käfer schaden durch Rindenfraß an 3–6jährigen Fichten, befallen aber auch Laubhölzer wie beispielsweise die Erle. Schädlicher als der Käferfraß ist aber der Fraß der sich im Boden entwickelnden beinlosen Larven an den Wurzeln junger Forstpflanzen in Nadelholzkulturen. Forstbetriebe helfen sich, indem sie die Wurzeln junger Fichten vor der Pflanzung in Insektizide tauchen.

1

2

3

4

5

1 | Buchenspringrüssler
Rhynchaenus fagi
Rüsselkäfer

BESCHREIBUNG Rotbrauner Käfer mit rötlichen Beinen und Fühlern, um 2 mm lang. Larve weiß, beinlos. Schadbild: Die Larven erzeugen im Blatt eine Mine, die zunächst dünn (Gangmine), zum Ende hin aber platzartig breit ist (Platzmine), zunächst blassgelb, später braun gefärbt. Bei starkem Befall verfärben sich die Blätter braun, die Buchen sehen wie von Spätfrost geschädigt aus. Die Anwesenheit der Käfer erkennt man am Lochfraß an den Buchenblättern.
LEBENSRAUM Dieser Käfer ist mit seiner Larvalentwicklung an die Rotbuche gebunden und kommt nur im Verbreitungsgebiet dieses Baumes vor.
LEBENSWEISE Buchenspringrüssler treten im April/Mai oft massenhaft auf. Die Weibchen legen ihre Eier einzeln an die Unterseite junger Buchenblätter. Die Larven minieren in den Blättern. Nach der Verpuppung erscheint im Juni der Jungkäfer, der Blätter, Blattstiele und Fruchtansätze der Buche befrisst. Gelegentlich kommt es zu Schäden in Obstkulturen am Waldrand, da die Jungkäfer auch hier fressen können. Als Gegenspieler sind vor allem Schlupf- und Erzwespen bekannt.

2 | Birkengrünrüssler
Phyllobius betulae
Rüsselkäfer

BESCHREIBUNG Grün beschuppter, manchmal auch graufleckiger Rüsselkäfer mit kurzer Schnauze und langen, dünnen Fühlern. Lässt sich bei Störung fallen. Fraßschäden erkennt man als ovale Löcher in den Blättern.
LEBENSRAUM Laubholzschädling. Im Frühjahr und frühem Sommer sehr häufig in Laubwäldern und Gebüschen.
LEBENSWEISE Die meisten Grünrüssler befressen ein breites Pflanzenspektrum. Diese Art bevorzugt Birke und Erle. Die Larven entwickeln sich im Boden an Baumwurzeln, die Käfer fressen an Blättern. Während der Käferfraß für die befallene Pflanze unbedeutend ist, gelten die an den Wurzeln nagenden Larven in Pflanzgärten als Schädlinge.

3 | Lärchenscheckenrüssler
Hylobius piceus
Rüsselkäfer

BESCHREIBUNG Schwarz gefärbter Käfer mit gelben Flecken auf der Oberseite, 12–17 mm lang. Larven weiß, beinlos.
LEBENSRAUM Nadelwälder der Gebirge, hier vor allem an Lärchen, seltener auch an anderen Nadelbäumen wie Fichte, Kiefer und Douglasie.
LEBENSWEISE Der Lärchenscheckenrüssler befällt lebende Bäume in Monokulturen ebenso wie in Mischbeständen. Die adulten Käfer ernähren sich von der Rinde junger Bäume. Dieser Reife- und Regenerationsfraß der Käfer ist aber wirtschaftlich ohne Bedeutung. Bei dieser Rüsselkäferart ist der Larvenfraß das Problem, denn die von den Larven befressenen Wurzeln sterben allmählich ab. Die Folge sind Nekrosen an den unterirdischen Teilen und schließlich das Absterben des gesamten Baumes. Außerdem sind die befallenen und geschwächten Bäume prädisponiert für den Befall von sekundären Schädlingen, wie beispielsweise von Borkenkäfern.

4 | Eichelbohrer
Curculio glandium
Rüsselkäfer

BESCHREIBUNG Kleiner Rüsselkäfer, 4–7,5 mm, mit goldbeschupptem Körper, Grundfarbe braunschwarz. Auffallend sind der lange Rüssel und die am Rüssel abgeknickten Fühler.
LEBENSRAUM Häufig auf fruchtenden Eichen. Tritt vor allem im Süden und im mittleren Bereich Mitteleuropas auf, nach Norden wird die Art selten.
LEBENSWEISE Man findet die Käfer nach der Überwinterung vor allem an blühenden Eichen. Zur Zeit der Eichelreife legen die Weibchen ihre Eier an die jungen Eicheln, die dann von den Larven vollständig ausgefressen werden. Ist ihre Larvalentwicklung beendet, bohren sie sich aus den Schalen heraus, lassen sich fallen, überwintern im Erdboden und verpuppen sich im nächsten Frühjahr im Boden. Die Käfer der neuen Generation schlüpfen dann im Mai oder Juni.

5 | Pappel-Blattroller
Byctiscus populi
Blattroller

BESCHREIBUNG Etwa 5 mm großer Käfer mit grün oder blau metallisch glänzender Oberseite **(5A)** und dunkler Unterseite.
LEBENSRAUM Auwälder, Pappelkulturen, Bach-, Fluss- und Seeufer mit Pappelarten. Frisst bevorzugt auf Zitterpappel.
LEBENSWEISE Diese Käfer bauen für ihre Larven aus Pappelblättern kleine Blattrollen, im Volksmund „Zigarren" genannt **(5B)**. In jeder Rolle entwickelt sich, geschützt vor Fressfeinden, meist nur eine Larve, selten sind es 2 oder 3. Zur Verpuppung verlassen die Larven ihre schützende Hülle und graben sich im Boden ein. Die Käfer schlüpfen bei günstigem Wetter im Oktober, bei ungünstiger Witterung überwintert ein Teil im Puppenstadium. Die erwachsenen Käfer fressen ebenfalls an Pappeln.

1

2

3

4

5A

5B

1 | Birken-Blattroller
Deporaus betulae
Blattroller

BESCHREIBUNG Unauffälliger kleiner, metallisch schwarz glänzender Käfer, knapp 4 mm groß **(1A)**. Bester Nachweis für seine Anwesenheit sind die zu Tüten aufgerollten Birkenblätter **(1B)**.
LEBENSRAUM Lichte Wälder, Waldränder, Parks. Von der Ebene bis in die Gebirge an seinen Nahrungspflanzen häufig und weit verbreitet. Von April bis Juni anzutreffen. An Birken gebunden. Selten auch an Erlen und anderen Laubbäumen.
LEBENSWEISE „Trichterwickler" heißt dieser Käfer im Volksmund, weil seine Blattrollen wie Tüten aussehen. Das Weibchen stellt an Birken einen Blattwickel her, indem es eine S-Kurve in das Blatt schneidet und dann die Blattspitze zu einer Tüte aufrollt. In diese langsam verwelkenden Blatt-Tüten legt es 1–6 Eier. Die Larven leben in diesem Blatt bis es ganz verwelkt ist und zu Boden fällt. Im Anschluss verpuppen sie sich und beenden am Boden ihre Entwicklung.

2 | Roter Pappel-Blattkäfer
Chrysomela populi
Blattkäfer

BESCHREIBUNG Auffälliger Käfer mit roten Flügeldecken, gut 1 cm groß. Körper gedrungen und nach oben gewölbt. Kopf und Beine metallisch blau. Larven milchig weiß mit schwarzen, knopfartigen Warzen.
LEBENSRAUM In Laubmischwäldern auf verschiedenen Pappel- und Weidenarten.
LEBENSWEISE Die Käfer erscheinen im Mai. Pro Weibchen werden mehrere hundert Eier auf der Unterseite der Blätter abgelegt. Die Larven fressen die Blätter bis auf die Rippen ab. Nach etwa 3 Wochen verpuppen sie sich und weitere 10 Tage später schlüpfen die Jungkäfer, die auch an den Blättern fressen. Die Art bildet pro Jahr 2–3 Generationen aus, die Käfer werden von Mai bis August angetroffen. In warmen trockenen Jahren kann es in Pappelreinbeständen zu Massenentwicklungen dieses Käfers kommen.

3 | Blauer Weiden-Blattkäfer
Phratora vulgatissima
Blattkäfer

BESCHREIBUNG Kleiner metallisch blau, bronze- oder kupferfarben glänzender Käfer, 4–5 mm groß. Larven grünlich weiß bis schmutzig graubraun, mit schwarzen Warzen.
LEBENSRAUM Häufig an verschiedenen Weiden- und Pappelarten zu beobachten.
LEBENSWEISE Diese Art gehört zu den häufigsten Blattkäfern Europas und wird vor allem in Baumschulen und Weiden-Kurzumtriebsplantagen schädlich. Es ist bei uns die am häufigsten gefundene Schadinsektenart an Weiden im Kurzumtrieb. Die Schäden an den Bäumen werden durch Blattfraß verursacht, sowohl von den Larven als auch von den Käfern. Im Jahresverlauf treten zeitweise beide Entwicklungsstadien gleichzeitig auf, führen so zu starken Blattverlusten und schmälern den Ertrag einer Kurzumtriebsplantage deutlich.

4 | Blauer Erlen-Blattkäfer
Agelastica alni
Blattkäfer

BESCHREIBUNG Die einzige Art der Gattung in Mitteleuropa ist ein oberseits schwarzblau oder violett gefärbter, metallisch glänzender Käfer, 6–7 mm groß **(4A)**.
LEBENSRAUM Auwälder, Bachufer, feuchte Waldränder in tiefen Lagen und im Hügelland. Fast immer auf Erlen, nur wenn diese fehlen, trifft man die Käfer gelegentlich auch auf Salweiden oder Pappeln an. Man findet sie nach der Überwinterung im Frühling und dann die nächste Käfergeneration im Sommer.
LEBENSWEISE Im Mai kommen die Käfer aus ihren Winterquartieren in der Laubstreu. Die Weibchen erkennt man an ihrem aufgetriebenen Hinterleib. Sie legen in kleinen Paketen von 60–70 Stück mehrere hundert Eier an die Blattunterseite. Die schwarzen Larven **(4B)** fressen gesellig und können bei Massenvermehrungen Kahlfraß an Erlen verursachen. Zur Verpuppung graben sich die Larven in den Boden. Im Juli desselben Jahres schlüpft die neue Käfergeneration. Auch die Käfer fressen an Erlenblättern.

5 | Großer Eichenbock
Cerambyx cerdo
Bockkäfer

BESCHREIBUNG Braunschwarzer Käfer mit gerunzelten Flügeldecken, Körperlänge um 52 mm. Halsschild seitlich mit scharfem Dorn. Fühler körperlang oder länger.
LEBENSRAUM Auf alte Eichenwälder spezialisiert. Braucht für seine bis zu 4 Jahre dauernde Entwicklung feuchtes Totholz.
LEBENSWEISE Von Juni bis Juli fliegen die Käfer in der Dämmerung, tagsüber verbergen sie sich in alten Fraßgängen, unter loser Rinde oder im Laub. Die Käfer halten sich fast ausschließlich an ihrem Geburtsbaum auf. Für die Eiablage bevorzugen die Weibchen dickstämmige, einzeln stehende, kränkelnde Eichen, hauptsächlich Stieleichen. An gesunde Eichen gehen sie nicht. In der ersten Zeit leben die Larven unter der Rinde, später wandern sie ins Splintholz und schließlich bis in das Kernholz der Eiche.

1A

1B

2

3

4A

4B

5

1 | Gewöhnlicher Widderbock
Clytus arietis
Bockkäfer

BESCHREIBUNG Kräftiger, bis 14 mm langer Bockkäfer, der in Körpergestalt und Färbung einer Wespe ähnelt. Fühler und Beine bräunlich gelb.
LEBENSRAUM Über weite Teile Mittel- und Südeuropas verbreitet und häufig. Besiedelt Laub- und Mischwälder, Waldränder, Hecken.
LEBENSWEISE Den wegen seiner wespenähnlichen, gelbschwarzen Tarnfärbung auch als „Wespenbock" bezeichneten Käfer kann man häufig bei dessen Blütenbesuch insbesondere an Doldenblütlern und blühenden Sträuchern wie Weißdornen beobachten. Er ernährt sich von Nektar und Pollen. Meist ist er ziemlich scheu, bei Störung fliegt er schnell davon. Die Larven entwickeln sich in sehr trockenem Holz verschiedener Laubhölzer, wie Eichen, Buchen und Weißdorn. Sie benötigen für ihre Entwicklung 2 Jahre. In sonnigen Laubmischwäldern lebt der ähnliche Eichen-Widderbock, *(Plagionotus arcuatus)* der wie der Gewöhnliche Widderbock mit seiner Färbung Wespen imitiert.

2 | Moschusbock
Aromia moschata
Bockkäfer

BESCHREIBUNG Leuchtend metallisch grün oder blaugrün schimmernder, unverwechselbarer Käfer mit intensivem Moschusduft, bis zu 34 mm lang. Die Fühler der Männchen länger als der Körper, die der Weibchen nur körperlang.
LEBENSRAUM Zu finden in Auwäldern, Erlenbrüchen, bachbegleitenden Weidengehölzen, vor allem auf alten Kopfweiden. Bevorzugte Baumart ist die Weide. Im Sommer häufig auf großen Doldenblüten oder am Saftfluss verletzter Weidenstämme.
LEBENSWEISE Der eindrucksvolle Käfer ernährt sich von Blütenpollen und ausfließenden Säften von Bäumen. Die Larvalentwicklung dauert 2–3 Jahre und vollzieht sich im Holz von Weiden, Erlen und Pappeln. Moschusböcke sind bekannt dafür, dass sie ein moschusartig riechendes Sekret abgeben, das man früher zum Parfümieren von Pfeifentabak verwendet hat.

3 | Gefleckter Schmalbock
Strangalia maculata
Bockkäfer

BESCHREIBUNG Auffälliger Käfer mit schwarzem Körper und schwarz-gelb gestreiften oder gepunkteten Flügeldecken. Fühler fadenförmig und lang, ebenfalls schwarz-gelb gestreift. Körperlänge bis 20 mm.
LEBENSRAUM In ganz Europa einer der häufigsten Bockkäfer, von Mai bis August häufig auf Blüten an Waldrändern zu finden. Die Larven leben während ihrer 3 Jahre dauernden Entwicklung in feuchten und morschen Stubben von Laub- und Nadelholz.
LEBENSWEISE Schmalböcke gehören zu den Blütenböcken. Sie werden so genannt, weil die Imagines im Sommer auf Blüten zu finden sind. Sie ernähren sich von Pollen und Blütenteilen, die Larven von faulendem Holz. Von dieser Art geht keine Schadwirkung im Forst aus.

4 | Waldbock
Spondylis buprestoides
Bockkäfer

BESCHREIBUNG Walzenförmiger, schwarzer Käfer mit für Bockkäfer untypisch kurzen Fühlern. Körperlänge bis 25 mm. Flügeldecken mit 2 Längsrippen. Am Kopf kräftige Zangen.
LEBENSRAUM Alte Kiefernbestände mit Stubben im Zersetzungsstadium. Die Larven fressen in moderndem Holz, die Imagines nehmen keine Nahrung mehr auf.
LEBENSWEISE Die dämmerungsaktiven Käfer legen ihre Eier nahe der Wurzeloberfläche alter Kiefernstubben ab. Die Larven minieren etwa 2 Jahre das Splintholz stehender Reste oder den unterirdischen Wurzelbereich und tragen so zur Humifizierung der Stümpfe bei.

5 | Sägebock
Prionus coriarius
Bockkäfer

BESCHREIBUNG Tiefschwarzer Käfer mit breitem, abgeflachtem Körper, 18–45 mm lang. Fühler der Männchen kräftig und mit deutlich sägezahnartigen Gliedern, die der Weibchen feiner und zarter gezähnt. Halsschild bei beiden Geschlechtern deutlich gezähnt.
LEBENSRAUM Von Juli bis September vor allem in totholzreichen, alten Laubwäldern. Tritt regelmäßig und häufig, aber nie in großen Mengen auf.
LEBENSWEISE Dieser dämmerungs- und nachtaktive Käfer bevorzugt eher feuchte Laubwälder. Hier legen die Weibchen ihre Eier unter die Rinde von Laubbäumen. Die Larven leben zunächst auch dort und ernähren sich vom Holz. Mit zunehmendem Alter wechseln sie über in den Wurzelbereich und fressen an und in den Wurzeln. Nach drei Jahren und etwa 14 Häutungen verpuppen sie sich im Boden. Obwohl der Sägebock gut fliegen kann, läuft er meist am Boden oder an den Stämmen umher. Die Tiere nehmen während ihres Lebens als Käfer keine Nahrung zu sich. Durch Reiben mit den Hinterbeinen an den Flügeldecken können sie zirpende Töne erzeugen. Da sie nur in der Dunkelheit aktiv sind, findet man sie oft in der Nähe von Lampen. Licht lockt sie an.

1

2

3

4

5

1 | Leiterbock
Saperda scalaris
Bockkäfer

BESCHREIBUNG Reich gezeichneter Käfer mit gelben bis gelbgrünen Flecken, die entlang der Flügeldeckennaht ein 5-zähniges Längsband ergeben. Fühler körperlang. Körperlänge 12–18 mm.
LEBENSRAUM Von April bis Juni in eher feuchten Laubwäldern zu finden. Die Männchen leben im Wipfelbereich, die Weibchen sitzen auf absterbendem und totem Holz verschiedener Laubbäume wie Eichen, Buchen, Ulmen, Birken, Erlen, Weiden etc.
LEBENSWEISE Die dämmerungsaktiven Käfer leben von Blättern und Rindenstücken. Die Weibchen beißen zur Eiablage einen Spalt in die Rinde frisch abgestorbener Äste. Die Larven benötigen für ihre Entwicklung 2–3 Jahre. Im ersten Jahr nagen sie in der Rinde, im zweiten Jahr tiefer im Holz.

2 | Scharlachroter Feuerkäfer
Pyrochroa coccinea
Feuerkäfer

BESCHREIBUNG Unverwechselbare Art mit schwarzem Kopf und scharlachrotem Körper, 14–18 mm lang. Fühler auffallend lang, kräftig und kammförmig gezähnt. Larven gelblichbraun, mit 2 nach hinten gerichteten Dornen am Hinterende.
LEBENSRAUM Laub- und Mischwälder, Waldränder, Waldlichtungen. Zu finden vor allem auf Blüten und Totholz.
LEBENSWEISE Die erwachsenen Käfer leben von Pflanzensäften und dem Honigtau, den Blattläuse ausscheiden. Die Larven ernähren sich räuberisch und jagen unter der Rinde von Laubbäumen nach Borken-, Bock- und Prachtkäferlarven und gelten deshalb in der Forstwirtschaft als Nützlinge. Mitunter sind sie auch kannibalisch. Sie überwintern ein- oder mehrmals und verpuppen sich in einer Wiege unter der Rinde. Ihre Entwicklung zum fertigen Käfer dauert maximal 3 Jahre. Der fertige Käfer schlüpft im Mai.

3 | Ölkäfer, Schwarzer Maiwurm
Meloe proscarabaeus
Ölkäfer

BESCHREIBUNG Schwärzlich blau glänzender, plumper Käfer, 10–35 mm lang. Männchen meist deutlich kleiner als Weibchen. Weibchen fallen durch einen stark aufgetriebenen Hinterleib auf.
LEBENSRAUM Bevorzugen warme Gegenden. Zu finden an sonnigen Waldrändern, in trockenen Wäldern, auf Trockenrasen.
LEBENSWEISE Als Imago sind die meisten Ölkäfer Pflanzenfresser, ernähren sich von Blättern. Die Larven dagegen leben parasitisch in den Nestern von Solitärbienen. Sie besitzen am Fuß 3 klauenähnliche Gebilde, mit denen sie sich im Pelz von Wildbienen festhalten und in deren Nest tragen lassen. Dort durchlaufen sie weitere Entwicklungsstadien ehe sie vor der Verpuppung den Bienenstock wieder verlassen.

4 | Siebenpunkt
Coccinella septempunctata
Marienkäfer

BESCHREIBUNG Leicht bestimmbarer Marienkäfer mit 7 schwarzen Flecken auf den roten Flügeldecken, 5–8 mm lang. Kopf und Brust schwarz mit 2 weißen Seitenflecken **(4A)**. Larven bläulichgrau mit gelben Flecken **(4B)**.
LEBENSRAUM Weit verbreitet und häufig in Wäldern und Gebüschen, auf Wiesen, in Parkanlagen und Gärten, überall dort, wo auch Blattläuse vorkommen.
LEBENSWEISE Imagines und Larven sind wichtige Vertilger von Blattläusen und Spinnmilben. Die leuchtend gelben Eier werden von den Weibchen in dichten Klumpen in die Nachbarschaft von Blattlauskolonien abgelegt. So hat der Nachwuchs sofort nach dem Schlüpfen einen reich gedeckten Tisch. Bei Gefahr stellen sich Marienkäfer tot und sondern aus ihren Beingelenken eine Flüssigkeit ab, die widerlich riecht und schmeckt. Ihre bunten Signalfarben weisen potentielle Angreifer schon von weitem darauf hin.

5 | Augenfleck-Marienkäfer
Anatis ocellata
Marienkäfer

BESCHREIBUNG Größter einheimischer Marienkäfer (bis 1 cm lang), durch Färbung und Zeichnung unverwechselbar. Mit rötlichen Flügeldecken und unverkennbaren schwarzen Flecken in hellen Höfen. Viele Farbvarianten, aber der Halsschild ist stets gelbschwarz.
LEBENSRAUM In Nadelwäldern und unter Nadelbäumen in Gärten oder Parkanlagen. Vom Tiefland bis ins Hochgebirge häufig, können örtlich entsprechend ihrem Nahrungsangebot auch sehr gehäuft auftreten. Sie werden aber nicht so oft im engeren Lebensbereich von Menschen beobachtet wie andere Marienkäfer.
LEBENSWEISE Diese Art jagt auf Nadelbäumen Blattläuse. Die Käfer überwintern oft gesellig unter der Nadelstreu oder in Rindenritzen. Schon im zeitigen Frühjahr erfolgt die Eiablage an Nadeln. Die Larven leben wie die Eltern räuberisch von Blatt- und Schildläusen, fressen aber auch Larven von Blattwespen und Raupen von Schmetterlingen. Diese Käfer sind nützliche Helfer bei der biologischen Schädlingsbekämpfung.

1

2

3

4A

4B

5

1 | Asiatischer Marienkäfer

Harmonia axyridis
Marienkäfer

BESCHREIBUNG Marienkäfer mit meist 19 Punkten, variabel in Zeichnung und Färbung, auf dem Halsschild häufig eine w-förmige Zeichnung, 6–8 mm lang **(1A)**. Larven bläulichgrau mit gelblichen Flecken auf den hinteren Körpersegmenten und Borsten am ganzen Körper **(1B)**.
LEBENSRAUM Wurde als biologischer Schädlingsbekämpfer aus Ostasien nach Europa eingeführt und tritt hier mittlerweile an vielen Stellen wild auf. Man findet ihn letztlich überall dort, wo es Blattläuse gibt.
LEBENSWEISE Dieser auch als „Harlekin" bezeichnete Marienkäfer wurde zum Schutz von Zier- und Nutzpflanzen vor Blattläusen eingeführt. Mit gutem Erfolg. Während unser heimischer Siebenpunkt täglich etwa 50 Blattläuse verzehrt, schafft dieser Einwanderer ohne Mühe das 5-fache.

2 | Ameisenbuntkäfer

Thanasimus formicarius
Buntkäfer

BESCHREIBUNG Flinker, auffällig gefärbter Käfer, 7–10 mm lang. Kopf schwarz, Halsschild rotbraun, Flügeldecken vorne rotbraun, dahinter schwarz mir 2 hellen, quer verlaufenden Zickzackbändern.
LEBENSRAUM In Nadelwäldern fast überall häufig.
LEBENSWEISE An warmen Tagen begegnet man dem Ameisenbuntkäfer schon im zeitigen Frühjahr, wenn er Jagd auf Borkenkäfer macht, auf die er sich spezialisiert hat. Larven und erwachsene Käfer jagen Buchdrucker, Waldgärtner, Kupferstecher und andere in allen Entwicklungsstadien. Waldbesitzer schätzen ihn wegen dieser Vorlieben, aber auf das Ende einer Borkenkäfermassenvermehrung hat der Ameisenbuntkäfer keinen Einfluss. Dieser Käfer ist sehr scheu. Bei Störung verkriecht er sich umgehend in einem sicheren Versteck. Mit seinem abgeplatteten Körper kommt er schnell selbst in schmalste Zwischenräume von Borken. Die Eiablage erfolgt zwischen April und Juni. Die Larven verpuppen sich meist im Herbst, die Käfer schlüpfen im nächsten Frühling.

3 | Trotzkopf

Hadrobregmus pertinax
Nagekäfer

BESCHREIBUNG Schwarzer walzenförmiger Käfer mit Längsriefen auf den Flügeln, 4–6 mm lang.
LEBENSRAUM In Kiefern- und Fichtenforsten des nördlichen Europa häufig.
LEBENSWEISE Pilzbefallenes Holz spielt im Lebenszyklus dieses Käfers eine entscheidende Rolle, denn es ist Lebensraum und Nahrung für seine Larven. Die Käfer erscheinen ab Mai und fliegen bis August. Ihre Eier legen sie in Holz- und Rindenrisse von geschädigten Fichten und Kiefern, selten in Laubbäume. Noch häufiger gehen sie in gelagertes Bauholz. Der Trotzkopf wird als „Faulholzinsekt" bezeichnet und gilt als Indikator für Pilzbefall. Ein Befall durch den Trotzkopf kann die Zerstörung von pilzbefallenem Holz zwar beschleunigen, ist aber immer eine Sekundärschädigung.

4 | Mausgrauer Schnellkäfer

Agrypnus murinus
Schnellkäfer

BESCHREIBUNG Wegen seiner Form und Färbung unverwechselbarer Käfer, 12–17 mm lang. Körper graubraun, mit vielen kleinen hellen Schuppen bedeckt.
LEBENSRAUM Überall in Wäldern und auf Lichtungen unter Steinen und niedriger Vegetation. Fliegt von Mai–Juli.
LEBENSWEISE Diesen Käfer sollte man einmal mit dem Rücken auf die flache Hand legen. Dann versteht man seinen Namen. Der Mausgraue Schnellkäfer ist nicht schnell, er kann vielmehr wie alle Schnellkäfer mit Hilfe eines Sprungapparates schlagartig in die Luft schnellen, sich dabei drehen und wieder auf den Beinen landen. Die Larven („Drahtwürmer") leben im Boden und ernähren sich von Pflanzenwurzeln, aber auch von Insekten und deren Larven. Die Imagines leben von Blüten und Blättern verschiedener Doldengewächse.

5 | Blutroter Schnellkäfer

Ampedus sanguineus
Schnellkäfer

BESCHREIBUNG Schnellkäfer mit schwarzem Kopf und Brustabschnitt sowie einem leuchtend roten, längs gerieften Hinterleib, 12–17 mm lang. Halsschild und die Längsfurchen auf den Flügeldecken punktiert. Fühler deutlich gesägt. Larven lang und schmal, mit dicker Körperhaut, werden als „Drahtwürmer" bezeichnet.
LEBENSRAUM Regelmäßig und häufig in Laubmischwäldern, auf Waldlichtungen, in buschreichem Gelände. Bevorzugt in mittleren Höhen der Mittelgebirge.
LEBENSWEISE Die tagaktiven Käfer sieht man im Frühsommer häufig auf Gräsern und Blüten. Sie ernähren sich rein pflanzlich, bevorzugt von Doldenblüten. Bei Gefahr stellen sie sich tot und benutzen ihren Schnellmechanismus. Die Eiablage erfolgt in morsches Holz von Laubbäumen, meist in Eichen und Buchen. Dort fressen die Larven zunächst Zellulosefasern, später jagen sie andere Totholzbewohner. Sie fressen vor allem Bockkäferlarven. Bis zu ihrer Verpuppung brauchen sie oft mehrere Jahre. Der fertige Käfer überwintert.

1A

1B

2

3

4

5

1 | Buchenprachtkäfer
Agrilus viridis
Prachtkäfer

BESCHREIBUNG Langgestreckter Käfer, 5–11 mm lang, metallisch glänzend. Viele Farbvarianten. Larvengänge unter Rinde zickzackförmig geschlängelt (Zickzack-Wurm).
LEBENSRAUM Laubwälder und Waldränder mit Altbuchen.
LEBENSWEISE Der Buchenprachtkäfer ist ein typischer Sekundärschädling. Vor allem nach Dürre- und Hitzeperioden, wenn Baumbestände auf großer Fläche geschwächt sind, tritt er in Erscheinung. Doch auch andere Faktoren wie die Auslichtung nach Sturmschäden oder intensive Nutzungseingriffe in älteren Buchenbeständen fördern den Befall erheblich.

2 | Hirschkäfer
Lucanus cervus
Schröter

BESCHREIBUNG Männchen bis 75 mm lang, Weibchen kürzer. Körper schwarzbraun, Männchen mit geweihartig verlängerten Oberkiefern, Weibchen ohne „Geweih".
LEBENSRAUM Streng gebunden an alte Eichenwälder. Dort häufig an ausfließenden Baumsäften.
LEBENSWEISE Hirschkäfer sind dämmerungsaktiv. Die Käferimagines saugen den Saft verschiedener Laubbäume, vor allem den von Eichen. Hier kämpfen die Männchen auch mit ihren geweihartigen Zangen um die besten Saugplätze und um die Weibchen. Die Larven leben während 5–8 Jahren in morschen Baumstubben oder im Wurzelwerk.

3 | Kopfhornschröter
Sinodendron cylindricum
Schröter

BESCHREIBUNG Schwarzer Käfer, oft mit blaumetallischem Glanz, 12–16 mm lang. Männchen mit deutlichem Kopfhorn, Weibchen ohne Horn.
LEBENSRAUM Laubwälder mit reichlich morschem Holz in kühleren und höheren Lagen. Gelegentlich, aber selten auch in Weiden- und Obstbaumbeständen. Tritt nur lokal auf. Ist in der Roten Liste Deutschlands als „gefährdet" eingestuft.
LEBENSWEISE Der Kopfhorn- oder Baumschröter, wie der Käfer auch genannt wird, lebt in Laubmischwäldern von Berglandschaften. In Tallagen fehlt er. Die Larven entwickeln sich in liegenden, stark vermoderten Stämmen, vor allem Buchenstämmen. Ihre Entwicklung zum Käfer dauert 3 Jahre.

4 | Balkenschröter
Dorcus parallelopipedus
Schröter

BESCHREIBUNG Kleine Ausgabe des Hirschkäfers, bis 32 mm groß, aber stets ohne „Geweih". Körper schwarzbraun bis schwarz.
LEBENSRAUM Laubmischwälder mit einem großen Totholzanteil.
LEBENSWEISE Lebensweise und Nahrungsansprüche sind vergleichbar mit denen des Hirschkäfers. Aber Balkenschröter sind nicht so stark an alte Eichen gebunden, man sieht sie auch an Linden, Buchen, Eschen und Ulmen. Von April bis September suchen die Käfer verrottende Stubben dieser Bäume und legen dort ihre Eier ab. Die Larven leben in den Stümpfen und ernähren sich von Holz. Ihre Entwicklungszeit dauert 3–4 Jahre.

5 | Großer Goldkäfer
Protaetia aeruginosa
Blatthornkäfer

BESCHREIBUNG Länge 22–28 mm, Körper glatt und goldgrün glänzend. Flügeldecken fein und zerstreut punktiert.
LEBENSRAUM Lichte Wälder, Waldränder.
LEBENSWEISE Werden Bäume nasskernig und beginnen im Kern zu vermodern, so dauert es meist nicht lange, bis sich Käfer einfinden, deren Larven sich vom Holzmulm vermodernder Baumstämme ernähren. Arten wie der Große Goldkäfer gehören dazu. Die erwachsenen Käfer saugen Säfte verletzter Bäume, die Larven entwickeln sich über 3 Jahre im Mulm und wurden auch schon in verrottenden alten Spechthöhlen gefunden.

6 | Feldmaikäfer
Melolontha melolontha
Blatthornkäfer

BESCHREIBUNG 20–30 mm lang, zungenförmige Hinterleibsspitze und seitliches schwarzweißes Zickzackband. Kopf und Brustschild meist schwarz. Flügeldecken braun. Antennen des Männchens mit einem Fächer aus 7 Lamellen, die des Weibchens mit sechsblättrigem, viel kleinerem Fächer.
LEBENSRAUM Laub- und Mischwälder, Waldränder.
LEBENSWEISE Den Maikäfer gibt es noch, lediglich die Massenvermehrungen sind seltener geworden. Nach der Paarung legt das Weibchen in selbst gegrabene Erdhöhlen seine Eier ab. Die Larven leben in der Erde und fressen an den Wurzeln verschiedener Pflanzen. Die erwachsenen Käfer ernähren sich von den Blättern unterschiedlicher Laubbäume.

1

2

3

4

5

6

1 | Waldmaikäfer
Melolontha hippocastani
Blatthornkäfer

BESCHREIBUNG 22–26 mm lang und damit etwas kleiner als der verwandte und äußerlich sehr ähnliche Feldmaikäfer. Im Gegensatz zu diesem trägt der Waldmaikäfer eine am Ende knotenartig verdickte Spitze des Hinterleibsfortsatzes. Flügeldecken rotbraun, Bauchseite schwarz, Halsschild meist braun. Fühler mit aufgefächerten Enden.
LEBENSRAUM Sandige Waldgebiete und Heideflächen, auch im Kulturland.
LEBENSWEISE Der Waldmaikäfer ist nach dem Feldmaikäfer die zweithäufigste Maikäferart in Mitteleuropa. Dieser Käfer erlebt von seinen 4 Jahren Lebenszeit nur wenige Wochen als erwachsener Käfer. Die übrige Zeit verbringt er als Larve im Boden und benagt dort Wurzeln. Der erwachsene Käfer frisst nachts am ersten Blattaustrieb von Laubbäumen. Bei Waldbesitzern gilt er als Schädling.

2 | Junikäfer, Gerippter Brachkäfer
Amphimallon solstitiale
Blatthornkäfer

BESCHREIBUNG Wirkt wie ein kleiner Maikäfer, 14–18 mm lang. Körper gelbbraun bis mittelbraun, dicht behaart **(2A)**. Männchen an den breiteren und größeren Fühlerblättchen zu erkennen.
LEBENSRAUM Waldränder, Weg- und Feldraine.
LEBENSWEISE An den ersten warmen Abenden im Juni schwärmen Junikäfer oft in großer Zahl. Tagsüber halten sich die dämmerungsaktiven Käfer meist verborgen. Verpaarung und Eiablage erfolgt nur an wenigen Abenden, die Käfer leben nur wenige Tage. Ihre Gesamtentwicklung dauert 2–3 Jahre. Die Larven **(2B)** leben im Boden und fressen an den Wurzeln von Gräsern und Wildkräutern. Die erwachsenen Käfer ernähren sich von Blättern. Bei Massenvorkommen können sie Schäden an Laubbäumen verursachen.

3 | Walker
Polyphylla fullo
Blatthornkäfer

BESCHREIBUNG Unverwechselbare große Art (25–36 mm) mit weißen Flecken auf dunkelbraunem Grund. Männchen mit 7 stark verbreiterten Fühlerblättern, Weibchen mit 5 kurzen Fühlerblättern.
LEBENSRAUM In lichten, sandigen Kiefernwäldern, Heidegebieten, an den Küsten im Dünenbereich, auch in Weinbergen. Regional begrenzt häufig, normalerweise eher selten.
LEBENSWEISE Die dämmerungsaktiven Käfer fliegen im Juli/August. Sie fressen vor allem an Kiefernnadeln und können auf nährstoffarmen, schlechten Böden erhebliche Schäden anrichten. Die Larven entwickeln sich in der Regel an den Wurzeln von Gräsern, in Südeuropa auch an Rebstöcken.

4 | Nashornkäfer
Oryctes nasicornis
Blatthornkäfer

BESCHREIBUNG Größter europäischer Blatthornkäfer, 20–43 mm lang. Glänzend rotbraun bis schwarzbraun. Männchen mit langem gebogenen Kopfhorn und muldenartig ausgehöhltem Halsschild. Larven etwa fingerdick und bis zu 12 cm lang und damit die größten Käferlarven Europas.
LEBENSRAUM Verbreitet in Laubwäldern, Parkanlagen und auf Friedhöfen. In Mitteleuropa selten.
LEBENSWEISE Diese Art stammt ursprünglich aus Südeuropa, wo sich die Larven im Mulm alter Laubbaumstümpfe entwickeln. Bei uns gibt es lokal häufigere Vorkommen in Sägemehlhaufen von Sägewerken oder in großen Komposthaufen, wo durch das Verrotten organischen Materials höhere Temperaturen herrschen. Die Entwicklung der dämmerungs- und nachtaktiven Käfer dauert 3–5 Jahre, die erwachsenen Käfer leben nur wenige Wochen.

5 | Waldmistkäfer
Anoplotrupes stercorosus
Mistkäfer

BESCHREIBUNG Käfer mit blauschwarzem Metallglanz, bis 18 mm lang. Kräftige Grabbeine mit Dornen und Widerhaken. Fühler mit Endfächer.
LEBENSRAUM Kommt in allen Laub- und Mischwäldern häufig vor.
LEBENSWEISE Mistkäfer tragen ihren Namen zu Recht. Sie haben sich darauf spezialisiert, die Exkremente anderer zu verwerten und spielen somit eine wichtige Rolle im Naturkreislauf. Auch ihren Nachwuchs versorgen sie mit Kot. Das Weibchen gräbt in die Nähe von Kothaufen einen etwa 7–8 cm tiefen Gang, füllt ihn mit einer „Dungwurst“ und legt ein Ei dazu. Die engerlingsartige Larve ist so bis zu ihrer Verpuppung mit Nahrung versorgt. Mistkäfer werden oft von orangefarbenen Milben als „Taxi“ benutzt. Auch diese Tiere entwickeln sich im Mist, können aber aus eigener Kraft keine neuen Standorte erreichen.

1

2A

2B

3

4

5

1 | Bunter Kurzflügler
Staphylinus caesareus
Kurzflügelkäfer

BESCHREIBUNG Einer der bunt gefärbten Kurzflügelkäfer, 18–22 mm groß. Körper schwarz. Flügeldecken rotbraun. Auf dem Hinterleib gelbe Haarflecken. Beine und Fühler rot.
LEBENSRAUM Bewohnt Bodenschichten in warmen trockenen Wäldern, an Waldrändern. Im Süden Mitteleuropas weit verbreitet.
LEBENSWEISE Diese räuberische Art lebt im Lückensystem der Laub- und Nadelstreu. Schon im zeitigen Frühjahr kommen die ersten Käfer aus ihren Überwinterungsverstecken. Die Eier werden in den Boden abgelegt. Die kleinen Larven überfallen aus der Deckung kleiner Erdröhren ihre Beutetiere, Bodenwürmer und Urinsekten. Nach 3 Häutungen verpuppen sie sich und schon kurze Zeit später schlüpfen die Käfer. Die Gesamtentwicklung dauert nur 2–3 Monate.

2 | Schwarzer Moderkäfer
Ocypus olens
Kurzflügelkäfer

BESCHREIBUNG Typischer Vertreter der Familie der Kurzflügelkäfer und gleichzeitig einer der häufigsten und größten heimischen Kurzflügler, 22–32 mm groß. Zu erkennen am schlanken Körperbau und den stark verkürzten Flügeldecken. Körper komplett mattschwarz gefärbt.
LEBENSRAUM Bewohnt feuchte Mischwälder, Waldränder und Gärten.
LEBENSWEISE Der Schwarze Moderkäfer, auch als Schwarzer Raubkäfer bekannt, lebt ebenso wie seine Larven räuberisch von kleinen Tieren, aber auch von Aas. Das überwiegend dämmerungs- und nachtaktive Tier jagt in der Bodenschicht des Waldes nach Würmern und Schnecken, Tausendfüßlern und Spinnen. Bei Gefahr kann es ein übelriechendes und schleimhautreizendes Sekret absondern.

3 | Rothals-Aaskäfer, Rothalsige Silphe
Oiceoptoma thoracica
Aaskäfer

BESCHREIBUNG Unverwechselbarer Käfer mit wanzenähnlicher Körperform, 12–16 mm lang. Körper und Flügeldecke schwarzgrau, Halsschild orangefarben. Fühler kurz, am Ende etwas verdickt.
LEBENSRAUM In Laub- und Mischwäldern sehr häufig, leben zwischen Moosen und Flechten, an faulenden Pilzen, an Aas, Kot und vor allem an den Fruchtkörpern der Stinkmorchel.
LEBENSWEISE Die Vertreter dieser Familie gehören zu den Recyclingspezialisten eines Waldes. Der Rothals-Aaskäfer ist aber nicht so sehr auf Aas spezialisiert wie der Totengräber. Diese Art ernährt sich auch räuberisch von Insekten und frisst häufig an Pilzen. Bekannt ist ihre Vorliebe für Stinkmorcheln, die mit ähnlichen Duftstoffen, wie sie bei der Eiweißzersetzung frei werden, die Käfer anlockt.

4 | Totengräber
Necrophorus vespillo
Aaskäfer

BESCHREIBUNG Unverwechselbarer Käfer, schwarz mit 2 orangefarbenen Querbändern auf den Flügeldecken, 12–22 mm lang. Beine schwarz, Fühlerspitze mit Endkeule.
LEBENSRAUM Waldgebiete, Parkanlagen, Gärten und offenes Gelände. Meist bei Kadavern von Kleinsäugern oder Vögeln zu finden, vor allem an Orten mit lockeren Böden.
LEBENSWEISE Liegt im Wald ein kleines totes Tier, so dauert es nicht lange, bis eine ganze Schar von Käfern herbeifliegt, um es zu „beerdigen". Mit seinen empfindlichen Fühlerspitzen hat der Totengräber das Aas gerochen. Nun lockt er mit eigenen Duftstoffen ein Weibchen herbei und nach der Paarung beginnt die „Beerdigung". Dazu graben beide die Erde unter dem Kadaver weg und sorgen so dafür, dass dieser immer tiefer in die Erde einsinkt. Dann erfolgt die Eiablage. An jedem Kadaver werden nur wenige Eier, meist um die 20, abgelegt, damit alle gut versorgt sind. Der vergrabene Tierleichnam ist die Nahrung für die Larven. Nach nur etwa 7 Tagen erfolgt die Verpuppung im Boden und etwa 2 Wochen später schlüpfen die fertig entwickelten Käfer.

5 | Eichenweichkäfer
Cantharis obscura
Weichkäfer

BESCHREIBUNG Körperlänge 9–13 mm. Schwarze Körpergrundfarbe, lediglich Halsschild und die Ränder der Flügeldecken sind gelb bis gelborange. Gesamte Körperoberseite fein hell behaart. Larven samtartig braunschwarz behaart.
LEBENSRAUM Bevorzugt in Eichenwäldern, auch an Waldrändern und auf Lichtungen an einzeln stehenden Jungeichen.
LEBENSWEISE Eichenweichkäfer leben räuberisch von Insekten, beispielsweise von Blattläusen, nehmen aber auch pflanzliche Kost. So fressen sie ab Mai gerne an jungen Eichentrieben und können hier bei Massenvermehrungen erheblichen Schaden anrichten. Die Larven leben ebenfalls räuberisch, sie stellen Schnecken und kleinen Insekten nach.

1

2

3

4

5

1 | Goldglänzender Laufkäfer
Carabus auronitens
Laufkäfer

BESCHREIBUNG Erreicht 24–36 mm Körperlänge. Färbung in Abhängigkeit von Luftfeuchtigkeit und Sonneneinstrahlung sehr variabel: goldrot, goldgrün, manchmal auch metallisch blau glänzend. Flügeldecken mit dunklen Längsrillen. Das erste Glied der Fühler und Beine braunorange gefärbt.
LEBENSRAUM Dunkle, feuchte Laubwälder des Hügel- und Berglandes. Tritt hier regelmäßig, aber nicht häufig auf.
LEBENSWEISE Die hauptsächlich nachtaktiven Käfer leben räuberisch von Schnecken, Regenwürmern und Schmetterlingsraupen, auch von Raupen, die als Forstschädlinge gelten. Ihre Beute jagen sie in der Bodenstreu, klettern als echte Waldbewohner aber auch auf Bäume. Tagsüber versteckt sich der Käfer unter verrottenden Baumstümpfen, unter loser Borke, in Moospolstern oder tief im Laub. Hier überdauert er als Imago auch den Winter.

2 | Lederlaufkäfer
Carabus coriaceus
Laufkäfer

BESCHREIBUNG Größter heimischer Laufkäfer, 30–40 mm Körperlänge. Mattschwarzer Käfer mit fein gekörnter Oberfläche.
LEBENSRAUM In ganz Europa ohne den hohen Norden in feuchten Laub- und Mischwäldern, Gärten und Parks zu beobachten.
LEBENSWEISE Meist ist der Lederlaufkäfer nachts unterwegs. Tagsüber versteckt er sich unter Moos oder Steinen. Dieser Großlaufkäfer ist nicht mehr flugfähig, jagt zu Fuß. Mit gutem Geruchssinn ausgestattet, erbeutet er Schnecken und Raupen. Seine Beute bespritzt er mit Verdauungssekret und löst so das lebende Gewebe zu einem Brei auf, den er dann aufsaugt. Die Eier legt das Weibchen einzeln in kleine Erdhöhlen. Die Larven leben in der obersten Bodenschicht ebenfalls räuberisch. Lederlaufkäfer werden 2–3 Jahre alt.

3 | Großer Puppenräuber
Calosoma sycophanta
Laufkäfer

BESCHREIBUNG Auffallende Art mit metallisch schimmerndem Körper, die Brust blau metallisch, die Flügeldecken grün metallisch. Flügeldecken mit Längsrillen. Körperlänge 25–35 mm. Heißt auch Kletterlaufkäfer, denn er klettert gerne in Bäume und Sträucher.
LEBENSRAUM Laub- und Nadelwälder, häufig in wärmeliebenden Eichenmischwäldern.
LEBENSWEISE Mit seiner Größe und den metallisch glänzenden Flügeldecken ist der Große Puppenräuber unverwechselbar. Er tritt hauptsächlich im Frühling in Erscheinung. Bereits im Sommer gräbt er sich wieder in die Erde ein. Käfer und Larven jagen tagsüber auf Bäumen und Büschen nach Insekten und deren Larven, besonders gerne nach den Raupen von Gamma-Eule, Kieferneule, Schwammspinner und Nonne. Als eifriger Vertilger von Forstschädlingen wurde diese Art mit recht gutem Erfolg zur Schwammspinnerbekämpfung nach Nordamerika eingeführt. Die Käfer können wie alle Puppenräuber gut fliegen. Ihre Lebensdauer beträgt 2–3 Jahre.

4 | Kupferbrauner Sandlaufkäfer
Cicindela hybrida
Laufkäfer

BESCHREIBUNG Schnelle, oft im Zickzackkurs laufende Art, 14–18 mm lang. Körper kupferbraun, auf den Flügeldecken ein weißes Wellenmuster **(4A)**.
LEBENSRAUM Lichte, trockene, sandige Wälder, sonnige Heidelichtungen, Sandgruben, sandige Ufer, Dünen. Anzutreffen von April-Oktober.
LEBENSWEISE Diese Art ist nur an sehr warmen und trockenen Tagen aktiv. Als ausgezeichneter Läufer jagt der Kupferbraune Sandlaufkäfer andere Insekten, Spinnen und Ameisen. Der Käfer ist nur auf Sandflächen zu finden, denn seine Larven leben in bis zu 50 cm langen senkrechten Sandröhren, die sie mit ihrem abgeflachten Kopf verschließen **(4B)**. Dort lauern sie vorbeieilenden Insekten auf und ziehen sie in ihre Röhre. Die Entwicklung zum Käfer dauert etwa 16 Monate.

5 | Blauvioletter Waldlaufkäfer
Carabus problematicus
Laufkäfer

BESCHREIBUNG Leuchtend blauer bis blauschwarzer Käfer, gehört mit 20–30 mm Körperlänge zu den großen Käferarten Europas. Flügeldecken mit Längsrippen. Beine glänzend schwarz.
LEBENSRAUM Bewohnt Nadel-, Laub- und Mischwälder. Lebt vor allem in den Mittelgebirgen und höheren Berglagen bis zur Zwergstrauchstufe. Adulte Käfer sind von Mai/Juni bis in den September zu finden.
LEBENSWEISE Wie die meisten Laufkäfer ist auch der Blauviolette Waldlaufkäfer ein Räuber. Das dämmerungsaktive Tier versteckt sich tagsüber unter Steinen, Moospolstern oder Baumstubben. In der Dämmerung jagt es Würmer, Schnecken und Insekten und deren Larven.

1

2

3

4A

4B

5

Schmetterlinge

Schmetterlinge

Nach neuester Zählung sind Wälder die wahren Rückzugsgebiete für heimische Schmetterlinge, nachdem unsere intensive Landwirtschaft für den dramatischen Rückgang der Schmetterlinge außerhalb der Wälder verantwortlich ist. In Bayern kommen von 2963 Schmetterlingsarten allein 2063 (69 %) in Naturwaldreservaten vor. Damit sind unsere Wälder die wichtigsten Schmetterlingsbiotope.

Hauptsächlich verantwortlich dafür ist die Eiche. Fast 400 Schmetterlingsarten entwickeln sich an Eichengrün. Kein anderer Baum bietet mehr Insekten Lebensraum als die Eiche, gefolgt von Buche und Weidenarten. Selbst an Nadelhölzern entwickeln sich noch 116 Schmetterlingsarten. Viele Arten sind auf eine Baumart spezialisiert wie beispielsweise der Buchen-Streckfuß oder der Lärchenwickler. Andere sind polyphag, d. h. sie fressen an vielen Laubbaumarten wie der gefürchtete Frostspanner, der Bäume häufig entlaubt.

Die Waldschmetterlinge

Waldbiotope sind für eine Reihe von großen Tagfaltern überlebenswichtig und in unserer intensiv genutzten Landschaft wahre Rettungsinseln. Es sind Arten, denen wir auch bei Waldspaziergängen an Waldwegen und auf Lichtungen häufig begegnen.

Der häufigste ist das **Waldbrettspiel**. Diesen Falter kann man praktisch bei jedem Spaziergang im Laub-Mischwald beobachten. Er erwartet den Besucher schon. Bereits Mitte April nehmen die Männchen an Waldwegen Sitzwarten ein, von denen aus sie den Weg überwachen. Sie kehren nach dem Auffliegen immer wieder zu ihrem Sitzplatz zurück.

Der König des Waldes ist der **Große Eisvogel**. Schön, groß und sehr auffällig sitzen die dunkelbraunen Falter häufig am Boden und saugen Minerale von Tierkot oder Aas. Die Männchen sind scheu, fliegen aber im Juni und Juli häufig lange an Waldwegen vor einem her. Die Raupen entwickeln sich an Espen (Zitterpappel). Weil diese Bäume oft rausgeschlagen werden, ist der Große Eisvogel seltener geworden. Häufiger ist jedoch sein kleiner Verwandter, der **Kleine Eisvogel**, noch anzutreffen. Typischerweise sitzt der braunschwarze Falter mit den hellen Flügelbinden auf schattigen Waldwegen, die immer etwas feucht sein müssen. Meist fliegen im Sommer kleine Gruppen vor dem Spaziergänger auf und setzen sich nach kurzer Zeit wieder. Die Raupen entwickeln sich an dem kletternden Geißblatt, das sich im laubreichen Unterholz rankt und ein Kennzeichen naturnaher Laubmischwälder ist.

Ein typischer Wald-Tagfalter ist auch der **Große Schillerfalter**. Ihm gehören die sonnigen Lichtungen. Irgendwie ist er ein geheimnisvoller Schmetterling, weil man kaum etwas aus seinem Leben sieht. Paarung und Eiablage, Entwicklung der Raupen und Partnerfindung spielen sich im Kronenraum ab und entziehen sich unseren Blicken. Lediglich die Männchen sitzen beim Sonnenbaden und Trinken in Bodennähe und fallen auf.

Den Reigen der Waldschmetterlinge eröffnet im Frühjahr ein ebenfalls sehr auffälliger Schmetterling: der **Trauermantel**. Häufig sitzt der große dunkle Falter mit dem unverwechselbaren gelben Band um den Saum und den blauen Flecken darin im Frühling an den Blüten der Weide. Da die Falter in Asthöhlen überwintern, starten sie früh im Jahr und brauchen dann den ersten verfügbaren Nektar als „Flugbenzin". Der Trauermantel bewohnt feuchte Laubwälder mit Birken und Weiden und ist fast das ganze Vegetationsjahr anzutreffen. Außer in den zwei Sommermonaten Juni und Juli mit Larvenentwicklung und Puppenruhe.

Waldschmetterlinge unterstützen

Mit dem neuen Waldverständnis der modernen Forstwirtschaft ist schon ein großer Schritt getan, naturnahe Laubmischwälder zu erhalten und zu pflegen. Die Naturverjüngung als Mittel der Baumnachwuchspflege

Die Raupen des Eichenzipfelfalters …

… entwickeln sich nur an Eichenblättern.

Der König des Waldes: Der Große Eisvogel.

kommt besonders den Tagschmetterlingen sehr entgegen. Gerade das Angebot an unterschiedlichen Altersklassen von Baumarten fördert die Raupenentwicklung. Es müssen allerdings auch die richtigen Baumarten vorhanden sein. Wichtig sind neben den Ertragsbäumen die Duldung von Laubgehölzen wie Salweide, Zitterpappel, Stieleiche und Faulbaum, weil sich hieran viele Arten entwickeln. Noch wichtiger ist die Förderung einer reichen Krautschicht, die mit ihrer Zusammensetzung ein durchgängiges Blütenangebot bietet. Im Laubwald sind Brombeeren und das Waldgeißblatt die Nektarquellen der Schmetterlinge, die den Zuckersaft der Blüten als Energiequelle zur Ausbreitung brauchen. Im Nadelwald kommt noch das Heidekraut als Blütenquelle dazu.

Schmetterlinge als gefürchtete Waldschädlinge

Wegen der pflanzenfressenden Raupen können einige Schmetterlingsarten auch zu gefürchteten Waldschädlingen werden. Das gilt für Arten, die durch eine sehr schnelle Entwicklung zyklische Massenvermehrungen ermöglichen. Das heißt, etwa alle 4–6 Jahren tauchen die Raupen einzelner Arten plötzlich in ungeheuren Mengen auf und fressen ganze Wälder kahl. Die Klimaverschiebung hat diese Probleme in manchen Regionen dramatisch verschärft. So kam es 2011 in Südwestdeutschland zu ungeahnten Massenvermehrungen von Frostspanner, Schwammspinner und Eichenwickler. Besonders der **Schwammspinner** erreichte neue Dimensionen. Eigentlich ist der kleine strohgelbe Nachtfalter ganz unscheinbar. Die Weibchen legen nur 300–500 Eier an die Südseite von Laubbäumen, bevorzugt Eichen und Hainbuchen. Die Raupen nagen zunächst kleine Löcher in die Blätter, fressen später aber das ganze Blatt. Das gefährliche am Schwammspinner sind die giftigen Haare der Raupen. Sie werden deshalb von Vögeln nicht an ihre Jungen verfüttert und nicht dezimiert. In wenigen Jahren kann sich eine große Population aufbauen, die Eichen besonders in Dürrejahren schnell entlaubt und zum Absterben bringt.

Brombeerblüten sind Nektar-Tankstellen des Waldes.

1 | Zitronenfalter
Gonepteryx rhamni
Weißlinge

BESCHREIBUNG Spannweite 50–60 mm. Männchen mit zitronengelben, Weibchen mit zartgrünen Flügeln, beide mit orangefarbenem Fleck in der Flügelmitte. Raupe mattgrün, bis 4 cm lang, seitlich mit einem hellen Längsstreifen über den Beinen, sitzt häufig gut getarnt genau auf der Mittelrippe eines Blattes.
LEBENSRAUM Bewohnt lichte Laub-, Misch- und Auwälder, Waldränder und buschreiches Gelände.
LEBENSWEISE Der Zitronenfalter ist mit 11 Monaten Lebensdauer unser langlebigster Schmetterling. Die Falter überwintern zwischen trockenem Laub. Temperaturen bis –20 Grad Celsius überstehen sie schadlos. Schon an warmen Februartagen fliegen sie wieder umher und suchen die ersten Nektarquellen. An geschützten Waldrändern und Hecken besuchen sie vor allem Schlüsselblumen, für die sie wichtige Bestäuber sind.

2 | Baumweißling
Aporia crataegi
Weißlinge

BESCHREIBUNG Spannweite 50–70 mm. Weißer Falter mit kontrastreich abgesetztem, schwarzen Adernetz **(2A)**. Die Raupen sind schwarz, fein behaart, mit schwarz-roten Abzeichen auf dem Rücken, sie leben gesellig in Raupennestern an Ästen von Weißdorn, Schlehe und Eberesche **(2B)**.
LEBENSRAUM An strauchreichen Waldrändern, in Hecken, Auenwäldern.
LEBENSWEISE Die Falter saugen gerne an feuchten Bodenstellen. An solchen nassen Plätzen kann man manchmal mehrere hundert Baumweißlinge auf einem Quadratmeter beobachten. Die Bestände dieses Schmetterlings schwanken von Jahr zu Jahr sehr stark. In manchen Jahren begegnet man ihm von Mai bis Juli überall, dann tritt er aus noch unbekannten Gründen einige Jahre seltener auf. Das macht eine Aussage über eine mögliche Gefährdung schwierig.

3 | Aurorafalter
Anthocharis cardaminensis
Weißlinge

BESCHREIBUNG Spannweite 35–45 mm. Männchen mit orangefarbenem Spitzenfleck im Vorderflügel, die Weibchen ohne Fleck. Unterseite der Hinterflügel sind grünlich marmoriert. Raupe hell blaugrün, an den Seiten weißlich.
LEBENSRAUM Häufig in lockeren feuchten Wäldern, auf feuchten Wiesen. Fliegt von März/April bis Juni.
LEBENSWEISE Als einer der ersten Schmetterlinge im Jahr fliegt der Aurorafalter bereits Ende März. Das Wiesen-Schaumkraut und die an schattigen Waldrändern blühende Knoblauchrauke sind für diesen Falter besonders wichtig. Sie sind die Hauptfutterpflanzen der Raupen. Deshalb heftet das Weibchen seine Eier genau an diese Pflanzen.

4 | Admiral
Vanessa atalanta
Edelfalter

BESCHREIBUNG Flügelspannweite 50–60 mm. Oberseite schwarz mit roten Binden und weißen Flecken. Unterseite größtenteils dunkelbraun, schwarz und blau gesprenkelt. Geschlechter gleich.
LEBENSRAUM Wanderfalter, der im Mai aus dem Süden in lichte Wälder und andere baumbestandene Lebensräume einwandert.
LEBENSWEISE Blütenbestandene Lichtungen und Kahlschläge ermöglichen diesem Schmetterling, der eigentlich im freien Gelände zu Hause ist, das Vordringen in den Wald. Die Falter sind eifrige Blütenbesucher, gehen aber auch an blutende Bäume und im Herbst an gärendes Fallobst. Die Raupen leben als Einzelgänger in einem zur Tüte gesponnenen Brennnesselblatt, in dem sie sich auch verpuppen. Im Spätsommer wandern die bei uns geschlüpften Falter zurück in den Süden.

5 | Großer Schillerfalter
Apatura iris
Edelfalter

BESCHREIBUNG Flügelspannweite 60–74 mm. Flügel oben dunkel schwarzbraun, die der männlichen Falter mit blauviolettem Schillerglanz, Vorderflügel mit weißen Flecken, Hinterflügel mit weißer Binde und Augenfleck **(5A)**. Weibchen ohne Schillerglanz, braungrau mit weißen Bändern. Raupen kräftig grün gefärbt, mit zwei auffälligen Kopfhörnern **(5B)**.
LEBENSRAUM Lichte Au- und Laubwälder mit Weidenbestand, Waldränder.
LEBENSWEISE An Blüten trifft man den großen Schillerfalter nur selten. Meist sieht man ihn an feuchten Waldwegen, wo er an Pfützen, Aas oder tierischem Kot sitzt und Wasser und Salze aufnimmt. Aber man begegnet ihm nur in den Vormittagsstunden. Um die Mittagszeit fliegt er in die Baumkronen und entzieht sich der Beobachtung. Im Jahreslauf begegnet man dem Großen Schillerfalter vor allem von Mitte Juni bis Mitte August. Die grünen Raupen findet man ab Mitte August, vor allem an Salweide *(Salix caprea)*, selten auch an Silberweide *(Salix alba)* oder Grauweide *(Salix cinerea)*. Die Jungraupe überwintert und verpuppt sich im nächsten Frühling auf der Unterseite eines Blattes.

1

2A

3

2B

4

5A

5B

1 | Kleiner Fuchs
Aglais urticae
Edelfalter

BESCHREIBUNG Spannweite 40–50 mm. Grundfarbe rotbraun, mit einem dunklen Flügelsaum an Vorder- und Hinterflügel, in dem blaue, halbmondförmige Flecke aufgereiht liegen. Vorderflügelrand mit 3 schwarzen und einem weißen Fleck. Geschlechter gleich. Raupen gelbschwarz, dicht mit dunklen Dornen bedeckt (S. 152).
LEBENSRAUM Dieser Falter ist ein Ubiquist. Man begegnet ihm in offenem Gelände, an Waldrändern, Hecken und in Gärten.
LEBENSWEISE Zusammen mit dem Tagpfauenauge und dem Zitronenfalter gehört der Kleine Fuchs zu den wenigen Schmetterlingen, die als Imago überwintern. Die meisten Schmetterlinge überdauern die kalte Jahreszeit als Ei, Raupe oder Puppe. Der Kleine Fuchs verbringt den Winter in einer Art Starre in Baumhöhlen, Scheunen und Dachböden. Im Frühling erwacht er und ist einer der ersten Schmetterlinge des Jahres. Diese Art ist ein ausgesprochener Kulturfolger: ihre Eier legt sie hauptsächlich an Brennnesseln. Ab August fliegen die Falter der nächsten Generation.

2 | Tagpfauenauge
Aglais io
Edelfalter

BESCHREIBUNG Spannweite 50–60 mm. Unverwechselbare Art mit samtig rotbraunen Flügeloberseiten und je einem großen, blaugelb gesäumten Augenfleck auf jedem Flügel. Unterseite grau und schwarz marmoriert. Geschlechter gleich. Raupen schwarz, fein weiß punktiert (S. 152).
LEBENSRAUM Verbreitet an blütenreichen Wald- und Wegrändern.
LEBENSWEISE Das Tagpfauenauge gehört zu den Nutznießern der Überdüngung unserer Landschaft und ist auch deshalb einer unserer häufigsten Schmetterlinge. Seine Raupen entwickeln sich ebenso wie die von Admiral und Kleinem Fuchs an Brennnesseln, die auf stickstoffreichen, gut gedüngten Böden zuhauf wachsen. Im Mai legt das Falterweibchen seine Eier an die Blattunterseiten von Brennnesseln in häufchenartigen Gelegen ab.

3 | Kaisermantel
Argynnis paphia
Edelfalter

BESCHREIBUNG Spannweite 55–65 mm. Oberseite leuchtend orangebraun mit schwarzen Flecken. Unterseite grünlich mit silbrig weißen Streifen (wird deshalb auch „Silberstrich" genannt).
LEBENSRAUM Typischer Falter von sonnigen, blütenreichen Waldlichtungen, Waldwiesen und Waldrändern.
LEBENSWEISE Der Kaisermantel gehört zu den häufigen Arten in Mitteleuropa. Die Falter saugen Nektar an den Blüten von Brombeeren, Wasserdost und vor allem von Disteln. Die Eier legt das Kaisermantelweibchen nicht an der Nahrungspflanze direkt ab, sondern einzeln auf Baumstümpfe in deren Nähe. Die Jungraupe überwintert im Ei. Erst im folgenden Frühling beginnt sie dann an ihren Fraßpflanzen zu fressen. Das sind verschiedene Veilchenarten, besonders Wald- und Sumpfveilchen.

4 | Großer Perlmutterfalter
Argynnis aglaja
Edelfalter

BESCHREIBUNG Spannweite 50–60 mm. Oberseite der Männchen rostbraun mit schwarzen Flecken, Weibchen blasser, grünlichbraun. Unterseite der Hinterflügel bei beiden gelblichgrün, mit silbrigen, perlmuttartigen Flecken.
LEBENSRAUM Häufig auf sonnigen, blumenreichen Waldlichtungen, Waldwiesen, in Schonungen zu beobachten.
LEBENSWEISE Dieser Schmetterling fliegt jährlich in einer Generation von Mitte Juni bis Mitte August. Die Eier legt das Weibchen einzeln an den Nahrungspflanzen ab. Das sind verschiedene Veilchenarten, vorzugsweise das Wilde Stiefmütterchen. Ab August schlüpfen die Jungraupen. Diese bereiten sich sofort auf die Überwinterung vor. Erst im März des nächsten Jahres beginnen sie an den Nahrungspflanzen zu fressen.

5 | Landkärtchen
Araschnia levana
Edelfalter

BESCHREIBUNG 28–40 mm Spannweite. Falter mit Frühjahrs- und Sommergeneration. Frühjahrsform gelbbraun mit schwarzen, gelben und kleinen weißen Flecken **(5A)**. Sommerform schwarzbraun, mit weißer oder gelblicher Bindenzeichnung **(5B)**. Geschlechter gleich. Raupen schwarz.
LEBENSRAUM Verbreitet an Wald- und Gebüschrändern, auf Waldlichtungen und Kahlschlägen, in Auenwäldern und feuchten Laubwäldern. Auch in Gärten mit ausgedehnten Brennnesselflächen.
LEBENSWEISE Dieser kleine Schmetterling tritt in zwei Generationen auf, einer Frühjahrs- und einer Sommergeneration, die sich in Färbung und Zeichnung deutlich unterscheiden und für zwei unterschiedliche Arten gehalten werden könnten. Dieses Phänomen nennt man Saisondimorphismus. Es wird durch Hormone hervorgerufen.

1

2

3

4

5A

5B

1 | Großer Eisvogel
Limenitis populi
Edelfalter

BESCHREIBUNG Spannweite 65–80 mm. Flügeloberseite dunkelbraun, mit weißlichen, orangefarbenen, blauen und schwarzen Flecken. Unterseite orangebraun, blaugrau gezeichnet. Raupen mit fleischigen Dornen auf dem Rücken.
LEBENSRAUM Feuchte Laub- und Mischwälder mit Lichtungen, Waldwege, Waldränder.
LEBENSWEISE Der Große Eisvogel gehört zu den größten Tagfaltern Mitteleuropas. Er ist ein Bewohner der Baumwipfel, verlässt diese nur zur Wasser- und Nahrungsaufnahme. Am Boden saugen diese Falter an Dung, feuchter Erde und Aas, um enthaltene Mineralstoffe aufzunehmen. Nahrungspflanze für die Raupen ist vorwiegend die Zitterpappel. Die Weibchen kleben ihre grünlichen Eier einzeln auf die Blattoberseiten der Raupenfutterbäume. Die Jungraupen überwintern in einem aufgerollten Blattstück.

2 | Kleiner Eisvogel
Limenitis camilla
Edelfalter

BESCHREIBUNG 45–55 mm Spannweite. Grundfarbe der Flügeloberseite ist ein einheitliches Dunkelbraun, das von einer durchgehenden weißen Fleckenbinde durchbrochen ist **(2A)**. Unterseite gelbbraun, bunt gemustert mit weißen, blaugrauen und dunklen Flecken **(2B)**. Geschlechter gleich. Raupen mit 2 Reihen roter Rückendornen.
LEBENSRAUM Feuchte Laubwälder, flussbegleitende Auengehölze.
LEBENSWEISE Der beste Beobachtungsplatz für diesen Schmetterling sind schattige Waldwege mit reichlich Brombeergebüsch. Hier trifft man ihn ab Juni häufig an Brombeerblüten. Die Männchen bilden dort Reviere, aus denen sie Nebenbuhler vertreiben. Futterpflanze für die Raupen ist in erster Linie das Waldgeißblatt, daneben nehmen sie auch Schneebeere oder Heckenkirsche.

3 | Wald-Mohrenfalter
Erebia ligea
Edelfalter

BESCHREIBUNG 40–48 mm Spannweite. Tiefdunkelbrauner Schmetterling mit rotbrauner Binde und darin liegenden, weißgekernten, schwarz umringten Augenflecken. Unterseite heller, Band auf den Hinterflügeln weiß. Weibchen heller. Raupe hellbraun mit 2 hellen Seitenlinien.
LEBENSRAUM Lichte, grasige Laubwälder der Mittelgebirge und Alpen.
LEBENSWEISE Hauptverbreitung dieser Gattung ist in den Alpen, wo die einzelnen Arten verschiedene Höhenstufen besetzen. Die Schmetterlinge fliegen von Mitte Juli bis Ende August. Das Weibchen legt die Eier mit Vorliebe im hellen Waldinneren ab. Die nachtaktiven Raupen fressen an Gräsern wie Waldsegge, Flattergras, Rotschwingel, Blaugras oder Aufrechter Trespe. Die Art hat meist einen zweijährigen Lebenszyklus.

4 | C-Falter
Polygonia c-album
Edelfalter

BESCHREIBUNG Spannweite 42–50 mm. Flügeloberseite hellbraun mit schwarzen und gelblichen Flecken, Flügelränder tief eingebuchtet **(4A)**. Flügelunterseite gelblich oder braun, mit weißer c-förmiger Zeichnung **(4B)**. Raupen orangebraun, schwarz gezeichnet.
LEBENSRAUM Waldwege, Waldränder, fast überall häufig.
LEBENSWEISE Die überwinternden C-Falter kann man im Frühling oft an blühenden Weidenkätzchen beobachten. Ab Mai legt das Weibchen seine Eier meist einzeln auf die Futterpflanzen der Raupen ab. Sie entwickeln sich an Brennnessel, Hopfen, Sal-Weide, Hasel, Ulmen und anderen Holzgewächsen. Man findet sie häufig U-förmig gekrümmt an den Blattunterseiten sitzen.

5 | Schachbrett
Melanargia galathea
Augenfalter

BESCHREIBUNG 40–50 mm Spannweite. Beide Flügelpaare oben variabel schachbrettartig schwarz-weiß gemustert. Flügelunterseite heller, mit mehreren kleinen Augenflecken. Geschlechter gleich gefärbt. Raupe grünlich, gelblich oder bräunlich, mit familientypischer Schwanzgabel.
LEBENSRAUM Verbreitet an trockenen und warmen Waldrändern, auf Waldlichtungen. Auch auf Magerrasen und ungedüngten Wiesen, an ungemähten Bahndämmen und Böschungen noch regelmäßig anzutreffen. Tritt von der Ebene bis in etwa 1800 m auf.
LEBENSWEISE Die schachbrettartige Zeichnung seiner Flügel unterscheidet diesen Schmetterling von allen anderen Tagfaltern Mitteleuropas und macht ihn unverwechselbar. Der Falter fliegt in einer Generation von Ende Juni bis Ende August. Das Weibchen legt seine Eier nicht gezielt an den Futterpflanzen der Raupen ab, wie dies bei den meisten Schmetterlingen der Fall ist, sondern lässt sie im Flug einfach zu Boden fallen. Die Jungraupen überwintern. Ab März des nächsten Jahres fressen sie nur nachts an Lieschgras, Honig- oder Knäuelgras. Sie verpuppen sich am Erdboden.

1
2A
2B
3
4A
4B
5

1 | Brombeerzipfelfalter, Grüner Zipfelfalter
Callophrys rubi
Bläulinge

BESCHREIBUNG Spannweite 25–30 mm. Falter oben einheitlich braun, Flügelunterseite grün mit rotbraunem Rand und feiner weißer Punktreihe. Raupen grün, mit dunkler Rücken- und gelber schräger Seitenlinie.
LEBENSRAUM Bewohnt lichte Kiefernwälder, trockene Waldlichtungen, sonnige Waldränder, Moore und Heidegebiete.
LEBENSWEISE Im Flug sieht man die braune Oberseite dieses auffälligen Falters. Setzt er sich, legt er die Flügel zusammen und leuchtet grün wie ein Blatt. Seine Flugzeit ist von Mitte April bis Ende Juni. Das Weibchen legt die Eier einzeln an Ginster, Brombeere, Heidelbeere und Geißklee. Während andere Zipfelfalter als Ei überwintern, überdauert der Brombeerzipfelfalter als Puppe im Laub am Boden die kalte Zeit.

2 | Kiefernspinner
Dendrolimus pini
Glucken

BESCHREIBUNG Spannweite 50–80 mm. Färbung der Vorderflügel variiert von rotbraun über hellgrau bis schwärzlich mit braunen oder grauen Einmischungen und dunklen gezackten Querbinden. Typisch: kleiner, weißer Fleck im Vorderflügel. Hinterflügel einfarbig rotbraun.
LEBENSRAUM Nadelwälder, am häufigsten in Kiefernbeständen. Forstschädling.
LEBENSWEISE Diese Art galt früher als einer der gefährlichsten Forstschädlinge. Aber mit der modernen Forstwirtschaft hat sie viel von ihrer Bedeutung verloren. Zu Massenermehrungen kommt es nur in reinen Kiefernplantagen auf trockenen Böden. Beide Geschlechter sind überwiegend nachtaktiv. Die Eier werden in Häufchen an Kiefernzweigen abgelegt. Die Raupen fressen hauptsächlich an den Nadeln von Wald- und Moorkiefer, seltener auch an Fichte und Weißtanne.

3 | Eichenspinner
Lasiocampa quercus
Glucken

BESCHREIBUNG Spannweite 45–80 mm. Grundfarbe der Männchen kastanienbraun, mit gelber, geschwungener Binde auf jedem Flügel. Vorderflügel mit je einem weißen Fleck in der Mitte. Hinterflügelsaum mit gelben Fransen. Männliche Falter mit stark gefiederten Fühlern.
LEBENSRAUM In Laubwäldern, an Waldrändern, in Heidemooren und Heckengebieten.
LEBENSWEISE Im Hochsommer sieht man an sonnigen Tagen die Männchen dieses Nachtfalters in schnellem Zickzackflug am Waldrand hin und herfliegen. Sie fangen so mit ihren Antennen die Sexuallockstoffe der Weibchen auf, die sich tagsüber versteckt in der Bodenvegetation aufhalten. Befruchtete Weibchen lassen ihre Eier wahllos aus der Luft fallen. Die Raupen fressen ab August an vielen Laubbäumen, nicht nur an Eichen, wie ihr Name vermuten ließe.

4 | Kleine Pappelglucke
Poecilocampa populi
Glucken

BESCHREIBUNG Spannweite 30–45 mm. Grundfarbe der Falter blassgrau. Flügel mit 2 hellen gezackten Querlinien. Männchen mit gekämmten, fächerförmigen Fühlern, Weibchen mit fadenförmigen Fühlern. Raupen graubraun oder dunkelgrau mit vielen feinen schwarzen Flecken.
LEBENSRAUM Bevorzugen lichte, feuchte Laubmischwälder, hier besonders an Waldwegen oder Waldrändern anzutreffen.
LEBENSWEISE Die Kleine Pappelglucke fliegt erst spät im Jahr. Die Falter schlüpfen erst nach den ersten Herbstfrösten und fliegen bis in den Januar hinein. Die Raupen findet man von April bis Juni. Tagsüber sitzen sie in lang gestreckter Haltung gut getarnt an den Stämmen und Zweigen ihrer Futterpflanzen, nachts laufen sie zum Fressen nach oben.

5 | Ringelspinner
Malacosoma neustria
Glucken

BESCHREIBUNG Spannweite 25–35 mm. Falter ockergelb bis dunkelbraun, eine rotbraune, hell eingesäumte Querbinde in der Mitte der Vorderflügel **(5A)**. Weibchen größer und dunkler, Vorderflügel mit dunklerem Band anstelle der 2 Linien. Raupen sehr bunt, blauköpfig, weiß, orange und schwarz längsgestreift **(5B)**. Futterpflanzen sind Weißdorn, Schlehe, Vogelkirsche und andere Laubsträucher.
LEBENSRAUM Wälder, Waldränder, Gebüsche, auch Obstgärten.
LEBENSWEISE Die Falter fliegen Mai/Juni/Juli. Tagsüber halten sie sich versteckt, nachts schwärmen sie. Die Eier werden in typischen, etwa 1 cm breiten Ringen abgelegt. Die Raupen leben gesellig in einem Gespinst.

1

2

3

4

5A

5B

1 | Frühlings-Wollafter
Eriogaster lanestris
Glucken

BESCHREIBUNG 30–35 mm Spannweite. Falter rotbraun (Weibchen) oder dunkelbraun (Männchen), mit einer welligen hellen Linie in den Vorderflügeln und je 2 hellen Flecken am Vorderflügelrand. Raupen blaugrau, auf dem Rücken mit 2 Reihen rotgelber, behaarter Flecke, leben in einem weithin sichtbaren Gespinst. Fraßpflanzen sind vor allem Linde und Birke.
LEBENSRAUM Laubholzreiche Waldränder mit Linde und Birke, auch in Lindenalleen.
LEBENSWEISE Die nachtaktiven Falter fliegen von März bis Mai. Die Eier werden als spiraliges Band um einjährige Zweige geklebt und mit Wollhaaren des Hinterleibs bedeckt. Die Jungraupen überziehen das Gelege mit einem Gespinst, in dem sie sich tagsüber aufhalten. Bei Nacht verlassen sie es zum Fressen.

2 | Nagelfleck
Aglia tau
Pfauenspinner

BESCHREIBUNG Spannweite 55–85 mm. Flügel ockergelb bis dunkelbraun, jeder mit einem dunklen Augenfleck und einer hellen Zeichnung darin **(2A)**. Weibchen größer und heller als Männchen. Jungraupen mit großen, rotweiß geringelten Fortsätzen **(2B)**. Altraupen grün mit gelber Seitenlinie und schrägen gelben Bändern **(2C)**. Futterpflanzen sind vorwiegend Rotbuchen, aber auch Eichen, Birken und Linden.
LEBENSRAUM Laubwälder mit einem hohen Buchenanteil. Typische Art der Buchenwälder. Flugzeit April–Juni.
LEBENSWEISE An warmen Frühlingstagen kann man die Faltermännchen bereits tagsüber auf ihrem Suchflug nach unbefruchteten Weibchen beobachten. Die Weibchen warten in Bodennähe und locken die Männchen über Sexualduftstoffe an. Sie fliegen nur nachts. Befruchtete Weibchen legen ihre rotbraunen Eier in Gruppen oder einzeln an die Rinde der Raupenfutterbäume.

3 | Abendpfauenauge
Smerinthus ocellata
Schwärmer

BESCHREIBUNG Spannweite 70–80 mm. Vorderflügel graubraun marmoriert, erinnert in der Färbung an Rindenstrukturen. Hinterflügel rosa, jeweils mit großem Augenfleck in Blau und Schwarz in der Mitte. Geschlechter gleich. Raupen blaugrün mit hellblauem Analhorn, fressen an Pappeln und Weiden, aber auch an Apfelbäumen.
LEBENSRAUM Feuchte Wälder, Gewässerufer und Auenlandschaften.
LEBENSWEISE Die nachtaktiven Falter fliegen von Mai bis Juli, in warmen Jahren noch von August bis September in einer 2. Generation. Tagsüber ruhen sie an Baumstämmen und sind dann durch Form und Zeichnung ihrer zusammengeklappten Vorderflügel gut getarnt. Bei Beunruhigung spreizen sie ihre Vorderflügel auseinander und zeigen dem Angreifer zur Abschreckung die Hinterflügel mit den Augenflecken.

4 | Pappelschwärmer
Laothoe populi
Schwärmer

BESCHREIBUNG Spannweite 65–90 mm. Flügel grau-, rot- oder gelbbraun mit dunklen Querlinien. Außenrand der Vorderflügel gewellt. Hinterflügel rindenbraun, mit rostrotem Fleck in Körpernähe. Raupen gelbgrün mit weißen Schrägstreifen und gelbem Analhorn. Futterpflanzen sind Pappeln und Weiden.
LEBENSRAUM Bevorzugter Lebensraum sind lichte Wälder, Waldränder und Gebüsche, Auenlandschaften, Parkanlagen. Fliegt von April bis August in ein bis zwei Generationen.
LEBENSWEISE Diese Art zählt zu den häufigsten Schwärmern in Mitteleuropa. Sie schwirrt nachts in Parks häufig um Laternen. Die grün glänzenden Eier werden einzeln oder in Dreiergruppen an die Unterseite von Pappel- und Weidenblättern abgelegt und erinnern an kleine Gallen. Die Raupen fressen von Juni bis September und verpuppen sich dann in einer kleinen Erdhöhle in der Nähe des Stamms.

5 | Lindenschwärmer
Mimas tiliae
Schwärmer

BESCHREIBUNG Spannweite 55–70 mm. Färbung variabel, Grundfarbe braun, grau, gelb oder grün. Vorderflügel mit dunkler wellenartiger Bindenzeichnung, Flügelaußenrand gewellt.
LEBENSRAUM Weit verbreitete Schwärmerart. Zu beobachten vor allem in lichten Laubwäldern, Auwäldern, Lindenalleen, manchmal an Kirschbäumen.
LEBENSWEISE Dieser Schmetterling fehlt nur in den kältesten Gebieten Europas. Er fliegt von Mai bis Juli, ist nachtaktiv und wird von Licht stark angelockt. Er besucht keine Blüten, denn sein Saugrüssel ist verkümmert. Raupen (S. 152) findet man Juni bis August, vor allem an Linden, aber auch an Eiche, Birke und Kirsche. Die Raupen des Lindenschwärmers werden von Schlupfwespen, Brackwespen und Raupenfliegen dezimiert.

1

2A

2B

2C

3

4

5

1 | Kiefernschwärmer
Sphinx pinastri
Schwärmer

BESCHREIBUNG Spannweite 65–80 mm. Vorderflügel graubraun mit dunkleren, kurzen Längsstreifen. Brustabschnitt oben mit 2 schwarzen Längsstreifen. Hinterflügel einfarbig braungrau. Raupen grün mit breitem, rotbraungelben Mittelstreifen.
LEBENSRAUM Lichte Kiefernwälder und Mischwälder mit hohen Nadelholzanteilen. Auch in Heidegebieten.
LEBENSWEISE Die nachtaktiven Falter fliegen von April bis August in 1–2 Generationen. Tagsüber sitzen sie, durch ihre Körperfarbe und -zeichnung gut getarnt, auf der Borke von Kiefernstämmen. In der Dämmerung fliegen sie die Blüten von Geißblatt-Arten an. Die Raupen entwickeln sich an Kiefernnadeln. Die Verpuppung erfolgt am Boden unter Moos oder den abgefallenen Nadeln der Nahrungspflanzen.

2 | Zickzackspinner
Notodonta ziczac
Zahnspinner

BESCHREIBUNG Spannweite 45–50 mm. Vorderflügel graubraun mit rundlichem, dunkelgrauen Fleck, der innere Teil zimtbraun. Hinterflügel hellgrau mit dunkleren Rändern. Raupen variabel gefärbt, oft rötlich zimtbraun, hintere Segmente farblich abgesetzt orangebraun.
LEBENSRAUM Feuchte Wälder, Waldränder. Fraßpflanzen sind vor allem Zitterpappel und Salweide.
LEBENSWEISE Die nachtaktiven Falter fliegen in 2 Generationen von April bis Juni und von August bis September. Die Eiablage erfolgt in kleinen Gruppen an die Blattoberseite der Futterpflanzen. Die Raupen ähneln mit ihrer abgewinkelten zickzackförmigen Körperhaltung abgestorbenen Blättern und sind damit vor Fressfeinden gut getarnt. Aber sie werden häufig von Raupenfliegen und Schlupfwespen parasitiert.

3 | Buchen-Zahnspinner
Stauropus fagi
Zahnspinner

BESCHREIBUNG Spannweite 45–64 mm. Vorderflügel hell graubraun mit dunklen Punkten und weißlichen Wellenlinien. Hinterflügel in der vorderen Hälfte wie die Vorderflügel, dahinter einheitlich grau **(3A)**. Geschlechter gleich. Raupen dunkelbraun mit stark verlängertem 2. und 3. Beinpaar und einem kolbenartig verdickten Hinterende, das in 2 Zipfel ausläuft **(3B)**. Ruht meist mit empor gestrecktem Vorder- und Hinterende.
LEBENSRAUM Weit verbreitet und häufig in feuchten Buchenwäldern, Auengehölzen. Fehlt im höheren Bergland, in Mittelgebirgen nur bis in Höhenlagen von etwa 1000 m anzutreffen. Fraßpflanze ist hauptsächlich die Buche, daneben auch Eiche, Ahorn und Birke. Außerdem an Weißdornen, Schlehe, Hasel und Hartriegel zu beobachten, in urbanen Gebieten auch an Obstbäumen, beispielsweise an Kulturapfel.
LEBENSWEISE Die nachtaktiven Falter fliegen von April bis August, Raupen findet man von Juli bis Oktober. Die Verpuppung erfolgt in einem Gespinst aus Blättern am Boden. Die Puppe überwintert.

4 | Mondvogel
Phalera bucephala
Zahnspinner

BESCHREIBUNG Spannweite 42–55 mm. Vorderflügel hellgrau mit rostbraunen Querstreifen und einem großen mondförmigen, gelben Fleck an der Flügelspitze. Hinterflügel cremeweiß. Raupe gelb mit feinen schwarzen Längsstreifen, Raupenkörper mit langen, feinen, hellen Haaren besetzt.
LEBENSRAUM Weit verbreitet und häufig in Laubmischwäldern. Fraßpflanze hauptsächlich Eiche.
LEBENSWEISE Dieser Nachtfalter betreibt eine erstaunliche Tarnung. Er ruht tagsüber mit leicht eingerollten Flügeln und täuscht so durch seine gelben Flügelflecken Abbruchstellen morscher Äste vor. Die Raupen fressen zunächst gesellig, mit zunehmendem Alter vereinzeln sie sich und graben sich zur Verpuppung in Stammnähe in den Boden ein.

5 | Eichen-Prozessionsspinner
Thaumetopoea processionea
Zahnspinner

BESCHREIBUNG Spannweite 25–35 mm. Flügel braungrau mit schmalen, etwas gewellten, dunklen Querbinden **(5A)**. Raupen weißgrau mit breitem schwarzen Rückenband, vielen langen weißen Haarbüscheln und am Rücken in dichten Polstern angeordneten winzigen Brennhaaren.
LEBENSRAUM Feuchte, warme Eichenwälder, Eichenalleen. Fraßpflanzen sind alle Eichen-Arten. Trat noch vor wenigen Jahren in Mitteleuropa eher selten auf, hat sich aber ausgebreitet.
LEBENSWEISE Namengebend für diese Schmetterlingsart ist das Verhalten der Raupen. Diese ruhen während des Tages in Gespinstnestern, abends ziehen sie in langen Prozessionen zu ihren Fraßplätzen **(5B)**. Sie besitzen mikroskopisch kleine Brennhaare, die leicht abbrechen, in der Luft umherfliegen und schwere allergische Reaktionen wie Hautausschläge und Atemnot auslösen.

1

2

3A

3B

4

5A

5B

1 | Kiefern-Prozessionsspinner
Thaumetopoea pinivora
Zahnspinner

BESCHREIBUNG Spannweite 30–40 mm. Weibchen größer als Männchen. Falter bräunlichgrau, mit dunkelbraunem Liniengitter am Flügelrand. Raupen hellgrün mit schwarzem Kopf, kräftig behaart, in Raupennestern **(1B)**.
LEBENSRAUM Kiefernaufforstungen, trockenheiße sandige Kiefernwälder. Raupenfutter: Nadeln der Waldkiefer.
LEBENSWEISE Auffällige weiße Raupennester in den Baumkronen und an den Astenden der Waldkiefer weisen auf einen Befall mit dem Kiefern-Prozessionsspinner hin. Auch diese Raupen entwickeln ab dem 3. Larvenstadium nesselnde Brennhaare mit einem Nesselgift, das bei Menschen allergische Reaktionen auslösen kann. Die erwachsenen Raupen wandern in einer Prozessionsreihe zum Boden und suchen ein Verpuppungslager.

2 | Schwammspinner
Lymantria dispar
Eulenfalter

BESCHREIBUNG Spannweite 35–40 mm (Männchen) und 60–62 mm (Weibchen). Flügel der Männchen bräunlichgrau mit dunklem Wellenmuster. Flügel der Weibchen weiß bis gelblichweiß mit schwarzer Zeichnung. Raupen gelbbraun mit langen Haarbüscheln und blauen und roten Flecken.
LEBENSRAUM Warme Laubmischwälder, Parklandschaften, Obstgärten. Raupen sind nicht an eine bestimmte Fraßpflanze gebunden, fressen an 400 Pflanzenarten, bevorzugt an Eiche, Hainbuche und Obstbäumen.
LEBENSWEISE Die Tiere überwintern im Eistadium. Etwa zum Laubaustrieb schlüpfen die Raupen, fressen an den jungen Blättern und durchlaufen dabei 6 Larvenstadien. Im Juni/Juli verpuppen sich die Tiere in Gespinsten am Stamm. Die Falter fliegen bis September.

3 | Nonnenspinner
Lymantria monacha
Eulenfalter

BESCHREIBUNG Spannweite 35–55 mm. Vorderflügel des Männchens weiß mit schwarzer Wellenzeichnung. Hinterflügel rauchbraun mit Weiß und Schwarz gesäumt. Weibchen größer, stärker gezeichnet. Raupe graubraun, stark behaart, mit dunklem, auf dem 8. Segment durch einen weißen Fleck unterbrochenen Rückenband.
LEBENSRAUM Nadel- und Nadelmischwälder. Neigt in Nadelholzmonokulturen zu Massenvermehrung mit Kahlfraß. Frisst an Laub- und Nadelbäumen.
LEBENSWEISE Waldbesitzer sollten die „Nonne" kennen, denn deren behaarte Raupen verursachen in regelmäßigen Abständen Kahlfraß vor allem an Nadelbäumen. Die Falter fliegen von Juni bis September, die Raupenzeit beginnt Ende April und endet im Juni. Kuckuck und Eichelhäher sind die häufigsten natürlichen Feinde dieses Schmetterlings.

4 | Buchen-Streckfuß
Calliteara pudibunda
Eulenfalter

BESCHREIBUNG Spannweite 37–65 mm. Vorderflügel hellgrau mit dunklen Querbinden. Hinterflügel fast weiß. Vorderbeine verlängert und stark behaart, in Ruhestellung meist nach vorn gestreckt (Name Streckfuß, **4A**). Raupe hellgelb mit 4 weißen oder gelben Haarbüscheln am Rücken und einem langen roten Haarpinsel am Hinterende **(4B)**. Deshalb nennt man die Falter im Volksmund auch „Rotschwanz".
LEBENSRAUM Häufige und weit verbreitete Art. Lebt in Laubmischwäldern. Futterpflanzen: häufig Buche, daneben auch Hainbuche, Eiche, Birke.
LEBENSWEISE Die nachtaktiven Falter fliegen in einer Generation von Mai/Juni. Im Juni legt das Falterweibchen seine Eier in Gruppen von 100 Stück meist auf Baumstämmen ab. Die Raupen findet man von Juli bis Oktober. Die Puppe überwintert in einem Kokon in Bodennähe. Die neue Faltergeneration schlüpft erst im nächsten Frühjahr.

5 | Schlehenspinner
Orgyia antiqua
Eulenfalter

BESCHREIBUNG Spannweite 28–32 mm. Flügel der Männchen rostbraun, jeder Vorderflügel mit einem weißen Fleck **(5A)**. Weibchen grau, flügellos **(5B)**. Raupen grau mit 4 gelben Haarbüscheln auf dem Rücken und einem „Federbüschel" am Hinterleibsende.
LEBENSRAUM Laub- und Mischwälder, Hecken, Parks. Futterpflanzen: eine Vielzahl von Laubbaum- und Straucharten, auch von krautigen Pflanzen. In Mitteleuropa weit verbreitete Art, tritt im Gebirge bis in Höhenlagen von 1700 m auf.
LEBENSWEISE Im Gegensatz zu den flugfähigen Männchen besitzen die flugunfähigen Weibchen nur kurze Flügelstummel. Sie bleiben nach dem Schlüpfen auf ihrem Puppenkokon sitzen und locken mit artspezifischen Pheromonen die Männchen zu sich. Nach der Paarung legen sie die Eier dicht aneinandergereiht auf dem alten Kokon ab und sterben kurz danach. Flugzeit von Mai bis Oktober in 2–3 Generationen.

1A

1B

2

3

4A

4B

5B

5A

1 | Brauner Bär
Arctia caja
Eulenfalter

BESCHREIBUNG Spannweite 45–65 mm. Auffälliger Falter, Vorderflügel braun mit hellem Linienmuster. Hinterflügel rot mit blauen, schwarz umrandeten Flecken. Raupe schwarzbraun, ist von dichten Büscheln langer rotbrauner Haare umstanden. (S. 152)
LEBENSRAUM Verbreitet und häufig in lichten Laubwäldern, an Waldrändern, buschreichen Hängen. Raupenpflanzen: Heidelbeere, Himbeere, Brombeere, Schneeball, Brennnessel, Löwenzahn und andere.
LEBENSWEISE Tagsüber ruhen die nachtaktiven Falter mit geschlossenen Vorderflügeln gut getarnt am Stamm. Nur bei Störung zeigen sie ihre auffälligen Hinterflügel mit den augenartigen Flecken. Zeitgleich erscheint im Nacken ein rotes Band, aus dem ein unangenehm riechendes Sekret abgesondert wird. Im Juli legen die Weibchen ihre Eier in großen Gelegen von bis zu 500 Stück an die Blattunterseite der Raupenfutterpflanzen.

2 | Grüne Eicheneule
Dichonia aprilina
Eulenfalter

BESCHREIBUNG Spannweite 45–52 mm. Dunkel moosgrüner Schmetterling mit lebhaftem Schwarz-Hell-Muster. Fühler und Beine weißgrün mit schwarzen Ringen. Raupen braungrau mit einer oft unterbrochenen hellen Rückenlinie.
LEBENSRAUM Eichenwälder, mit Eichen durchmischte Laubwälder, alte Parks mit Eichenbestand.
LEBENSWEISE „Aprileule" wird dieser Nachtfalter missverständlich auch genannt, denn seine Flugzeit erstreckt sich erst von Ende August bis Ende Oktober. Die einzeln an Rinde abgelegten Eier überwintern. Die Raupen entwickeln sich im darauffolgenden Frühling. Tagsüber verstecken sie sich in Rindenritzen, nachts fressen sie das junge Laub vorwiegend von Eichen. Bis zu ihrer Verpuppung in einem kräftigen Kokon im Erdboden halten sie sich an ihren Fraßpflanzen auf.

3 | Gamma-Eule
Autographa gamma
Eulenfalter

BESCHREIBUNG Spannweite 35–40 mm. Aschgrauer Falter mit grau-braun gezeichneten Vorderflügeln und einem hellen Gamma-Zeichen in der Flügelmitte **(3A)**.
LEBENSRAUM Waldränder, Pappelalleen, Parks. Meidet große, geschlossene Waldgebiete. Raupen **(3B)** fressen an vielen Wild- und Kulturpflanzen.
LEBENSWEISE Die Gamma-Eule gehört zu den typischen Wanderfaltern. Sie wandert jedes Jahr im Frühling aus dem Süden nach Mitteleuropa ein und beginnt etwa im Juli mit dem Rückzug. In klimatisch günstigen Jahren kann sie aber auch in Mitteleuropa erfolgreich überwintern. Die Falter können bei Tag und in der Nacht beim Blütenbesuch beobachtet werden. Die Liste der Nektarpflanzen reicht von Bäumen wie der Linde über Straucharten bis hin zu krautigen Pflanzen. In Gärten sieht man sie häufig am Schmetterlingsstrauch. Bekannte Fressfeinde der Gamma-Eule sind Stare und Krähen, aber auch Fledermäuse wie das Braune Langohr. Gamma-Eulen orientieren sich wie viele andere Nachtfalter bei ihren nächtlichen Flügen am Mondlicht.

4 | Kieferneule
Panolis flammea
Eulenfalter

BESCHREIBUNG Spannweite 30–38 mm. Vorderflügel zimtbraun, weiß marmoriert. Hinterflügel hellbraun, mit weißem Fransenrand. Geschlechter gleich.
LEBENSRAUM In Kiefernwäldern häufig. Raupenfraßpflanze: Kiefer
LEBENSWEISE Neben dem Kiefernspanner und der Nonne gehört die Kieferneule zu den wichtigsten Forstschädlingen. Die nachtaktiven Falter fliegen von März bis Juni. Die Eier werden als Perlenschnüre an die Nadeln im Kronenbereich der Bäume abgelegt. Raupen findet man im Juni/Juli. Sie fressen ausschließlich an den Nadeln der Waldkiefer. Nur bei Massenvermehrungen findet man sie auch an Fichte und Weißtanne und an der aus Nordamerika eingeführten Weymouthkiefer.

5 | Kiefernspanner
Bupalus piniaria
Spanner

BESCHREIBUNG Spannweite 30–35 mm. Überwiegend brauner, auch am Tag fliegender Spanner mit undeutlicher heller Zeichnung, die bei den Männchen kontrastreicher ausfällt als bei den Weibchen. Raupen grün gefärbt, mit einer weißen, dunkel gesäumten Rückenlinie. Fraßpflanzen der Raupen: Waldkiefer, Schwarzkiefer, Weymouthkiefer und Douglasie.
LEBENSRAUM Kiefernwälder.
LEBENSWEISE Dieser Schmetterling erscheint im Spätfrühling und fliegt etwa bis Juli. Er ist ein gefürchteter Schädling in der Forstwirtschaft, denn seine Raupen können bei Massenvermehrungen in ausgedehnten Kiefernwaldungen Kahlfraß verursachen. Sie leben in der Hauptsache von Kiefernnadeln, nur selten fressen sie auch an Fichten, Tannen und Wacholder.

1

2

3A

3B

4

5

1 | Großer Frostspanner
Erannis defoliaria
Spanner

BESCHREIBUNG Spannweite Männchen 30–40 mm, Weibchen flügellos. Männchen in der Färbung variabel, aber fast immer mit schwarzem Punkt und brauner Querlinie auf gelblichbraunen Flügeln **(1A)**. Weibchen hellgrau mit schwarzen Punkten **(1B)**. Raupen braun mit seitlichen gelben und roten Flecken.
LEBENSRAUM Wälder, Gebüschlandschaften. Fraßbäume sind Eiche, Buche, Hainbuche, Linde, Birke.
LEBENSWEISE Ab Ende September schlüpfen die dämmerungs- und nachtaktiven Falter aus ihren Puppen. Die Weibchen kriechen an den Baumstämmen empor und legen nach erfolgter Paarung ihre Eier in die Knospen. Im darauffolgenden Frühling schlüpfen die Raupen und beginnen zu fressen. Bei Störungen lassen sie sich an einem Spinnfaden zu Boden sinken. Etwa im Juni verpuppen sie sich in einem lockeren Gespinst am Boden.

2 | Kleiner Frostspanner
Operophtera brumata
Spanner

BESCHREIBUNG Spannweite 22–30 mm. Nur die männlichen Falter sind geflügelt, deren Vorderflügel graubraun mit dunklen, welligen Querlinien. Die weiblichen Falter sind flugunfähig, besitzen nur Flügelstummel. Deren Körper graubraun mit hellgrauer Sprenkelung. Raupen hellgrün mit dunkelgrüner Rückenlinie (S. 152).
LEBENSRAUM Überall in Laubwäldern, Parklandschaften und Obstgärten. Fraßpflanzen: zahlreiche Laubhölzer. Daneben Obstgehölze.
LEBENSWEISE Erst im November und Dezember fliegt dieser Schmetterling. Seine Raupen hat man an 50 verschiedenen Laubbäumen und Sträuchern gefunden. Die Art neigt wie der Große Frostspanner zu Massenvermehrungen und kann dann im Obstbau und in der Forstwirtschaft Schäden verursachen.

3 | Birkenspanner
Biston betularia
Spanner

BESCHREIBUNG Spannweite 35–60 mm. Großer Falter mit ziemlich langen, schmalen Flügeln, weiß mit zahlreichen schwarzen Punkten **(3A)**. In manchen Jahren Falter mit grauschwarzen und schwarzen Flügeln **(3B)**. Raupe grün oder braun, trägt eine Reihe von Warzen.
LEBENSRAUM Lockere Laubwälder, Moorwälder. Fraßpflanzen sind Laubbäume und Sträucher.
LEBENSWEISE Die nachtaktiven Raupen des Birkenspanners fressen nicht nur an Birke, sondern auch an einer Vielzahl anderer Laubbäume. Interessanterweise gibt es den Falter in 2 Farbvarianten: eine mit weißen Flügeln und eine andere, fast schwarze Form. Die dunklen Falter sind an Orten mit hoher Umweltverschmutzung häufiger und werden von Vögeln seltener gefressen. Dieses Phänomen ist als „Industriemelanismus" bekannt.

4 | Pfaffenhütchen-Gespinstmotte
Yponomeuta cagnagella
Gespinstmotten

BESCHREIBUNG Spannweite 18–24 mm. Typisch sind die weißen, schwarz gepunkteten Vorderflügel. Raupen leben gemeinsam in großflächigen seidigen Gespinsten, die oft den ganzen Strauch überziehen und kahl fressen. Der Befall endet meist im Frühsommer.
LEBENSRAUM Häufig an Auwaldrändern, in Hecken.
LEBENSWEISE Die wichtigste Nahrungspflanze dieses Schmetterlings ist der Gewöhnliche Spindelstrauch, auch bekannt als Pfaffenhütchen. Hier legt das Weibchen die Eier an den Zweigen ab. Die Raupen überwintern. Ab Mai/Juni des Folgejahres fressen sie gesellig in Gespinsten. Sie verpuppen sich in den Monaten Juni/Juli. Die Büsche erholen sich nach dem Verpuppen der Raupen rasch.

5 | Fichtenzapfenzünsler
Dioryctria abietella
Zünsler

BESCHREIBUNG Spannweite 20–27 mm. Vorderflügel schwarzgrau, von gezackten hell-dunklen Querlinien durchzogen. Hinterflügel grau. Raupen graubraun, längs gestreift.
LEBENSRAUM Nadelwälder. Futterpflanzen der Raupen: Fichte, Tanne, Kiefer.
LEBENSWEISE Der kleine Falter fliegt von Juni bis September, meist in einer Generation pro Jahr. Nur in heißen Sommern kann eine 2. Generation ausgebildet werden. Die Eiablage erfolgt an junge Zapfen und Endtriebe mehrerer Nadelbaumarten. Die Larven fressen im Gegensatz zum Zapfenwickler *(Laspeyresia strobilella)*, dessen Raupe Zapfenspindeln frisst, nur Samen, Samenanlagen und Zapfenschuppen. Im Herbst verlassen sie ihren Fraßort, ziehen sich in den Boden zurück und überwintern dort.

1A

1B

2

3A

3B

4

5

1 | Grüner Eichenwickler

Tortrix viridana
Wickler

BESCHREIBUNG Spannweite 16–24 mm. Unverwechselbare Art mit einfarbig grasgrünen Vorderflügeln, hellgrauen Hinterflügeln und einem weißen fransigen Saum an den Flügelenden. Raupen zunächst graubeige, später graugrün.
LEBENSRAUM Im gesamten Verbreitungsgebiet der Eiche vorkommende, zu Massenvermehrungen neigende Art. Fraßpflanzen: vor allem Eichen, aber auch andere Laubgehölze, Heidelbeere, Brennnessel.
LEBENSWEISE Dieser dämmerungs- und nachtaktive Schmetterling ist ein gefürchteter Forstschädling. In großen Eichenbeständen kommt es immer wieder zu Massenvermehrungen und Kahlfraß. Jedes Weibchen legt im Sommer 50–60 Eier in den oberen Teilen der Baumkronen ab. Die Raupen schlüpfen erst nach einer Überwinterung im nächsten April. Sie fressen 3–4 Wochen ehe sie sich verpuppen. Nach weiteren 3–4 Wochen schlüpfen die Falter.

2 | Kieferntriebwickler

Rhyacionia buoliana
Wickler

BESCHREIBUNG Spannweite 16–24 mm. Kleiner, auffällig rostorange gefärbter Schmetterling mit silberweißen Binden auf den Flügeln. Raupen orangerot mit schwarzem Kopf..
LEBENSRAUM Ab Juni/Juli sehr häufig in jungen Kiefernwäldern. Raupenfraßpflanze: Waldkiefer
LEBENSWEISE Der Kieferntriebwickler ist einer der am besten untersuchten Schmetterlinge weltweit, denn seine Raupen verursachen in Wäldern Millionenschäden. Dieser Falter wurde mit der Anlage unnatürlicher Monokulturen im Forst zum Schädling. Seine Raupen verursachen mit ihrem Fraß an den Spitzentrieben junger Kiefern die „Posthornbildung" der Kiefernspitzen. Am stärksten gefährdet sind Kiefern im Dickungsalter.

3 | Hornissen-Glasflügler

Sesia apiformis
Glasflügler

BESCHREIBUNG Spannweite 30–40 mm. Falter, der in Form und Farbe eine wehrhafte Hornisse nachahmt und sich so vor Fressfeinden schützt: Flügel glasartig mit braunen Rändern, Hinterleib gelbschwarz geringelt. Raupen weißlich oder gelblich mit dunkelbraunem Kopf.
LEBENSRAUM Offenes, leicht feuchtes Gelände mit Pappelbeständen, lichte Auwälder. Fraßpflanzen: vorwiegend Holz und Wurzeln von Pappeln.
LEBENSWEISE Wer diesen Glasflügler nicht kennt, wird ihn wohl kaum für einen Schmetterling halten. Dieser Falter ahmt perfekt eine Hornisse nach. Zu beobachten ist diese Mimikry im Juli frühmorgens an alten Pappeln. Dann sitzen die frisch geschlüpften Falter niedrig an den Stämmen ehe sie zu ihren Balzflügen starten.

4 | Buchenmotte

Diurnea fagella
Breitflügelmotten

BESCHREIBUNG Spannweite 19–29 mm. Falter schmutziggrau mit schwarzer Zeichnung. Weibchen flugunfähig, besitzen nur Stummelflügel. Raupen grün mit braunem Kopf und keulenförmig verdicktem 3. Beinpaar.
LEBENSRAUM Häufiger Falter in Laub- und Mischwäldern. Fraßpflanzen: Rotbuche, Stieleiche, Hängebirke, Stieleiche, jedoch trotz dieser Polyphagie am häufigsten an Rotbuchen.
LEBENSWEISE Dieser Schmetterling bildet eine Generation pro Jahr. Die Falter fliegen von März bis Mai, Raupen findet man von Juni bis Oktober. Sie fressen nachts zwischen 2 zusammengesponnenen Blättern. „Sängerin" wird die Art auch genannt, weil ihre Raupen zirpende Töne erzeugen können.

5 | Gebänderte Langhornmotte

Nemophora degeerella
Langhornmotten

BESCHREIBUNG Spannweite 16–22 mm. Vorderflügel goldgelb mit braunen Längsstreifen, in der Mitte mit einer dunkel eingefassten gelben Querbinde. Fühler der Männchen bis zu 35 mm lang (Langhornmotten), die der Weibchen deutlich kürzer.
LEBENSRAUM Feuchte Laub- und Mischwälder, Ufergehölze von Bächen und Flüssen.
LEBENSWEISE Charakteristisch für viele Arten dieser Schmetterlingsfamilie sind die auf- und abtänzelnden Bewegungen der Männchen spätnachmittags im Sonnenschein. Sie fliegen hüpfend in die Luft und lassen sich – gebremst von den langen Fühlern – wieder herabsinken. Das tun sie oft stundenlang und in großen Gruppen. Die Pausen zwischen den Flügen verbringen sie meist auf krautigen Pflanzen. Dort findet auch die Paarung statt. Die Raupen leben auf Buschwindröschen. Sie gelten als Minierer, weil sie sich im Pflanzengewebe entwickeln und dort Fraßgänge anlegen.

1

2

3

4

5

Kiefern-Prozessionsspinner, *Thaumetopoea pinivora* (S. 144)

Eichen-Prozessionsspinner, *Thaumetopoea processionea* (S. 142)

Mondvogel, *Phalera bucephala* (S. 142)

Abendpfauenauge, *Smerinthus ocellata* (S. 134)

Tagpfauenauge, *Aglais io* (S. 134)

Lindenschwärmer, *Mimas tiliae* (S. 140)

Kleiner Fuchs, *Aglais urticae* (S. 134)

Brauner Bär, *Arctia caja* (S. 146)

Kleiner Frostspanner, *Operophtera brumata* (S. 148)

Nonnenspinner, *Lymantria monacha* (S. 144)

Bienen, Wespen und Ameisen

Bienen, Wespen, Ameisen

Mit mehr als 10 000 Arten allein in Mitteleuropa sind die Hautflügler, zu denen Bienen, Wespen und Ameisen gehören, die artenreichste Insektenordnung. Die weitaus meisten dieser Arten gehören zum Lebensformtyp der Parasiten. Bestes Beispiel hierfür sind die Schlupfwespen. Andere leben als Räuber wie die Ameisen. Und wieder andere sind als Bestäuber nützlich wie die Bienen und Hummeln. Nur wenige Arten sind Pflanzenfresser und in Wirtschaftswäldern schädlich.

Leben auf Kosten anderer

Mit die wichtigsten Mitglieder von Lebensgemeinschaften sind die Parasiten. Diese Lebensform wird bei den Hautflüglern von den Schlupfwespen, den Erzwespen und den Brackwespen vertreten. Parasiten stechen die Eier, Larven und seltener auch die Puppen vorwiegend von Insekten an, entwickeln sich im Inneren der Wirte und töten diese schließlich ab. Viele Arten sitzen mit dieser oft regulierenden Lebensweise an den Schalthebeln ökologischer Systeme.
Bei den Schlupfwespen spielen die Angehörigen der Gattung *Rhyssa* eine entscheidende Rolle. Es sind große auffallende Tiere, wenn nicht die größten Schlupfwespen überhaupt. Die Weibchen werden bis zu 10 cm lang, ihr Legebohrer macht die doppelte Länge des Körpers aus. *Rhyssa persuasoria* ist der am weitesten verbreitete und mit Abstand häufigste Larven- und Puppenparasit von Nadelbaum-Holzwespen.
Beim Auffinden ihrer Wirte vollbringen die Weibchen erstaunliche Leistungen. Untersuchungen an *R. persuasoria* haben gezeigt, dass der symbiontische Pilz, dessen Sporen die Holzwespenweibchen mit den Eiern in den Holzgang einbringen, für die Wirtsfindung eine große Rolle spielt. Man hat nachgewiesen, dass ein vom Pilz erzeugter Duft für die Anlockung der Parasiten verantwortlich ist. Nagegeräusche aus dem Inneren der Holzwespengänge sind kein erforderliches Stimulans für parasitische Bohrversuche und auch nicht wichtig für die Wirtsfindung.
Ist eine Wirtslarve gefunden, paralysiert sie das Parasitenweibchen mit einem Stich und legt ein Ei darauf. Innerhalb der nächsten fünf Wochen wird der Wirt aufgefressen, der Parasit durchläuft in dieser Zeit vier Larvenstadien. Die ausgewachsene Larve bildet einen Kokon aus Seide und Holzfasern und überwintert darin. Im nächsten Frühling beginnen die Imagines zu schlüpfen. Der Lebenszyklus von *R. persuasoria* ist in einem Jahr abgeschlossen, die Gewöhnliche Holzwespe *Sirex* benötigt dagegen drei Jahre für ihre Entwicklung. Somit kann eine *Sirex*-Generation drei Generationen von *Rhyssa* erzeugen.

Schlupfwespe *Rhyssa* beim Stich.

Nützliche Parasiten

Da viele Schlupfwespenarten biologisch so wirkungsvoll sind, werden sie bei der biologischen Schädlingsbekämpfung weltweit eingesetzt. So gelingt es beispielsweise mittlerweile, den Frostspanner mit einigen Raubparasiten unter seine Schadensschwelle zu drücken, also seine Bestandsdichten stark zu dezimieren. In den Forsten gelingt das oft in Zusammenwirkung mit räuberischen Ameisen.

Die Rolle der Ameisen

Die Bedeutung der Ameisen, insbesondere der Großen Roten Waldameise, für den Naturhaushalt im Wald ist längst erkannt. Ameisen gehören zu den wirkungsvollsten Nutzern von Raupen, die bei Massenvermehrungen erhebliche Fraßschäden an Bäumen verursachen. Und sie erbeuten viele andere Insekten. So stabilisieren sie das Insektenspektrum im Wald und beugen Forstschäden vor. Andererseits pflegen sie im Kronenbereich der Bäume Kolonien von Blattläusen, weil sie den Zuckersaft, den die Läuse abgeben, als Nahrung nutzen. So wichtig aber der Honigtau der Blattläuse für das Gedeihen einer großen Ameisenkolonie auch sein mag, so geringfügig bleibt er im Vergleich zu den gefangenen Insekten. Nur aus dieser Kost können die Ameisen das Eiweiß herausholen, das die Königin für die Produktion der Eier braucht. Dabei ist ihre Leistungsfähigkeit ganz erstaunlich. Die kleinen Ameisen bewältigen den Transport von Beutetieren, die sie an Größe und Gewicht um das Zehnfache und mehr übertreffen.
Auch ihre Nester sind bemerkenswerte Bauwerke. Ihre Anlage erfolgt so, dass sie ausreichend Sonnenwärme erhalten, aber auch vor Überhitzung geschützt sind. Meist befinden sie sich am Rand von Lichtungen. Auch Waldränder sind bevorzugte Standorte. Ein Ameisenvolk kann nur dann wachsen und gedeihen, wenn der

Ameisenbau im Wald.

Platz für die Anlage des Nestes gut gewählt ist. An feuchten, schattigen Stellen gedeihen die großen Haufennester nicht, denn es bildet sich zu leicht Schimmel. Feuchtigkeit beeinträchtigt die Entwicklung von Eiern, Larven und Puppen, vor allem aber die Ausbildung der Geschlechtstiere.

Ameisennester

Die Nester der Schuppenameisen sind von sehr unterschiedlicher Bauweise. Im einfachsten Fall sind es Erdkuppelnester, die über Grasbüscheln aus aufgeworfener Erde errichtet werden. Ihre Größe entspricht in etwa einem Maulwurfshügel. Größere Kuppelbauten aus Pflanzenteilen errichten die Formica-Arten. Ihre Bauten sind dauerhafte Nester aus Nadeln, Astteilen und in Laubmischwäldern auch aus Blattrippen. Oft werden sie über alten Baumstümpfen errichtet. Manche Arten, wie die großen Rossameisen, legen ihre Nester direkt in toten Stämmen an und durchsetzen sie mit einem vielkammerigen Labyrinth. Das fördert den Abbau der Stämme, so dass diese Ameisen auch zum Abbau von Wurzelstöcken, Stubben und gefallenen Stämmen beitragen. Die Glänzendschwarzen Holzameisen bauen sogenannte Kartonnester aus einer Masse, die in der Hauptsache aus zerkautem Holz und Zucker besteht. Ein Pilz überwuchert und stabilisiert die dünnen Wände.

Staatenbildende Insekten

Ameisen sind sämtlich staatenbildend und polymorph. Im einfachsten Fall drückt sich dieser Polymorphismus in drei Formen aus: geflügelte Männchen, geflügelte Weibchen (Königinnen) und ungeflügelte Weibchen (Arbeiterinnen). Die Männchen entstehen aus unbefruchteten Eiern, die beiden Weibchenformen aus befruchteten. Ob aus einem befruchteten Ei eine Königin oder eine Arbeiterin wird, entscheidet vor allem die Larvenernährung. Die zur Königin bestimmte Larve erhält als Futter einen besonderen „Königinnenfuttersaft".
Arbeiterinnen sind durch eine Rückbildung der Flügel und der Geschlechtsorgane gekennzeichnet. Sie bilden die große Masse eines Volkes. Mit ihnen lebt meist während des größten Teils des Jahres eine – pausenlos eierlegende – Königin. Bei manchen Arten existieren auch mehrere Königinnen nebeneinander. Geflügelte Geschlechtstiere werden nur zu einer bestimmten Jahreszeit, meist im Frühling, gebildet. Nach dem Hochzeitsflug, auf dem die Königin begattet wird, sterben die Männchen und die befruchtete Königin gründet, nachdem sie ihre Flügel abgeworfen hat, einen neuen Staat.

Ökologisch unersetzlich

In den Wäldern der gemäßigten Breiten gehören die Ameisen zu den Tieren, die das ökologische Geschehen bestimmen. Das Spektrum ihrer Tätigkeit reicht von der Aufarbeitung morsch gewordenen Holzes über den Fang kleiner und großer Insekten und deren Raupen bis hin zur Verbreitung von Pflanzensamen, deren ölhaltige Anhängsel sie verzehren. Ameisen sind auch wichtige Regulatoren des Energieflusses. Ihre vielseitige Anpassungsfähigkeit befähigt sie, in fast allen Typen von Wäldern zu leben.

1 | Rote Waldameise
Formica rufa
Ameisen

BESCHREIBUNG Körperlänge 4–8 mm. Rücken, Brust und Kopfunterseite rot gefärbt, Kopfoberseite und Hinterleib schwarz. Arbeiterinnen flügellos, Geschlechtstiere sind geflügelt.
LEBENSRAUM Besonders in Nadelwäldern weit verbreitet. Bewohnt an windgeschützten, sonnigen Standorten bis über 1 m hohe Nestkuppeln, die mit Nadeln und kleinen Zweigstücken abgedeckt sind.
LEBENSWEISE Rote Waldameisen leben in großen Nestkuppeln aus Fichtennadeln und kleinen Zweigstücken. Unter dem oberirdischen Nestteil befindet sich ein etwa gleich großer unterirdischer Teil. Durch das Innere solcher Nester zieht sich bis in eine Tiefe von 2 m und mehr ein weit verzweigtes System aus Gängen und Kammern. Eier, Larven und Puppen werden je nach Wetterlage und Reifegrad von Arbeiterinnen immer wieder in solche Nestbereiche transportiert, die eine rasche Entwicklung ermöglichen. Neben der Brutpflege gehört zu ihren Aufgaben auch das Bewachen der Eingänge. Daneben ziehen sie auf duftmarkierten Straßen zur Nahrungssuche aus. Rote Waldameisen ernähren sich von Insekten und deren Larven, die mit vereinten Kräften überwältigt und ins Nest getragen werden. Ameisen sind wehrhafte Tiere. Zur Abwehr von Feinden sprühen sie Ameisensäure aus ihrer Hinterleibsspitze. Meist bekommt man nur Arbeiterinnen zu Gesicht. Aber an manchen Sommertagen verlassen geflügelte Königinnen und Männchen das Nest und starten zum Hochzeitsflug. Dieser endet mit der Gründung neuer Staaten.

2 | Riesenholzameise, Rossameise
Camponotus herculeanus
Ameisen

BESCHREIBUNG Größte einheimische Ameise, Körperlänge 14–18 mm. Körper dunkelbraun bis schwarz. Häufig zu sehen: Hochzeitsflüge.
LEBENSRAUM Bevorzugt in sonnigen, trockenen Nadelwäldern mit hohem Fichtenanteil. Lebt nur in Holz.
LEBENSWEISE Rossameisen nagen ihre Nester in totes Holz, hauptsächlich in Baumstümpfe von Fichten und Kiefern, aber auch in noch lebende Baumstämme. Im Stammesinneren fressen sie die weichen Holzschichten der Jahresringe heraus und bilden so senkrechte schmale Kammern. Wegen ihrer holzzerstörenden Tätigkeit gelten diese großen Ameisen als Schädlinge. Ihre Nahrung besteht größtenteils aus Honigtau, den süßen Ausscheidungen von Blattläusen. Daneben verwerten sie auch kleinere Insekten.

3 | Kartonameise
Lasius fuliginosus
Ameisen

BESCHREIBUNG Schwarze, auffallend glänzende Ameise, Körperlänge 4–7 mm **(3A)**. In Nestnähe ein für den menschlichen Geruchssinn penetrant süßlicher Duft wahrnehmbar. Dieser hat eine abschreckende Wirkung auf andere *Lasius*-Arten.
LEBENSRAUM Häufig in Wäldern mit morschen Stubben und hohem Altholzanteil. Auch an Waldrändern und baumbestandenen Wegrändern nicht selten.
LEBENSWEISE Diese auch als Glänzendschwarze Holzameise bekannte Art baut in hohlen Bäumen und Baumstubben aus zerkautem Holzmulch und Erde unter Zugabe von zuckerhaltigen Säften und Speichel schwärzliche, kartonartige Nester mit Kammern und dünnen Wänden. Wegen dieser „Leimtechnik" werden die Nester auch „Kartonnester" genannt **(3B)**. Den Zuckersaft von Blattläusen verwendet diese Art, um den brüchigen Karton stabiler zu machen. Davon lebt der Pilz *Cladosporium myrmecophilus*, der die Wände mit seinem feinen Geflecht zusätzlich stabilisiert. Die Nahrung dieser Ameise besteht größtenteils aus den Ausscheidungen baumbewohnender Blattläuse. Zu deren Kolonien in den nahe gelegenen Bäumen führen oft dicht bevölkerte Ameisenstraßen. Daneben werden auch Insekten überwältigt und ins Nest transportiert.

4 | Gelbe Diebsameise
Solenopsis fugax
Ameisen

BESCHREIBUNG Auffallend winzige Ameise, Arbeiterinnen nur mit einer Körperlänge von 1,4–3 mm, gelb bis gelb-braun gefärbt. Königinnen sind schwarz und bis 6,5 mm lang.
LEBENSRAUM Lebt an wärmebegünstigten Standorten mit sandigem Untergrund und spärlicher Vegetation. Baut ihre Nester häufig in die Nähe der Nester anderer Ameisenarten, vor allem der Roten Waldameise.
LEBENSWEISE Diese winzige Art wohnt in großer Volksstärke in der Nähe der Nester anderer größerer Waldameisen. Zwischen deren Gangsysteme bauen die Arbeiterinnen schmale eigene Gänge. Besonders feine Gänge führen vom Diebsameisennest in die Brutkammern der Wirtsvölker. Die Diebsameisen dringen in die Brutkammern ein und benetzen die fremde Brut mit einem Sekret aus ihrer Giftdrüse. So können sie ungestört die fremde Brut zerlegen und in das eigene Nest transportieren. Aber sie sind nicht ausschließlich auf die fremde Brut als Nahrung angewiesen. Zusätzlich leben sie vom Zuckersaft unterirdisch lebender Blatt- und Schildläuse.

1
2
3A
4
3B

1 | Rotgelbe Knotenameise
Myrmica rubra
Ameisen

BESCHREIBUNG Körper rötlichbraun, 4–5 mm lang **(1A)**. An der Brust über dem Hinterleibsstiel mit 2 Dornen.
LEBENSRAUM Besiedelt sehr unterschiedliche Lebensräume, bevorzugt aber feuchte Wälder. An sehr trockenen, vegetationsarmen Standorten fehlt sie.
LEBENSWEISE Diese Art lebt in großen Kolonien **(1B)** mit vielen Königinnen und Arbeiterinnen. Die Individuenzahl kann bis zu 20 000 Arbeiterinnen und bis zu 600 Königinnen betragen. Beim Nestbau sind vielfältige Standorte möglich: Die Rotgelbe Knotenameise siedelt unterirdisch in morschen Stubben, manchmal auch unter Rinde, unter Moospolstern oder im Schutz von Steinen. In ihren Nestern überwintern oft die Raupen von Bläulingsarten, die dann räuberisch von der Ameisenbrut leben. Die Ameisen selbst besuchen eifrig Blattlauskolonien. Sie füttern nicht nur ihre Larven mit Blattlauszucker, sondern ernähren sich auch selbst davon. Ein Ameisenvolk verbraucht pro Jahr etwa 500 Liter Zuckersaft. Aber als Allesfresser erbeuten sie auch Insekten und fressen Elaiosomen, ölhaltige Anhängsel von Pflanzensamen.

2 | Gewöhnliche Holzwespe
Sirex juvencus
Holzwespen

BESCHREIBUNG 15–30 mm groß. Weibchen metallisch blauschwarz glänzend, Männchen ähnlich, aber mit rotgelbem Hinterleib. Weibchen mit Legebohrer.
LEBENSRAUM Häufige Art an Nadelbäumen, v. a. an Kiefern und Tannen. Selten auch in Fichtenbeständen.
LEBENSWEISE Ab Juli/August suchen die Weibchen frisch gefällte, kranke oder verletzte Bäume auf und bohren mit ihrem Legebohrer Eiröhren in das Splintholz. Bei der anschließenden Eiablage bringen sie auch Sporen des Braunfilzigen Schichtpilzes *(Amylostereum aereolatum)* in das Bohrloch ein. Während die Larven in den Stamm eindringen und etwa 4 cm tiefe senkrechte Gänge bohren, wachsen im umliegenden Holz Pilzrasen. Diese schließen die Zellulose auf und machen sie für die Larven verdaubar. Ohne diese Arbeit des Pilzes könnten sie nicht überleben. Zur Verpuppung bauen die Larven einen Hohlraum dicht unter der Rinde. Nach 2 Jahren, am Ende ihrer Entwicklung, bohren sich die Wespen ein kreisrundes, etwa 1 cm große Ausflugsloch und verlassen den Stamm.

3 | Riesenholzwespe
Urocerus gigas
Holzwespen

BESCHREIBUNG Mit bis zu 40 mm Körperlänge einer der größten Hautflügler. Männchen stets kleiner als Weibchen. Kopf schwarz mit 2 gelben Schläfenflecken. Brust schwarz. Weibchen mit teilweise gelbem, teilweise schwarzem Hinterleib und Legebohrer.
LEBENSRAUM Nadelwälder, meist dort, wo frisch gefällte Stämme gelagert werden. Sieht gefährlich aus, ist aber für den Menschen völlig harmlos.
LEBENSWEISE Mit ihrem Legeapparat bohren die Weibchen etwa 1 cm tief unter die Rinde Löcher in die Stämme verschiedener Nadelbäume und legen ihre Eier hinein. Mit den Eiern bringen sie auch Pilzsporen in das Holz. Die Larven halten sich zunächst in den Randbereichen des Stammes auf, dringen dann tiefer in das Holz ein und kehren für die Verpuppung wieder in die Oberflächenzone zurück. Sie ernähren sich von Zellulose, die durch das Pilzmycel in den Larvengängen für sie aufbereitet wird. Während ihrer mehrjährigen Entwicklung fressen sie lange Gänge in das Holz und schlüpfen oft erst, wenn die Stämme schon verbaut sind.

4 | Schwarze Kiefernholzwespe
Xeris spectrum
Holzwespen

BESCHREIBUNG Dunkelbrauner bis schwarzer Körper, 10–30 mm lang. Weibchen mit Legebohrer, bis 20mm lang. Kopf mit hellen Flecken hinter den Augen. Fühler lang, fadenförmig, schwarz. Beine der Männchen überwiegend schwarz, der Weibchen rotgelb.
LEBENSRAUM Häufig in Nadelwäldern, an Tanne, Fichte und Kiefer.
LEBENSWEISE Die Imagines fliegen von Juli bis Ende August. Die Weibchen legen ihre Eier in vorgebohrte Gangsysteme. Sie fliegen nur Stämme an, die vorher von anderen Holzwespen besucht wurden. Offenbar nehmen sie mit den Antennen das von anderen Arten mitgeführte Pilzmaterial wahr. Sie selbst besitzen keine symbiontischen Pilze am Legestachel, obwohl ihre Larven die Pilzmyzele zum Aufschluss der Zellulose benötigen. Die Art gilt nicht als auffälliger Forstschädling. Sie befällt weder gesunde Bäume noch Bau- oder Nutzholz. Man findet sie meist nur an Bäumen, deren Stammbasis Rindenschäden aufweist.

1A

1B

2

3

4

1 | Rotgelbe Buschhornblattwespe
Neodiprion sertifer
Buschhornblattwespen

BESCHREIBUNG Imagines **(1A)** selten zu sehen, häufiger die Larvenkolonien auf Kiefern. Larven mit schwarzem Kopf und graugrünem Rumpf **(1B)**. Oben mit hellem, schwarz gesäumten Mittelstreifen.
LEBENSRAUM In ganz Europa häufig, kommt stets an Kiefern vor.
LEBENSWEISE Diese Art legt die Eier in kleinen Eitaschen entlang der Kiefernnadelkante ab, zu erkennen an orangeroten Verfärbungen der Nadeln. Die Larven schädigen bevorzugt 3–20jährige Kiefern mit einem geselligen Fraß. Anfangs befressen 6–8 Junglarven eine Nadel, Altlarven meist nur in Zweiergruppen. Eine Kolonie aus etwa 80–100 Larven bleibt stets zusammen und besiedelt auch zusammen neue Zweige. Bei Störung zeigen die Larven eine auffällige Schreckstellung: Sie krümmen sich mit dem Kopf rückwärts. Die Imagines fliegen im Spätsommer. Feinde sind Spitzmäuse, Waldmaus und Rötelmaus als Kokonfresser.

2 | Gewöhnliche Kiefern-Buschhornblattwespe
Diprion pini
Buschhornblattwespen

BESCHREIBUNG Imagines etwa 10 mm groß, Männchen schwarz mit doppelt gefiederten Antennen („Buschhorn"-Blattwespen) **(2A)**, Weibchen gelblich mit dunklen Flecken und sägeartigen Fühlern **(2B)**. Imagines selten, häufiger sind Larvenkolonien zu finden. Larven hellgelb mit brauner Kopfkapsel. Rücken mit dunklen Flecken. Kotkrümel charakteristisch rautenförmig.
LEBENSRAUM In ganz Europa häufig an Kiefern, Hauptfraßpflanze ist die Wald-Kiefer.
LEBENSWEISE Diese Blattwespe ist auf Kiefern spezialisiert, ihre Larven ernähren sich von Kiefernnadeln. Für die Eiablage wählen die Weibchen vor allem Bäume an den südlichen Bestandsrändern oder Pflanzen in lückigen Beständen. Die nach 3–4 Wochen schlüpfenden Larven fressen gesellig, zunächst an den Maitrieben, später an benachbarten Nadeln. Altlarven fressen pro Tag 6–12 Nadeln. Die Verpuppung der Larven erfolgt in einem grau gefärbten Kokon, entweder an der Pflanze selbst oder zur Überwinterung in der Nadelstreu am Boden. In großen Plantagen kann es zu Massenvermehrungen und in der Folge zu Kahlfraß kommen, von dem sich rund zwei Drittel der Bäume aber schnell erholen. Wiederholter Fraß führt allerdings zu merklichen Zuwachsverlusten. Außerdem schwächt ein mehrjähriger Nadelverlust die Kiefern so stark, dass Sekundärschädlinge leichtes Spiel haben.

3 | Holzschlupfwespe
Rhyssa persuasoria
Schlupfwespen

BESCHREIBUNG Schlanke, schwarz-weiß gefärbte Schlupfwespe mit langen, fadenförmigen Antennen und einem langgestreckten, walzenförmigen Hinterleib, Körperlänge 20–35 mm. Weibchen mit mehr als körperlangem Legebohrer. Beine rötlich gefärbt.
LEBENSRAUM Nadelwälder, Laubmischwälder
LEBENSWEISE Diese Schlupfwespe ist ein wirksamer natürlicher Feind von Holzwespenlarven. Die Weibchen erkennen von Holzwespen befallene Stämme am Geruch. Dabei riechen sie nicht die Wespenlarve selbst, sondern den Duft des holzabbauenden Pilzes, mit dessen Hilfe die Holzwespenlarve das Holz verdauen kann. Zielgenau bohrt das Weibchen seinen Legebohrer in die Wirtslarve und lähmt sie mit einem Giftstich, sodass diese zwar weiterlebt, aber nicht mehr weiterwächst und nicht mehr aktiv ist. Danach deponiert sie dort ein Ei. Die Schlupfwespenlarve verzehrt die frisch bleibende Wirtslarve innerhalb von 5 Wochen. Solange braucht sie für ihr Wachstum. Sie durchläuft in dieser Zeit 4 Larvenstadien. Danach spinnt sie einen dünnen Kokon im Fraßgang und überwintert darin. Die Verpuppung erfolgt im nächsten Frühling. Einige Individuen können aber auch eine verkürzte Entwicklung durchlaufen und schlüpfen noch im selben Sommer. Die Flugzeit der Imagines reicht für gewöhnlich vom späten Frühjahr bis in den Hochsommer. Diese Art wurde in Übersee in der biologischen Schädlingsbekämpfung zur Dezimierung der Blauen Fichtenholzwespe *(Sirex noctilio)* eingesetzt.

4 | Bienenwolf
Philanthus triangulum
Grabwespen

BESCHREIBUNG Wespenähnlich, Hinterleib gelb mit schwarzen Querbinden. Körperlänge 8–17 mm. Kopf auffallend groß. Fühler mit einem verdickten mittleren Teil. Weibchen mit auffälligen Grabborsten.
LEBENSRAUM Lebt vor allem auf offenen Sandböden. Auch in lichten, warmen Wäldern mit sandigem Untergrund und sandigen Wegböschungen anzutreffen.
LEBENSWEISE Seine Bruthöhlen gräbt der Bienenwolf gerne in besonnte Steilflächen, beispielsweise an sandigen Hohlwegen oder in die Wände von Sandgruben. Zur Versorgung ihrer Brut fängt diese Wespe Honigbienen, die sie beim Blütenbesuch überwältigt und mit einem Stich in die weiche Haut hinter dem 1. Beinpaar lähmt. Ist die Beute bewegungslos, wird sie in die Bruthöhle geflogen. Sind in einer Höhle genügend gelähmte Bienen eingetragen – maximal sind es 4–6 – legt das Weibchen ein Ei darauf. Die weiße, madenförmige Larve lebt während ihrer etwa einjährigen Entwicklung von den Bienen.

1A
1B
2A
2B
3
4

1 | Dreiphasen-Sandwespe
Ammophila pubescens
Grabwespen

BESCHREIBUNG Körperlänge 13–19 mm. Wespe mit dünner, langer Wespentaille. Kopf dunkel. Hinterleib auffallend rot-schwarz.
LEBENSRAUM Besiedelt trockene Lebensräume mit Sandböden. Zu finden auf unbefestigten sandigen Wegen in Kiefernwäldern und Heiden.
LEBENSWEISE Diese einzeln lebende Wespe zeigt eine erstaunliche Brutfürsorge. Ihr Verhalten kann man im Juli auf sandigen Waldwegen gut beobachten: Die Weibchen graben senkrechte Röhren in den Sandboden. Während der Grabarbeit erzeugen sie einen rhythmischen Summton, der schon von weitem auf die arbeitende Wespe aufmerksam macht. Nach Fertigstellung der Röhre verschließen sie diese mit Steinchen. Dann machen sie sich auf die Suche nach einer Raupe. Dabei bevorzugen sie wenig behaarte Spanner- und Eulenraupen, die sie mit einem Stich lähmen, dann rückwärts in die Röhre ziehen und mit einem Ei belegen. Anschließend verschließen sie die Röhre mit den gleichen Steinchen wieder. Während der Entwicklung der Larve tragen sie weitere Raupen ein, insgesamt sind es 3–10. Parallel versorgen sie so mehrere Nester.

2 | Fichten-Gespinstblattwespe
Cephalcia abietis
Gespinstblattwespen

BESCHREIBUNG Körpergröße 11–14 mm. Kopf und Brust schwarz, Hinterleib rötlichbraun. Kopf vor allem beim Weibchen auffallend groß, lange, vielgliedrige Fühler. Flügel glasig durchsichtig. Larven schmutziggrün mit schwarzem Kopf.
LEBENSRAUM Fichtenwälder des mittleren und nördlichen Europas. Die Art ist auf die Fichte (*Picea abies*) beschränkt.
LEBENSWEISE Fichten-Gespinstblattwespen schlüpfen im April/Mai, die Männchen etwa 1–2 Wochen vor den etwas größeren Weibchen. Während die Männchen aktive Flieger sind, fällt es den Weibchen wegen ihres dicken, prall mit Eiern gefüllten Hinterleibs nur schwer, sich vom Boden zu erheben. Die Paarung erfolgt meist in Bodennähe. Zur Eiablage klettern die Weibchen die Stämme hoch bis in den Kronenbereich. Die grünlichen Eier werden nicht einfach an die Nadeln geklebt, sondern durch einen kleinen, vom Weibchen gesägten Schlitz fest mit der Nadel verbunden. Über die Zahl der abgelegten Eier pro Weibchen gehen die Angaben weit auseinander. Als Erfahrungswert im Vergleich mit anderen *Cephalcia*-Arten geht man von 80–100 aus. Die Larven leben gemeinsam in mit Exkrementen durchsetzten Gespinsten.

3 | Breitfüssige Birken-Blattwespe
Craesus septentrionalis
Echte Blattwespen

BESCHREIBUNG Körperlänge 7–11 mm. Imago schwarz, Hinterleib mit rotbrauner Binde **(3A)**. Larven: Kopf schwarz, Rumpf grüngelb mit einer Reihe schwarzer Flecken **(3B)**.
LEBENSRAUM Auwälder, Bruchwälder. Die Larven ernähren sich von Birkengewächsen. Hauptfraßpflanzen sind in tieferen Lagen die Birken, im Alpengebiet eher Schwarzerlen und Grauerlen, auch Grünerlen.
LEBENSWEISE Die Weibchen legen in die Mittel- und Seitenrippen an der Unterseite der Blätter bis zu 150 Eier. Die Larven fressen hintereinander gereiht am Blattrand. Bei Störung zeigen sie eine auffällige S-förmige Schreckstellung. Es kommt meist zu 2 Generationen pro Jahr, die Raupen der 2. Generation überwintern. Adulte Wespen fliegen im Mai/Juni und im August. Die forstliche Bedeutung dieser Tiere ist eher als gering einzuschätzen, Kahlfraß tritt meist nur lokal auf. Und: Blattwespen unterliegen einem reichen Vertilgerkomplex von parasitischen Insekten.

4 | Deutsche Wespe
Vespula germanica
Faltenwespen

BESCHREIBUNG Körperlänge 10–20 mm. Typische schwarz-gelbe Wespenfärbung. Auffällig: Zeichnung mit 1–3 schwarzen Punkten auf dem Kopfschild, die großen Augen reichen seitlich bis zu den Mundwerkzeugen.
LEBENSRAUM Ist in fast allen Landschaftsformen häufig, oft an Waldrändern, in lichten Wäldern. Nester meist in verlassenen Mäuse- oder Maulwurfsgängen.
LEBENSWEISE Wespen leben von Früchten und Zuckerquellen ihrer Umgebung. Ihre Larven füttern sie mit Fliegen und anderen Insekten, die sie im Flug erbeuten. Diese Art fliegt von April bis Oktober. Sie ähnelt in ihren Lebensgewohnheiten der Gewöhnlichen Wespe. Einen markanten Unterschied gibt es allerdings: Sie verwendet als Nistmaterial graues, verwittertes Holz, daher sind ihre Nester stets grau und nicht gelbbraun gefärbt. Gegen Ende des Sommers hat das Nest einen Umfang von 20–30 cm und beherbergt bis zu 5000 Tiere. Wespen nutzen ihren Giftstachel nicht nur bei der Insektenjagd, sondern auch wenn sie sich angegriffen fühlen und bei der Verteidigung ihres Nestes. Der Wespenstachel besitzt im Unterschied zu dem der Bienen keine Widerhaken und kann mehrmals eingesetzt werden. Eine Wespe kann also mehrfach zustechen. Gleichzeitig setzt sie bei jedem Stich Alarmpheromone frei, die weitere Tiere herbeirufen. Für Menschen mit Allergien gegen Wespengift kann das durchaus gefährlich werden.

1

2

3A

3B

4A

4B

1 | Hornisse
Vespa crabro
Faltenwespen

108

BESCHREIBUNG Körperlänge 18–35 mm. Kopfschild im Gegensatz zur Wespe einfarbig gelb ohne schwarze Punkte. Brust braunrot, Hinterleib gelb und schwarz. Typisch: Sie faltet im Sitzen die Flügel einmal in Längsrichtung zusammen, wodurch diese auffallend schmal erscheinen **(1A)**.
LEBENSRAUM An keinen bestimmten Lebensraum gebunden, häufig in Laubmischwäldern, Gärten, Parks und buschreichem Gelände. Regelmäßig auch im Siedlungsbereich.
LEBENSWEISE Nach dem Überwintern beginnt die Königin im Frühling mit dem Nestbau **(1B)**. Aus zerkautem Holz und Speichel baut sie sechseckige Waben, in die sie befruchtete Eier legt. Zunächst werden nur Arbeiterinnen erbrütet, die im Laufe des Sommers alle anfallenden Arbeiten erledigen. Die Königin konzentriert sich allein auf das Eierlegen. Im Spätsommer schlüpfen Männchen (Drohnen) und Weibchen. Sie schwärmen aus und paaren sich. Mit den ersten Nachtfrösten stirbt das gesamte Hornissenvolk, alle Arbeiterinnen und Männchen sowie die alte Königin. Nur die befruchteten Weibchen überwintern. Hornissen leben von erbeuteten Insekten, Baumsäften und Fallobst.

2 | Schwarzbürstige Blattschneiderbiene
Megachile nigriventris
Bauchsammlerbienen

BESCHREIBUNG Körperlänge 13–17 mm. Gesicht schwarz behaart, Bauchbürste ebenfalls schwarz. Brustabschnitt und die beiden vorderen Hinterleibssegmente intensiv gelbrot, übriger Hinterleib schwarz.
LEBENSRAUM Hauptsächlich Waldlichtungen und Waldränder, auch in Gärten, falls Totholz vorhanden ist. Meidet das Tiefland, besiedelt nur das Mittel- und Hochgebirge.
LEBENSWEISE Flugzeit der Schwarzbürstigen Blattschneiderbiene ist von Mai bis August. Diese Art nistet in selbst genagten Gängen in morschem Weichholz und wie alle Blattschneiderbienen solitär. Ab und zu kann es jedoch vorkommen, dass mehrere Weibchen ein- und dasselbe Einflugloch nutzen. Ihre Brutzellen kleiden sie mit Ausschnitten aus Laubblättern aus, die sie oft aus Entfernungen von 100 m vom Brutort herbeischaffen. Pollen und Nektar für ihre Nachkommen suchen sie hauptsächlich an Schmetterlingsblüten wie Hornklee, Platterbsen oder Luzerne. Der Nachwuchs überwintert als Ruhelarve in einem Kokon. Die Brutzellen werden von Kegelbienen parasitiert.

3 | Wald-Pelzbiene
Anthophora furcata
Echte Bienen

BESCHREIBUNG Körperlänge 10–12 mm. Hummelähnlich dicht behaart. Weibchen überwiegend goldbraun, Hinterleibsspitze orange. Männchen mit eher gelblichem Gesicht.
LEBENSRAUM Naturnahe Wälder, Waldränder, Streuobstwiesen mit altem Baumbestand oder morschem Holz. Flugzeit Juni-August/September.
LEBENSWEISE Die Wald-Pelzbiene gehört zu den eher seltenen Pelzbienen. Am leichtesten kann man sie an den Blüten des Wald-Ziest *(Stachys sylvatica)* beobachten, auch an anderen Ziest-Arten wie dem Heil-Ziest *(S. officinalis)*, dem Aufrechten Ziest *(S. recta)* und dem Sumpf-Ziest *(S.palustris)* und gelegentlich auch am Bocksdorn *(Lycium halimifolium)*. Dort sammelt sie Pollen für ihren Nachwuchs. Dabei hat sie eine besondere Sammeltechnik: Sie drückt ihren Kopf gegen die Pollenpakete und vibriert den Pollen aus den Staubbeuteln in ihre Gesichtsbehaarung. Anschließend streift sie den Pollen mit den Beinen ab und befördert ihn in die Sammelbürste an den Hinterbeinen. Als einzige unter den mitteleuropäischen Pelzbienen brütet diese Art in morschem Holz. Sie nagt senkrechte Gänge in morsche Äste. Ihre bis zu 12 Brutzellen baut sie mit Holzmulm und Speichel. Jede Brutzelle erhält eine Futtermischung aus Nektar und Pollen. Gefährdet ist diese Bienenart vor allem durch den Totholzmangel in Wirtschaftswäldern.

4 | Honigbiene
Apis mellifera
Echte Bienen

109

BESCHREIBUNG Körperlänge 11–18 mm. Hinterleib mit gelblichen, filzartigen Binden, Hinterbeine mit Körbchen (eine von Borsten begrenzte kahle Fläche, **4A**). Drei Kasten: Königin (fruchtbares Weibchen), Drohnen (Männchen) und Arbeiterinnen, welche die Hauptmenge der Tiere in einem Bienenstock ausmachen.
LEBENSRAUM Ursprüngliche Verbreitung wohl vorwiegend in lichten Wäldern. Heute domestiziert und in allen Lebensraumtypen anzutreffen, an Wald- und Wegrändern, auf Wiesen, in Obstplantagen und Gärten. Wegen ihrer historischen Verbreitung wird diese Art auch als Westliche Honigbiene bezeichnet.
LEBENSWEISE Die Honigbiene lebt in mehrjährigen Staaten **(4B)** aus bis zu 80 000 Tieren und nur einer Königin. Die Männchen (Drohnen) entwickeln sich im Frühsommer und begatten die frisch geschlüpften Jungköniginnen an einem genau festgelegten Drohnensammelplatz. Die Königin kann 4–5 Jahre alt werden, eine Arbeiterin nur etwa 1 Monat.

1A

1B

2

3

4A

4B

1 | Baumhummel
Bombus hypnorum
Echte Bienen

BESCHREIBUNG Körperlänge der Arbeiterinnen 8–18 mm, der Königin 17–20 mm. Oberirdisch nistende Hummelart mit typischerweise orangebraun behaarter Brust, schwarzem Hinterleib und weißem Körperende.
LEBENSRAUM Lichte Wälder, Waldränder, Parkanlagen und Gärten im Siedlungsbereich. Fliegt ab Ende März bis in den Herbst.
LEBENSWEISE Diese Hummel nistet nur oberirdisch in Baumhöhlen, Eichhörnchennestern, Vogelkästen oder Dachböden. Ihre Brutbiologie gleicht der der folgenden Arten. Der Bestand dieser Hummelart ist nicht gefährdet, da sie bei fehlenden Höhlen auch auf Hummelnistkästen ausweicht.

2 | Waldhummel
Bombus sylvarum
Echte Bienen

BESCHREIBUNG Körperlänge bis 20 mm. Hummel mit braungelber Streifung, die aber von Tier zu Tier unterschiedlich stark ausgeprägt sein kann. Der Rüssel ist fast körperlang.
LEBENSRAUM Hauptsächlich in Waldschneisen und auf Waldlichtungen zu finden, nicht direkt im Wald. Fliegt von April bis Oktober. Eine Generation pro Jahr.
LEBENSWEISE Die befruchteten Weibchen überwintern am Boden oder in Baumritzen. Ihre Nester legen sie sowohl ober- als auch unterirdisch an, in verlassenen Säugetierbehausungen oder in alten Vogelnestern, auch unter Grasbüscheln. Ein Waldhummelvolk besteht aus 80–150 Tieren.

3 | Dunkle Erdhummel
Bombus terrestris
Echte Bienen

110

BESCHREIBUNG Körperlänge 11–23 mm. Körper dicht behaart. Färbung: Vorderbrust und Anfang Hinterleib gelb, Hinterleibsende weiß, sonst schwarz.
LEBENSRAUM Lockere Wälder, Waldränder, offenes Gelände, auch im Siedlungsbereich. Flugzeit von April bis Oktober.
LEBENSWEISE Erdhummeln bilden einjährige Völker, die von überwinternden Königinnen gegründet werden. Die Erdhummel ist eine der ersten Hummeln im Frühling. Schon im zeitigen Frühjahr legt die Königin in unterirdischen Hohlräumen, vor allem in verlassenen Mäusebauten, ein Nest an. Darin baut sie tönnchenförmige Zellen für Pollen, Nektar und Brut. Die ersten Arbeitshummeln werden von der Königin selbst aufgezogen. Danach helfen diese beim Nestausbau und beim Füttern der Brut. Mit bis zu 600 Arbeiterinnen pro Nest erreicht diese Hummelart die größte Volksstärke einheimischer Hummeln.

4 | Steinhummel
Bombus lapidarius
Echte Bienen

BESCHREIBUNG Körperlänge 12–22 mm. Schwarze Hummel mit roter Hinterleibsspitze. Männchen außerdem mit schmaler gelber Binde vorn auf dem Brustabschnitt.
LEBENSRAUM In offenen Wäldern, Hecken, Waldsäumen, offenem Gelände. Flugzeit von April bis Oktober.
LEBENSWEISE Auch die Staaten der Steinhummeln sind einjährig. Nur begattete Weibchen überwintern und gründen im Frühling als Jungköniginnen einen neuen Staat. Steinhummeln nisten ober- oder unterirdisch, in Mäusehöhlen, Vogelnistkästen oder unter Steinhaufen. In der Nestmulde errichtet die Königin eine Brutzelle aus Pollenklumpen. Zunächst sorgt sie selbst für die Brutpflege. Ab April sind dann die ersten Arbeiterinnen entwickelt und können alle weiteren Brutpflege- und Nestbauaktivitäten übernehmen. Die Königin widmet sich nun ganz der Eiablage, so dass die Volksstärke schnell bis auf etwa 300 Tiere zunimmt.

5 | Rotpelzige Sandbiene
Andrena fulva
Sandbienen

BESCHREIBUNG Große Solitärbiene, Körperlänge 12–14 mm. Kopf und Körperunterseite schwarz, Rücken fuchsrot.
LEBENSRAUM An blütenreichen Waldrändern und in offenem Gelände, vor allem aber in Parks und Gärten. Flugzeit von März bis Mai..
LEBENSWEISE Diese Biene ist ein häufiger Bestäuber von Äpfeln, Kirschen und Pflaumen und zeigt in Gärten eine besondere Vorliebe für blühende Stachelbeer- und Johannisbeersträucher. Sie nistet im Boden, häufig in festgetretenen Wald- und Parkwegen. Die Larve der Sandbiene ist schon nach wenigen Wochen ausgewachsen. Sie spinnt sich einen Kokon, überdauert darin den Sommer, verpuppt sich schließlich und häutet sich im Spätsommer zur fertigen Biene. Als solche überwintert sie im Nest und verlässt die Brutzelle erst im nächsten Frühjahr.

1

2

3

4

5

Spinnen

Spinnentiere

Ein feuchter Herbstmorgen bringt es an den Tag. Der Waldboden ist von Millionen kleiner Spinnennetze flächendeckend zugesponnen. Erst die Tautropfen machen diese feinen Netze sichtbar. Und auch im Luftraum hängen überall zwischen den Bäumen große Radnetze. Wer hier durch den Luftraum fliegt oder am Boden landet, entkommt keiner Spinne.

Erfolgreiche Fleischfresser

Zoologen haben kürzlich herausgefunden, dass Spinnentiere pro Jahr 800 Millionen Tonnen Fleisch in Form von Insekten vertilgen. Das ist doppelt soviel wie wir Menschen auf der Erde an tierischem Eiweiß verbrauchen. Damit stabilisieren die Spinnen die Landökosysteme der Erde, weil sie sehr erfolgreich die gewaltige Menge Pflanzen fressender Insekten vertilgen. Neunzig Prozent ihrer Beute sind Insekten und Springschwänze der oberen Laubstreu. Der Aktionsraum der Spinnentiere sind Grasland und vor allem Wälder. Ihre großen Beutetiere sind bis zu 17 cm groß. Besonders eindrucksvoll sind die vielfältigen Jagdstrategien der Spinnentiere: Sie betreiben den Fang mit klebrigen Netzen, die Jagd zu Fuß, lauern in Blüten kaum sichtbar, klettern mit langen Beinen durchs unwegsame Grasdickicht und haften als Parasiten im Fell von Tieren.

Meisterwerke der Natur

Die Spinnennetze der auch im Wald häufigen **Garten-Kreuzspinne** sind wahre Wunderwerke. Allein schon das Baumaterial ist erstaunlich: Die Molekülstruktur des Keratins besteht aus einer Art Sprungfeder, in die sich Wasser einlagern und eine Art Gel bilden kann. Eingelagert sind auch Kristalle von Eiweißstoffen. Diese Kombination besitzt besondere Eigenschaften: Ein Seidenfaden ist nur ein Tausendstel eines Millimeters dick, auf die vierfache Länge dehnbar und hält ganz ungewöhnliche Zugkräfte aus. Messungen ergaben, dass Spinnseide viermal fester als Stahl ist, weil die Fäden pro Volumen eine höhere Belastung aushalten. Ihre Zähigkeit beträgt 160 Megajoule pro Kubikzentimeter. Zum Vergleich. Ein kaum zerreißbarer Nylonfaden hält nur etwa die Hälfte an Zugbelastung aus. Und noch eine unschlagbare Eigenschaft hat Spinnenseide. Sie ist recycelbar. Spinnen fressen verbrauchte Seide einfach auf und produzieren daraus neue Proteinfäden.

Die Spinndrüsen von Spinnen stellen aus dieser Seide fünf verschiedene Fäden unterschiedlicher Stärke her. Der Netzaufhänger ist der stärkste Faden, kleine dünne Fäden dienen dem „Ballooning“: Jungspinnen entlassen kleine Fäden in den Herbstwind und lassen sich daran mit der Strömung verdriften. Wir spüren diese Fäden dann im Gesicht und nennen das Ganze „Altweibersommer“.

Waldboden von Netzen der Baldachinspinnen überzogen.

Das Spinnennetz: Ein Meisterwerk aus elastischen Eiweißfäden.

Der Dornfinger: Die einzige Spinnenart mit gefährlichem Biss und Gift.

Schnelle Jäger

Der weitaus größere Spinnenanteil in den Wäldern baut keine Netze und ist zu Fuß unterwegs. Zu ihnen gehören die zahlreichen Laufspinnen. Sehr häufig sind die **Wolfspinne** und die **Goldfarbene Laufspinne**. Deren wissenschaftlicher Name *Philodromus* bedeutet im Griechischen „lauffreudig" und genau das ist diese Bodenspinne. Sie ist äußerst schnell auf ihren acht Beinen unterwegs und fängt die Beute mit zwei großen Kieferklauen, die in einem spitzen Zahn mit Giftkanüle enden. Diesen Zahn schlagen die Spinnen in ihre Beute und lähmen sie sofort mit einer Giftinjektion. Die Neurotoxine sind für Menschen kaum gefährlich, weil die Giftklauen die menschliche Haut nicht durchdringen können. Mit einer Ausnahme: Der **Dornfinger** lebt an Waldrandbiotopen und ist mittlerweile in ganz Deutschland nachgewiesen. Diese Spinne kann die Haut durchbohren. Ihr Biss wird etwa so schmerzhaft wie ein Wespenstich empfunden. Bei empfindlichen Personen sind die sofortigen üblichen medizinischen Maßnahmen wie bei Wespenstichen ratsam.

Langbeinige Recycler

Es gibt auch Spinnentiere ohne Spinndrüsen und ohne Gift. Die langbeinigen **Weberknechte** bilden eine eigene Familiengruppe mit völlig anderer Lebensweise. Und doch sind sie unverzichtbar im Ökosystem Wald und zeigen erstaunliche Anpassungen für das unebene Gebirge aus Laub und Streu. Mit langen lassoartigen Beinen staksen die Weberknechte über den Waldboden und suchen mit sehr feinen Sinnesorganen nach toten Insekten. Sie verwerten die abgestorbene Biomasse und leisten damit im Recycling einen wichtigen Dienst. In der modernen Forschung rücken die Weberknechte augenblicklich in den Fokus. Ihre Oberfläche bedeckt eine hauchdünne Schicht eines hochwirksamen Antibiotikums, das vielleicht wir Menschen hilfreich verwerten können, weil unsere gebräuchlichen Antibiotika oft schon durch Übergebrauch resistente Bakterienstämme erzeugt haben.

Der lästige Parasit

Warten und lauern ist die Lebensweise der lästigsten Spinnentiergruppe im Wald – der **Zecken**. Diese abgeflachten kleinen und blinden Tiere lauern im Gras auf warme Säugetiere. Ihre Sinnesorgane reagieren sehr fein auf winzige Mengen Kohlendioxid, auf Milchsäure und Wärmereize. Das sind die üblichen Kennzeichen von Warmblütlern, zu denen auch wir Menschen gehören. Bei Körperkontakt bohren sich die Kieferntaster in die Haut und verspreizen sich. Die Zecken beginnen Blut zu saugen. Ihr Hinterleib ist sehr dehnbar und kann eine große Menge Säugetierblut aufnehmen. Die für Wildtier und Mensch unangenehme bis gefährliche Nebenwirkung wird vor dem Saugen ausgelöst. Damit das Blut die Saugrinne nicht verstopft muss die Zecke einen Gerinnungshemmer einspritzen. Leider befinden sich in diesem Speichel auch gefährliche Bakterien und Viren. Die Borreliose löst bei Infektion Fieber aus und ist an einem roten Ring um die Einstichstelle erkennbar. Als bakterielle Infektion ist sie mit Antibiotika behandelbar. Schlimmer ist die Infektion mit FSME-Viren, die eine Gehirnhautentzündung auslösen. Gott sei Dank gibt es mittlerweile Impfstoffe dagegen, die vor allem Waldarbeiter und Förster dringend brauchen. Erfreulicherweise ist aber der Großteil der Spinnentiere im Wald von herausragender nützlicher Wirkung in diesem Ökosystem. Und sie haben auch natürliche Feinde. Eine Gruppe von Spinnenfressern ist darauf spezialisiert, andere Spinnentiere zu jagen. Und schließlich sind es die Waldvögel, die ihre Jungen mit den Fettkörpern der Spinnen aufziehen. Die kleinsten Waldvögel, die Goldhähnchen, sind mit nur 3–4 Gramm Körpergewicht so leicht, damit sie die dünnsten Fichtenzweige nach Spinnentieren absuchen können.

1 | Baldachinspinne
Linyphia triangularis
Baldachinspinnen

BESCHREIBUNG Körperlänge 5–7 mm, beide Geschlechter gleich lang. Vorderkörper oben gelbbraun mit einem schmalen dunklen Mittelstreifen. Heller Hinterleib mit einem dunklen, gezackten Längsband, Unterseite dunkelbraun bis schwarz. Beine einfarbig beigebraun. Männchen mit auffällig langen Cheliceren. Typisch ist vor allem die Netzform: Es besteht aus einem horizontalen Netzteppich, über dem ein Gewirr aus zahlreichen Stolperfäden aufgespannt ist.
LEBENSRAUM Diese Spinne ist im Hinblick auf ihren Lebensraum wenig spezialisiert, sie besiedelt nicht zu feuchte Laubwälder, Wegränder, Trockenrasen, Gärten.
LEBENSWEISE Baldachinspinnen sind die bei weitem artenreichste heimische Spinnenfamilie. In Mitteleuropa gibt es weit mehr als 400 Arten. Diese Art baut ein sehr typisches Baldachinnetz in die bodennahe Vegetation. Die Konstruktion dieses Netzes mit seinem horizontalen Netzteppich und den vielen, sich wirr überkreuzenden Stolperfäden ist besonders im Morgentau gut zu erkennen. Die Spinne sitzt bauchoben unter der Netzdecke und wartet bis sich ein Beutetier in die Stolperfäden verirrt und auf den Netzteppich fällt. Dann greift sie durch das Gespinst zu und saugt es aus.

2 | Zwerg-Kugelspinne
Paidiscura pallens
Haubennetzspinnen

BESCHREIBUNG Winzige Kugelspinne und eine der kleinsten Spinnen Europas, nur 1,6–1,7 mm Körperlänge . Trotz ihrer geringen Größe kaum mit einer anderen Spinne zu verwechseln. Hinterleib ausgesprochen kugelig, blass gelblich mit unterschiedlich ausgedehnten, dunklen Zeichnungen. Unregelmäßiges, weitmaschiges Netz, vorzugsweise an der Unterseite von Eichenblättern.
LEBENSRAUM In Mitteleuropa überall häufig, wird aber wegen ihrer Winzigkeit oft übersehen. Zu finden an Waldrändern, vorzugsweise an Eichen, aber auch an Nadelbäumen.
LEBENSWEISE Nach den Baldachinspinnen gehört die Familie der Kugelspinnen mit etwa 70 Arten zu den artenreichsten Spinnenfamilien in Mitteleuropa. Ab Juni findet man im Netz dieser Art einen schneeweißen Eikokon. Er ist mit 2 mm Durchmesser größer und auffälliger als die Spinne selbst, denn er ist an den Seiten und an der Oberseite mit spitz zulaufenden Fortsätzen ausgestattet. Der obere Fortsatz ist meist deutlich länger als die übrigen.

3 | Garten-Kreuzspinne
Araneus diadematus
Radnetzspinnen

BESCHREIBUNG Eine der größten einheimischen Kreuzspinnen, das Männchen erreicht 5–10 mm, das Weibchen bis 17 mm Körperlänge. Grundfarbe variiert von Gelbbraun über Rotbraun zu Schwarzbraun, immer deutlich erkennbar ist die charakteristische namengebende, aus einzelnen Punkten und Streifen bestehende Kreuzzeichnung im vorderen Teil des Hinterleibes **(3A)**. Radnetz in Bodennähe oder an den unteren Zweigen von Bäumen und Sträuchern.
LEBENSRAUM Lebt vorzugsweise in halbschattigem Gelände, an Waldwegen und Waldrändern, in Gärten und auf Ödland. Reife Tiere von August bis Oktober.
LEBENSWEISE Die Gartenkreuzspinne sitzt im Unterschied zu vielen anderen Kreuzspinnen auch tagsüber kopfunter in der Netzmitte und hält mit den Vorderbeinen die Signalfäden. Gerät ein Beutetier ins Netz – das können auch größere Insekten, Bienen, Käfer und Schmetterlinge sein – wird es von der Spinne unter ständigem Drehen mit einem Sekretband aus ihren Spinndrüsen umwickelt. Verzehrt wird die Beute erst, wenn sie sich nicht mehr wehren kann.

4 | Kürbisspinne
Araniella cucurbitina
Echte Radnetzspinnen

BESCHREIBUNG Kleinere Radnetzspinne mit einem glänzenden, gelblichgrünen Hinterleib, Männchen 3,5–4,5 mm, Weibchen 4,5–8,5 mm Körperlänge. Vorderkörper und Beine sind gelbbraun oder rotbraun gefärbt. Der Hinterleib ist intensiv gelbgrün oder grün gefärbt, im hinteren Teil auf beiden Seiten meist 4 kleine schwarze Punkte. Unterseite grünlich, in der Nähe der Spinnwarzen bei ausgewachsenen Tieren ein roter Fleck. Netz: Kleines Radnetz von etwa 10 cm Durchmesser wird in 1–2 m Höhe schräg oder waagrecht ins Gebüsch gebaut.
LEBENSRAUM Gehört zu den häufigsten einheimischen Spinnenarten. Besiedelt Waldränder, Waldwege, aber auch buschreiche Wiesen.
LEBENSWEISE Als Räuber im Blattbereich spielt die Kürbisspinne eine wichtige Rolle. Ihr kleines Radnetz spannt sie über der Oberseite leicht gewölbter, größerer Blätter. Hier hängt die Spinne mit dem Bauch nach oben unter dem Netz und wartet auf Insekten, die gerne große besonnte Blätter als Landeplatz nutzen. Durch ihre unterseits grüne Färbung ist sie bestens getarnt und wird von ihrer Beute – Zuckmücken, Tanzfliegen und Florfliegen – leicht übersehen.

1

2

3A

3B

4

1 | Wolfsspinne
Trochosa ruricola
Wolfsspinnen

BESCHREIBUNG Relativ große, kräftige Spinne, Körperlänge des Männchens 8–10 mm, des Weibchens 10–14 mm. Grundfarbe ist ein gelblich bis grünliches Braun. Vorderkörper mit typischer Mittelbinde, die 2 kleine dunkle Flecken einschließt.
LEBENSRAUM Besiedelt vorwiegend feuchte, halbschattige Orte. Zu finden auf Waldlichtungen, an Waldrändern von Laub- und Nadelwäldern, unter Steinen und Moospolstern.
LEBENSWEISE Wie alle Wolfsspinnen baut auch diese Art kein Netz, sie geht zu Fuß auf die Jagd nach Fliegen und anderen Insekten. Neben Erschütterungsreizen spielen beim Beutefang der Wolfsspinnen auch optische Reize wie Kontrastfärbung und Bewegung der Beute eine Rolle. Diese Wolfsspinne hat eine überwiegend nächtliche Lebensweise. Tagsüber hält sie sich in kleinen flachen Wohnröhren unter Steinen auf, nachts geht sie auf die Jagd. Wolfsspinnenweibchen sind fürsorgliche Mütter. Ihren Eikokon tragen sie 4–6 Wochen mit sich herum. Und auch die geschlüpften Jungspinnen werden auf dem Rücken der Mutter sicher durch die Natur getragen, bis sie alt genug für eigene Jagdausflüge sind.

2 | Goldfarbige Laufspinne
Philodromus aureolus
Laufspinnen

BESCHREIBUNG Leicht erkennbare Laufspinne mit langen, seitwärts gerichteten Beinen. Männchen mit einer Körperlänge von 3,5–5 mm, Weibchen 4–7 mm lang. Beide Geschlechter unterschiedlich gefärbt. Männchen dunkelbraun mit einem intensiven grünlichen Metallschimmer. Weibchen heller braun mit hellem Längsband auf dem Vorderkörper.
LEBENSRAUM In Mitteleuropa sehr häufig. Zu finden in Wäldern und Gebüschen, auch in Gärten. In Ortschaften trifft man sie oft an Hauswänden sitzend.
LEBENSWEISE Laufspinnen bauen keine Netze. Sie erjagen ihre Beutetiere in schnellem, zielgerichteten Lauf. Die sehr agilen Spinnen halten sich meist auf Blättern von Bäumen und Sträuchern auf und gehen von hier aus auf die Jagd nach Insekten. Im Sommer bauen die Weibchen einen Eikokon, spinnen ihn in einem Blattwinkel oder an Baumrinde fest und bewachen ihn. Die Jungspinnen erreichen bis zum Herbst das letzte Jugendstadium und überwintern, meist unter der Rinde abgestorbener Bäume.

3 | Listspinne
Pisaura mirabilis
Raubspinnen

BESCHREIBUNG Kleinste Vertreterin der Familie der Raubspinnen, Weibchen erreichen 11–15 mm Körperlänge, die Männchen 10–12 mm. Fällt durch ihre schlanke, langbeinige Körperform auf **(3A)**. Grundfarbe variiert zwischen gelblich- bis dunkelbraun, Männchen meist dunkler als die Weibchen. Vorderkörper mit einem dunklen, seitlich unscharf begrenzten Längsband, das in der Mitte aufgehellt ist. Hinterleib lang und schlank mit einer breiten, dunkel gerandeten Zackenbinde.
LEBENSRAUM Häufigste Jagdspinne Mitteleuropas. Zu finden in lichtem, offenen Gelände, auf Waldlichtungen oder an Waldrändern. Sonnt sich gerne mit ausgestreckten Beinen auf niedrigen Blättern von Brombeeren, Brennnesseln oder anderen Pflanzen.
LEBENSWEISE „Brautgeschenkspinne" wird die Art auch genannt, denn das Männchen nähert sich dem Weibchen vor der Paarung stets mit einem eingesponnenen Beutetier als Brautgeschenk. Während das Weibchen das Brautgeschenk frisst, nutzt das Männchen die Zeit, sich zu paaren und anschließend zu entkommen, um nicht auch gefressen zu werden. Kurz nach der Paarung spinnt das Weibchen einen kugeligen hellen Eikokon von etwa 1 cm Durchmesser **(3B)**. Dann webt es in der Vegetation dicht über dem Boden ein Gespinst, in dem der Kokon befestigt wird. Die wenige Tage später schlüpfenden Jungspinnen versammeln sich in diesem Gespinst und werden vom Weibchen noch eine Zeitlang bewacht.

4 | Springspinne
Salticus cingulatus
Springspinnen

BESCHREIBUNG Auffällig gefärbte, etwa 6 mm lange Springspinne mit Schwarz-Weiß-Zeichnung auf dem Hinterleib und an den Beinen. Vorderkörper mit weißer Fleckenzeichnung.
LEBENSRAUM Häufig auf besonnten Rinden von Nadelbäumen, insbesondere von Kiefern. Auch an Holzpfählen, seltener auf Felsen und Mauern.
LEBENSWEISE Diese sonnenliebenden, sehr agilen Spinnen erjagen ihre Beute im Sprung. Springspinnen bauen keine Netze, ziehen jedoch beim Umherlaufen einen Sicherheitsfaden hinter sich her, der sie bei nicht geglückten Sprüngen vor dem Absturz bewahrt. Bei schlechtem Wetter halten sie sich hinter Baumrinden auf, wo sie auch ihre Eikokons anlegen und bewachen.

1

2

3A

3B

4

1 | Dunkle Streckerspinne
Tetragnatha nigrita
Dickkieferspinnen

BESCHREIBUNG Schmaler, stabförmiger Körperbau, Körperlänge der Männchen 6–8 mm, der Weibchen 7–11 mm. Körperfarbe insgesamt sehr dunkel. Vorderkörper dunkelbraun, Hinterleib oberseits mit dunkler Blattzeichnung. Kleines, schräg gestelltes Radnetz mit wenigen Spiralen und wenigen Speichen.
LEBENSRAUM Auf Bäumen und Sträuchern feuchter, gewässernaher Wälder, manchmal auch in Fichtenforsten abseits vom Wasser.
LEBENSWEISE Charakteristisch für Streckerspinnen dieser Gattung ist ein sehr schmaler Körperbau. Die Beinpaare 1, 2 und 4 sind stark verlängert, das 3. Beinpaar dagegen deutlich kürzer. In Ruhestellung auf einem Zweig nehmen sie eine typische Körperhaltung ein: Die beiden vorderen Beinpaare werden gerade nach vorne, das hintere nach hinten ausgestreckt. Mit dem 3. Beinpaar umgreifen sie die Unterlage. In dieser Haltung sind sie ausgezeichnet getarnt. Die dunkle Streckerspinne ist auch mit ihrer Körperfärbung sehr gut an trockene Zweige angepasst, auf denen sie sich mit Vorliebe aufhält und auf denen sie auch ihr Netz spannt.

2 | Ammen-Dornfingerspinne
Cheiracanthium punctorium
Dornfingerspinnen

BESCHREIBUNG Leicht zu erkennende Art. Männchen 8–12 mm Körperlänge, Weibchen 10–15 mm. Vorderkörper und Cheliceren rötlichorange bis gelbbraun gefärbt, Chelicerenspitzen schwarz. Hinterleib gelblich bis grünlich. Beine bräunlichgelb, die Spitzen dunkelgrau bis schwarz.
LEBENSRAUM Bewohnen extensiv genutzte Biotope mit hohem Gras, besonders mit Land-Reitgras *(Calamagrostis epigejos)* bewachsene, sandige Orte. In Mitteleuropa sind dies vor allem Waldlichtungen, Kahlschläge, Wegränder, Bahndämme.
LEBENSWEISE Dornfinger sind nachtaktiv. Den Tag verbringen sie in etwa taubeneigroßen weißen Gespinstsäcken im hohen Gras, in dem das Weibchen auch seinen Eikokon bewacht. Der Dornfinger ist die einzige Giftspinne Deutschlands, deren Biss auch für den Menschen äußerst unangenehm ist. Das Spinnenweibchen kann mit seinen langen Chelicerenklauen die menschliche Haut leicht durchdringen. Die Folgen sind stark brennende Schmerzen, die mit Lähmungen und Schüttelfrost einhergehen und bis zu 2 Wochen andauern können.

3 | Feenlämpchen-Spinne
Agroeca brunnea
Feldspinnen

BESCHREIBUNG Etwa 8 mm große, rötlichbraune Spinne mit Goldglanz auf dem tonnenförmigen Hinterleib **(3A)**. Auffälliger als die Spinne sind die an niedrigen Pflanzen befestigten Eikokons **(3B)**. Diese sind zunächst weiß gefärbt und werden im Volksmund auch Feenlämpchen genannt.
LEBENSRAUM In sehr unterschiedlichen Lebensräumen anzutreffen: in Laubwäldern, an Waldrändern, auf feuchten Moospolstern und in der Laubstreu ebenso wie auf Ödland und Wiesen.
LEBENSWEISE Tagsüber halten sich die nachtaktiven Tiere unter Steinen und in der Laubstreu verborgen, nachts gehen sie auf die Jagd. Ihre Feenlämpchen genannten Eikokons sind nur anfangs so schneeweiß. Sie werden schnell, meist noch in der Nacht nach der Eiablage, mit Erdkrumen und Pflanzenresten verkleidet und getarnt. Der Kokon selbst besteht aus 2 Etagen. In der oberen Kammer liegen 40–60 Eier. Die darunterliegende Kammer ist Aufenthaltsraum für die Jungspinnen.

4 | Spinnenfresser
Ero furcata
Spinnenfresser

BESCHREIBUNG Kleine, schwer zu entdeckende Art, Männchen 3 mm, Weibchen 4 mm Körperlänge. Kugelförmiger Hinterleib mit 2 Höckern. Vorder- und Hinterkörper sind vielfach dunkel gefleckt. Beine hell-dunkel geringelt, die beiden vorderen Beinpaare auffällig bestachelt.
LEBENSRAUM Fichten- und Kiefernwälder, Waldränder. Sitzt meist ruhig lauernd auf Zweigen.
LEBENSWEISE Die kleinen, an Kugelspinnen erinnernden Tiere ernähren sich ausschließlich von anderen Spinnen. Während des Tages ruhen sie mit angezogenen Beinen auf Zweigen und sind dann nur schwer zu entdecken. Abends und nachts gehen sie auf Beutefang. Sie schleichen sich an die Netze vorzugsweise von Kugelspinnen und rütteln an den Fäden. Wenn der ein Beutetier vermutende Netzbewohner herbeieilt, wird er vom Spinnenfresser in ein Bein gebissen. Das schnell wirkende Gift macht das Opfer in kürzester Zeit bewegungsunfähig und der Jäger kann seine Beute aussaugen. Den Spinnenfresser selbst bekommt man nur selten zu Gesicht. Aber seine an einem Seidenfaden an Zweigen aufgehängten Eikokons sind in Fichtenforsten nicht zu übersehen. Diese Art bildet pro Jahr meist 2 Generationen aus.

1

2

3A

3B

4

1 | Chamäleon-Krabbenspinne
Misumena vatia
Krabbenspinnen

BESCHREIBUNG Männchen erreichen eine Körperlänge von nur 4 mm, die Weibchen werden 10 mm lang. Männchen mit schwarzem Vorderkörper und weiß bis gelblich gefärbtem Hinterleib. Weibchen mit sehr variabler Körperfärbung, zwischen weiß, zitronengelb und grüngelb gibt es alle Farbübergänge **(1A, 1B)**, oft sieht man auf dem Hinterleib seitlich 2 intensiv rote Längsstreifen. Reifen Tieren begegnet man von Mai bis Juli.
LEBENSRAUM Bevorzugt sonnige, trockene Standorte. Zu finden an sonnigen Waldrändern und auf Trockenrasen, auch auf Ruderalflächen und in Gärten. In Mitteleuropa weit verbreitet, in den südlichen Gebieten häufiger, im Norden eher selten.
LEBENSWEISE Krabbenspinnen sind typische Ansitzjäger. Sie warten bis sich ein Beutetier ausreichend genähert hat und greifen dann blitzschnell zu. Selbst kräftigere Tiere töten sie durch einen raschen Giftbiss in den Nacken. Zu ihren Opfern gehören Schwebfliegen, Käfer und Schmetterlinge, aber auch die wehrhaften Honigbienen und Wespen. Vorzugsweise lauern diese Krabbenspinnen auf Blüten. Dabei sind sie in der Lage, ihre Körperfarbe erstaunlich genau an die jeweilige Blütenfarbe anzupassen. Dieser Farbwechsel, der sie auf weißen Blüten weiß und auf gelben Blüten gelb aussehen lässt, wird mit den Augen gesteuert.

2 | Wald-Krabbenspinne
Xysticus lanio
Krabbenspinnen

BESCHREIBUNG Eine bis etwa 7 mm lange Krabbenspinne, Männchen kleiner als Weibchen. Vorderkörper braun, mit heller Längsbinde. Hinterleib an den Seiten rötlich, mit undeutlicher blattartiger Zeichnung. Beine hellbraun mit zahlreichen dunklen Punkten. Männchen wesentlich dunkler, mit fast schwarzen Beinen. Reife Tiere von Mai bis August.
LEBENSRAUM Typische Baumart. Bewohnt Laubwälder und deren Ränder und hält sich hier vor allem an den Stämmen und auf den unteren Ästen auf.
LEBENSWEISE Wie alle Krabbenspinnen bauen auch die Arten der Gattung *Xysticus* keine Fangnetze. Sie sind Lauerjäger und erbeuten so Käfer, Bienen und Schmetterlinge. Vor der Paarung „fesselt" das Männchen sein Weibchen mit einigen quer über dessen Körper und die Beine gezogenen Spinnfäden. Diese Fesselung scheint jedoch nur symbolischen Charakter zu haben, denn nach der Paarung läuft das Weibchen ohne Beeinträchtigung durch die Spinnfäden einfach davon.

3 | Gewöhnlicher Holzbock, Zecke
Ixodes ricinus
Schildzecken

BESCHREIBUNG Das Männchen erreicht eine Körperlänge von 2,5 mm, das Weibchen von 3–4 mm. Sehr flacher Körper **(3A)**. Weibchen mit hartem Rückenschild auf dem Vorderkörper und rotbraunem Hinterleib. Auffällige Mundwerkzeuge. Augen fehlen. 4 Beinpaare.
LEBENSRAUM Oft in feuchten Wäldern mit einer reich entwickelten Kraut- und Strauchschicht. Daneben aber auch an trockenen, sonnigen Orten.
LEBENSWEISE Der Holzbock, besser bekannt als Zecke, ist ein unangenehmer Waldbewohner. Das Zeckenweibchen lauert auf Zweigen oder an hohen Grashalmen auf vorbeistreifende Säugetiere wie Rehe, Hirsche oder Wildschweine, lässt sich von ihnen abstreifen, bohrt sich dann mit einem langen Saugrüssel in deren Haut ein und beginnt Blut zu saugen. Ist sie vollgesaugt, lässt sie sich fallen, legt Eier und stirbt. Die geschlüpften Larven häuten sich zu Nymphen und anschließend zum erwachsenen Tier. Vor jeder Häutung ist eine Blutmahlzeit notwendig **(3B)**. Der Mensch ist in diesem Kreislauf eigentlich ein Fehlwirt, wird aber dennoch befallen. Dies kann vor allem dann gefährlich werden, wenn der Speichel der Zecke mit Krankheitserregern infiziert ist. Das sind zum einen Erreger einer Hirnhautentzündung (FSME), zum anderen einer Bakterieninfektion, der Borreliose.

4 | Weberknecht
Mitopus morio
Schneider

BESCHREIBUNG Sehr variabel gefärbter und gezeichneter Weberknecht. Die Grundfarbe reicht von weiß über gelblich und braunrot bis schwarz. Über den Rücken läuft eine meist tiefschwarze, manchmal auch grau gefärbte Sattelzeichnung. Die Beinlänge ist je nach Höhenlage des Lebensraums sehr unterschiedlich. Exemplare in der Ebene haben Laufbeinlängen von 48–50 mm, im Gebirge auf 2400 m Höhe dagegen sind es nur noch etwa 23 mm.
LEBENSRAUM Die Art lebt vor allem zwischen niedriger Vegetation in schattigen Wäldern, in den Hochlagen der Alpen auf felsigen Grasheiden.
LEBENSWEISE Ihre langen Beine machen den Weberknechten die Nahrungssuche nach toten und kleineren lebenden Insekten am Boden leicht. Aber sie können noch mehr. Mit diesen Beinen greifen sie auch vorbei fliegende Insekten blitzschnell aus der Luft. Weberknechte besitzen an den Beinen Sollbruchstellen, an denen sie ihre Beine bei Gefahr abwerfen können. Die abgeworfenen Glieder zucken sogar noch eine Zeitlang nach, um die Angreifer abzulenken.

1A

1B

2

3A

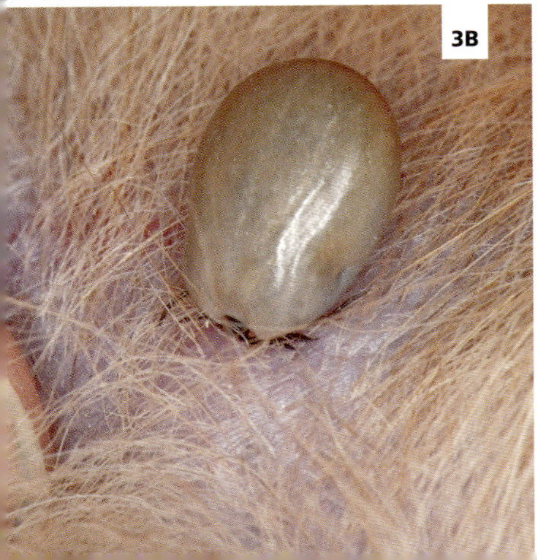
3B

4

Schnecken

Schnecken

Schnecken gehören zu den Weichtieren. Dieser große Tierstamm mit über 100 000 Arten ist meist in den Weltmeeren beheimatet. Lediglich ein kleiner Teil lebt als Landschnecken mit einer typischen Anatomie. Landschnecken besitzen einen muskulösen Fuß zur Fortbewegung, einen Eingeweidesack für die Organe und typischerweise ein Kalkgehäuse, in das sich die Schnecke vollständig zurückziehen kann. Einige wenige Arten haben im Laufe der Evolution ihr Gehäuse zurückgebildet und leben als Nacktschnecken in feuchten Habitaten.

Die Gehäuse sind sehr vielgestaltig und meist spiralig gewunden. Ihre wichtigste Funktion ist der Verdunstungsschutz. Je feuchter der Lebensraum desto dünner ist die Schale. Eine weitere Funktion ist der Schutz vor Feinden. Dennoch haben vor allem Vögel wie die Singdrossel Verhaltensweisen entwickelt, Schneckenhäuser auf Steinen zu zertrümmern um an den Weichkörper zu gelangen. Bei den Schnirkelschnecken haben sich deshalb unterschiedliche Gehäusemuster entwickelt, die je nach Helligkeit des Habitats die Schnecken tarnen: In hellen Lebensräumen tragen die Gehäuse Bändermuster, in dunklen Wäldern tarnen sich die Schnirkelschnecken mit dunklen Gehäusefarben vor der hungrigen Singdrossel.

Schnecken sind „Blattöffner"

Schnecken und Wald sind ein Musterbeispiel für den Aufbau und die Funktion eines Ökosystems. Bäume produzieren als Primärproduzenten über die Fotosynthese eine gewaltige Biomasse an grünen Blättern. Ihre Energie in Form von Sauerstoff, Kohlenstoff und Wasser setzt einen Stoffkreislauf in Gang, der das System antreibt. So wie die in Blattbiomasse gespeicherte Energie im Frühling und Sommer aufgebaut wird, muss sie nach dem Absterben der verbrauchten Blätter auch wieder abgebaut und recycelt werden. Ein Blatt ist nach einem Sommer voller Fotosynthese, Wind, Sonnenbrand und Angriffen von zahlreichen Feinden wie Pilzsporen und Insekten verbraucht. Es fällt als Laub zu Boden und muss aufgeschlossen werden. Diese Rolle übernehmen die Schnecken.

Ihre Rolle ist die der „Blattöffner" und Biomasseverwerter. Dazu sind die Weichtiere des Waldes perfekt ausgestattet. Sie verfügen im Mund über eine Raspelzunge mit tausenden von kleinen Zähnchen in langen Reihen. Man kann sich diese Zunge gut als Schuhlöffel mit einer scharfzähnigen Oberfläche vorstellen. Unablässig ziehen kleine Muskeln die Raspel über die Blattoberflächen hin und her. Die Oberhaut wird weggeraspelt bis das Blattinnere, die wasserführenden und energiereichen Grünschichten, als Schneckennahrung frei liegt. Dieses verletzte Blatt ist jetzt für Bakterien und Hefepilze geöffnet. Diese dringen ein und können es abbauen, bis die einzelnen Bausteine wie Proteine und Kohlenhydrate als Lebenselemente des Waldes wieder verfügbar sind. Da die Bäume ihre Blattfabriken in der Höhe auf langen Holzstämmen produzieren, müssen auch die Pflanzenfresser in die Höhe. Viele Schnecken wandern tatsächlich an dem Stamm ins Blätterdach wie etwa die **Gefleckte Schnirkelschnecke**. Sie ist eine echte Baumsteigerschnecke. Nur zur Paarung und Eiablage kommt sie wieder in die Laubstreu. Selbst den Stammbereich von glatten Buchen weiden Schnecken ab. Sie finden hier die kleinen Algen, die Buchenstämme besiedeln. Häufig sind es **Turmschnecken**, die am Baumstamm in großer Zahl zu finden sind.

Drosselschmiede: An solchen Plätzen zertrümmern Singdrosseln die Schneckenhäuser.

Feucht muss es sein

Auch klimatisch passen Wald und Schnecken perfekt zusammen. Die Weichtiere sind sehr empfindlich gegen Trockenheit und umgeben sich deshalb mit einer Schleimschicht, um nicht auszutrocknen. Diese benutzen sie gleichzeitig als Schleimspur zum schnelleren Gleiten auf unebenem Waldboden. Das Laubdach und die gewaltige Menge verdunstenden Wassers im Wald schaffen eine permanent hohe Luftfeuchte, die für Schnecken geradezu ideal ist. Selbst viele Schneckenarten ohne Gehäuse wie die **Große Schwarze Wegschnecke** finden hier Lebensraum und Biomasse in Hülle und Fülle.
Für trockenere Bereiche gibt es ebenfalls Schnecken. Die **Glatte Schließmundschnecke** besitzt sogar am Fuß einen kleinen Deckel mit dem sie ihr Haus in Trockenzeiten verschließen kann. Diese Art lebt in großen Stückzahlen an Steinen, Baumstämmen und in der Laubstreu, um Pilze zu fressen. Sie kann auch an den Stämmen hochklettern und Algen abweiden.

Fressfeinde

Auch die schleimigen Schnecken haben in einem Ökosystem Wald viele Feinde, die ihre Energie verwerten. Neben Vögeln wie der Singdrossel sind es häufig Käfer, die Schnecken jagen. Vor allem die Larven der Leuchtkäfer, deren Imagines wir als „Glühwürmchen" kennen, sind sehr effiziente Schneckenfresser. Manche Laufkäfer haben sich darauf spezialisiert, nachts Schnecken aufzuspüren und mit kräftigen Mundwerkzeugen aus den Gehäusen zu holen. Igel und Maulwürfe sind ebenfalls sehr wichtige Schneckenvertilger. Viele werden im Sommer häufig deshalb auf Straßen überfahren, weil sie nachts den Schnecken folgen, die über den Asphalt wechseln.

Untermieter im Schneckenhaus

Selbst das leere Schneckenhaus erfüllt im Wald noch eine wichtige Funktion. Es ist ein Haus für Untermieter aus einer ganz anderen Tiergruppe mit erstaunlichen Verhaltensweisen. Die Mauerbiene sucht sich leere Häuser von **Schnirkelschnecken** aus. Nach einer gründlichen Inspektion – oft mit mehrtägigen Übernachtungen im Schneckenhotel – dreht sie das Haus mit der Öffnung zum Boden. Dann trägt sie fleißig Pollen ein und formt einen Brei in den Umgang. Ist das Depot groß genug legt die Solitärbiene ein Ei an den Brei, der die Larve in den nächsten Wochen ernährt. Die folgenden Verhaltensweisen sind sehr erstaunlich für Insekten. Manche Arten schmücken das Haus noch mit Tannennadeln. Andere tragen unermüdlich kleine Grashalme herbei und schichten diese zu einem Stangenwald über dem Schneckenhaus auf, bis es nicht mehr sichtbar ist. Ein unsichtbares Haus im Gras.

Räuberische Schnecken

Damit im Ökosystem Wald auch alle Planstellen besetzt werden, haben sich Schnecken auch in die Ebene der Räuber vorgewagt. Viele Schnegel und Glanzschnecken gehören dazu. Die **Knoblauch-Glanzschnecke** lebt im Bodenbereich von Laubwäldern und jagt nachts andere Schnecken. Ihre Raspelzunge kann beides: harmlos Grün von Blättern abschaben oder mit einigen spitzen Zähnen andere Schnecken, Regenwürmer und Asseln jagen. Damit sie von Igeln und Maulwürfen dabei nicht gestört wird, trägt sie einen sehr intensiven Knoblauchgeruch mit sich herum. Wer diese Schnecke einmal in der Hand gehalten hat, bekommt eine lang anhaltendende Geruchsmarke. Schneckenforscher können ein Lied davon singen.

Die Kleine Turmschnecke weidet Buchenstämme und deren Algenbewuchs ab.

Hier wohnt die Mauerbiene.

1 | Schwarzer Schnegel
Limax cinereoniger
Schnegel

BESCHREIBUNG Grauschwarze bis schwarze Nacktschnecke mit einem dunkel abgesetzten Mantelschild. Rücken meist hellerfarbig abgesetzt, mit gepunkteten oder gestrichelten Linien und einem deutlich ausgeprägten Rückenkamm. Länge ausgestreckt 10–30 cm. Fühler schwarz gefleckt.
LEBENSRAUM Typische Schnecke naturbelassener Laubwälder, hält sich meist unter umgestürzten Baumstämmen und loser Rinde auf. Sie meidet bewirtschaftete Wälder.
LEBENSWEISE Diese größte heimische Nacktschnecke bekommt man nicht oft zu Gesicht, denn sie ist überwiegend nachtaktiv. Tagsüber versteckt sie sich unter toten Baumstämmen. Sie verwertet verrottende Pflanzenteile, Algen, Pilze und auch tote Artgenossen und ist deshalb für das Recycling im Wald wichtig. Zur Paarung kriechen die Tiere oft an Baumstämmen empor. Die Eiablage erfolgt in 2 Legeperioden von je 1–2 Monaten. Ein Tier kann pro Legeperiode 600–800 Eier hervorbringen. Nach 19–24 Tagen Entwicklungszeit schlüpfen die Jungen. Diese Schnecken können bis zu 3 Jahre alt werden.

2 | Rote Wegschnecke
Arion rufus
Wegschnecken

BESCHREIBUNG Sehr große Nacktschnecke in vielen Farbvarianten: schwarz, ziegelrot, orange, braun und selbst grau. Typisches Merkmal sind die zahlreichen länglichen Runzeln im hinteren Körperteil. Vorderes Drittel („Mantel") glatt mit auffallend großem Atemloch. Körperschleim sehr zäh, farblos oder orange. Länge ausgestreckt 10–15 cm **(2A)**.
LEBENSRAUM Besiedelt viele Lebensräume, bevorzugt aber feuchte Biotope. Meist in Wäldern, aber auch in Hecken, Wiesen und Mooren.
LEBENSWEISE Nacktschnecken schätzen die Kühle und Feuchtigkeit der Nacht, denn dann sind sie nicht von Austrocknung bedroht. Eine Wegschnecke besteht zu 85 % aus Wasser und stirbt schon, wenn sie ein Fünftel davon verliert. Die Rote Wegschnecke wird heute zunehmend von der sich rasch ausbreitenden Spanischen Wegschnecke *(Arion lusitanicus)* verdrängt und zieht sich deshalb überwiegend in Wälder zurück. Sie ist wie alle Landlungenschnecken ein Zwitter. Die Fortpflanzung erfolgt im Herbst, wobei eine Schnecke bis zu 500 Eier produziert **(2B)**. Die Jungtiere schlüpfen nach wenigen Wochen und sind nach etwa 3 Monaten geschlechtsreif.

3 | Große Schwarze Wegschnecke
Arion ater
Wegschnecken

BESCHREIBUNG 10–15 cm lange Nacktschnecke. Körper tiefschwarz, mit schwarzem Fußsaum und schwarzgrauer Sohle. Jungtiere elfenbeinfarbig mit schwarzem Kopf, werden rasch zartgrau und sind oft schon halbwüchsig tiefschwarz ausgefärbt. Der Mantelschild nimmt etwa ein Drittel der Körperlänge ein. Die Atemöffnung liegt auf der rechten Seite im vorderen Teil des Mantelschilds.
LEBENSRAUM Ist in fast allen Biotopen anzutreffen, in feuchten Wäldern, Hecken, Parks und Gärten häufig.
LEBENSWEISE Neben Nahrungsspezialisten gibt es unter den Landschnecken die Gruppe der Allesfresser, zu der neben Gehäuseschnecken auch Nacktschnecken wie die Große Wegschnecke gehören. Diese Arten sind in ihrer Nahrungswahl so anspruchslos, dass sie alle organischen Stoffe aufnehmen: vermodernde Pflanzenteile, Algen, Pilze, Flechten, Früchte und gelegentlich auch Aas. Waldveränderungen und unterschiedliche Feuchtigkeitsbedingungen wirken deutlich stärker auf sie ein als das Fehlen einer bestimmten Nahrungsquelle.

4 | Braune Wegschnecke
Arion subfuscus
Wegschnecken

BESCHREIBUNG Mittelgroße Nacktschnecke, Länge ausgestreckt 5–7 cm. Grundfarbe ockergelb bis orange, dunkelbraune Seitenlinie beiderseits des Körpers. Kopf und Fühler dunkelgrau. Körperoberfläche ist von flachen, gestreckten Hautrunzeln bedeckt. Sohlenschleim farblos, Rückenschleim dagegen intensiv gelb oder orange. Eier milchig weiß, kugelig oder oval geformt.
LEBENSRAUM In ganz Mitteleuropa häufig. Bewohnt Wälder aller Art, auch Nadelwälder, außerdem Hecken, Gärten und Parks.
LEBENSWEISE Diese Schnecke hält sich bevorzugt in Bodennähe auf. Bei feuchtem Wetter steigt sie gelegentlich an Baumstämmen ein Stück empor. Ihre Nahrung ist recht vielfältig. Sie frisst frische Pflanzen, gelegentlich wohl auch Aas von Wirbeltieren. Öfter sieht man sie an den Fruchtkörpern von Pilzen, auch an giftigen. Schnecken und ihr Fressverhalten sind kein Maßstab dafür, ob Pilze genießbar oder giftig sind. Diese Organismen verfügen über andere Enzymsysteme als wir Menschen und können auch hochgiftige Pilze unbeschadet aufnehmen. Das Lebensalter dieser Schnecke beträgt 12 bis 14 Monate. Mit etwa 10 Monaten ist sie geschlechtsreif, paart sich und beginnt mit der Eiablage.

1

2A

2B

3

4

1 | Weinbergschnecke
Helix pomatia
Schnirkelschnecken

BESCHREIBUNG Größte landlebende Gehäuseschnecke Mitteleuropas **(1A)**. Gehäuse gelb bis braun, oft mit unregelmäßigen Bändern, bis 5 cm hoch, sehr stabil, dickwandig, kugelförmig, rechtsgewunden (von vorne auf die Mündung gesehen). Linksgewundene Gehäuse sehr selten, diese nennt man „Schneckenkönige".
LEBENSRAUM Braucht Kalkböden, um ihr Gehäuse bauen zu können. Lebt deshalb vor allem in Kalkbuchenwäldern, Gebüschen und Heckenlandschaften des Jura.
LEBENSWEISE Den Winter verbringen Weinbergschnecken in einer Kältestarre in ihrem Haus. Die Schalenöffnung verschließen sie mit einem Kalkdeckel (Epiphragma). Im Frühling wird dieser Deckel wieder abgestoßen. Nach der Paarung im Juni legen die Schnecken 30–40 kugelige Eier in eine selbst gegrabene Erdhöhle **(1B)**. Die Jungschnecken fressen sich durch die Erde ans Tageslicht. Weil ihr Gehäuse in diesem Stadium noch sehr weich ist und keinen hinreichenden Schutz bietet, fallen viele Jungschnecken Fressfeinden wie Ameisen, Spinnen und kleinen Säugetieren zum Opfer. Von 100 Jungschnecken erreichen nur etwa 5 das geschlechtsreife Alter. Weinbergschnecken werden normalerweise 5–10 Jahre alt, sie können aber auch ein Alter von bis zu 30 Jahren erreichen.

2 | Weißmund-Bänderschnecke, Garten-Bänderschnecke
Cepaea hortensis
Schnirkelschnecken

BESCHREIBUNG Gehört im Hinblick auf ihre Gehäusefarbe zu den variabelsten Schnecken überhaupt. Gehäuse kugelig, dünnwandig, leuchtend gelb mit spiraligen dunklen Bändern, gelegentlich treten auch ungebänderte Varianten mit rötlicher Grundfarbe auf. Der Mundsaum an der Schalenöffnung ist stets weiß.
LEBENSRAUM Bewohnt feuchte und helle Laub- und Mischwälder, Hecken und Knicks, Wiesen und Gärten.
LEBENSWEISE Die Art ist auch unter den Namen Garten-Schnirkelschnecke oder Garten-Bänderschnecke bekannt, obwohl sie helle Wälder als Lebensraum vorzieht. Schnirkelschnecken leben oft gesellig. In manchen Jahren sitzen sie bei trockenem Wetter in großen Gruppen an Pflanzen in Trockenruhe. Ihr Gehäuse haben sie dann mit einem Schleimdeckel verschlossen. Von Juni bis August werden 30–50 Eier in den Boden vergraben. Die Jungschnecken verlassen etwa 4 Wochen nach der Eiablage die Erdkammer und suchen nach frischen Pflanzen. Ihren größten Artenreichtum erreichen Schnirkelschnecken im Mittelmeergebiet.

3 | Schwarzmund-Bänderschnecke, Hain-Bänderschnecke
Cepaea nemoralis
Schnirkelschnecken

BESCHREIBUNG Dickwandige, robuste, kugelige Gehäuse von etwa 22 mm Höhe. Grundfarbe gelblich oder rötlich, meist mit 5 dunkelbraunen, unregelmäßigen Bändern. Auch bänderlose Varianten kommen vor. Der Mundsaum ist stets dunkelbraun oder schwarzbraun gefärbt.
LEBENSRAUM Bewohnt in Mitteleuropa vielfältige Lebensräume: Wälder, Wald- und Wegränder, Gärten, feuchte Hochstaudenfluren, Hecken oder Dünen.
LEBENSWEISE Hain-Bänderschnecke und Garten-Bänderschnecke sind die beiden häufigsten mitteleuropäischen Arten der Gattung *Cepaea*. Schnirkelschnecken haben eine große Zahl von Feinden. Vögel wie die Singdrossel, der Star und verschiedene Krähenarten gehören ebenso dazu wie der Igel und die Spitzmaus. Drosseln und Elstern öffnen die Gehäuse an so genannten Drosselschmieden, Steinen, auf die sie die Gehäuse schlagen. Auch verschiedene Schnellkäfer und räuberisch lebende Schnecken wie die Knoblauch-Glanzschnecke *(Oxychilus alliarius)* leben von Schnirkelschnecken. Die wohl größten Verluste verursachen aber Frösche, Kröten und Molche.

4 | Baum-Schnirkelschnecke
Arianta arbustorum
Schnirkelschnecken

BESCHREIBUNG Kugelförmiges, meist bräunliches Gehäuse, 14–28 mm hoch, mit glänzender Oberfläche und unregelmäßigen dunklen Streifen oder Sprenkeln. Mundsaum gelblichweiß. Klettert oft in Bäume und Sträucher.
LEBENSRAUM Feuchte Wälder, vor allem Auen- und Laubwälder mit reich entwickeltem Unterwuchs, Waldränder und Heckenriegel. In den Alpen bis 2700 m.
LEBENSWEISE Die Baum- oder auch Gefleckte Schnirkelschnecke tritt in einer Vielzahl an Formen auf. Es gibt eine ganze Reihe unterschiedlich aussehender geographischer Populationen und auch Berg- und Talformen. Diese Schnecken haben sich in ihrer Evolutionsgeschichte den Klimaverhältnissen gut angepasst. Die Exemplare mit den dunklen Häusern sind häufiger in kühleren Gebieten anzutreffen. Ihre Häuser erwärmen sich schneller. Die helleren leben eher in wärmeren Gebieten. Gleichzeitig tarnen sich beide mit ihren Gehäusefarben. Je heller die Umgebung ist, um so häufiger sind auch die helleren Gehäuseschnecken. Umgekehrt gilt auch: In dunkler Umgebung sind die Schnecken mit den dunkleren Häusern öfter anzutreffen. So sind sie in ihrer jeweiligen Umgebung gut vor Fressfeinden geschützt.

1A

1B

2

3

4

1 | Steinpicker
Helicigona lapicida
Schnirkelschnecken

BESCHREIBUNG Gehäuse oben und unten abgeflacht, bis 20 mm hoch, in der Gehäusemitte 1 scharfkantiger Kiel. Gehäuseoberfläche schwach und unregelmäßig gestreift, Oberflächenstruktur fein genarbt. Verlassene Gehäuse hellbraun gefleckt, bewohnte Gehäuse dunkelbraun bis schwärzlich. Weichkörper der Schnecke fast ganz schwarz.
LEBENSRAUM Typische Schnecke der Kalkbuchenwälder. Lebt auch an schattigen, von Vegetation überwachsenen Felsen verschiedener Gesteinsarten, an alten Mauern und Ruinen. In den Alpen bis in Höhenlagen von bis zu 1600 m.
LEBENSWEISE Trotz ihres deutschen Namens „Steinpicker" kann man die in Mitteleuropa weit verbreitete Schnecke nicht nur an Gesteinsformationen, sondern vielfach auch an Laubbäumen wie Buche, Hainbuche und Berg-Ahorn beobachten. An Regentagen sieht man die Tiere oft in großer Zahl an Baumstämmen empor kriechen und den Algenbelag abweiden. Bei Trockenheit ziehen sie sich in Erdspalten und unter Geröll zurück. Mit ihrem charakteristischen, linsenförmig flachen Gehäuse finden sie dann auch in Rindenspalten und Felsritzen Unterschlupf.

2 | Knoblauch-Glanzschnecke
Oxychilus alliarius
Glanzschnecken

BESCHREIBUNG Charakteristisch ist der intensive Knoblauchgeruch, den die Schnecke bei Berührung verströmt, und sich so vor möglichen Fressfeinden schützt. Gehäuse zart gelblich oder grünlich, glänzend und durchscheinend. Weichkörper dunkel blaugrau, lässt das Gehäuse dunkler erscheinen.
LEBENSRAUM Helle Laubwälder und feuchte Erlengebüsche, hier vor allem unter Laub, Holz oder Steinen. Tritt auch in Gärten und Gewächshäusern auf.
LEBENSWEISE Die Art führt eine versteckte Lebensweise zwischen Laubschichten, unter vermodernden Pflanzenteilen, moosbewachsenen Steinen und vermodertem Holz. Ihre Nahrung besteht aus frischen Kräutern und tierischer Kost. Sie überfällt und frisst vorwiegend junge Nacktschnecken und junge Schnirkelschnecken bis zu einer Gehäusegröße von 10 mm. Wie viele Landlungenschnecken ist auch die Knoblauch-Glanzschnecke in andere Regionen der Welt verschleppt worden. Auf Hawaii beispielsweise ist sie inzwischen die häufigste Schneckenart und gefährdet massiv einheimische Arten.

3 | Glatte Schließmundschnecke
Cochlodina laminata
Schließmundschnecken

BESCHREIBUNG Langgestrecktes, spindelförmiges, linksgewundenes Gehäusetürmchen, bis zu 12 schwach gewölbte Umgänge, 15–17 mm lang. Gehäuseoberfläche gelblich bis rötlich-braun, fein und unregelmäßig gestreift, glänzend.
LEBENSRAUM Besiedelt schattige, meist feuchte Laub-, Misch- und Nadelwälder und Gebüsche. Hält sich hier unter der Bodenstreu, an Felsen und bemoosten Baumstubben auf, steigt aber bei hoher Luftfeuchtigkeit auch an Baumstämmen empor.
LEBENSWEISE Dank ihres langestreckten, spindelförmigen Gehäuses haben diese Schnecken einen großen Vorteil: Sie können sich bei Trockenheit in kleinste Ritzen zwischen Steinen oder Baumrinden verkriechen. Zusätzlich haben sie die Möglichkeit, ihre Gehäusemündung mit einer löffelförmigen Kalkplatte zu verschließen. Diese „Clausilium" genannte Platte gab der ganzen Familie den wissenschaftlichen Namen Clausiliidae. Die Vertreter dieser Art sind Pflanzenfresser. An warmen regnerischen Tagen sieht man sie oft in großer Zahl an Buchenstämmen sitzen, wo sie den Algenbewuchs abweiden.

4 | Kleine Turmschnecke
Ena obscura
Vielfraßschnecken

BESCHREIBUNG Gehäuse rechtsgewunden, hornfarben bis braun, kaum glänzend, bis 9,5 mm lang, besitzt bis zu 7 Umgänge, die fein und unregelmäßig gestreift sind. Mundsaum verbreitert, die Mündung ist weiß gefärbt.
LEBENSRAUM Waldbewohnende Art, besiedelt aber als weniger feuchtigkeitsbedürftige Art auch offenere Habitate wie Hecken, Mauern und Felsen. Weit verbreitet und häufig, aber nicht in großer Zahl anzutreffen.
LEBENSWEISE Wälder bieten den Landschnecken von allen für sie besiedelbaren Lebensräumen die größte Vielfalt an Habitaten. Ihre ausgeglichenen Wetterbedingungen mit stets hoher Luftfeuchtigkeit, ihre vielen Versteckmöglichkeiten und unterschiedlichsten Nahrungsquellen bieten vielen Arten gute Lebensbedingungen. Diese Turmschnecke alter Wälder lebt in der Laubstreu, unter Totholz und Steinen. Bei Regenwetter kriecht sie umher, steigt auch an Bäumen hoch und weidet an den Stämmen den Algenbewuchs ab. Zur Tarnung überzieht sie ihre Schale mit einer Kruste aus Erde und getrocknetem Schleim. Dadurch ist sie beim Umherkriechen auf Holz oder Steinen nur schwer zu erkennen.

1

2

3

4

Leben in der Streuschicht

Leben in der Streuschicht

In einem Laubwald fallen im Herbst etwa 25 Millionen Blätter auf einen Hektar Boden. Ihr Gesamtgewicht entspricht ungefähr vier Tonnen. Die Laubschicht ist einige Zentimeter dick. Ohne die Arbeit der vielen Recyclingspezialisten am und im Boden – Würmer, Schnecken, Milben, Insektenlarven, Bakterien, Pilze, Einzeller und vielen anderen – würde diese Laubschicht im Laufe der Jahre auf mehrere Meter anwachsen. Durch ihre Arbeit aber wird das Falllaub abgebaut und in die Substanzen zerlegt, aus denen es aufgebaut wurde, in Wasser und Mineralsalze. Und diese werden nach dem Abbau in der Humusschicht angereichert und stehen den Pflanzen wieder für Wachstum und die Bildung neuer Blätter zur Verfügung.

In Buchenwäldern leben etwa 140 000 Urinsekten pro Quadratmeter.

Zurück in den Kreislauf

Die wichtigste Funktion von Tieren des Bodens, von Bakterien und Pilzen ist die Rückführung von Mineralien in den Stoffkreislauf, die Dekomposition. Pflanzen benötigen für die Photosynthese Sonnenlicht, Kohlendioxid und Wasser. Alle diese Faktoren stehen meist unbegrenzt zur Verfügung. Daneben benötigen Pflanzen zusätzlich Mineralien wie Phosphor, Magnesium und vor allem Stickstoff zur Synthese von Aminosäuren und Eiweiß. Diese Stoffe sind Mangelware im Wald. Deshalb ist ein Recycling dieser Minerale aus totem Material zum Weiterleben eines Waldes unbedingt notwendig.

Wer betreibt Recycling?

Trocknet man eine Bodenprobe aus dem Wald, so entfallen 10 % auf organisches Material. In diesem kleinen Anteil von Material sind 80 % tote Pflanzen, 15 % lebende Wurzeln und 5 % Bodenlebewesen. Diese wiederum haben die Schlüsselposition eines Waldes inne, sie schließen die Mineralien für das Leben auf. Die Bodenlebewesen setzten sich zu 40 % aus Algen und Pilzen, zu weiteren 40 % aus Bakterien und zu 20 % aus Regenwürmern, Schnecken, Tausendfüßern, Asseln, Springschwänzen, Hornmilben, Haarmücken-, Köcherfliegen- und Schnakenlarven und anderen zusammen. Würde nur eine dieser Gruppen fehlen, wäre das Ökosystem Wald empfindlich gestört, der Energiefluss und die Stoffkreisläufe wären unterbrochen. Der naturnahe Wald kann ohne Förster, ohne Vögel oder Wild auskommen – er würde dennoch im Urzustand weiter funktionieren. Das Ökosystem Wald kann aber nicht ohne Zersetzer auskommen, die das tote Material zu Humus aufbereiten. Die einzelnen Mitglieder an der Dekomposition arbeiten wie hintereinandergeschaltete Mahlsteine einer Mühle. Sie leben zum großen Teil in der Laubstreu und im Erdreich. Die Bodenfauna wird dabei ganz einfach nach der Körpergröße ihrer Lebensformen in Makro-, Meso- und Mikrofauna eingeteilt.

Große Mahlsteine: die Makrofauna

Die Makrofauna besteht aus Tierarten, deren Individuen größer als 1 cm sind. Diese Lebensformen öffnen als erste Blätter und Holz und schaffen Pforten für die nächste Ebene. Unter ihnen ist die Gruppe der Regenwürmer als Zersetzer und Bodenwühler die bekannteste. Auch Weichtiere, vor allem Schnecken, gehören in diese Fauna.
Das Mahlwerk des Waldes beginnt bereits auf dem lebenden Blatt und im lebenden oder toten Holz. Viele pflanzenfressende Lebensformen benagen das Blatt oder fressen die Chlorophyllschicht. Beispiele sind Schmetterlingsraupen, der Buchenspringrüssler oder andere pflanzenfressende Käfer. Im Holz leben die Larven von Bockkäfern, unter der Rinde die Borkenkäfer. Das Totholz durchtunneln Ameisen.

Mittelgroße Mahlsteine: die Mesofauna

Die Mesofauna besteht aus Tierarten, deren Individuen 0,2 bis 1,0 cm groß sind. Diese Lebensformtypen zerstören stufenweise Laub und Holz. Wichtige Abbauer von Laubstreu sind nach Regenwürmern und Schnecken auf der Ebene der Mesofauna Fadenwürmer, Zweiflüglerlarven, Asseln, Schnurfüßer, Milben und Springschwänze. Milben leben vor allem in der Oberfläche von Humusdecken und sind dort an der Zersetzung beteiligt. Zusätzlich ernähren sie sich direkt von Pilzen und Bakterien. Trockenheitstolerante Hornmilben und feuchtigkeitsbedürftige Springschwänze öffnen das Blatt auf der gesamten Fläche. Würmer und Insektenlarven zerstückeln es und transportieren es in die feuchten Schichten des Bodens.

Kleinste Mahlsteine: die Mikrofauna

Zur Mikrofauna schließlich gehören Tiere unter 0,2 cm Größe. Diese kleinsten Zersetzer brechen die organischen Verbindungen auf und zerlegen sie. Zu ihnen gehören Einzeller, Bakterien und Pilze.
Jede Waldform besitzt einen anderen Aufbau der Bodenstreu und damit andere hier lebende Organismen. So zersetzt sich die Nadelstreu wegen des hohen Harzanteils langsamer als die Laubstreu. Daher bildet sich in Nadelwäldern vermehrt der Moderboden mit weitreichenden Einflüssen auf die Fauna des Waldbodens. Aber nicht nur der Aufbau der Streuschicht, auch die Baumarten, die in einem Wald vorkommen, bestimmen mit ihren unterschiedlichen Inhaltsstoffen die Zusammensetzung der Bodenlebewesen.

Ein Baumstumpf verrottet

Wälder sind reich an Tier- und Pilzarten, die auf mächtige Altbäume und deren vermoderndes Holz angewiesen sind. Am Stumpf eines gefallenen Baumes entfaltet sich nach wenigen Jahren eine ungeahnte Vielfalt an Lebensformen. Sie sorgen dafür, dass etwa innerhalb von zehn Jahren der Baumstumpf nahezu vollständig abgebaut ist.
Im Zuge der fortschreitenden Veränderungen bietet der Stumpf von Jahr zu Jahr immer neue, sich in ihrer Zusammensetzung ändernde Lebensgemeinschaften. Im ersten Jahr legen Bock- und Borkenkäfer ihre Eier in das Holz. Die schlüpfenden Larven bohren Fraßgänge, über die Nässe eindringen kann. Aus angewehten Pilzsporen entwickeln sich Pilze, die auf dem Holz und dem Larvenkot wachsen. Im ersten bis dritten Jahr durchdringen die Pilzmycele den Stumpf.
Im Verlauf der weiteren Jahre bilden sich größere Risse, über die Spinnen, Asseln und Würmer eindringen können. Auch die Pilzmycele wuchern weiter und locken pilzfressende Käfer, Zweiflügler und Schmetterlinge an. Mit der Zeit werden die Risse und Spalten immer größer und bei Regenfällen saugt sich der Stumpf voll Wasser. Nun siedeln sich Grünalgen, Moose und Flechten an. In ihrem Gefolge bildet sich eine umfangreiche Mikrofauna aus. Langsam zerfällt der Baumstumpf zu Mulm. Und dann geht es sehr schnell mit dem weiteren Zerfall. Tausendfüßer und Asseln zerkauen die letzten Holzteilchen und schließlich, nach etwa 12 Jahren, ist von dem Baumstumpf nur ein moosbewachsener Rest übrig.

Der Schuppige Porling wächst büschelig an Laubholz.

Leben in der Streuschicht

1 | Regenwurm
Lumbricus spec.
Regenwürmer

BESCHREIBUNG Drehrunder Körper, der aus gleichförmigen Segmenten zusammengesetzt ist, bis 30 cm lang. Körper rötlichbraun, schleimig und mit glattem Gürtel, der die Geschlechtsorgane enthält.
LEBENSRAUM Weit verbreitet und häufig in allen humosen Böden, in Wäldern, auf Wiesen und Feldern, in Gärten.
LEBENSWEISE Regenwürmer leben in Gängen in der Oberflächenschicht des Bodens. Diese Gänge können mitunter bis zu 2 m in die Erde reichen und mehrere horizontale Seitengänge besitzen. Weil sie pausenlos Erde und abgestorbene Pflanzenteile fressen, sorgen sie zum einen für eine gute Bodendurchlüftung, zum anderen erzeugen sie mit ihrer unermüdlichen Fresstätigkeit wertvollen Humus. In einem Laubwald leben pro Hektar 250 000 Regenwürmer, die beim Zersetzungs- und Recyclingprozess mitarbeiten. Sie scheiden pro Jahr 40–90 Tonnen fruchtbaren Kot aus.

2 | Moosskorpion
Neobisium muscorum
Pseudoskorpione

BESCHREIBUNG Flaches, kleines Spinnentier mit auffällig ausgebreiteten Scherenarmen, 2–7 mm lang. Körper glänzend schwarz.
LEBENSRAUM Lebt fast überall in feuchten Wäldern, in der Laubstreu, in Moospolstern, unter Rinde und Steinen.
LEBENSWEISE Moosskorpione sind wohl die häufigsten Vertreter der Pseudoskorpione in Mitteleuropa. Pseudoskorpione leben räuberisch. In der Dämmerung und nachts gehen sie auf die Jagd nach Springschwänzen, Milben, Staubläusen und Kleinstlarven. Sie selbst werden häufig von vielen Spinnen, Steinläufern, Laufkäfern und Wanzen bis hin zu Vögeln verfolgt und gefressen. In der Laubstreu eines einzigen Quadratmeters Buchenwald oder eines Fichtenforstes leben etwa 100 Pseudoskorpione.

3 | Wald-Wolfsspinne
Pardosa lugubris
Wolfsspinnen

BESCHREIBUNG Laufspinne ohne Netz. Gehört zu den kleineren Wolfsspinnenarten, Männchen 5–6 mm groß, Weibchen 7 mm, mit Kokon 11 mm. Spinne mit typisch hellem Rückenstrich auf dem graubraunen Körper. Beine auffällig lang und dünn, hell-dunkel gestreift.
LEBENSRAUM Überall an sonnigen, trockenen Orten, in hellen Laubwäldern, auf sonnigen Lichtungen, an sonnigen Waldrändern, Wegrändern.
LEBENSWEISE Diese Art lebt räuberisch in der sonnenbeschienenen Laubstreu. Sie erbeutet ihre Opfer nach vorsichtigem Anschleichen durch einen gezielten Sprung. Bei ihrem häufig zu beobachtenden Sonnenbaden ruhen die Tiere mit ausgestreckten Vorderbeinen auf niedrigen Pflanzen. Die Weibchen tragen im Sommer 4–6 Wochen lang einen Eikokon mit sich herum.

4 | Mauerassel
Oniscus asellus
Asseln

BESCHREIBUNG Oval geformtes, abgeflachtes Tier mit zahlreichen Rückenplatten, bis 18 mm lang. Körper schmutzig graubraun, glänzend, mit variabler Fleckenzeichnung, körnig strukturiert. Fühler mit 3-gliedriger Geißel.
LEBENSRAUM Verbreitet und häufig in feuchten Lebensräumen, in der Laubstreu, unter zerfallenden Stubben, unter Steinen oder der Rinde abgestorbener Bäume.
LEBENSWEISE Diese nachtaktive Landassel gehört zur Gruppe der Primärzersetzer eines Waldes. Sie ernährt sich hauptsächlich von verrottenden Pflanzenteilen und ist damit ein wichtiger „Mahlstein" bei der Laubzersetzung. Gemeinsam mit der Kellerassel ist sie eine der häufigsten Landasseln Mitteleuropas. Beide Arten sind auch häufig gemeinsam anzutreffen.

5 | Rollassel
Armadillidium vulgare
Asseln

BESCHREIBUNG Körper länglich oval, hochgewölbt, mit Rückenplatten, schwarzgrau gefärbt, leicht glänzend und fein punktiert, 10–16 mm lang. Fühler mit 2-gliedriger Geißel **(5A)**.
LEBENSRAUM Lebt in Laubwäldern, an Waldrändern. Oft versteckt unter Steinen, im Laub oder Moos.
LEBENSWEISE Rollasseln gehören zusammen mit Tausendfüßern, Regenwürmern und vielen anderen zu den Mahlsteinen des Waldes. Sie helfen, organische Stoffe in Humus zu verwandeln und so dem Stoffkreislauf wieder zuzuführen. Sie fressen vermoderndes Laub, Holzreste, Pilze, Insektenkadaver und auch den Kot anderer Tiere. Ihren Namen verdanken sie der Fähigkeit, sich komplett zu einer Kugel zusammenzurollen **(5B)**. Einige Zahlen: Die Tiere haben eine Lebenserwartung von 1–2 Jahren, geschlechtsreif sind sie mit 3–4 Monaten. Ihre Entwicklung vom Ei bis zur jungen Assel dauert 40–50 Tage.

1

2

3

4

5A

5B

1 | Moosassel
Ligidium hypnorum
Asseln

BESCHREIBUNG Körper langoval mit reicher Quergliederung, hochgewölbt, nach hinten stark verschmälert, 7–10 mm lang. Färbung hell bräunlich mit ausgedehnter dunkler Fleckenzeichnung. Kopf mit auffallend großen Augen.
LEBENSRAUM Bewohnt in großer Zahl sehr feuchte Wälder, beispielsweise Auwälder, Erlenbrüche. Zu finden in Moosen, unter Holzstücken.
LEBENSWEISE Aufgrund ihres Lebensraumes in Auwäldern und Erlenbrüchen wird die Moosassel auch Sumpfassel genannt. Diese im Vergleich zur Mauerassel deutlich kleinere Assel gehört zu einer als ursprünglich anzusehenden Gruppe von Asseln, die amphibisch leben und Kiemenatmung betreiben. Viele landlebende Asseln besitzen dagegen bereits eine Art Kiemenlunge.

2 | Gerandeter Saftkugler
Glomeris marginata
Doppelfüßer

BESCHREIBUNG Körper glänzend schwarz, ungefleckt, 7–20 mm lang **(2A)**, rollt sich bei Berührung mehrere Stunden lang zusammen **(2B)**. Gleichmäßige Körpergliederung mit 12 Rückenplatten, deutlich gelblicher Rand an jeder Rückenplatte. Kleiner kugeliger Kopf mit 2 Antennen.
LEBENSRAUM Der Saftkugler lebt in feuchten Buchenwäldern in der Laubstreu, in Moospolstern und in modernden Baumstubben.
LEBENSWEISE Saftkugler gehören zu den Primärzersetzern des Waldes. Pro Jahr zersetzen sie etwa 5 % der riesigen Laubmenge und bereiten den Weg für Pilze und Mikroorganismen, die aus dem zerkleinerten Laub wertvolle Inhaltsstoffe recyceln. Die Vermehrung erfolgt über Eier, die Larven leben ebenfalls in der Laubstreu und entwickeln sich innerhalb von 4 Wochen. Geschlechtsreif werden Saftkugler erst nach 3,5 Jahren.

3 | Gestreifter Saftkugler
Glomeris hexasticha
Doppelfüßer

BESCHREIBUNG Gleichförmig gegliederter Körper, 6–17 mm lang, mit 12 Rumpfsegmenten, die an der Zahl der Rückenschilde leicht zu erkennen sind. Kleiner runder Kopf, Männchen mit 19, Weibchen mit 17 Beinpaaren. Färbung variabel, meist jedoch mit einem mittleren und drei seitlichen Fleckenreihen auf dem Rücken.
LEBENSRAUM Sehr häufig in der Laubstreu gebirgiger Waldregionen, in Wäldern und an Waldrändern.
LEBENSWEISE Bei Gefahr rollen sich Saftkugler zu einer Kugel ein. Kommt ihnen ein Feind zu nahe, scheiden sie aus ihren Wehrdrüsen ein ätzendes, Blausäure enthaltendes Sekret ab. Diesem wehrhaften Verhalten verdanken sie auch ihren deutschen Namen „Saftkugler“.

4 | Pinselfüßer
Polyxenus lagurus
Doppelfüßer

BESCHREIBUNG Körper hellbraun, weichhäutig, mit zahlreichen dunkelbraunen Borsten besetzt, 2–4 mm lang. 13 Beinpaare. Typische Haarbüschel am Körperende, die aus langen, am Ende gebogenen Haaren bestehen.
LEBENSRAUM Bevorzugen kühle und feuchte Aufenthaltsorte. Ihr natürlicher Lebensraum sind Wälder, man findet sie unter Rinde, Steinen und im Wurzelraum von Bäumen.
LEBENSWEISE Die nachtaktiven Pinselfüßer weiden Grünalgen von Baumrinden ab, daneben fressen sie Flechten und abgestorbenes Laub. Ihre Gesamtentwicklung vom Ei bis zum adulten Tier dauert sechs bis acht Monate. Die Haarbüschel am Hinterende des Körpers dienen der Abwehr von Feinden, beispielsweise Ameisen, sowie dem Schutz der Eigelege.

5 | Bandfüßer
Polydesmus spec.
Doppelfüßer

BESCHREIBUNG Augenloses, bandförmiges Tier, bis 28 mm lang. Körperende zugespitzt, Rücken abgeflacht, Kopf mit kurzem Fühlerpaar. Besitzt pro Körpersegment 2 Beinpaare.
LEBENSRAUM Weit verbreitet und häufig in Wäldern, an Wald- und Wegrändern. Lebt in der Laubstreu, in morschem Holz, unter Steinen. In den oberen Bodenschichten in fast ganz Europa zu finden.
LEBENSWEISE Bandfüßer sind mit ihrem abgeflachten Körper gut an das Leben in der Laubstreu angepasst. Mit dieser Körperform können sie sich durch engste Ritzen und Hohlräume der oberen Bodenschichten zwängen. Diese Tiere ernähren sich von morschem Holz und anderem zersetzendem organischen Material. Damit sind sie wichtige Zerkleinerer der Laubstreu, die später von Pilzen und Bakterien weiter aufgeschlossen wird und so dem Stoffkreislauf wieder zugeführt wird. Fühlen sie sich bedroht, sondern sie ein blausäurehaltiges Sekret ab.

1

2A

2B

3

4

5

1 | Gepunkteter Schnurfüßer
Cylindroiulus punctatus
Schnurfüßer

BESCHREIBUNG Körper im Querschnitt drehrund, 13–28 mm lang, Grundfarbe hellbraun. Pro Rumpfring 2 Beinpaare, kurze Fühler. Rollt sich bei Störung scheibenartig zusammen. Körper durch Kalkeinlagerungen ziemlich steif.
LEBENSRAUM In Wäldern unter Baumrinde, in der Laubschicht und unter am Boden liegenden Holzstücken. Besiedelt Laub- und Nadelwälder.
LEBENSWEISE Der Gepunktete Schnurfüßer lebt fast überall in Europa in der Streuschicht von Wäldern. Er ernährt sich hauptsächlich von verrottenden Pflanzenteilen und spielt deshalb in Waldökosystemen eine große Rolle bei der Zersetzung organischer Reste.

2 | Weißbeiniger Tausendfüßer, Schwarzer Schnurfüßer
Tachypodoiulus niger
Schnurfüßer

BESCHREIBUNG Körper nahezu drehrund, dunkelbraun bis schwarz, Beine auffällig weiß, 15–35 mm lang. Kopf mit schnurförmigen kleinen Fühlern.
LEBENSRAUM Lebt fast überall in Europa vor allem in Wäldern, unter der Rinde verrottender Bäume, im Mull von Baumstubben, auf Moos und in der Streuschicht. Dringt manchmal an Stämmen bis in die Baumkronen vor.
LEBENSWEISE „Tachypodoiulus" bedeutet soviel wie schnellfüßiger Julide. Der Weißbeinige Tausendfüßer gilt als schnellster einheimischer Schnurfüßer, er erreicht im Lauf Geschwindigkeiten von 24 mm pro Sekunde. Er ernährt sich von verrottendem Holz und ist ein wertvoller Vertreter der Zersetzer im Waldökosystem. Auch dieses Tier rollt sich bei Gefahr spiralig ein. Zu seinen Feinden gehört neben anderen der gewöhnliche Steinläufer.

3 | Gewöhnlicher Steinläufer
Lithobius forficatus
Steinläufer

BESCHREIBUNG Beweglicher und schneller Läufer im Lückensystem der Laubstreu. Körper abgeplattet, kastanienbraun, Länge bis 32 mm. Jedes der abgeflachten, gleichförmigen 15 Segmente trägt 1 Beinpaar, die letzten beiden Beinpaare sind vergrößert. Kopf mit langen Fühlern und Giftklauen.
LEBENSRAUM Lebt überall in der Laubstreu der Wälder, unter Steinen, unter der Rinde modriger Bäume oder unter Holzstückchen.
LEBENSWEISE Dieser häufige Räuber jagt nachts vorwiegend Springschwänze und Bodeninsekten. Seine Beute ergreift er mit Kieferfüßen, die zu Giftklauen umgewandelt sind. Der Biss eines Steinläufers kann die Wirkung eines Bienenstichs haben. Größere Beutetiere können außerdem mit einem spinnenfadenähnlichen Sekret aus den letzten Beinpaaren gefesselt werden. Die Dichte der Tiere in feuchten Buchenwäldern kann 10–100 Individuen/qm betragen.

4 | Gewöhnlicher Erdläufer
Geophilus longicornis
Hundertfüßer

BESCHREIBUNG Wurmförmiger, abgeflachter Körper, 20–40 mm lang. Körperfarbe gelbbraun, Kopf rötlich. 49–57 Beinpaare.
LEBENSRAUM Besiedelt feuchte, schattige Orte. Lebt in lockeren, humosen Wald-, Wiesen- und Ackerböden, in der Laubschicht unter Steinen und Baumstämmen.
LEBENSWEISE Erdläufer ernähren sich hauptsächlich räuberisch von Regenwürmern, Insekten und Spinnen. Ihre Hauptbeute, die Regenwürmer, suchen sie hauptsächlich in deren Gängen auf. Nicht selten greifen sie Beutetiere mit dem bis zu 20fachen ihres eigenen Körpergewichts an. Bei Gefahr versuchen sie sich so aufzuwinden, dass ihre Unterseite mit zahlreichen Wehrdrüsen nach außen kommt. Ihre Entwicklung vom Ei zum geschlechtsreifen Tier dauert etwa drei Jahre. Erdläufer sind wichtige Mitglieder der Bodenfauna. Sie können ein Lebensalter von bis zu sechs Jahren erreichen.

5 | Brauner Kugelspringer
Allacma fusca
Springschwänze

BESCHREIBUNG Größte europäische Kugelspringer-Art, ist mit bis zu 4 mm Körperlänge für einen Springschwanz ungewöhnlich groß. Körper dunkelrotbraun, kugelig, undeutlich segmentiert, glänzend. Deutlich abgesetzter, kugeliger Kopf, gut erkennbare Augen.
LEBENSRAUM Lebt in bodenfeuchten Wäldern, ist dort in der Laubstreu, an Baumstämmen, herabgefallenen Ästen und Baumstubben zu beobachten.
LEBENSWEISE Kugelspringer zerlegen als wichtiger Teil der Bodenfauna organische Substanzen und machen sie als Nährstoffe wieder für Pflanzen verfügbar. Bei feuchtem Wetter findet man sie oft scharenweise an Baumstämmen und Tothölzern, wo sie den Algenbewuchs abweiden. Mit einer in Ruhelage unter dem Körper eingeklappten Sprunggabel können sie mehrere Zentimeter weite Sätze machen.

1

2

3

4

5

1 | Bunter Springschwanz
Orchesella flavescens
Springschwänze

BESCHREIBUNG Schmal gebauter Körper, bis 5 mm lang. Grundfarbe weißlich gelb, oberseits mit dunklem Muster. Kopf hell oder dunkel, lange, weiß geringelte Fühler.
LEBENSRAUM Am Boden feuchter Wälder, unter Steinen und loser Rinde zu finden.
LEBENSWEISE Ohne die Springschwänze wäre eine Rückführung der Nährstoffe in den Stoffkreislauf unmöglich. Sie öffnen das einzelne Blatt und ermöglichen so den weiteren Abbau durch Asseln, Pilze und Bakterien. In Buchenwäldern kann man bis zu 17 000 Individuen pro Quadratmeter finden, in Fichtenforsten sind es bis zu 68 000/qm und in Wiesenböden sogar bis zu 109 000/qm. Die Befruchtung der Tiere erfolgt über Spermatophoren, die von den Männchen am Waldboden abgesetzt und von den Weibchen aufgenommen werden.

2 | Waldschabe
Ectobius lapponicus
Schaben

BESCHREIBUNG Gelblichbraune Tiere mit einer Körperlänge von 7–11 mm. Fühler lang und ständig tastend in Bewegung. Männchen mit schwarzem Halsschild und voll geflügelt **(2A)**, Weibchen mit braunem Halsschild und leicht verkürzten Flügeln **(2B)**.
LEBENSRAUM Überall häufiger Bodenbewohner in Laub- und Nadelwäldern, an Waldrändern, unter Laubbäumen und Gebüschen.
LEBENSWEISE Waldschaben sind wärmeliebende Allesfresser. Im Gegensatz zu den meisten anderen Schaben sind sie tagaktiv. Ihre Aktivitätsphase erstreckt sich von Mai bis September. Die Weibchen bauen einen nur wenige Millimeter große Eikokon, den sie eine Weile mit sich herumtragen und dann in der Laubstreu verstecken. Mit ihrer Oberflächenmusterung sind die Kokons der einzelnen Schabenarten gut zu unterscheiden, die der Waldschabe sind quergestreift.

3 | Waldohrwurm
Chelidurella guentheri
Ohrwürmer

BESCHREIBUNG Langgestreckter, abgeflachter Körper, braun, 6–15 mm lang. Hinterleib mit Zangen, die des Männchens sehr lang und deutlich gebogen, die des Weibchens kürzer und weniger gebogen. Flügel reduziert: Vorderflügel winzig, Hinterflügel fehlen.
LEBENSRAUM In dichten Laub- und Mischwäldern ziemlich häufig, dagegen meidet der Waldohrwurm saure Fichtenwälder. Hält sich als dämmerungs- und nachtaktives Tier tagsüber in der Falllaubschicht am Boden, unter Rinde oder Steinen verborgen.
LEBENSWEISE Waldohrwürmer leben als Allesfresser von tierischer und pflanzlicher Kost. Bevorzugt fressen sie Blattläuse und die Raupen von Schmetterlingen, daneben auch zarte Pflanzenteile. Ihre Zangen nutzen sie zur Feindabwehr und zum Ergreifen der Beute.

4 | Wald-Köcherfliege
Enoicyla pusilla
Köcherfliegen

BESCHREIBUNG Einzige Köcherfliegengattung mit an Land lebenden Larven. Larven in einem Köcher aus feinen Sandkörnchen (8 mm lang, **4B**). Männchen schwarz, Vorderflügel rauchfarben **(4A)**. Weibchen braun, mit Flügelstummeln.
LEBENSRAUM In feuchten Laubwäldern recht häufig. Meist sind die Köcher in großer Zahl am Fuß bemooster Buchen zu finden.
LEBENSWEISE Im Gegensatz zu den meisten anderen Köcherfliegen leben die Larven der Gattung *Enoicyla* nicht aquatisch, sondern terrestrisch. Sie brauchen aber während ihrer larvalen Entwicklung hohe Luftfeuchtigkeit, sie tolerieren nur geringe Feuchtigkeitsschwankungen. Tagsüber leben sie in der Laubschicht, nachts halten sie sich an den Stämmen auf. Die Larven ernähren sich ausschließlich von Falllaub und Moos.

5 | Larven von Haarmücken
Bibio/Penthetria spec.
Haarmücken

BESCHREIBUNG Dunkle, längliche, raupenähnliche Larven, 10–25 mm lang, mit Kopfkapsel und kräftigen Mundwerkzeugen.
LEBENSRAUM Zu finden unter Falllaub, in zerfallenden Stubben.
LEBENSWEISE Die Larven der Haarmücken leben gesellig in den oberen Bodenschichten. Dort ernähren sie sich in der Hauptsache von abgestorbenem Pflanzenmaterial. Auf Grund ihrer meist hohen Populationsdichte spielen sie eine wichtige Rolle bei der raschen Umsetzung des Falllaubes zu Humus. Einige Arten leben im Mulm zerfallender Stubben und sind hier eine wichtige Lebensform in den Abbauprozessen der Wälder. Außerdem stellen sie ein bedeutendes Glied in der Nahrungskette des Ökosystems dar: Im Waldboden sind sie vor allem Nahrung für Raubinsekten, Vögel und Kleinsäuger, vor allem Spitzmäuse.

1

2A

2B

3

4A

5

4B

Pflanzengallen und ihre Verursacher

Pflanzengallen und ihre Verursacher

Abnorme Veränderungen von Pflanzenteilen wie Wucherungen, Verdickungen oder blasige Gebilde auf Blättern, an Stängeln oder Wurzeln nennt man Gallen. Im Spätsommer treten sie gehäuft auf. Besonders in Waldökosystemen und in Hecken sieht man sie dann häufig. Und im Spätherbst, zur Zeit des Laubfalls, liegen sie zu Tausenden am Boden. Man kennt heute etwa 15000 Wucherungen auf Blatt und Zweig, die unter den Begriff Gallen fallen.

Gallen bildende Organismen

Verursacher von Pflanzengallen sind oft Tiere, denen es gelungen ist, die Entwicklung von Pflanzenteilen „umzuprogrammieren". Die wichtigsten tierischen Verursacher sind Fadenwürmer, Milben und Insekten. Die weitaus meisten Pflanzengallen werden von Insekten hervorgerufen. Und hier gibt es ausgesprochene Spezialisten: Es sind vor allem Gallmücken, Gallwespen, Blattläuse und Blattwespen.

Gallmücken

Mit über 800 heimischen Arten stellt diese Insektenfamilie die größte Gruppe der Gallenerzeuger. Aber längst nicht alle Arten sind auch tatsächlich die Verursacher von Gallbildungen. Viele siedeln sich als Einmieter (Inquilinen) in bereits vorhandene Gallen ein. Ökologische Untersuchungen zeigen, dass Gallen oft Miniökosysteme aus mehreren Dutzend zusammenlebenden Arten darstellen.
Die meisten Gallmücken erreichen als ausgewachsenes Insekt eine Größe von gerade 2–3 mm. Nur wenige – wie beispielsweise die Buchengallmücke *Mikiola fagi* – erreichen 5 mm Körperlänge.

Gallwespen

Die bekanntesten Gallbildner sind ganz sicher die Gallwespen. Wir kennen etwa 100 heimische Arten, aber von diesen sind nur etwa 80 Arten auch tatsächliche Gallbildner. Die übrigen entwickeln sich als Einmieter in den Gallen anderer Gallwespen.
Vielleicht die Hälfte aller heimischen Gallwespen entwickelt sich in Eichengallen, und hier an fast allen Teilen der Wirtspflanze. Gut untersucht ist der Generationswechsel der Eichengallwespen: Alle heimischen Eichengallwespen bringen zwei verschiedene Generationen hervor. Jeweils eine vermehrt sich zweigeschlechtlich, die andere, nur aus Weibchen bestehende, pflanzt sich durch Parthenogenese („Jungfernzeugung", ungeschlechtlich) fort. Die Wespen der beiden Generationen sehen unterschiedlich aus und entwickeln sich auch in ganz unterschiedlichen Gallen.
Zur Beobachtung des komplizierten Entwicklungsganges eignet sich besonders die **Eichen-Schwammgallwespe**. Im Dezember und Januar sieht man nicht selten ihre parthenogenetischen, flügellosen und an Ameisen erinnernden Weibchen über den Schnee laufen. Sie haben sich aus knollenförmigen Wurzelgallen an den Eichenwurzeln an die Erdoberfläche gearbeitet

Galle der Buchengallmücke.

In der geöffneten Galle erkennt man die Larve.

und wandern nun zu den Zweigspitzen der Eichen, um ihre Eier in die Knospen zu versenken. Bis zum Frühling schlüpfen dann die Wespenlarven und die Eichenknospen entwickeln sich zu den Schwammgallen.

Blattläuse

Auch unter den Blattläusen gibt es eine große Zahl Gallen bildender Arten. Einige verursachen ganz charakteristische Gallen vor allem an bestimmten Bäumen. Besonders auffällig sind solche Gallbildungen an Fichten, Pappeln und Ulmen. Die an diesen Wirten lebenden Blattläuse haben meist einen komplizierten Entwicklungsgang verbunden mit einem Wirtspflanzenwechsel. So wandern die Generationen der **Grünen Fichtengallenlaus** von ihrem Primärwirt Fichte, an dem sie die bekannten Ananas-Gallen hervorrufen, zu ihrem Sekundärwirt Lärche. Dort verursachen sie zwar keine typische Gallbildung, es kann aber zu Verkrümmungen der Nadeln kommen.

Blattwespen

Als Gallbildner unter den Blattwespen sind vor allem die Arten der Gattung Pontania bekannt. Sie rufen streng wirtsspezifisch jeweils an meist nur einer Weidenart blasenförmige Blattgallen hervor. So verursachen *Pontania vesicator*, *Pontania viminalis* und *Pontania virilis* beispielsweise Gallen nur an Purpurweide. Gelegentlich treten alle drei Arten und ihre Gallen sogar nebeneinander an der gleichen Weide auf.

Parasiten und Untermieter

Die Verursacher von Pflanzengallen leben meist nicht allein in ihrem Pflanzenhaus. Die gallbildenden Insekten sind zahlreichen parasitischen Insektenarten ausgesetzt, die an ihnen schmarotzen. Im Spätherbst und Winter findet man in aufgeschnittenen Rosengallen die ausgewachsenen Larven der Gallwespen, aber auch Larven anderer Hautflügler mit verschiedenen Lebensformen. Doch nicht alle Gallenbesiedler, die neben dem Gallenerzeuger in der Galle wohnen, sind Parasiten. In vielen Fällen handelt es sich um Untermieter, die neben dem Gallenbesitzer in der Galle wohnen und lediglich als Mitkonsumenten vom Gallengewebe zehren. Dadurch schaden sie zwar dem Gallenbesitzer in gewissem Maße, können sich aber in vielen Fällen gleichzeitig mit ihm erfolgreich entwickeln.
Ein für den Gallenerzeuger tödlicher Einmieter ist dagegen der Rüsselkäfer *Acharias crux*. Die Weibchen dieser Art beißen vor der Eiablage ein Loch in die Gallenwand, zerstören das Ei der Blattwespe und legen

Der Rüsselkäfer *Acharias crux* legt seine Eier in Pflanzengallen.

anschließend ein eigenes Ei in den Innenraum der Galle. Die Käferlarve kann sich dann ungestört vom weiter wachsenden Gallengewebe ernähren.

Wirtschaftliche Bedeutung

Manche Gallen hatten früher durchaus wirtschaftliche Bedeutung. So hat man sich lange Zeit den hohen Gehalt einiger Gallen an Gerbsäuren zu Nutze gemacht. Gerbsäuren, die als Abwehrreaktion gegen die Gallwespen in hoher Konzentration in manchen Gallen gebildet wurden, nutzte man bis zum Ende des 19. Jahrhunderts zum Gerben von Leder. Und bereits seit vorchristlicher Zeit wird aus Eichengallen eine schwarze, dokumentenechte Tinte, die Eichengallustinte hergestellt.
Heute betrachtet man Pflanzengallen eher im Zusammenhang mit wirtschaftlichen Schäden. So hat sich eine aus Ostasien eingeschleppte, an Esskastanien lebende Gallwespe in Südeuropa als durchaus schädlich erwiesen. Auch in Baumschulen können einige der Stammgallen erzeugenden Arten der Eichengallwespen Schaden anrichten, indem sie Jungbäume absterben lassen. Aber insgesamt kann man sagen, dass die meisten der gallbildenden Organismen den Pflanzen nicht schaden.

Gallen als Abwehrmechanismen

Amerikanische Forscher stellten die Theorie auf, dass die Gallbildung eine raffinierte Strategie der Pflanzen darstellt, pflanzenfressende Insekten einzuschließen und sogar mit einem Nährgewebe zu umgeben. Der Sinn dieser Gallengefängnisse? Die Pflanze begrenzt die Fraßschäden auf kleinere Bereiche und erhält sich damit ihre Blätter zur Photosynthese.

Pflanzengallen und ihre Verursacher

1 | Gewöhnliche Eichen-Gallwespe
Cynips quercusfolii
Gallwespen

BESCHREIBUNG Galläpfel der Frühjahrsgeneration an einer Knospe am Baumstamm, eiförmig, 2–3 mm groß, zunächst rot, später dunkelviolett, samtig behaart **(1A)**. Galläpfel der Sommergeneration an der Unterseite von Eichenblättern, kugelig, 15–25 mm im Durchmesser, zunächst grün, später gelblich, an der Sonnenseite oft rötlich **(1B)**. Gallwespe unscheinbar graubraun mit seitlich abgeflachtem Hinterleib, Körperlänge 3–4 mm **(1C)**.
LEBENSRAUM Eichenwälder. Gallen an verschiedenen Eichen-Arten.
LEBENSWEISE Erreger dieser auffälligen und wohl bekanntesten Galläpfel im Wald ist eine unscheinbare Gallwespe mit Generationswechsel. Die Frühjahrsgeneration besteht aus beiden Geschlechtern. Aus den Sommergallen schlüpfen nur Weibchen, die parthenogenetisch Eier entwickeln. In manchen Jahren neigt diese Gallwespe zu ausgesprochener Massenvermehrung. Dann können an einem einzigen Eichenblatt 10 und mehr Gallen hängen. Aber Parasiten drängen solche Massenaufkommen meist im nächsten Jahr bereits wieder auf Normalmaß zurück.

2 | Eichenlinsen-Gallwespe
Neuroterus quercusbaccarum
Gallwespen

BESCHREIBUNG Galle der bisexuellen Generation kugelig, hellgrün, erinnert an eine Weinbeere, meist an männlichen Blütenkätzchen, auch an der Blattunterseite **(2A)**. Galle der parthenogenetischen Generation auf der Blattunterseite, linsenförmig flach, im Jugendstadium oft rosa gefärbt, später gelbbraun mit zahlreichen rotbraunen Sternhaaren **(2B)**, treten oft in so großer Zahl auf, dass sie die Blattunterseite vollständig bedecken. Winzige, schwarze Gallwespe.
LEBENSRAUM Überall häufig. Stets auf Eichenarten beschränkt.
LEBENSWEISE Die Galle der bisexuellen Generation ist als „Weinbeerengalle" bekannt, die der parthenogenetischen Generation als „Linsengalle". Erreger dieser Gallen ist eine winzige schwarze Gallwespe mit Generationswechsel. Im März erzeugt ein unbegattetes Weibchen durch Anstich und Eiablage Kugelgallen, in denen bis zum Frühsommer Larven fressen. Aus diesen entwickeln sich Männchen und Weibchen. Nach der Begattung verursachen die Weibchen mit der Eiablage Linsengallen, in denen die Larven den Winter über fressen.

3 | Gestreifte Eichen-Gallwespe
Cynips longiventris
Gallwespen

BESCHREIBUNG Galle der bisexuellen Generation an einer ruhenden Knospe am Stamm, eiförmig, etwa 2 mm groß, graugrün oder graubraun mit weißlicher Behaarung **(3A)**. Galle der asexuellen Generation an der Blattunterseite, rundlich und etwa 8–10 mm im Durchmesser, rötlich mit weißlichen oder gelblichen Binden und ebenso gefärbten Höckern **(3B)**. Rötlichschwarze Gallwespe mit Generationswechsel **(3C)**.
LEBENSRAUM Die bevorzugten Wirtspflanzen für beide Entwicklungsstadien sind Stieleiche *(Quercus robur)* und Traubeneiche *(Quercus petraea)*.
LEBENSWEISE Aus den Kugelgallen an den Eichenblättern schlüpfen im November/Dezember etwa 3 mm große Gallwespen (asexuelle Generation). Diese legen unbefruchtete Eier in Eichenknospen. Die schlüpfenden Larven veranlassen die Eiche, kleine, unscheinbare Knospengallen zu bilden. In diesen entwickeln sich etwa bis Mai Männchen und Weibchen (bisexuelle Generation). Die Weibchen dieser Generation legen nach der Begattung ihre befruchteten Eier an die Blattunterseite, was dann wieder die Bildung der Kugelgallen zur Folge hat.

4 | Pfennig-Gallwespe
Neuroterus numismalis
Gallwespen

BESCHREIBUNG Gallen der bisexuellen Generation erscheinen meist einzeln in der Blattfläche, sind kreisrund mit ca. 3 mm Durchmesser **(4A)**. Gallen der parthenogenetischen Generation erscheinen oft in großer Zahl auf der Blattunterseite, sind dick scheibenförmig mit vertiefter Mitte, seidig behaart **(4B)**. Unscheinbare Gallwespe mit Generationswechsel.
LEBENSRAUM Auf allen Eichenarten häufig. Von der norddeutschen Tiefebene bis nach Südosteuropa.
LEBENSWEISE Etwa ab August findet man die für diese Gallwespenart typischen „Münzengallen" auf der Unterseite von Eichenblättern. In jeder Galle befindet sich eine Larve, die im Falllaub überwintert. Im März schlüpfen daraus nur weibliche Tiere, die ihre Eier in Eichenknospen ablegen. Die sich nun entwickelnde Larve verursacht die Bildung von sogenannten „Blasengallen" im Blatt. Die daraus entstehenden männlichen und weiblichen Tiere schlüpfen im Juli. Die begatteten Weibchen dieser Generation legen ihre Eier nun wieder auf die Unterseite von Eichenblättern ab, die in der Folge dann wieder die bekannten „Münzengallen" verursachen.

1A
1B
1C
2A
2B
3A
3B
3C
4A
4B

Pflanzengallen und ihre Verursacher

1 | Schwammkugel-Gallwespe
Andricus kollari
Gallwespen

BESCHREIBUNG Gallen der bisexuellen Generation eiförmig, 2–3 mm lang, an der Oberfläche fein gekörnt. Gallen der parthenogenetischen Generation an Zweigknospen, hellbraun, glatt, kugelig, bis zu 28 mm Durchmesser. Gallwespe mit Generationswechsel, etwa 6 mm lang, schwarzrot glänzend.
LEBENSRAUM Bisexuelle Generation an Zerreiche *(Quercus cerris)*, parthenogenetische Generation an verschiedenen anderen Eichenarten.
LEBENSWEISE In den Kugelgallen entwickeln sich Männchen und Weibchen, die im Herbst oder Winter schlüpfen. Nach der Begattung stechen die Weibchen Eichenknospen an und verursachen so unscheinbare Knospengallen. Die im Juli/August daraus schlüpfenden unbefruchteten Wespen erzeugen wieder Kugelgallen an Eichentrieben.

2 | Eichen-Schwamm-Gallwespe
Biorhiza pallida
Gallwespen

BESCHREIBUNG Gallen der bisexuellen Generation knollenförmig, 2–4 cm groß, zunächst weißlich oder gelblich gefärbt, später braun **(2A)**. Gallen der parthenogenetischen Generation bis zu 50 cm tief im Erdboden an einer dünnen Wurzel. Gallwespe mit kugelförmigem Hinterleib, 3–5 mm lang **(2B)**.
LEBENSRAUM An mehreren Eichenarten.
LEBENSWEISE Diese Gallwespen kommen von Dezember bis Juli in 2 Generationen vor. Die erste, ungeflügelte Generation besteht nur aus Weibchen. Sie schlüpfen von Dezember bis Februar aus klumpig geformten Gallen, die an den Wurzeln von Eichen wachsen. Nach dem Schlüpfen laufen die Tiere zu ihrem Eiablageort, einer Eichenknospe. An diesen Knospen bilden sich in der Folge 2–4 cm große, kartoffelähnliche Gallen. Daraus schlüpft im Sommer die zweite, geflügelte Generation, bestehend aus Männchen und Weibchen.

3 | Gewöhnliche Rosen-Gallwespe
Diplolepis rosae
Gallwespen

BESCHREIBUNG Gallen an den Zweigspitzen von Wildrosen, kugelig, etwa 5 cm groß, mit verzweigten, haarförmigen Fortsätzen, grün oder gelblich gefärbt **(3A)**, im Volksmund als „Schlafäpfel" bekannt. Sie sollen, unter das Kopfkissen gelegt, Schlafstörungen beheben. Gallwespe um 4 mm lang, schwarz mit rotem, seitlich zusammengedrücktem Hinterleib **(3B)**.
LEBENSRAUM An verschiedenen Wildrosenarten.
LEBENSWEISE Im Frühling stechen die Weibchen der Rosen-Gallwespe Blattknospen von Wildrosen an und legen Eier in das Pflanzengewebe. Die geschlüpften Larven verursachen mit ihrem Fraß das Gallenwachstum. Im Spätherbst und Winter findet man in aufgeschnittenen Gallen die ausgewachsenen Larven der Rosen-Gallwespen, die sich im nächsten Frühjahr als fertig entwickelte Gallwespen ins Freie nagen. In Mitteleuropa treten praktisch ausschließlich Weibchen auf, kenntlich an ihrem an der Basis rot gefärbten Hinterleib.

4 | Große Buchen-Gallmücke
Mikiola fagi
Gallmücken

BESCHREIBUNG Gallen stets auf der Blattoberseite, eiförmig und nach oben zugespitzt, anfangs grün, später rot gefärbt. Im Inneren ein geräumiger Hohlraum, in dem die Mückenlarve lebt. Gallmücke an ihrem leuchtend roten Hinterleib gut zu erkennen.
LEBENSRAUM Gesamtes Verbreitungsgebiet der Rotbuche *(Fagus sylvatica)*.
LEBENSWEISE Gallmücken stellen mit mehr als 800 heimischen Arten die größte Gruppe innerhalb der Erzeuger von Pflanzengallen dar. Die meisten erreichen als ausgewachsenes Insekt gerade eben eine Körperlänge von 2–3 mm. Nur wenige, wie beispielsweise die Große Buchengallmücke erreichen 5 mm Körperlänge. Das leicht zu erkennende Insekt fliegt bereits in den ersten warmen Frühlingstagen umher und belegt junge Buchenblätter während der Entfaltung mit Eiern. Die Junglarve veranlasst das Buchenblatt, eine Galle zu bilden. Im Oktober fallen die Gallen mit den Blättern zu Boden und im nächsten Frühling schlüpfen die fertig entwickelten Mücken – der Zyklus kann von Neuem beginnen.

5 | Kleine Buchen-Gallmücke
Hartigiola annulipes
Gallmücken

BESCHREIBUNG Gallen auf der Blattoberseite, rundlich bis eiförmig, bis 5 mm groß, weiß oder bräunlich oder leuchtend rot gefärbt, meist lang behaart. Treten besonders zahlreich in den Winkeln des Blattmittelnervs auf. Weiße Gallmückenlarve, 2–3 mm groß.
LEBENSRAUM Tritt an Rotbuche *(Fagus sylvatica)* ziemlich häufig auf.
LEBENSWEISE Diese Gallen findet man von Juli bis in den Herbst. Sie treten, ähnlich wie die Mikiola-Gallen, in jahrweise unterschiedlicher Häufigkeit auf. Die Ursachen hierfür sind wohl winzige Wespen, welche die Gallmückenlarven parasitieren.

1

2A

2B

3A

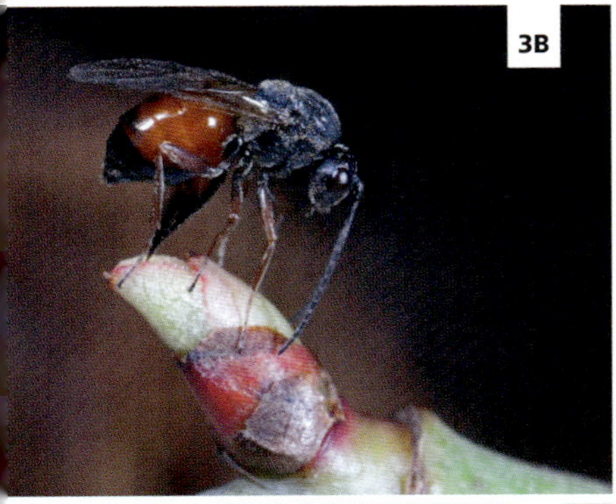
3B

4

5

1 | Eschengallmilbe
Aceria fraxinivora
Gallmilben

BESCHREIBUNG Gallen als typische blumenkohlartige Wucherungen in Teilen des Blütenstandes, etwa 5–20 mm groß, zunächst hell rotbraun, später fast schwarz. Diese im Volksmund als „Klunkerngallen"-bekannten Gebilde fallen besonders im Winter an den entlaubten Zweigen ins Auge. Gallmilbe mit wurmförmigem Körper, nur 0,1–0,2 mm lang und 20–50 µm breit und mit bloßem Auge nicht zu erkennen.
LEBENSRAUM An Gewöhnlicher Esche *(Fraxinus excelsior)*, auch an Blumenesche *(Fraxinus ornus)* und anderen in Parkanlagen gepflanzten Eschenarten häufig.
LEBENSWEISE Wie viele andere Milbenarten saugt auch die Eschengallmilbe Pflanzensäfte und verursacht durch ihre Saugtätigkeit die Umbildung von Blüten und Blütenständen zu den auffälligen Gallen. In diesen Wucherungen wohnt jeweils ein Milbenweibchen mit seinem ebenfalls saugenden Nachwuchs. Ein direkter Schaden für die Pflanze ist durch den Befall nicht erkennbar.

2 | Ahorn-Hörnchengallmilbe
Aceria macrorhynchus
Gallmilben

BESCHREIBUNG Gallen auf der Blattoberseite als etwa 6 mm hohe, stiftförmige und am Ende zugespitzte Erhebungen, zunächst grün, später leuchtend rot. Gallmilbe mit wurmförmigem, weißlichen Körper, nur 0,1–0,2 mm lang und 20–50 µm breit und somit nur mit dem Mikroskop zu erkennen.
LEBENSRAUM Nur an Berg-Ahorn *(Acer pseudoplatanus)*. Während der gesamten Vegetationsperiode an den Blättern der Wirtspflanze sehr häufig zu beobachten.
LEBENSWEISE Gallmilben gehören wie alle Milben zu den Spinnentieren, besitzen aber nur 2 Beinpaare. Die Beinpaare 3 und 4 sind rückgebildet. Diese Milben sind Pflanzenparasiten, die Pflanzenzellen anstechen und den Inhalt aussaugen. Die Pflanze reagiert auf diesen Angriff mit der Bildung einer Galle. Diese Galle nutzt die Gallmilbe als Wohnung für ihre Nachkommenschaft. Da alle Nachkommen durch Anstechen und Saugen Gallen erzeugen, nimmt die Gallenhäufigkeit im Laufe des Sommers zu. Gallmilben durchlaufen nur einen kurzen Entwicklungszyklus vom Ei zum erwachsenen Tier. Insgesamt werden mehrere Generationen pro Jahr durchlaufen. Die Hörnchengallmilbe verursacht auf Ahornblättern ein recht auffälliges Schadbild. Das Wachstum der Pflanze wird dadurch nicht beeinträchtigt.

3 | Grüne Fichtengallenlaus
Adelges viridis
Fichtenläuse

BESCHREIBUNG Grüne ananasähnliche Gallen mit roten, halbkreisförmigen Verwachsungsrändern, meist an der Spitze eines Seitentriebes, bis 30 mm groß, oft mit einem Schopf aus längeren Nadeln. Im Inneren der Galle mehrere Kammern mit grün gefärbten, 1–2 mm großen Blattläusen.
LEBENSRAUM Weit verbreitet und häufig an Triebspitzen von Fichte *(Picea abies)*. In Parks und Gärten auch an nicht heimischen *Picea*-Arten. Wirtswechsel von Fichte zu Lärche *(Larix decidua)*, aber die Galle stets an Fichten.
LEBENSWEISE Diese an eine kleine Ananas erinnernde Galle ist überall häufig an Fichten. Sie entwickelt sich aus der Eiablage einer Blattlaus. Die schlüpfenden Larven saugen an den austreibenden Nadeln und bewirken damit ein abnormes Wachstum des Pflanzengewebes zur Galle. Im Juni/Juli öffnet sich die Galle an den Verwachsungsrändern und entlässt flugfähige Läuse. Diese wandern zu Lärchen und erzeugen dort weitere Blattlausgenerationen, die an Lärchennadeln saugen, aber keine Gallen bilden. Im darauffolgenden Frühjahr wandert ein Teil der Population wieder zurück auf die Fichte und erzeugt dort erneut Ananasgallen.

4 | Weidengallenblattwespe
Pontania proxima
Blattwespen

BESCHREIBUNG Bohnenförmige, dickwandige Gallen beiderseits von Weidenblättern, neben der Blattmittelrippe. Meist in größerer Zahl in 2 Reihen angeordnet. Färbung grün oder rot. Oberfläche glatt und glänzend. Größe der Galle 3–7 mm, Größe der Blattwespe Pontania proxima etwa 5 mm.
LEBENSRAUM Fast überall häufig, tritt an Bruchweide *(Salix fragilis)* und Silberweide *(Salix alba)* auf.
LEBENSWEISE Blattwespen gehören neben Wespen, Bienen, Hummeln und Ameisen zu den sogenannten Hautflüglern. In Europa gibt es mehr als 1000 Blattwespenarten. Weidengallenblattwespen sind etwa 35 bekannt. Am auffälligsten neben *Pontania proxima* sind *Pontania vesicator* mit roten Blasengallen und *Pontania viminalis* mit Kugelgallen bildenden Formen. Die von den Weibchen während der Eiablage abgegebenen Sekrete erzeugen die Gallen, in denen die an Schmetterlingsraupen erinnernden Larven fressen. Die Larven selbst werden von mehreren parasitisch lebenden Hautflüglerarten parasitiert. Zusätzlich treten ein Rüsselkäfer und eine Fruchtfliege als Larvenräuber auf.

1

2

3

4

Pilze

Pilze

Pilze sind im Gegensatz zu den meisten Pflanzen chlorophyllfreie Organismen mit heterotropher Ernährungsweise. Sie benötigen – wie die Tiere – lebendes oder totes organisches Material als Nahrungsquelle. Das entziehen sie mit ihrem Fadengeflecht dem Boden, der Laub- und Nadelstreu, totem oder lebendem Holz. Im Laufe ihrer Entwicklung haben sich bei Pilzen drei verschiedene Techniken des Nahrungserwerbes entwickelt: zum einen die Partnerschaft mit Bäumen, zum anderen Abfallverwertung und zum dritten Parasitismus.

Hutpilze: Partner der Bäume

Eine Reihe von Großpilzen lebt in enger Gemeinschaft mit Bäumen. Einige haben sich auf ganz bestimmte Baumarten spezialisiert, andere sind weniger wählerisch und leben mit verschiedenen Laub- und Nadelbäumen zusammen. Diese Gemeinschaft von Pilz und höherer Pflanze – meist Bäumen – bezeichnet man als Mykorrhiza. Pilzhyphen umspinnen die Wurzeln ihrer Partner oder dringen in diese ein, es kommt zum Stoffaustausch: Der Pilz liefert dem Baum über sein umfangreiches unterirdisches Fadengeflecht Wasser und darin gelöste Nährsalze. Als Gegenleistung bekommt er vom Baum Zuckerstoffe, die er selbst nicht herstellen kann, die der Baum aber in seinen grünen Blättern durch Assimilation gewinnt.
Grundsätzlich kann man sagen, je nährstoffärmer der Standort, desto abhängiger sind die Bäume von ihren Pilzpartnern, denn durch deren Geflecht kann das Feinwurzelwerk des Baumes um das 30-fache erweitert werden. Insbesondere für Standorte mit geringem Nährstoffgehalt, beispielsweise an der Baumgrenze, spielen Pilze eine entscheidende Rolle, damit Bäume überhaupt wachsen können.

Recycling-Pilze

Pilze, die totes organisches Material für ihre Ernährung verwenden, nennt man Saprophyten (griechisch: sapros = in Fäulnis übergehend, phyton = Pflanze). Sie haben sich auf die Zersetzung organischen Abfalls spezialisiert. Ohne die Arbeit dieser Recyclingspezialisten würden die Wälder in ihrer eigenen Streu ersticken. Saprophyten sind auch die Besiedler von toten Baumstämmen und Stümpfen. Zu ihnen gehört die Mehrzahl der Baumschwämme oder Porlinge. Eine Gruppe baut den Holzstoff Lignin ab und erzeugt so die Weißfäule. Die Vertreter einer zweiten Gruppe von Holzpilzen leben nur von Zellulose, sie rufen die Braunfäule hervor. Und wieder andere besiedeln auch lagerndes Schnittholz, sie sind die Erreger der Lagerfäule.

Parasitische Pilze

Neben den Saprophyten kennen wir noch eine Reihe parasitischer Pilze, die ihre Nährstoffe von lebenden Pflanzen beziehen. Dabei schädigen sie ihre Wirtsorganismen oft in erheblichem Ausmaß und führen nicht selten zu deren Absterben. Viele dieser parasitischen Pilze leben an Bäumen und sind gefürchtete

Fliegenpilze bilden mit Birken eine Wurzelsymbiose.

Schädlinge. Manche haben sich auf eine einzige Baumart spezialisiert, andere befallen eine ganze Reihe von Baumarten. Wichtig für den Forstbetrieb sind hier vor allem die Stamm- oder Kernfäule verursachenden Pilze, allen voran der Hallimasch. Meist werden geschwächte oder vorgeschädigte Bäume als erstes befallen. Besonders Nadelbäume, die an Standorten gepflanzt wurden, deren Lebensbedingungen erheblich von denen ihrer natürlichen Wuchsgebiete abweichen, sind gefährdet.

Beeindruckende Vielfalt

Pilze sind ungemein formenreich. Es gibt Exemplare mit farbigen Hüten und solche mit unauffälligen Farben. Die einen wachsen in dichten Büscheln an altem Holz, andere in Trupps zwischen Blättern und Nadeln oder in Moospolstern. Manche sprießen als Konsolen seitlich an Baumstümpfen hervor und manche sind nur als weiße oder farbige Krusten zu sehen.
Was da in großer Formenvielfalt im Wald unsere Blicke auf sich lenkt, sind nur die kurzlebigen Fruchtkörper der Pilze. Deren Aufgabe ist es, eine Vielzahl von Sporen zu produzieren, die der Erhaltung und Verbreitung der Art dienen. Der Großteil der Biomasse eines Pilzes besteht aus einem fein verzweigten Hyphengeflecht, das als Mycel bezeichnet wird. Mit diesem Mycel durchdringt der Pilz organische Substanz wie beispielsweise den Boden, lebendes und totes Holz sowie die Laub- und Nadelstreu. So enthält ein Waldboden im gemäßigten Klimabereich pro Hektar etwa fünf Tonnen pilzliche Gesamtbiomasse.

Pilze der Laubwälder

Die meisten Großpilze bevorzugen bestimmte Waldtypen. Zum einen haben sie bestimmte Ansprüche an die Bodenbeschaffenheit, zum anderen müssen sie die Baumarten vorfinden, die für ihre partnerschaftliche Lebensweise wichtig sind. In einem Laubwald haben die bestandsbildenden Bäume Eiche, Buche, Hainbuche und Birke durchweg Mykorrhiza-Pilze. Dazu kommen noch die im Humus, in der Laubstreu, an Holzresten und an Ästen und Stämmen lebenden Saprophyten.
Buchenwälder haben eine besonders reiche Pilzflora, weil die Buche eine Vielzahl an Mykorrhizasymbionten aus den verschiedensten Pilzgattungen besitzt. Auf sauren Böden sind es der Schönfußröhrling oder der Trompetenpfifferling. In kalkreichen Buchenwäldern findet man im Herbst eine Vielzahl von Schleierlingen. An Buchenholz wachsen unter anderen der Austernseitling und der Violette Schichtpilz, an Buchenstümpfen lebt das Stockschwämmchen. In der Laubstreu dominiert der Waldfreund-Rübling, andere Rüblinge und Schwindlinge kommen dazu.

Morcheln sind Frühjahrspilze und werden von März bis Mai gesammelt.

Begehrte Pilze wie der Sommersteinpilz oder in klimatisch günstigen Gebieten der Schwarzhütige Steinpilz sind mit Buchen und Eichen vergesellschaftet. Ebenso der tödlich giftige Grüne Knollenblätterpilz, ein typischer Repräsentant der Pilzpartner in mitteleuropäischen Buchen-Eichenwäldern.
Sind einzelne Birken in die Laubwälder eingestreut, trifft man auf eine ganze Reihe von Pilzen: Birkenrotkappen, Birken-Milchling oder Birken-Schneckling als Partner, der Birken-Porling als Parasit. Die Birke ist ein Baum, auf den sich recht viele verschiedene Pilze festgelegt haben.

Pilze der Nadelwälder

In Nadelwäldern sind gänzlich andere Pilzgesellschaften vertreten als in einem Laubwald. In Mitteleuropa ist die Zahl bestandsbildender Nadelbäume eher gering. Je nach Höhenlage und Klima dominieren Fichte, Tanne und Kiefer die Wälder. Im Alpenraum kommen noch Lärche und Zirbelkiefer hinzu.
Was die Pilzflora der Nadelbäume betrifft, so lassen sich – ähnlich wie bei den Laubbäumen – mehr oder weniger streng gebundene Mykorrhizapilze als Charakterarten feststellen. Im Fichtenwald findet der Pilzsammler begehrte Speisepilze wie den Pfifferling, Maronen, Röhrlinge und mit etwas Glück auch Steinpilze. Unter Lärchen wächst der leicht erkennbare Gold-Röhrling, Kiefern sind Partner von Grünling und Butterpilz und an Baumstümpfen findet sich das Rauchblättrige Schwefelköpfchen.

1 | Gewöhnlicher Steinpilz
Boletus edulis
Dickröhrlingsverwandte

BESCHREIBUNG Urtyp eines Röhrenpilzes. Stiel 7–20 cm lang, 3–6 cm dick, nach unten keulenförmig, graubraun mit hellem Adernetz. Hut 5–25 cm breit, jung fast kugelig **(1A)**, später polsterförmig gewölbt **(1B)**, Huthaut hell- bis dunkelbraun. Die Röhren sind anfangs weißlich, später blassgelb, im Alter gelboliv, verfärben sich an Druckstellen nicht.
LEBENSRAUM Nadelwälder, vor allem Fichtenschonungen. Zu finden von Juli bis Oktober. In manchen Jahren gibt es Massenvorkommen, in anderen ist er kaum zu finden.
WISSENSWERTES Der Gewöhnliche Steinpilz gehört zu den beliebtesten und meist gesammelten Speisepilzen. Kein Wunder, denn er ist in der Küche vielseitig einsetzbar. Ob roh, gekocht oder getrocknet verwendet, die Zahl außergewöhnlicher Rezepte ist groß. Pilzkenner unterscheiden mehrere Steinpilzarten, die sich in Hutfarbe und Standort unterscheiden. Neben dem Gewöhnlichen Steinpilz, der hauptsächlich unter Fichten wächst (Fichten-Steinpilz), gibt es den Kiefern-Steinpilz, einen Kiefernbegleiter. Schwarzhütiger Steinpilz und Sommer-Steinpilz wachsen in Gemeinschaft mit Buchen und Eichen.

2 | Gewöhnlicher Gallen-Röhrling
Tylopilus felleus
Dickröhrlingsverwandte

BESCHREIBUNG Stiel 5–15 cm lang, kräftig, an der Basis bauchig verdickt, hellbräunlich mit dunklem Netzmuster. Hut hell- bis graubraun. Hauptunterschied zum Steinpilz sind die anfangs weißlichen Röhren, die mit zunehmendem Alter fleischrosa werden, sich an Druckstellen rostbraun verfärben und natürlich der sehr bittere Geschmack.
LEBENSRAUM Zu finden von Juni bis Oktober in Nadel- und Laubwäldern auf saurem Boden, wo auch Heidelbeeren, Adlerfarn und Weißmoos gedeihen.
WISSENSWERTES Der Gallenröhrling ist der bittere Doppelgänger des Steinpilzes. Er wächst zur gleichen Zeit am selben Ort. Die Röhrenfarbe hilft bei der Unterscheidung: Beim Steinpilz ist sie gelblich, beim Gallenröhrling dagegen rosafarben. Letzte Zweifel vertreibt aber eine winzige Kostprobe eines Stücks Rohpilz. Ein widerlich bitterer Geschmack verrät den Gallenröhrling. Bereits sein deutscher Name ist sehr treffend, und auch die wissenschaftliche Bezeichnung „felleus" von „fel"= Galle weist auf die Bitterkeit dieses Pilzes hin. Giftig ist er nicht. Verwechslungen sind ungefährlich, aber ärgerlich, denn ein einziger Gallenröhrling kann das schönste Pilzgericht verderben.

3 | Satans-Röhrling
Boletus satanas
Dickröhrlingsverwandte

BESCHREIBUNG Strömt mit zunehmendem Alter einen immer stärker werdenden, widerlichen Aasgeruch aus. Dickbauchiger Stiel mit auffälliger, deutlich roter Färbung. Hut 5–25 cm im Durchmesser, grauweiß. Röhren beim jungen Pilz gelblich, beim ausgewachsenen Pilz jedoch blutrot, verfärben sich beim Anschneiden mäßig blau.
LEBENSRAUM Wächst von Juni bis September in kleinen Gruppen im Buchenwald, auf kalkreichen Böden, in warmen Lagen. Wird durch die intensive forstwirtschaftliche Nutzung der Wälder immer seltener und steht heute auf der Roten Liste der gefährdeten Arten. Wer auf einen solchen, oft fußballgroßen Pilz trifft, sollte ihn trotz seiner Giftigkeit nicht ausreißen, sondern als Besonderheit stehen lassen. Auch Giftpilze haben ihren Sinn im Kreislauf der Natur.
WISSENSWERTES Nur unaufmerksame Sammler verwechseln diesen Pilz mit dem Steinpilz *(Boletus edulis)*. Von diesem unterscheidet er sich durch den rotvioletten Stiel und die karminroten Röhren. Sein Genuss ruft heftiges Erbrechen und nachhaltige Verdauungsstörungen hervor. Es ist aber kein Fall bekannt, dass eine Vergiftung mit dem Satansröhrling zum Tod geführt hätte. Der abschreckende Name ist dennoch begründet.

4 | Maronen-Röhrling
Xerocomus badius
Dickröhrlingsverwandte

BESCHREIBUNG Großer Pilz mit stattlichem Hut. Stiel 5–12 cm lang und 1–2 cm dick, zylindrisch, meist gelblich braun und immer ohne Netzzeichnung. Hut 5–15 cm breit, schokoladen- bis kastanienbraun. Fleisch blassgelb, färbt sich bei Druck deutlich blau.
LEBENSRAUM Gedeiht nur auf sauren Böden. Von Juni bis Oktober vorwiegend in Nadelwäldern der Mittelgebirge, besonders in etwa 60- bis 80-jährigen Fichtenbeständen, seltener auch in Laubwäldern. Dort besonders in Eichen-Hainbuchenwäldern.
WISSENSWERTES Eine Verfärbung des Pilzfleisches auf Druck bedeutet nicht zwangsläufig „Vorsicht giftig". Es gibt eine ganze Reihe genießbarer Pilze, die ihre Farbe nach Verletzung, bei Druck oder beim Anschneiden verändern. Auch der Maronenröhrling gehört dazu. Dieser blauende Pilz ist ein vorzüglicher, vielseitig verwendbarer Speisepilz. Und die Blaufärbung verliert sich schnell beim Dünsten oder Braten. Gerade dieser Pilz ist seit dem Reaktorunglück von Tschernobyl 1986 in Verruf geraten. Er zeigt gebietsweise immer noch radioaktive Belastung, die über dem EU-Grenzwert für Lebensmittel liegt.

1A

1B

2

3

4

1 | Birkenpilz
Leccinum scabrum
Dickröhrlingsverwandte

BESCHREIBUNG Essbarer Pilz mittlerer Güte. Stiel bis 18 cm lang, verhältnismäßig schlank, weiß, auf ganzer Länge mit bräunlichen bis schwärzlichen Schuppen bedeckt. Hut etwa 12 cm breit, gelb bis graubraun, wird mit zunehmendem Alter leicht klebrig- schmierig. Röhren zunächst weiß, später eher grau.
LEBENSRAUM Häufiger Pilz der Sommer- und Herbstmonate, tritt in allen Waldformationen auf. Stets unter Birken zu finden.
WISSENSWERTES Wo eine Gruppe von Birken steht, ist der Birkenpilz meist nicht weit. Das Zusammenleben von Pilz und Birke scheint in diesem Fall besonders eng. Der Birkenpilz umspinnt mit seinem Pilzgeflecht die Wurzelspitzen der Birke und vergrößert so die Oberfläche, mit der der Baum Wasser und enthaltene Mineralien ansaugen kann. Im Gegenzug erhält er Fotosyntheseprodukte der Birke für seine Ernährung. „Mykorrhiza" nennen Biologen dieses Zusammenleben, von dem beide Partner profitieren. Das normalerweise helle Pilzfleisch verliert bei der Zubereitung seine helle Farbe und wird grau bis schwärzlich. Qualität und Geschmack des Pilzgerichts werden dadurch aber nicht beeinträchtigt.

2 | Ziegenlippe
Xerocomus submentosus
Dickröhrlingsverwandte

BESCHREIBUNG Stattlicher Röhrling mit kräftigem Hut. Stiel 3–10 cm lang, oft etwas verbogen, gelb bis rotbraun, oft mit bräunlichen Längspunkten oder Längsstreifen. Hut 3–12 cm breit, fühlt sich wie Wildleder an, Huthaut lässt sich nicht abziehen. Röhren chromgelb. Beim Anschneiden färbt sich das Fleisch nur ganz schwach blau. Fleisch mild im Geschmack, ohne bestimmten auffälligen Geruch.
LEBENSRAUM Häufiger Mykorrhizapilz, der im Sommer und Herbst in Laubwäldern, bevorzugt Rotbuchenwäldern, sowie in Nadelwäldern und hier vor allem in bodensauren Fichten-Tannenwäldern vorkommt.
WISSENSWERTES Junge Ziegenlippen sind gute Speisepilze. In Essig eingelegt schmecken sie fein nach Obst. Doch am besten sind sie einfach in Butter gedünstet. Ältere Pilze sind oft von Pilzmückenmaden und Schimmelpilzen befallen und dann ungenießbar. Besonders auffällig ist in manchen Jahren der weißlichgelbe, watteähnliche Überzug eines parasitischen Schlauchpilzes (Goldschimmel), der die Pilze unbrauchbar macht.

3 | Echter Pfifferling
Cantharellus cibarius
Pfifferlingsverwandte

BESCHREIBUNG Trichterförmiger Pilz mit fruchtig mirabellenartigem Geruch und pfeffrigem Geschmack. Besonders typisch für ihn sind oft gegabelte und weit am Stiel herablaufende Leisten. Stiel 3–6 cm lang, 1–2 cm breit, fest. Hut 3–15 cm breit, zunächst halbkugelig, später trichterförmig, mit welligem Rand, wie der Stiel dottergelb, manchmal etwas blasser.
LEBENSRAUM Weit verbreitet in Laub- und Nadelwäldern Mitteleuropas.
WISSENSWERTES Der Pfifferling, in Süddeutschland auch Reherl oder Eierschwamm genannt, ist wohl der beliebteste und bekannteste Speisepilz. Weil er in Bezug auf seine Baumpartner nicht sehr wählerisch ist, kann er fast überall gefunden werden: unter Eichen oder Buchen genauso wie unter Fichten oder Kiefern. Leider ist er gebietsweise kaum noch anzutreffen, besonders in der Nähe größerer Städte fehlt er oft. Umwelteinflüsse, Veränderungen in der Forstwirtschaft, aber auch zu intensives Sammeln haben dazu beigetragen, dass er sich zurückgezogen hat.

4 | Herbst-Trompete
Craterellus cornucopioides
Pfifferlingsverwandte

BESCHREIBUNG Dunkler trichterförmiger Pilz mit aromatischem Geruch. Stiel und Hut gehen ineinander über. Stiel 5–15 cm lang, hohl, trompetenförmig, verengt sich aber nach unten zu einer engen Röhre, rußig grau, bei feuchtem Wetter fast schwarz, Hutrand umgeschlagen und wellig. Fleisch zäh-elastisch.
LEBENSRAUM Charakterpilz der Buchenwälder, wächst gesellig und büschelig hauptsächlich unter Rotbuchen auf kalkhaltigen Böden. Die beste Zeit, ihn zu finden, ist der Oktober.
WISSENSWERTES Toten-Trompete wird dieser Pilz auch genannt, ein Name, der absolut nichts mit seiner Essbarkeit zu tun hat. Er bezieht sich lediglich auf sein wenig ansehnliches Erscheinungsbild. Besonders vom Regen durchnässte Exemplare sehen oft schlimm aus. Herbst-Trompeten sind gute Speise- und beliebte Würzpilze. Vor allem junge Exemplare entfalten getrocknet und pulverisiert ein ausgezeichnetes Aroma. Man nimmt sie als schmackhafte Würze für Suppen, Soßen und vor allem für Rouladen. Manchmal werden sie sogar als Ersatz für Morcheln und Trüffeln verwendet, auch wenn sie nicht ganz so delikat schmecken wie diese.

1

2

3

4

1 | Butterpilz
Suillus luteus
Schmierröhrlingsverwandte

BESCHREIBUNG Essbarer Pilz mit weichem, angenehm säuerlich schmeckendem Fleisch. Stiel relativ kurz, selten mehr als 6 cm hoch, gleichmäßig dick, um den Stiel ein häutiger Ring. Hut 4–10 cm breit, mit einer dicken Schleimschicht überzogen. Röhren hellgelb.
LEBENSRAUM Das Mycel dieses Pilzes lebt mit 2-nadeligen Kiefern in Symbiose, mit der Wald-Kiefer *(Pinus sylvestris)* und der Berg-Kiefer *(Pinus mugo)*. Er ist vom Sommer bis in den Herbst in Kiefernwäldern häufig.
WISSENSWERTES Zwischen vielen Pilzen und Bäumen hat sich eine Lebensgemeinschaft entwickelt, ohne die beide Partner nicht leben könnten – man nennt sie Wurzelsymbiose oder auch Mykorrhiza. Der Butterpilz hat sich auf 2-nadelige Kiefern spezialisiert. Er umspinnt mit seinen Pilzfäden die Wurzelenden einer Kiefer und versorgt so den Baum mit Wasser und Mineralstoffen. Im Gegenzug erhält er von seinem Baumpartner Fotosyntheseprodukte, die er selbst nicht herstellen kann. Manche Pilze bilden Wurzelsymbiosen mit verschiedenen Bäumen, andere haben sich auf eine Baumart spezialisiert.

2 | Grauer Lärchen-Röhrling
Suillus aeroginascens
Schmierröhrlingsverwandte

BESCHREIBUNG Essbarer, wegen seiner in allen Teilen grauen Farbtöne eher unauffälliger Pilz. Stiel an der Spitze mit einem häutigen, vergänglichen Ring, der beim jungen Pilz weißlich, später bräunlich gefärbt ist. Hut 4–10 cm breit, weißgrau bis graubraun, jung halbkugelig, später abgeflacht. Röhren weißlich bis graubraun.
LEBENSRAUM Von Juli bis Oktober unter Lärchen, vor allem auf kalkreichen Böden in alpinen bis subalpinen Regionen.
WISSENSWERTES Sein Geruch erinnert an Obst, sein Geschmack ist mild und fruchtig. Der Graue Lärchen-Röhrling ist ein Speisepiz von mittlerer Güte. In Pilzmischgerichten kann er gut verarbeitet werden. Als Mykorrhizapilz der Lärche ist er eng an diese gebunden und kommt in Lärchennähe oft in größeren Ansammlungen vor, ist aber nicht jedes Jahr häufig. Unverwechselbar machen ihn aber nicht nur sein Standort, sondern auch seine grauen Farbtöne. Ein weiterer Lärchen-Röhrling auf kalkhaltigen Böden ist der Rostrote Lärchen-Röhrling *(S. tridentinus)* mit rostorange gefärbter Röhrenschicht.

3 | Echter Reizker
Lactarius deliciosus
Täublingsverwandte

BESCHREIBUNG Trichterförmiger Lamellenpilz mit Milchsaft, Geruch angenehm würzig obstartig, Geschmack etwas herb. Stiel 3–7 cm hoch, 1–3 cm breit, brüchig, blassorange mit dunkleren Gruben. Hut 5–15 cm breit, beim jungen Pilz gewölbt, später trichterförmig, orange, mit rotgelben Zonen. Beim Anschnitt tritt eine typische möhrensaftähnliche Milch aus, die nur langsam verblasst, sich nicht wie bei dem ähnlichen, aber deutlich scharf schmeckenden Fichten-Reizker *(L. deterrimus)* weinrot verfärbt.
LEBENSRAUM Mykorrhiza-Pilz, der mit Kiefern, vor allem der Wald-Kiefer *(Pinus sylvestris)* zusammenlebt. Er tritt in den sandigen Kiefernwäldern Norddeutschlands von August bis Oktober relativ häufig auf.
WISSENSWERTES Charakteristisch für den Echten Reizker ist neben den dunkleren Gruben auf dem blassorangefarbenen Stiel die karottenrote Milch, die beim Anschneiden austritt und nur langsam verblasst. Wie die Bezeichnung „deliciosus" im wissenschaftlichen Namen schon vermuten lässt, handelt es sich um einen ausgesprochen schmackhaften Speisepilz (deliciosus = wohlschmeckend). Besonders gut schmeckt er gebraten. Zum Trocknen eignet er sich wegen seines Milchsaftes nicht.

4 | Reifpilz
Rozites caperatus
Schleierlingsverwandte

BESCHREIBUNG Essbarer Pilz mit angenehm mildem Geschmack. Stiel 5–15 cm lang, bis 2 cm dick, schmutzig weiß, mit einem schmalen, blassgelben Ring. Hut 4–12 cm breit, zunächst halbkugelig, im Alter deutlich gewölbt, Hutoberseite semmelfarben, am jungen Pilz mit lila Schein. Lamellen hellbräunlich, dicht stehend.
LEBENSRAUM Besonders in Kiefernwäldern auf sandigem oder saurem Boden, oft zusammen mit Heidelbeeren, Preiselbeeren oder Heidekraut.
WISSENSWERTES Dieser Pilz ist ein Säurezeiger. In Kiefernbeständen, in denen auch Heidelbeeren und Heidekraut wachsen, wird er zum Charakterpilz. Auf kalkhaltigen Böden dagegen nach ihm zu suchen, wäre wenig sinnvoll. Der Reifpilz gilt als guter Speisepilz. Aber: Seit der Reaktorkatastrophe von Tschernobyl (1986) gilt er auch als einer der am stärksten mit radioaktivem Cäsium belasteten Pilze.

1

2

3

4

1 | Grüner Knollenblätterpilz
Amanita phalloides
Wulstlingsverwandte

BESCHREIBUNG Stiel 6–20 cm lang, bis 2,5 cm dick, weißlich, mit hängendem Ring, Basis verdickt, steckt in einer abstehenden sackartigen Scheide. Hut 5–15 cm breit, am jungen Pilz halbkugelig, später flach gewölbt, olivgrün, auch weiß. Lamellen weiß, weich. Geruch jung süßlich honigartig, später unangenehm.
LEBENSRAUM Höchst gefährlicher Giftpilz, der von August bis Oktober vorwiegend im Laubwald und hier besonders unter Eichen vorkommt
WISSENSWERTES Dieser giftigste Pilz Europas enthält einen ganzen Giftcocktail an Amatoxinen und Phallotoxinen. Neueren Erkenntnissen zufolge spielen bei einer Knollenblätterpilzvergiftung die Phallotoxine aber eine geringere Rolle als die Amatoxine, da sie nicht über den Darm aufgenommen werden. Das hoch toxische Amanitin ist hitzestabil und wird durch Kochen und Trocknen nicht unschädlich gemacht. Die tödliche Dosis liegt beim Menschen bei 0,1 mg Amanitin pro Kilogramm Körpergewicht. Vergiftungserscheinungen treten erst 8–24 Stunden nach der Pilzmahlzeit auf, oft zu spät um wirksam eingreifen zu können.

2 | Fliegenpilz
Amanita muscaria
Wulstlingsverwandte

BESCHREIBUNG Stiel weiß, mit einem weißen hängenden Ring, Basis knollig. Hut 5–30 cm breit, leuchtend rot, seltener orangerot, mit mehr oder weniger konzentrisch angeordneten weißen Flocken. Lamellen weiß. Geruch unauffällig. Giftig!
LEBENSRAUM Vom Sommer bis in den Herbst häufig zu finden. Er steht unter Laub- und Nadelbäumen. Besonders oft trifft man ihn unter Birken, aber auch unter Fichten oder Kiefern.
WISSENSWERTES Diesen Pilz kennt jeder. Und jeder weiß auch, dass dieser schöne Pilz giftig ist. Verwechslungen mit anderen Arten sind nicht zu erwarten, wenngleich der Fliegenpilz ziemlich wandelbar ist. In Gebirgsnadelwäldern gibt es eine ebenso giftige, nahestehende Form, den Braunen Fliegenpilz (*Amanita muscaria* var. *umbrina*) mit brauner statt roter Huthaut. Seit jeher ist die Wirkung dieses Pilzes als Rauschdroge bekannt. Seine Inhaltsstoffe wirken auf das Nervensystem und rufen Rauschzustände, Wahnvorstellungen und auch Brechdurchfälle hervor, führen aber nur selten zum Tod.

3 | Speise-Morchel
Morchella esculenta
Morchelverwandte

BESCHREIBUNG Frühjahrspilz mit würzigem Geruch. Stiel 3–7 cm hoch, etwa 3 cm breit, weiß bis blassgelb, hohl, nach unten oft verdickt und rinnenartig gerieft. Der Hut ist hohl wie der Stiel, meist oval bis kugelig geformt und im Mittel 7 cm hoch und 5 cm breit. Die Hutoberfläche ist mit Längs- und Querleisten wabenartig aufgeteilt, oft ockergelb gefärbt, seltener graubraun. Der Hutrand ist mit dem Stiel verwachsen.
LEBENSRAUM Flussbegleitende Auwälder mit gut durchfeuchteten, aber nicht sumpfigen Böden, dort besonders unter Eschen und Pappeln. Morcheln findet man am sichersten in der ersten Aprilhälfte.
WISSENSWERTES Morcheln sind beliebte Speisepilze und von Feinschmeckern als besondere Delikatesse geschätzt. Sie sind frisch wie getrocknet verwendbar. Roh sollte man sie nicht genießen, denn sie enthalten die unverträgliche Substanz Hydrazin, die den Verdauungstrakt reizt und im Verdacht steht, Krebserkrankungen zu begünstigen. Vorkochen oder Blanchieren beseitigt diesen Giftstoff.

4 | Gewöhnliche Stinkmorchel
Phallus impudicus
Stinkmorchelverwandte

BESCHREIBUNG Pilz mit intensivem Verwesungsgeruch. Jugendstadium unterirdisch, eiförmig, weiß **(4A)**. Im Reifestadium Stiel etwa 20 cm hoch, weiß. Hut wabenartig genetzt, mit olivbrauner, stinkender Schleimschicht bedeckt **(4B)**.
LEBENSRAUM Häufiger Pilz, der hauptsächlich in Nadelwäldern vorkommt. Er wächst von Juni bis in den Herbst oft in der Nähe von morschem Holz.
WISSENSWERTES Man muss nur wenige Meter in einen Wald hineingehen, dann riecht man sie schon: die Stinkmorchel. Ihr intensiv aasartiger Geruch verrät sie lange bevor man den Pilz selbst zu Gesicht bekommt. Diesen widerlichen „Duft" nach Verwesung strömt eine schleimige, dunkel olivbraune Schicht auf dem Pilzkopf aus. Sie dient nur einem Zweck: Sie soll Aasfliegen anlocken, die für die Sporenverbreitung sorgen. Die Stinkmorchel entwickelt sich aus einem unterirdisch heranwachsenden, etwa faustgroßen Gebilde, das im Volksmund „Hexenei" oder „Teufelsei" genannt wird. Zur Reifezeit reißt die Eihülle auf und ein vorgebildeter Pilz schiebt sich innerhalb weniger Stunden nach oben.

1

2

3

4A

4B

1 | Hallimasch
Armillaria mellea
Rindenschwammartige

BESCHREIBUNG Nur eingeschränkt genießbarer, büschelig wachsender Massenpilz. Stiel lang, schlank, weiß-bräunlich, mit einem watteartigen Ring. Hut gelblich oder braun mit dunkleren Schuppen, rundlich gewölbt mit eingerolltem Rand. Lamellen cremeweiß bis hell bräunlich, im Alter rotbraun gefleckt.
LEBENSRAUM Erscheint von September bis in den November in großen Mengen an Stümpfen von Laub- und Nadelbäumen forstlicher Schlagflächen.
WISSENSWERTES Dieser Pilz ist ein gefürchteter Forstschädling. Er wächst in Büscheln auf den Stümpfen gefällter oder toter Laub- und Nadelbäume, beispielsweise auf Buchen, Eichen oder Fichten. Doch dabei bleibt es nicht. Von hier aus befällt er über die Wurzeln auch gesunde Bäume und bringt sie zum Absterben, indem er ihre Leitungsbahnen durch dicke Myzelstränge, sogenannte Rhizomorphen, verstopft. Der Hallimasch ist bei vielen Sammlern als guter Speisepilz bekannt. Essbar sind aber nur die Hüte junger Pilze und auch nur solange die Lamellen noch weißlich sind. Aber selbst diese müssen vor der eigentlichen Zubereitung sehr gut abgekocht werden (Kochwasser wegschütten). Sonst verursachen sie Magen-Darm-Störungen.

2 | Gewöhnlicher Samtfuß-Rübling
Flammulina velutipes
Rindenschwammartige

BESCHREIBUNG Stiel weißgelblich, von unten her braunschwarz, fein samtig, 2–10 cm lang. Hut 2–12 cm breit, honiggelb bis rostbräunlich, zunächst halbkugelig, später flach ausgebreitet. Lamellen gelblich bis blass orangefarben. Essbar, Fleisch cremefarben, Geruch angenehm, Geschmack mild.
LEBENSRAUM Wächst von September bis April büschelig an totem Laubholz, an Eschen, Weiden, Erlen und Buchen.
WISSENSWERTES Der Samtfuß-Rübling wächst als einer der wenigen essbaren Pilze den ganzen Winter über in kleinen oder großen Büscheln vor allem an Laubholz. Wegen dieses Wachstums in der Winterzeit wird er auch „Winterrübling" oder einfach „Winterpilz" genannt. Er besiedelt mit Vorliebe Eschen-, Erlen- und Pappelstümpfe in Auwäldern und an Bachläufen. Als holzbewohnender Speisepilz ist der Samtfuß-Rübling leicht zu kultivieren. Vor allem in Japan ist er als Zuchtpilz sehr beliebt. Dort werden jährlich 100 000 Tonnen dieses Pilzes produziert. Damit steht er weltweit an sechster Stelle in der Rangfolge der meistangebauten Speisepilze.

3 | Krause Glucke
Sparassis crispa
Gluckenverwandte

BESCHREIBUNG Auffälliger Pilz, erinnert im Aussehen ein wenig an einen Badeschwamm, essbar, kann mehrere Kilo schwer werden. Fruchtkörper etwa 10–20 cm breit und hoch. Äste bandartig verbreitert, wellig und stark gewunden. Fleisch des jungen Pilzes weiß und elastisch, wird später bräunlich und zäh. Geruch sehr aromatisch.
LEBENSRAUM Wächst meist einzeln am Fuß von Wald-Kiefern *(Pinus sylvestris)*. Ähnlich und ebenfalls essbar, aber wegen ihrer Seltenheit schonenswert, ist die Breitblättrige Glucke *(Sparassis brevipes)*. Dieser Pilz wächst am Fuß von Laubbäumen, vor allem in Eichen-Hainbuchenwäldern und ist von September bis November zu finden.
WISSENSWERTES Den Pilzsammler freut der Fund einer Krausen Glucke, den Waldbesitzer eher weniger. Dieser Pilz ist nicht nur ein ausgezeichneter und ergiebiger Speisepilz, sondern auch ein starker Schädling der Wald-Kiefer. Er befällt zunächst die Wurzeln in Stammnähe und verankert sich mit einem kräftigen Strunk im Holz. Dann breiten sich seine Pilzfäden im Stamm nach oben aus und verursachen eine Braunfäule im Kernholz. Selbst wenn der befallene Baum gefällt wird, bringt das Mycel noch über mehrere Jahre Pilze hervor, allerdings werden sie nicht mehr so groß und kiloschwer.

4 | Gewöhnlicher Waldfreund-Rübling, Waldfreund
Collybia dryophila
Schwindlingsverwandte

BESCHREIBUNG Moderpilz und Recyclingspezialist. Angenehmer Geruch nach frisch gesägtem Holz, milder Geschmack. Stiel 3–7 cm lang, lebhaft braungelb, kahl und glatt, an der Basis oft etwas verdickt und filzig, zäh. Hut 2–6 cm breit, gelblich bis gelbbräunlich, mit oft wellig verbogenem Rand. Lamellen sehr dicht gedrängt. Ohne die zähen Stiele essbar, aber kein erstklassiger Speisepilz.
LEBENSRAUM Wächst gesellig vom Frühjahr bis zum Herbst in vielen Laub- und Nadelwäldern Mitteleuropas, bevorzugt in Rotbuchenwäldern.
WISSENSWERTES Der Waldfreund stellt sich mit schöner Regelmäßigkeit oft schon nach den ersten Mairegen in Laub- und Nadelwäldern ein. Er ist von großer Bedeutung für den Stoffkreislauf des Waldes, denn er baut totes organisches Material wie Laub- und Nadelstreu oder Totholz ab. Ohne die Arbeit dieses und anderer Recyclingspezialisten würde der Wald in pflanzlichen Abfällen ersticken.

1

2

3

4

1 | Rotrandiger Baumschwamm, Rotrandporling
Fomitopsis pinicola
Baumschwammverwandte

BESCHREIBUNG Auffälliger Holzbewohner. Fruchtkörper bis 30 cm breit, 9 cm dick, halbrund, sitzt mit der Breitseite am Holz. Oberseite buckelig, mit harzig klebriger, oft rissiger Kruste. Farbe der Oberseite variiert von kräftig orange über rotbraun bis grauschwarz, äußere Zuwachszone weiß. Poren auf der Unterseite variieren farblich von cremefarben bis zu zitronengelb, im Alter werden sie graubraun. Fleisch blassgelb bis holzfarben, korkig zäh, Geruch säuerlich essigähnlich, Geschmack bitter, ungenießbar.
LEBENSRAUM Weit verbreiteter und besonders in Höhenlagen häufiger Pilz. Besitzt ein breites Spektrum an Wirtsbäumen. Wächst ganzjährig an Fichten (wird deshalb auch Fichten-Porling genannt), aber auch an Weißtannen, Rotbuchen, Birken, Erlen und sogar an Apfelbäumen.
WISSENSWERTES Pilzarten, deren Fruchtkörper viele Jahre alt werden können, gibt es nur wenige. Der Rotrandige Baumschwamm gehört dazu. Dieser Pilz befällt schwache und verwundete Bäume, bringt sie zum Absterben und lebt dann noch jahrelang auf den toten Bäumen weiter. Man nennt solche Pilze Saprophyten (sapros=in Fäulnis übergehend, phyton=Pflanze). Sie haben sich auf die Zersetzung von toten organischen Materialien spezialisiert, verwerten deren Restnährstoffe und führen sie in den Stoffkreislauf zurück.

2 | Austernseitling
Pleurotus ostreatus
Seitlingsverwandte

BESCHREIBUNG Büschelig wachsender Pilz an geschädigten Laubbäumen. Stiel fehlend **(2A)** oder sehr kurz und dick, seitlich am Hut sitzend **(2B)**. Hut 5–15 cm breit, muschelartig, Hutoberfläche weißlich bis graulila. Lamellen bis zum Stielansatz herablaufend. Essbarer, guter Speisepilz, Fleisch des jungen Pilzes zart und weich, später zäh, Geruch sehr würzig.
LEBENSRAUM Zu finden von Dezember bis März im Laubwald. Wächst oft mehrere Meter hoch an geschädigten Bäumen, häufig an Buchen oder Pappeln. Eine Kolonie von Austern-Seitlingen kann mitunter aus mehreren Hundert Exemplaren bestehen, die muschelförmig übereinander wachsen.
WISSENSWERTES Seinen Namen erhielt der Pilz wegen seiner muschelförmigen, graulilafarbenen Hüte. Sie sitzen in treppenförmigen Büscheln hoch oben an Baumstämmen und sehen von unten wie riesige Austern aus. Wegen seines schmackhaften Fleisches hat man den Austernseitling in Kultur genommen. Außer auf Pappelholz wächst er auch auf Strohballen an einem Schattenplatz im Garten.

3 | Zunderschwamm
Fomes fomentarius
Stielporlingsverwandte

BESCHREIBUNG Fruchtkörper breit hufförmig, bis zu 50 cm groß, oberseits gräulich bis bräunlich, zuletzt fast schwarz, in unterschiedlichen Farben, konzentrisch gefurcht, mit harter Kruste. Poren in jungem Zustand weißgrau, am älteren Pilz bräunlich. Kein Speisepilz. Geruch intensiv säuerlich.
LEBENSRAUM In Europa weit verbreitet. Ganzjährig in naturnahen Laubwäldern als Saprophyt an kranken und altersschwachen Laubholzstämmen, vor allem an Rotbuchen und Birken.
WISSENSWERTES In naturnahen Wäldern, wo sterbende Bäume lange stehen bleiben dürfen, trifft man häufig auf die Konsolen der Zunderschwämme. Aus dem weichen Material dieses Pilzes hat man früher Zunder hergestellt, der vor der Entwicklung der Streichhölzer zum Feuermachen unerlässlich war. Der Pilz wurde auch als Ersatz für Textilien oder Leder für die Herstellung von Hüten, Taschen und Handschuhen verwendet. Die Gattung *Fomes* besteht weltweit nur aus dieser einen Art.

4 | Zimtfarbener Weichporling
Hapalopilus nidulans
Stielporlingsverwandte

BESCHREIBUNG Fruchtkörper halbkreis- bis nierenförmig, ocker- bis zimtfarben, steht 2–8 cm vom Substrat ab, ist bis zu 4 cm dick, wächst einzeln oder in Reihen. Der Pilz ist giftig.
LEBENSRAUM In ganz Europa weit verbreitet. Ganzjährig an toten Ästen und Stämmen von zahlreichen Laub-, seltener auch Nadelhölzern. In Mitteleuropa vorwiegend an Eiche und Hasel.
WISSENSWERTES Der Zimtfarbene Weichporling ist giftig. Verantwortlich für seine Giftwirkung ist die in den Fruchtkörpern enthaltene Polyporsäure. Sie führt nach einer Latenzzeit von 12 Stunden zu Störungen im zentralen Nervensystem, zu Sehstörungen und Erbrechen. Ein typisches Symptom nach dem Verzehr ist das Ausscheiden von violett verfärbtem Urin. Unerfahrene Pilzsammler könnten Zimtfarbene Weichporlinge mit jungen Semmelporlingen *(Scutiger confluens)* verwechseln, die in montanen bis alpinen Nadel- und Laubmischwäldern wachsen.

1

2A

2B

3

4

1 | Flacher Lackporling
Ganoderma applanatum
Lackporlingsverwandte

BESCHREIBUNG Fruchtkörper rundlich bis nierenförmig, bis 30 cm breit, wächst oft dachziegelartig neben- oder übereinander, Oberseite oft konzentrisch gefurcht oder unregelmäßig höckerig, graubraun bis rotbräunlich gefärbt, mit weißem Rand. Poren weiß bis cremefarben, oft mit zapfenförmigen Insektengallen bedeckt, die von einer Pilzfliege *(Agathomyia wankowiczi)* verursacht werden. Sporenpulver rostbraun.
Kein Speisepilz.
LEBENSRAUM Der leicht zu erkennende Baumschwamm wächst ganzjährig an Stämmen und Stümpfen von Laubholz, seltener von Nadelholz. In ganz Europa weit verbreitet.
WISSENSWERTES Der flache Lackporling ist ein Saprobiont, der hauptsächlich an Laubhölzern vorkommt. Er kann seine Fruchtkörper sowohl an stark vermorschtem Holz als auch an berindeten oder unberindeten, noch festen Hölzern bilden. Sein Wirtsspektrum ist beträchtlich. Dieser Pilz besiedelt in Abhängigkeit von der Höhenstufe unterschiedliche Wirtsbäume. In tieferen Lagen werden vor allem Pappeln, Weiden und Eichen genutzt, in höheren Lagen tritt die Rotbuche als Substrat auf, in hohen Lagen der Bergahorn.

2 | Stockschwämmchen
Kuehneromyces mutabilis
Träuschlingsverwandte

BESCHREIBUNG Stiel bis 7 cm lang, kaum 1 cm dick, hohl, oben gelbbraun, mit deutlichem, ziemlich dauerhaftem Ring, unterhalb des Ringes dunkelbraune, abstehende Schuppen. Hut 3–6 cm breit, zunächst gewölbt, später flach ausgebreitet, glatt und fettig glänzend, bei feuchtem Wetter gelb- bis zimtbraun, bei Trockenheit honiggelb. Dünne, zunächst hellbraune, später rostbraune Lamellen. Sporen glatt. Essbar, Fleisch riecht pilzartig würzig, schmeckt mild.
LEBENSRAUM Von Mai bis September meist in individuenreichen Büscheln an den Stümpfen von Laub- und Nadelbäumen sowie an liegendem Totholz zu finden. Vor allem an Buchen.
WISSENSWERTES Das Stockschwämmchen ist ein ergiebiger und wohlschmeckender Suppenpilz, hat aber einige giftige und ungenießbare Doppelgänger. Besonders gefährlich ist eine Verwechslung mit dem Gift-Häubling *(Galerina marginata)*. Seine Kennzeichen: warzige Sporen, keine Schuppen unterhalb des Rings, stattdessen weißlich überfasert. Er riecht mehlartig. Dieser Pilz enthält Knollenblätterpilzgifte, ein Verzehr kann tödlich sein.

3 | Goldfell-Schüppling
Pholiota aurivella
Träuschlingsverwandte

BESCHREIBUNG Auffälligstes Merkmal ist ein zitronen- bis rostgelber Hut, dessen Oberfläche mit rotbraunen Schuppen besetzt ist, im Anfangsstadium halbkugelig und geschlossen, später gewölbt bis ausgebreitet, bei Feuchtigkeit schleimig-schmierig. Stiel 5–8 cm lang, nur wenig heller als der Hut. Lamellen zunächst gelb gefärbt, später rostbraun. Sporenpulver rotbraun, Sporen glatt. Fleisch weiß-gelb, fest und zäh, Geruch rettichartig.
Kein Speisepilz.
LEBENSRAUM Die Fruchtkörper erscheinen im Herbst, vor allem von September bis November, selten auch in den Wintermonaten oder im Frühling. Sie wachsen einzeln oder büschelig an lebenden oder absterbenden Laubbäumen, vor allem an Rotbuchen, an Nadelbäumen nur selten.
WISSENSWERTES Der Goldfell-Schüppling lebt parasitisch oder als Saprobiont an lebenden und frisch gefällten Stämmen. Er erscheint häufig an Stammwunden und in Astlöchern, und zwar von der Basis des Baumes bis hinauf in den Kronenbereich. Er ist in Deutschland von der Ebene bis ins untere Bergland anzutreffen, aber generell in der Ebene häufiger vertreten als im Gebirge.

4 | Mosaikschichtpilz
Xylobolus frustulatus
Schichtpilzverwandte

BESCHREIBUNG Unverwechselbar. Fruchtkörper flach ausgebreitet, bei Trockenheit tief rissig in kleine mosaikartige Einzelfruchtkörper geteilt, die bei Regenwetter aufquellen und sich dabei schließen, aber nicht zusammenwachsen. Die Mosaikfelder stellen also Einzelfruchtkörper dar, die Jahr für Jahr eine neue Fruchtschicht bilden. Man hat schon Fruchtkörper mit 20 und mehr Schichten gefunden.
LEBENSRAUM Seltener Pilz, der meist nur in Naturschutzgebieten und Reservaten zu finden ist, wo umgestürzte Bäume viele Jahre liegen bleiben dürfen. Man findet ihn an entrindetem Kernholz von Eichenstämmen, auch in hohlen Eichenstämmen. Gut zu beobachten an den 400jährigen Traubeneichenbeständen des Hochspessart.
WISSENSWERTES Dieser Pilz ist unverwechselbar. Er überzieht mit seinen pflastersteinartigen Fruchtkörpern das Kernholz mehrhundertjähriger Eichenstämme. Der Mosaikschichtpilz ist auf die Zersetzung von Eichenkernholz spezialisiert. Nur in Beständen mit einem hohen Totholzvorkommen dieser Bäume kann er überleben.
In Trockenphasen spaltet sich sein Fruchtkörper mosaikartig auf. So kam er zu seinem Namen.

1

2

3

4

Bäume und Sträucher

Bäume und Sträucher

Ihre Vielgestaltigkeit und ihren hohen Wuchs verdanken Bäume genialen „Erfindungen" des Pflanzenreichs: der Entwicklung von Zellulose und Lignin einerseits und der Entwicklung von Leitungsbahnen zum Transport von Wasser und Nährsalzen andererseits.

Zellulose, Lignin und Leitungsbahnen

Holz besteht hauptsächlich aus zwei chemischen Substanzen: Zellulose und Lignin. Die Zellulose verleiht dem Baum Zugfestigkeit, das Lignin Widerstandsfähigkeit gegen Druck. Die Elastizität der Zellulose und die Festigkeit des Holzstoffes Lignin ergänzen sich und machen das Holz zu einem der besten Naturstoffe, die wir kennen. Diese beiden Baustoffe ermöglichen es den Bäumen, große statische Belastungen zu verkraften. Zellulose und Lignin erlauben die Entwicklung von Bäumen, die oft weit über 100 m hoch wachsen. Dazu gehört aber auch die Fähigkeit, Wasser aus dem Wurzelbereich durch den Stamm bis in die Blätter hinaufzutransportieren. Und das setzt die Entwicklung besonderer, durchgehender Leitungsbahnen für Wasser und Nährsalze voraus. Erst mit der Entstehung solcher Leitungsbahnen konnten sich große Wälder auf der Erde ausbreiten.

Blick in einen Buchenwald.

Wasserversorgung der Krone

Warum wachsen Bäume in den Himmel? Der Sinn dieser großen Investitionen der Pflanzen in tragfähige und elastische Stämme lag sicher darin, die Blätter dem Licht näherzubringen. Die Blätter sind die Produktionsstätte des Baumes und müssen ans Licht. Das führte zum Wachstumswettlauf um diesen wichtigen Umweltfaktor. Die dem Boden entwachsenden Blätter brachten jedoch neue Probleme, die in der Stammesgeschichte der Bäume gelöst werden mussten: die Wasserversorgung der Krone.

Für diese schwierige Aufgabe entwickelten die Bäume eine wirkungsvolle Wurzelpumpe. An den Wurzelspitzen bilden sie sehr dünnhäutige und große Wurzelhaare, die kleinste Wassermengen über osmotische Kräfte aufnehmen können. Die Wurzeln sind mit Stamm, Ästen und Krone durch ein System von Leitgefäßen verbunden. In diesen entsteht ein dünner Wasserfaden, der von den Adhäsionskräften des Wassers zusammengehalten wird. Oben in der Krone sorgt der Wind für ständige Verdunstung des Wassers der Blätter. Der durch diese Verdunstung entstehende Sog ist so groß, dass in den Leitungsbahnen ein Unterdruck entsteht, der sich bis in die Wurzel fortsetzt. Zusätzlich, bevor die Blätter entfaltet sind, gibt es wohl eine Pumpwirkung.

Wie wirkungsvoll dieser Wassertransport ist, zeigt die Menge des transportierten Wasser: ein Hektar Buchenwald kann täglich 40 000 Liter Wasser verdunsten.

Wachstum und Ruhe

Mit einem Wachstum, das sich über Jahrhunderte erstrecken kann, werden Bäume immer umfangreicher. Diese erstaunliche Fähigkeit verdanken sie einer hauchdünnen Schicht lebender, sich teilender Zellen, dem Kambium. Diese Kambiumschicht gibt nach innen die Holzzellen (Xylem) ab und bildet nach außen den Bast (Phloem). Wegen ihrer Lage an der Außenhaut der Stämme ist diese vitale Wachstumsschicht ständig von Austrocknung und Sonnenbrand bedroht. Den Schutz der empfindlichen Kambiumschicht übernimmt die Rinde. Sie erfüllt neben dem Licht- und Verdunstungsschutz weitere Aufgaben: Mit Harzen und Gerbstoffen schützt sie den Baum vor ständig angreifenden Bakterien, Pilzen oder Borkenkäfern.

Vergrößert der Baum seine Stammstärke, gerät die Rinde unter Druck und reißt. Die Zellen an der Oberfläche sterben ab, sie werden zur toten Borke, die über der lebenden Rinde des Baumes liegt. Mit der Zeit wird diese tote äußere Schicht rissig und hebt sich in Schuppen ab. Je nach Anordnung des sich bildenden Gewebes entstehen dadurch unterschiedliche Bilder, die für jede Baumart typisch sind. Man nennt diese Borke auch das „Gesicht des Baumes". Diese Gesichter sind so unverkennbar, dass sich Bäume nach ihrer Borke bestimmen lassen.

Jahresringe

Die Dickenzunahme eines Baumstammes verläuft nicht gleichmäßig über die Monate eines Jahres. In der blattlosen Zeit können die Bäume nicht weiterwachsen, weil keine neuen Rohstoffe für das Wachstum gebildet werden. Im Frühling, wenn sich das Laub entfaltet, stellt sich dagegen ein Wachstumsschub ein. Diese Unterschiede bilden sich im Stammquerschnitt als Jahresringe ab.
Im Frühsommer, während des intensiven Wachstums, gibt das Bildungsgewebe große Holzzellen nach innen ab. Im Lauf des Sommers werden sie immer kleiner, bis mit dem Laubfall das Ende der Wachstumsperiode erreicht ist. Dieser Wechsel in der Größe der Holzzellen bildet sich im Stammquerschnitt als Ring ab. Jahresring wird er genannt, weil sich in unseren Breiten mit dem Wechsel von Sommer und Winter die Zahl der Ringe mit der Zahl der Jahre deckt.

Die Jahresringe eines Baumes erzählen viel über sein Leben, nicht nur wie alt er ist, sondern auch wie die Wachstumsbedingungen im jeweiligen Jahr waren.

Herbstliches Farbenspiel

Gegen Ende der Vegetationsperiode haben die Blätter der sommergrünen Laubbäume ausgedient. Doch vor dem Laubfall werden alle verwertbaren Stoffe aus den Blättern geleitet und in neuen Knospen, dem Stamm oder in den Wurzeln gespeichert. Auch das Chlorophyll wird zerlegt und verwertet. Zurück bleiben Farbstoffe wie die rötlichen bis orangefarbenen Carotinoide oder die gelben Xanthophylle, die das Herbstlaub so leuchtend gelb färben. Der Laubfall selbst ist ein komplizierter Vorgang: Zunächst wird am Blattstiel eine besondere Trennschicht gebildet. Die Zellen dieser Trennschicht werden bald darauf von Enzymen aufgelöst – das Blatt kann zu Boden fallen.
Mit dem Laubfall trifft ein Baum Vorsorge für den Winter. Er vermeidet zu große Wasserverluste, da Kälte auf Blätter wie Trockenheit wirkt. Die flächigen Blätter der Laubbäume verdunsten viel mehr Wasser als die festen Nadeln der Nadelbäume. Deshalb müssen Laubbäume in Regionen mit winterlicher Frosttrockenheit ihre Blätter abwerfen und eine Ruhepause einlegen. Die viel weniger Wasser abgebenden Nadeln dagegen können am Zweig bleiben. Doch auch Nadelbäume werfen ihre nadelförmigen Blätter ab. Allerdings in größeren Abständen und in mehreren Schritten. Die Kiefer wechselt ihr Nadelkleid erst nach vier Jahren, die Fichte nach sieben und die Tanne benutzt ihre Nadeln etwa zwölf Jahre lang. Einzige Ausnahme ist die Lärche, die im Hebst ihre Nadeln abwirft.

Aber auch Laubbäume haben die Fähigkeit entwickelt, dauerhaftere Blätter auszubilden, die nicht nur einen Sommer leistungsfähig sind, sondern mehrere Jahre. Solche Laubbäume nennt man „Hartlaubgewächse". Sie kommen vor allem in warmen, trockenen Klimabereichen vor, beispielsweise im Mittelmeergebiet. Doch auch in den Wäldern Mitteleuropas gibt es solche Hartlaubgewächse, die „immergrün" sind, allerdings sind es nur sehr wenige Arten. Die Stechpalme gehört dazu.

Farbmosaik des Herbstes.

1 | Weiß-Tanne
Abies alba
Kieferngewächse

BESCHREIBUNG Nadelbaum, schmal kegelförmiger Wuchs, 30–50 m hoch. Stammborke im Unterschied zur braungrauen Fichtenborke weißgrau, glatt bis feinschuppig. Nadeln weich, oben glänzend dunkelgrün, unten mit zwei weißen Längsstreifen. Zapfen im Wipfelbereich, junge Zapfen grün, reife Zapfen braun, stehen aufrecht auf den Zweigen (S. 240).
LEBENSRAUM Wälder der Gebirge und Mittelgebirge Mittel- und Südeuropas. Wächst oft gemeinsam mit der Gewöhnlichen Fichte oder der Rotbuche.
WISSENSWERTES Wer im Wald Zapfen am Boden findet, hat nie Tannenzapfen vor sich, denn diese fallen nicht wie die Zapfen vieler anderer Nadelbäume als Ganzes ab. Ihre reifen Schuppen blättern einzeln ab, bis nur noch die nackte Spindel übrig bleibt. Sie steht noch lange, oft über Jahre am Baum. Ein weiteres Merkmal der Weißtanne ist ihr Wurzelsystem. Sie durchdringt mit einer tief und senkrecht in die Erde wachsenden Pfahlwurzel selbst verdichtete, sauerstoffarme Böden und trägt so zur Stabilisierung labiler Fichtenbestände bei. Ihre Nadeln sind im Unterschied zu Fichtennadeln kaum sauer und ergeben guten Humus.

2 | Gewöhnliche Fichte
Picea abies
Kieferngewächse

BESCHREIBUNG Nadelbaum mit geradem, säulenförmigen Stamm und gleichmäßig kegelförmiger Krone **(2A)**, 25–50 m hoch. Borke rotbraun bis grau, blättert in dünnen Schuppen ab. Nadeln dunkelgrün, schraubig um den Zweig angeordnet, spitz, steif und stechend, vierkantig, sitzen auf einem Höcker **(2B)**. Zapfen hängend, 10–15 cm lang, fallen als Ganzes ab (S. 240).
LEBENSRAUM Natürlich in Nordeuropa, in den hohen Lagen der Mittelgebirge sowie im Alpenraum. In tieferen Lagen als Forstbaum gepflanzt.
WISSENSWERTES Wegen ihrer vielseitigen Verwendbarkeit wird die Gewöhnliche Fichte vielfach auch außerhalb ihres natürlichen Verbreitungsgebietes angepflanzt. Sie ist der Brotbaum der Holzwirtschaft. Aber ganz unproblematisch sind diese Fichtenkulturen in tieferen Lagen nicht. Windwurf, Wildverbiss und Schäden durch Borkenkäfer bringen erhebliche Verluste. Junge Fichtentriebe **(2B)** sind essbar. Sie schmecken angenehm säuerlich nach Zitrone. Fein gehackt eignen sie sich als Würze für Salate und Mayonnaisen.

3 | Wald-Kiefer, Föhre
Pinus sylvestris
Kieferngewächse

BESCHREIBUNG Immergrüner Nadelbaum mit typisch abgeflachter Krone, 30–40 m hoch. Stamm im unteren Bereich graubraun und rissig, oben orangefarben und glatt. Nadeln paarweise, steif, stechend spitz, oft leicht gedreht. Männliche Blüten gelb, weibliche Blüten rot. Reife Zapfen hängend, rundlich, kurz gestielt, 3–6 cm lang (S. 240).
LEBENSRAUM Wächst natürlich auf Dünen, Felsschutthängen der Mittelgebirge, in Mooren. Vielfach als Waldbaum gepflanzt.
WISSENSWERTES Die Wald-Kiefer ist der Charakterbaum der Mark Brandenburg und Mittelfrankens. Nach der letzten Eiszeit bedeckte sie zusammen mit der Birke weite Landstriche. Diese beiden Arten spielen als anspruchslose Bäume auch heute noch eine Rolle als Pionierpflanzen. Die heutige weite Verbreitung der Wald-Kiefer ist aber nicht natürlich. Weil sie auch auf kargen Böden konkurrenzlos gedeiht und wegen der vielseitigen Verwendbarkeit ihres Holzes, wurde sie in unserer Landschaft in großem Stil aufgeforstet. Häufig mit wirtschaftlichen Verlusten durch Schadinsekten.

4 | Europäische Lärche
Larix decidua
Kieferngewächse

BESCHREIBUNG Nadelbaum, 25–40 m hoch, winterkahl. Borke in jungen Jahren gelblichbraun und glatt, wird später graubraun, schuppig, mit tiefen rotbraunen Furchen. Nadeln weich, abgeflacht, wachsen in Büscheln, bis 3 cm lang. Bei Reife aufrecht stehende hellbraune Zapfen, bis 4 cm lang, mit anliegenden Zapfenschuppen, bleiben mehrere Jahre am Baum. Das typische Wurzelsystem der Lärche ist die Herzwurzel (S. 240).
LEBENSRAUM Schnell wachsende Lichtholzart in den Höhenlagen der Mittelgebirge und Alpen. Zusammen mit der Zirbe bis zur Baumgrenze anzutreffen.
WISSENSWERTES Die Lärche ändert die Farbe ihres Nadelkleides mit den Jahreszeiten. Im Frühling treibt sie hellgrün aus. Im Laufe der Sommermonate dunkelt der Austrieb nach und verwandelt sich im Oktober in ein leuchtendes Goldgelb. Als einziger heimischer Nadelbaum wirft sie ihre Nadeln im Spätherbst ab. Als Baum der Berge fühlt sich die Europäische Lärche am wohlsten in der subalpinen Vegetationsstufe. Wird sie in tieferen Lagen gepflanzt, leidet sie oft unter Windbruch, Borkenkäferbefall und an Lärchenkrebs, einem Holz zerstörenden Pilz.

1

2A

2B

3

4

1 | Berg-Kiefer
Pinus mugo
Kieferngewächse

BESCHREIBUNG Immergrüner Strauch oder Baum mit graubrauner Rinde, die in kleine unregelmäßige Schuppen aufreißt. Wird im Alter zu schwarzbrauner Borke, deren Schuppen sich an den Rändern aufbiegen, aber nicht abblättern. Nadeln steif, oft sichelförmig gekrümmt, stehen zu zweit in einer Scheide. Zapfen bei Reife 2–5 cm lang (S. 241).
LEBENSRAUM Mittel- und südeuropäische Gebirge.
WISSENSWERTES Die Berg-Kiefer ist ein vielgestaltiges Gehölz. Je nach geographischer Lage sieht sie unterschiedlich aus und trägt auch verschiedene Namen: In den Westalpen wächst sie als aufrechter, bis zu 10 m hoher Baum mit kegelförmiger Krone und wird Spirke genannt. In den Ostalpen heißt sie Latsche oder Legföhre und bleibt ein niedriger, kriechender Strauch. Die Berg-Kiefer ist ein wichtiger Schutzbaum der Alpen. Ihre elastischen Äste können auch über längere Zeit große Schneemassen tragen. Ihre reich verzweigten Wurzeln halten lockeres Erdreich und Geröll sicher fest. Das Holz der Berg-Kiefer ist hart und harzreich. Da die Stämme aber nicht sehr dick werden, kann es höchstens als Drechsler- oder Schnitzholz verwendet werden.

2 | Schwarz-Kiefer
Pinus nigra
Kieferngewächse

BESCHREIBUNG Immergrüner Nadelbaum mit schirmartiger Krone, 20–30 m hoch. Stamm mit dicker, tiefrissiger, dunkelgrauer bis fast schwärzlicher Borke. Nadeln paarweise, auffallend dunkelgrün bis fast schwarzgrün, gerade bis leicht bogig, 8–18 cm lang. Zapfen hellbraun, glänzend, breit kegelförmig (S. 241).
LEBENSRAUM Heimat rund um das Mittelmeer und in den Ostalpen südlich von Wien. Wird vielfach forstlich angepflanzt.
WISSENSWERTES Die Schwarz-Kiefer ist eine sehr formenreiche Art und wird in mehrere geographische Unterarten aufgeteilt. Man unterscheidet die Österreichische Form, die Korsische, die Pyrenäen- und die Krim-Schwarz-Kiefer. Nur die Österreichische Schwarz-Kiefer verfügt über genügend Winterhärte für eine Pflanzung in Mitteleuropa. Die anderen sind bei uns nur in wintermilden Klimalagen in Gärten und Parkanlagen zu finden. Schwarz-Kiefern erreichen ein Alter von etwa 500 Jahren. Ihr Holz ist harzreich und schwierig zu bearbeiten. Es eignet sich weniger als Möbelholz, wird meist als Baumaterial beispielsweise für den Schleusenbau verwendet.

3 | Zirbel-Kiefer, Arve
Pinus cembra
Kieferngewächse

BESCHREIBUNG Immergrüner Nadelbaum mit knorrigem Stamm und eiförmiger Krone, 10–20 m hoch **(3B)**. Stamm mit silbrig rotbrauner, längsrissiger Schuppenborke. Nadeln dunkelgrün, steif und gerade, stehen zu fünft in einem Bündel **(3A)**. Reife Zapfen zimtbraun, eiförmig, fallen in geschlossenem Zustand als Ganzes ab, Samenfreigabe erst bei Verrottung (S. 241).
LEBENSRAUM Gebirgsbaum der Alpen und Karpaten bis hinauf zur Waldgrenze. In Sibirien Baum der Ebene.
WISSENSWERTES Die „Königin der Alpen" nennt man die Zirbel-Kiefer oder Arve. Sie bildet zusammen mit Lärche, Latsche und Fichte im Hochgebirge die Waldgrenze. Dieser Baum gehört zur Gruppe der 5-nadeligen Kiefern, wächst sehr langsam, zeichnet sich durch eine geringe Frostempfindlichkeit und hohe Widerstandsfähigkeit gegen Wind und Schneelast aus und wird bis zu 1000 Jahre alt. Das Holz der Zirbel-Kiefer gehört zu den begehrtesten alpinen Hölzern. Es ist leicht, duftet lange aromatisch und lässt sich gut bearbeiten.

4 | Weymouth-Kiefer, Strobe
Pinus strobus
Kieferngewächse

BESCHREIBUNG Sehr harziger, immergrüner Nadelbaum mit kegelförmiger Krone, 25–35 m hoch. Altbäume mit graubrauner, dicker, rissiger Borke. Nadeln blaugrün, auffallend dünn und weich, stehen in Bündeln zu fünf. Männliche Blüten blassgelb, weibliche Blüten hellrot. Zapfen braun, sehr lang (8–20 cm) und schmal, hängend (S. 241).
LEBENSRAUM Heimat östliches Nordamerika, dort als White Pine oder Eastern White Pine bekannt. Im 18. Jahrhundert nach Europa gebracht. Auch in Mitteleuropa wegen ihrer Wuchsleistungen forstlich eingeführt, meist jedoch Einzelbaum in Parks und Gärten. Der Baum bevorzugt feuchte, sandig-lehmige Böden in luftfeuchter Klimalage, vornehmlich im Tiefland.
WISSENSWERTES Wegen des guten Holzertrages und wegen ihrer Unempfindlichkeit gegen Hitze und Kälte hat man die Weymouth-Kiefer in Mitteleuropa lange Zeit als Forstgehölz geschätzt. Dennoch ist dieser Baum ein typisches Beispiel für fehlerhaftes Einführen fremder Pflanzen. Die Weymouth-Kiefer erfährt hohe Verluste durch den Strobenblasenrost *(Cronartium ribicola)*, einen rindenbewohnenden Pilz, der einen Teil seines Lebenszyklus auf 5-nadeligen Kiefern, den anderen Teil auf Johannisbeeren und Stachelbeeren verbringt. Unter günstigen Bedingungen kann der Baum über 500 Jahre alt werden.

1
2
3A
3B
4

Zapfen

Weißtanne, *Abies alba* (S. 236)

Gewöhnliche Fichte, *Picea abies* (S. 236)

Douglasie, *Pseudotsuga menziesii* (S. 242)

Europäische Lärche, *Larix decidua* (S. 236)

Wald-Kiefer, *Pinus sylvestris* (S. 236)

Berg-Kiefer, *Pinus mugo* (S. 238)

Schwarz-Kiefer, *Pinus nigra* (S. 238)

Zirbel-Kiefer, *Pinus cembra* (S. 238)

Weymouth-Kiefer, *Pinus strobus* (S. 238)

Schwarz-Erle, *Alnus glutinosa* (S. 238)

1 | Douglasie
Pseudotsuga menziesii
Kieferngewächse

BESCHREIBUNG Nadelbaum, 25–50 m hoch, kegelförmige Krone. Borke junger Bäume grau, ziemlich glatt, mit vielen waagrecht verlaufenden Harzblasen, später braungrau, tief rissig. Weiche Nadeln, ähneln denen der Weißtanne, haben aber weniger ausgeprägte weiße Streifen auf der Unterseite, duften zerrieben nach Orange. Zapfen hängend, mit dreizipfligen, herausragenden Deckschuppen, fallen als Ganzes ab (S. 240).
LEBENSRAUM In Europa die wichtigste fremde Baumart der Wirtschaftswälder. Stammt aus dem Westen Nordamerikas und wird wegen ihrer Sturmfestigkeit und Wärmetoleranz bereits seit etwa 100 Jahren in Mitteleuropa gepflanzt.
WISSENSWERTES Die Douglasie hat eine enorme Wuchsleistung. Dieser Baum wächst um ein Drittel schneller als die heimische Fichte. So verwundert es nicht, dass der höchste Baum Deutschlands eine Douglasie ist. Sie steht im Odenwald und ist 63,33 m hoch. Douglasienholz ist sehr widerstandsfähig und von Natur aus gegen Pilzbefall geschützt. Es wird daher gerne im Außenbereich verwendet: für Eisenbahnschwellen, Fensterholz oder Rebpfähle.

2 | Europäische Eibe
Taxus baccata
Eibengewächse

BESCHREIBUNG Oft mehrstämmiger Nadelbaum, bis 15 m hoch. Stamm mit rotbrauner, abblätternder Borke, oft gedreht, tief gefurcht. Nadeln bis 2,5 mm breit, weich, glänzend, wirken auffallend dunkel **(2A)**. Samen von einem glockenförmigen roten Mantel umgeben **(2B)**.
LEBENSRAUM Wild nur in Mittelgebirgen und Schluchtwäldern der Alpen auf kalkreichen Böden. Als Park- und Zierbaum gepflanzt.
WISSENSWERTES Als einziger heimischer Nadelbaum trägt die Eibe keine Zapfen. Ihre reifen Samen sind von einem roten Samenmantel umgeben und sehen aus wie Beeren. Mit Ausnahme dieser Samenhülle enthalten alle Pflanzenteile das Alkaloid Taxin und sind für Pferde, Esel und Schafe sowie für den Menschen hochgiftig. Wälder mit Eiben als Unterwuchs sind selten geworden. Übernutzung durch Auslichtung und Kahlschlagwirtschaft nahmen ihnen die Beschattung, die sie zumindest als junge Bäume dringend brauchen. Verbiss durch Reh- und Rotwild trug zusätzlich zur Verdrängung der Eiben bei. Nur vereinzelt gibt es noch größere Bestände, wie etwa im Naturwaldreservat Wasserberg nahe Gößweinstein in Oberfranken.

3 | Gewöhnliche Esche
Fraxinus excelsior
Ölbaumgewächse

BESCHREIBUNG Laubbaum mit anfangs graugrüner, glatter, später grauer, fein gefurchter Borke. Winterknospen auffallend schwarz und samtig. Blätter unpaarig gefiedert, bis zu 40 cm lang. Blüten in dichten Büscheln an den Zweigspitzen, Staubbeutel dunkelrot. Früchte mit Flügeln.
LEBENSRAUM Typisch für Flusstäler, feuchte Laubmischwälder, Auwälder.
WISSENSWERTES Dieser in ganz Europa verbreitete Baum liefert ungewöhnlich festes Holz. Werkzeugstiele, Ruder und Paddel werden häufig aus Eschenholz gefertigt. Früher hat man neben einigen anderen Arten auch Eschenlaub gerne als Winterfutter für das Vieh getrocknet. Doch um die Esche ist es nicht gut bestellt. Ein neu aufgetretener Pilz *(Hymenoscyphus pseudoalbidus)* schädigt den imposanten Baum Stück für Stück. Zuerst welken die Blätter, dann sterben die Zweige ab und schließlich der Stamm. Es bleibt zu hoffen, dass einige Exemplare dieses Eschensterben überleben und dauerhaft Resistenzen entwickeln.

4 | Liguster
Ligustrum vulgare
Ölbaumgewächse

BESCHREIBUNG Locker wachsender Strauch, 3–5 m hoch. Blätter gekreuzt gegenständig, länglich, lederartig, ganzrandig, teilweise auch im Winter noch grün. Im Juni/Juli intensiv duftende weiße, 4-zählige Blüten in aufrechten Rispen am Ende der Stängel. Schwarz glänzende kugelige Steinfrüchte, giftig.
LEBENSRAUM Lichte Wälder, Waldränder, sonnige Hecken und Gebüsche, vor allem auf kalkreichen Böden. Oft als Hecke gepflanzt.
WISSENSWERTES Wegen seiner weidenähnlichen Blätter wird der Liguster auch „Rainweide" genannt. Diese wärmeliebende Pflanze braucht lockere, kalkhaltige Böden. Mit ihrem reich verzweigten Wurzelsystem eignet sie sich zur Bodenbefestigung an Hängen und Böschungen. Ihre besondere Schnittfestigkeit verbunden mit einem intensiven Austrieb an den Schnittstellen macht sie zu einer der beliebtesten Heckenpflanzen. Ligusterhecken werden durch Beschneiden immer dichter und dichte Ligusterhecken bieten vielen Vögeln sichere Nistplätze und reichlich Nahrung. Besonders Hänflinge brüten hier häufig. Von den Blättern des Ligusters leben die Raupen des Ligusterschwärmers. Der Liguster ist in allen Teilen giftig. Sein Holz ist hart und fest und eignet sich für Drechsler- und Schnitzarbeiten.

1

2A

2B

3

4

Zitter-Pappel, *Populus tremula* (S. 264)

Sommer-Linde, *Tilia platyphyllos* (S. 246)

Rot-Buche, *Fagus sylvatica* (S. 260)

Schwarz-Erle, *Alnus glutinosa* (S. 260)

Hänge-Birke, *Betula pendula* (S. 262)

Stieleiche, *Quercus robur* (S. 258)

Berg-Ahorn, *Acer pseudoplatanus* (S. 248)

Gewöhnliche Esche, *Fraxisnus excelsior* (S. 242)

Eberesche, *Sorbus aucuparia* (S. 252)

Gewöhnliche Fichte, *Picea abies* (S. 236)

Vogel-Kirsche, *Prunus avium* (S. 248)

Europäische Lärche, *Larix decidua* (S. 236)

Europäische Eibe, *Taxus baccata* (S. 242)

Schwarz-Kiefer, *Pius nigra* (S. 238)

Waldkiefer – jung, *Pinus sylvestris* (S. 236)

Wald-Kiefer – alt, *Pinus sylvestris* (S. 236)

1 | Winter-Linde
Tilia cordata
Lindengewächse

BESCHREIBUNG Laubbaum, bis 25 m hoch **(1A)**. Blätter schief herzförmig, etwa 6 cm groß, unten mit kleinen orangefarbenen Haarbüscheln. Blüten hellgrün. Blütezeit Juni. Früchte kugelig, hart, leicht behaart **(1B)**.
LEBENSRAUM Die wärmebedürftige Winterlinde kommt vor allem in Eichen-Hainbuchenwäldern und in Eichen-Auenwäldern vor.
WISSENSWERTES Linden gehören zu den langlebigsten Bäumen. Der Volksmund sagt, eine Linde komme 300 Jahre, stehe 300 Jahre und vergehe 300 Jahre. Aber nicht selten grünt sie auch noch als 1000-jähriger Baum. Lindenblüten enthalten einen sehr zuckerreichen Nektar und werden gerne von Bienen besucht. Lindenholz ist vergleichweise weich und für Madonnenschnitzer das Holz der Wahl.

2 | Sommer-Linde
Tilia platyphyllos
Lindengewächse

BESCHREIBUNG Ausladender Baum **(2A)** mit schwärzlicher Borke. Sehr ähnlich der Winterlinde mit folgenden Unterschieden: Die schief herzförmigen Blätter sind etwas größer, die Haarbüschel in den Blattnerven unten sind weiß, nicht orange **(2B)**. Die Blüten beider Lindenarten sind eine sehr gute Bienenweide.
LEBENSRAUM Laubwälder, Ortschaften, Wegränder.
WISSENSWERTES Der Lieblingsbaum der Deutschen ist nicht die Eiche, sondern die Linde. Ihr gab man den Vorzug, wenn es um Grenzmarkierungen oder die Gestaltung besonderer Orte in Dörfern und der freien Landschaft ging. Während die Winter-Linde vor allem in hellen Eichenwäldern forstwirtschaftlich genutzt wird, ist die größere Sommer-Linde der Baum der Dorfplätze. Unter ihrer Krone trifft man sich noch heute zum Kirchweihtanz, früher fanden dort Gerichtsverhandlungen statt. Als heilige Bäume wurden sie oft neben Feldkapellen gepflanzt.

3 | Faulbaum
Frangula alnus
Kreuzdorngewächse

BESCHREIBUNG Mehrstämmiger, unregelmäßig verzweigter, sommergrüner Strauch oder kleiner Baum, 1–4 m hoch. Stammborke braungrau, leicht rissig, unter der Rinde von Zweigen gelbliches Holz (ein eindeutiges Erkennungszeichen). Blätter deutlich gestielt, eiförmig, mit glattem Rand. Kleine, weiße, 5-zählige Blüten, stehen in Gruppen in den Blattachseln. Blütezeit Mai/Juni. Kugelige Steinfrüchte, unreif zunächst rot, später glänzend schwarz, giftig.
LEBENSRAUM Weit verbreitet und häufig in Erlenbrüchen, Weidenbeständen, Birkenmooren, auch an feuchten Waldrändern.
WISSENSWERTES Der Faulbaum verdankt seinen Namen dem leicht fauligen Geruch seiner Rinde. Bereits im 16. Jahrhundert hat man sie getrocknet und daraus ein wirkungsvolles – aber gefährliches – Abführmittel hergestellt. Die fein pulverisierte Holzkohle aus den Ästen vermischte man mit Schwarzpulver. Daher der volkstümliche Name „Pulverholz". Die Früchte des Faulbaumes reifen ab Juli. Sie sind erst grün gefärbt, später rot und im reifen Zustand schwarzviolett. Häufig kann man im Spätsommer Blüten und Beeren in allen drei Reifestadien an einem Strauch beobachten. Für den Menschen sind die Früchte des Faulbaumes giftig. Vögel fressen sie gerne und verteilen so die Samen. Von den Blättern des Faulbaumes ernähren sich die Raupen des Zitronenfalters.

4 | Feld-Ahorn
Acer campestre
Seifenbaumgewächse

BESCHREIBUNG Sommergrüner, buschiger Baum, oft nur 3–4 m hoch. Rinde zunächst hellbraun, glatt, wird zu netzartig aufgerissener Borke. Blätter gegenständig, 3–5-lappig, unten behaart, Blattstiele mit Milchsaft. Blüten gelbgrün in zunächst aufrechten, später überhängenden Blütenständen. Blütezeit April bis Mai, frühestens mit dem Laubaustrieb, oft nach der Laubentfaltung. Früchte mit waagrecht ausgebreiteten Flügeln.
LEBENSRAUM In krautreichen Laubmischwäldern, an Wald- und Feldrändern und besonders in Hecken.
WISSENSWERTES Der Feld-Ahorn ist ein Baum der Waldränder und Hecken. Er wird erst mit 25 Jahren blühreif und wächst deutlich langsamer als alle anderen Ahornarten. Unter günstigen Standortbedingungen erreicht er in 50–60 Jahren eine Höhe von etwa 15 m. Von Krankheiten wird der Feld-Ahorn selten befallen. Aber auf den Blattoberseiten sieht man häufig rote Pusteln. Das sind Gallen, von der Gallmilbe *Aceria* verursacht. Ein solcher Gallmilbenbefall schadet dem Gehölz nicht. Eine Bekämpfung ist nicht erforderlich. Die wärmeliebende Halbschattenpflanze wird von Insekten bestäubt, ihre geflügelten Samen werden im Oktober vom Wind verdriftet. Das feste Holz nutzt man für die Herstellung von Werkzeugstielen, für Drechsler- und Tischlerarbeiten.

1A

1B

2A

2B

3

4

1 | Spitz-Ahorn
Acer platanoides
Seifenbaumgewächse

BESCHREIBUNG Laubbaum mit längsrissiger Borke und kugeliger Krone, 20–30 m hoch. Blätter gegenständig, 5–7-lappig, einzelne Lappen scharf zugespitzt, Blattstiele mit Milchsaft. Blüten gelbgrün, in stehenden Dolden, erscheinen kurz vor den Blättern. Blütezeit April bis Mai. Früchte mit fast waagrecht abstehenden Flügeln.
LEBENSRAUM Von der Ebene bis in mittlere Gebirgslagen in Laubmischwäldern, Auwäldern.
WISSENSWERTES Spitze Zähne – stumpfe Buchten: Daran sind die Blätter des Spitz-Ahorns zu erkennen. Im Herbst färben sie sich in allen Schattierungen von goldgelb bis tiefrot. Die Blüten dieses sommergrünen Laubbaumes bieten reichlich Nektar und werden von Bienen bestäubt, die geflügelten Samen vom Wind verdriftet. Das leicht polierbare Holz ergibt wertvolle Musikinstrumente. Mit knapp 150 Jahren wird der Spitz-Ahorn nur halb so alt und mit einem Stammdurchmesser von einem Meter nur halb so dick wie der Berg-Ahorn.

2 | Berg-Ahorn
Acer pseudoplatanus
Seifenbaumgewächse

BESCHREIBUNG Stattlicher, kerzengerader Baum mit dreieckiger Kontur, 30–40 m hoch. Borke blättert in kleinen Schuppen ab. Blätter gegenständig, groß, derb, 5-lappig. Blüten gelbgrün, hängen in langen Trauben, erscheinen nach dem Laub **(2A)**. Blütezeit April bis Mai. Früchte mit spitzwinklig bis etwa rechtwinklig zueinander angeordneten Flügeln **(2B)**.
LEBENSRAUM Ursprünglich vor allem in Buchenmischwäldern der Gebirge, in schattigen Schluchtwäldern, in feuchten Gebirgstälern. Als anpassungsfähiger Baum lässt er sich forstlich fast überall anpflanzen.
WISSENSWERTES Der Berg-Ahorn ist unser größter einheimischer Ahorn und kann über 500 Jahre alt werden, seine Stämme über 3 m dick. Deren in kleinen Schuppen abblätternde Borke macht ihn auch ohne Blätter leicht kenntlich. Die Verbreitung der Samen erfolgt durch den Wind. In ihren geflügelten Früchten werden sie oft über 100 m weit vom Mutterbaum weggetragen. Dieser Baum liefert ein äußerst wertvolles, fast weißes Holz. Es wird genutzt als Klangholz für Cello, Geige, Gitarre und auch Flöten. Als Vogelaugen-Ahorn fehlt es in kaum einem Möbelladen. Auch das trojanische Pferd soll aus diesem Holz gezimmert worden sein.

3 | Vogel-Kirsche
Prunus avium
Rosengewächse

BESCHREIBUNG Sommergrüner Laubbaum mit hochgewölbter, runder Krone, 15–20 m hoch. Rinde glatt, rotbraun, mit vielen quer verlaufenden Korkbändern. Blätter wechselständig, lang gestielt, länglich oval, zugespitzt, am Rand gesägt, unten auf den Adern fein behaart. Blüten weiß, lang gestielt, erscheinen vor dem Laub. Blütezeit April bis Mai. Kugelige, bei Reife dunkelrote Steinfrucht mit glattem, 8–10 mm großem Kern.
LEBENSRAUM Mit Ausnahme des äußersten Nordens in ganz Europa verbreitet in Laubmischwäldern, an Waldrändern, in Gebüschen.
WISSENSWERTES Die Wildform der Kultur-Süßkirschen ist in Deutschland noch weit verbreitet. Man findet sie vor allem im Steigerwald, im Bodenseegebiet, im Kottenforst nahe Bonn und im Raum Göttingen. Diese Art tritt aber immer nur vereinzelt auf, nie in größeren Beständen. Deshalb versucht man den schnell wachsenden, aber kurzlebigen Baum verstärkt anzupflanzen. Das wärmeliebende Halbschattholz steht gerne auf nährstoffreichen Lehmböden. Seine Blüten werden von pollensammelnden Bienen bestäubt. Die Samen werden von Vögeln verbreitet, die das Fruchtfleisch nutzen und den unverdauten Kern an anderer Stelle wieder ausscheiden.

4 | Echte Traubenkirsche
Prunus padus
Rosengewächse

BESCHREIBUNG Im Mai verschwenderisch blühender Laubbaum, 2–5 m hoch. Rinde schwarzgrau, glatt, bildet erst im hohen Alter dünne, längsrissige Borke. Blätter wechselständig, eiförmig, zugespitzt, matt (im Unterschied zu den oberseits glänzenden Blättern der Späten Traubenkirsche). Blüten weiß, in hängenden Trauben aus 20 und mehr Einzelblüten **(4A)**. Früchte mit gefurchtem Steinkern, erbsengroß, schwarz **(4B)**.
LEBENSRAUM Feuchte Waldränder, Auwälder, Auengebüsche. Gilt als Erlen- und Eschenbegleiter. Ist an seinen natürlichen Standorten ein Grundwasserzeiger.
WISSENSWERTES Trotz ihrer bodenfestigenden Wirkung wird die Echte Traubenkirsche nicht gern gesehen. Der im Mai verschwenderisch blühende Baum gilt als Überwinterungswirt der Traubenkirschenlaus, einer Blattlaus, die im Frühsommer auf das junge Getreide wechselt. Auch wenn dort dadurch die Erträge gemindert werden, gilt der Baum nicht als schädlich. Seine Blüten locken auch die natürlichen Feinde der Blattläuse, winzige Erzwespen an.

1

2A

2B

3

4A

4B

1 | Spätblühende Traubenkirsche
Prunus serotina
Rosengewächse

BESCHREIBUNG Laubbaum, 10–20 m hoch. Rinde dunkelbraun und glatt, auffällig sind die für Kirschen typischen Querstreifen. Blätter wechselständig, oben glänzend dunkelgrün, unten heller, auf der Mittelrippe rostbraun behaart. Blüten weiß, in hängenden Trauben. Kugelige schwarze Steinfrucht mit glattem Kern, die Samen sind giftig.
LEBENSRAUM Ziergehölz. Verwildert in lichten Wäldern, an Waldrändern, in Ufergebüschen. Heimisch im östlichen Nordamerika.
WISSENSWERTES Die Spätblühende Traubenkirsche ist in Nordamerika die größte und forstlich wichtigste *Prunus*-Art. In Europa zählt sie zu den problematischen Neophyten. Nach der Dritten Bundeswaldinventur von 2012 ist sie mit einem Flächenanteil von knapp 4 Prozent inzwischen die häufigste fremdländische Baumart. Sie verträgt Sonne wie lichten Schatten gleichermaßen gut, ist gegenüber Spätfrösten relativ unempfindlich und wegen ihres Herzwurzelsystems windfest. Trifft sie auf einen geeigneten Lebensraum, ist sie nur schwer einzudämmen. So unterwandert sie als Gebüsch vor allem in Kiefernbeständen ganze Waldgebiete. Deshalb wird sie bei uns als aggressiver Neophyt bekämpft.

2 | Elsbeere
Sorbus torminalis
Rosengewächse

BESCHREIBUNG Laubbaum mit ahornähnlichen Blättern, 10–20 m hoch. Rinde braun, an jungen Bäumen noch glatt, später birnbaumartige, längsrissige Borke. Blätter wechselständig, ahornähnlich, mit 3–7 spitzen Lappen. Blüten weiß, stehen in aufrechten schirmartigen Blütenständen **(2A)**. Blütezeit Mai/Juni. Braune, hell punktierte Frucht **(2B)**, essbar.
LEBENSRAUM Wärmeliebende Laubwälder und Gebüsche. Oft zusammen mit der Flaumeiche.
WISSENSWERTES Von der Ebene bis in mittlere Gebirgslagen kommt die Elsbeere auf frischen Lehm- und Tonböden vor. Ihre Blüten sind eine wichtige Bienenweide und werden auch von vielen Fliegenarten besucht. Die Früchte schätzen Drosseln als Herbst- und Winternahrung. Auch für den Menschen sind die Früchte der Elsbeere essbar, allerdings erst nach Frosteinwirkung. Früher nutzte man sie als „Darmbeeren", als Heilmittel gegen Durchfall und Ruhr. Wohl deshalb ist der Baum auch unter dem Volksnamen „Ruhrbirne" bekannt.

3 | Speierling
Sorbus domestica
Rosengewächse

BESCHREIBUNG Sommergrüner Baum mit kurzem Stamm und kräftigen Ästen, kann 10–20 m hoch werden. Blätter wechselständig, unpaarig gefiedert, bestehen aus 13–21 Teilblättchen, diese am Rand einfach gesägt. Blüten klein, weiß, kurz gestielt, Blütezeit Mai/Juni. Früchte birnen- oder apfelförmig, bei Reife gelb bis braun, hell gepunktet. Fruchtfleisch mit vielen Steinzellen. Fruchtreife September bis Oktober.
LEBENSRAUM Stammt aus dem Mittelmeerraum. Besiedelt in Mitteleuropa warme, trockene Laubwälder.
WISSENSWERTES Als Wildgehölz gehört der Speierling zu den seltensten Baumarten. In Deutschland ist er vor allem im Mittelrheingebiet, im Nahe-, Mosel- und Maintal anzutreffen. Die Bäume werden etwa 150 Jahre alt. Ihre Kronenform und ihre Borke erinnern etwas an die von Birnbäumen. Die gerbstoffreichen Früchte sind erst nach dem ersten Frost roh genießbar. Sie wurden früher dem Apfelwein zur Geschmacksverstärkung und zum Haltbarmachen beigemischt.

4 | Echte Mehlbeere
Sorbus aria
Rosengewächse

BESCHREIBUNG Sommergrüner Strauch oder Baum mit sehr gleichmäßig gewölbter Krone, 6–12 m hoch. Blätter wechselständig, blaugrün, am Rand gesägt, oben glatt und glänzend, unten weißfilzig behaart. Weiße Blüten in schirmartigen Blütenständen. Blütezeit je nach Höhenlage Mai bis Juli. Früchte orangerot, mehlig.
LEBENSRAUM Wild in sonnigen Laubwäldern und Gebüschen, in den Alpen an felsigen Gebüschhängen bis etwa 1000 m Höhe. Als Straßenbaum gepflanzt.
WISSENSWERTES Die sonnenliebende Echte Mehlbeere ist ein Baum des Berg- und Hügellandes. Sie braucht Standorte mit hoher Luftfeuchtigkeit. Im Tiefland und in den tieferen Lagen der Mittelgebirge fehlt sie. Wegen der filzigen Behaarung ihrer Blätter und der damit verbundenen Staubbindung wird sie aber über ihr natürliches Verbreitungsgebiet hinaus oft als Straßenbaum in Städten gepflanzt. Die Blüten der Echten Mehlbeere bieten mit ihren leicht zugänglichen Blütentellern vielen Insekten Nektar und Pollen. Ihre Früchte enthalten Parasorbinsäure und sind deshalb in rohem Zustand unbekömmlich. Gekocht zu Marmeladen und anderen Fruchtzubereitungen sind sie unbedenklich, denn beim Erhitzen wird die Parasorbinsäure zerstört.

1

2A

2B

3

4

1 | Eberesche, Vogelbeerbaum
Sorbus aucuparia
Rosengewächse

BESCHREIBUNG Sommergrüner, oft mehrstämmiger kleiner Baum oder Strauch, 5–15 m hoch. Blätter unpaarig gefiedert, 9–15 kleinere, am Rand gezähnte Fiederblätter sitzen an einer Achse. Blüten gelbweiß, in schirmähnlich ausgebreiteten Blütenständen **(1A)**. Blütezeit Mai/Juni. Früchte orangerot, erbsengroß **(1B)**.
LEBENSRAUM Laubwälder, Weg-, Straßen- und Waldränder, Gebüsche.
WISSENSWERTES In den höheren Lagen der Mittelgebirge nehmen Ebereschen in Forstkulturen oft die Stellung ein, die in tieferen Lagen die Birken innehaben. Früher hat man sie oft als „forstliches Unkraut" betrachtet, heute weiß man sehr wohl um ihre Rolle im ökologischen Gefüge des heranwachsenden Waldes. Die Eberesche ist unempfindlich gegen Kälte, Wind und Schnee und gedeiht bis in Gebirgslagen auf fast allen Böden. Ihre Früchte locken im August bis zu 63 Vogelarten an, der Fruchtzucker gibt ihnen Energie zum Fliegen. Das ist auch der Grund, weshalb die Eberesche im Volksmund Vogelbeerbaum heißt. Die von den Vögeln verbreiteten Samen keimen nahezu überall. So findet man Ebereschen mitunter auf unzugänglichem Fels, ja sogar auf morschem Gemäuer von Ruinen. Das harte, schön gezeichnete Vogelbeerholz bietet sich als Massivholz zur Möbelherstellung und zum Innenausbau an.

2 | Wild-Apfel, Holz-Apfel
Malus sylvatica
Rosengewächse

BESCHREIBUNG Sommergrüner, bis 10 m hoher Baum. Borke graubraun, blättert in großflächigen Schuppen ab. Zweige mit Dornen. Blätter wechselständig, eiförmig zugespitzt, oben glänzend grün, unten matt und auf den Nerven behaart, Blattrand einfach oder doppelt gesägt. Blüten in Gruppen zu 3–8, lang gestielt, Blütenblätter innen weiß bis rosa, als Knospe außen dunkelrosa. Blütezeit Mai/Juni. Früchte gelbgrün, etwa tischtennisballgroß, herbsauer. Fruchtreife September/Oktober.
LEBENSRAUM Auwälder, Laubmischwälder, Waldränder, Hecken und Gebüsche. Bevorzugt in feuchter Klimalage.
WISSENSWERTES Die Gattung *Malus* ist mit 35 Arten in Eurasien und Nordamerika vertreten. Der Holz-Apfel ist die einzige in Mitteleuropa heimische Art. Seine Blüten werden hauptsächlich von Bienen bestäubt. Seine Früchte schmecken auch bei voller Reife immer noch sehr sauer. Sie werden vor allem von Säugetieren des Waldes gefressen.

3 | Schlehe
Prunus spinosa
Rosengewächse

BESCHREIBUNG Sommergrüner, reich verzweigter Strauch, 1–3 m hoch **(3A)**. Zweige mit rechtwinklig abstehenden Dornen. Blätter wechselständig, kurz gestielt, länglich eiförmig, am Rand scharf gesägt. Blüten klein, weiß, erscheinen vor den Blättern. Blütezeit März/April. Kugelige schwarze Steinfrucht, blau bereift, kirschgroß **(3B)**.
LEBENSRAUM Häufig an Waldrändern, an Wegrändern, in Hecken.
WISSENSWERTES Diese Pionierpflanze mit großer Durchsetzungskraft ist das Grundelement von Hecken und Waldrändern. Der dornige Strauch ist auch der erste Blütenstrauch des Jahres, seine weißen Blüten erscheinen lange vor dem Laubaustrieb. Die Schlehe bietet in ihrem undurchdringlichen Gestrüpp vielen Vogelarten (Würger, Grasmücken, Drosseln) einen vor Fressfeinden geschützten Brutplatz. An den Blättern entwickeln sich Schmetterlingsarten wie Gespinstmotten und auch Trägspinner. Schlehenfrüchte enthalten neben Vitaminen und Zucker auch Säuren und viele Gerbstoffe. Wegen ihres hohen Gerbstoffgehaltes sind sie ohne Frosteinwirkung nahezu ungenießbar. Aber nach einer Frostperiode sind sie so mild, dass man sie auch roh essen kann. Meist jedoch werden sie gekocht verwendet, beispielsweise in Konfitüren, Gelees und Chutneys.

4 | Hunds-Rose
Rosa canina
Rosengewächse

BESCHREIBUNG Winterkahler Strauch mit kräftigen Stacheln, 1–3 m hoch. Blätter wechselständig, unpaarig gefiedert, Teilblättchen eiförmig, am Rand gesägt. Blüten hellrosa. Blütezeit Mai/Juli. Früchte hellorange bis rot, bekannt als Hagebutten.
LEBENSRAUM Laubwälder, Waldränder, Hecken und Gebüsche.
WISSENSWERTES In Deutschland gibt es etwa 23 Wildrosenarten. Die Hunds-Rose ist eine der häufigsten. In der ersten Juniwoche öffnen sich überall in Hecken und an Waldrändern ihre zartrosa Blüten, die reichlich Pollen, aber keinen Nektar produzieren. Dieser Strauch braucht tiefen, nährstoffreichen Boden, da er bis zu 1 m tief wurzelt. Er spielt in der Natur eine wichtige Rolle, denn er ist für die Ernährung vieler Tierarten notwendig. An den Blättern fressen die Raupen vieler Kleinschmetterlinge. Bienen und Hummeln sammeln den sehr reichlich vorhandenen Pollen. Und in den Früchten entwickeln sich Bohrfliegen. Häufig sind die Schlafapfelgallen der Rosengallwespe zu sehen, kugelige rötliche Gebilde, in deren Inneren sich eine Larve entwickelt.

1A

1B

2

3A

3B

4

1 | Brombeere
Rubus fruticosus
Rosengewächse

BESCHREIBUNG Strauch, der mit seinen bestachelten, rutenförmigen, bis zu 3 m langen Zweigen ein dichtes Gestrüpp bildet und andere Sträucher überwuchert. Blätter wechselständig, 3–7-teilig, am Rand gezähnt. Blüten weiß bis hellrosa. Blütezeit Mai bis August. Früchte zunächst rot, bei Reife schwarz, essbar.
LEBENSRAUM An Waldrändern, auf Schlägen und Lichtungen, in Hecken.
WISSENSWERTES Die Brombeere bildet formenreiche Sippen mit nur von Spezialisten unterscheidbaren Formen. Brombeerhecken bieten vielen Tieren reichlich Nahrung und sichere Brutplätze. In der Volksmedizin werden Brombeersträucher heute noch genutzt. Zur Anwendung gegen Halsentzündungen, Gicht und vieles mehr verarbeitet man Blütenknospen, Blätter (vor der Blütezeit) und Früchte.

2 | Himbeere
Rubus idaeus
Rosengewächse

BESCHREIBUNG Niedriger Strauch, 1–2 m hoch. Stängel biegsam, mit zahlreichen, nur 1 mm langen, relativ weichen Stacheln besetzt. Blätter 3–7-teilig gefiedert, unten dicht weißfilzig. Blüten weiß, in Büscheln am Ende der Stängel **(2A)**. Blütezeit Mai/Juni. Rote, samtige Früchte, essbar **(2B)**.
LEBENSRAUM Wächst wild auf Waldlichtungen, an Waldrändern und Waldwegen. In vielen Sorten in Kultur.
WISSENSWERTES Fossile Reste von prähistorischen Siedlungen zeigen, dass die Himbeere als Wildobst seit der jüngeren Steinzeit von Menschen genutzt wird. In Kultur ist sie erst seit dem Mittelalter. Die Blüten der Himbeere sind in blütenarmen Wäldern eine wichtige Bienen- und Schmetterlingsweide. Das Laub der Himbeersträucher wird zu mildem Humus und trägt zur Bodenverbesserung bei.

3 | Kratzbeere
Rubus caesius
Rosengewächse

BESCHREIBUNG Sommergrüner Strauch mit bogig überhängenden, dünnen Zweigen, 30–80 cm hoch. Stängel mit borstlichen Stacheln besetzt. Blätter wechselständig, immer 3-zählig gefiedert, Fiederblättchen eiförmig, oben grün, unten flaumig behaart, Blattrand gesägt. Blüten weiß. Blütezeit Mai bis August. Früchte bläulich bereift. Fruchtreife August bis Oktober.
LEBENSRAUM Weit verbreitet auf nährstoffreichen Böden. Zu finden auch in Auwäldern, an Gewässerrändern.
WISSENSWERTES Die Kratzbeere kann sich vegetativ durch Wurzelsprosse schnell ausbreiten und so ausgedehnte Bestände bilden. Ihre Sammelfrüchte zerfallen leicht in die einzelnen Steinfrüchtchen. Sie werden von Vögeln und kleinen Säugetieren verbreitet.

4 | Mispel
Mespilus germanica
Rosengewächse

BESCHREIBUNG Strauch oder kleiner Baum, 4–6 m hoch. Ältere Sträucher mit bedornten Zweigen. Blätter kurz gestielt, lang und schmal, unten behaart. Weiße Blüten **(4A)**. Blütezeit Mai/Juni. Früchte lederbraun, oben offen, essbar **(4B)**.
LEBENSRAUM Obstpflanze aus dem Mittelmeergebiet, wächst bei uns in warmen Wäldern und Gebüschen, an Waldrändern und Hängen von Weinbaugebieten. Die Mispel wurde bereits im Mittelalter in wintermilden Gegenden als Obstbaum kultiviert und verwilderte. In Mittel- und Südeuropa finden sich in der Natur nur solche verwilderten Exemplare.
WISSENSWERTES Die Bezeichnung „germanica" im lateinischen Namen beruht auf einem Irrtum des Namensgebers Carl v. Linné. Er lernte die Mispel erst in Deutschland kennen. Aber sie ist nicht hier beheimatet. Reife Mispeln sollten bis nach den ersten Frösten am Baum bleiben und auch nach der Ernte noch eine Zeitlang lagern. So werden sie weich und verlieren einen Großteil ihrer Gerbsäure.

5 | Zweigriffliger Weißdorn
Crataegus laevigata
Rosengewächse

BESCHREIBUNG Reich verzweigter dorniger Strauch oder Baum, 2–10 m hoch. Blätter 3–5-teilig, nur wenig tief gelappt, einzelne Abschnitte breit abgerundet. Blüten weiß oder rosa, duften unangenehm. Blütezeit Mai/Juni. Kugelige, rote Früchte.
LEBENSRAUM Sehr häufig in Waldrandgebüschen, in lichten Eichen- und Buchenwäldern, Hecken.
WISSENSWERTES Der Weißdorn ist ein begehrter Strauch in der Tierwelt. Zur Blütezeit ist er wichtiger Nektarlieferant für Bienen und Aasfliegen. Seine Blätter und Früchte sind Nahrung für rund 300 pflanzenfressende Insektenarten. Auf diesen schmarotzen wiederum viele Schlupf- und Brackwespen, die als Nützlinge in Obstgärten dienen. In seinen dornigen Zweigen brüten Neuntöter und Singdrossel.

1

2A

2B

3

4A

4B

5

1 | Mistel
Viscum album
Sandelholzgewächse

BESCHREIBUNG Wächst auf Bäumen und fällt wegen ihrer buschigen, hexenbesenartigen Struktur sofort auf **(1A)**. Zweige grün, gabelförmig verzweigt, tragen am Ende je ein Blattpaar. Blätter ledrig-derb, 2–8 cm lang, 1–1,5 cm breit. Blüten (ab April) unscheinbar, grün. Früchte erbsengroße weiße Beeren mit schleimigem Fleisch **(1B)**.
LEBENSRAUM Kugeliger Halbparasit auf Laubbäumen wie Pappel, Weide, Birke, Hainbuche, Walnuss, Apfelbaum und Ahornarten.
WISSENSWERTES Auf winterkahlen Bäumen erkennt man die Mistel schon von weitem. Diese Pflanze lebt als Halbschmarotzer auf Bäumen: Das lebenswichtige Wasser samt Nährsalzen holt sie sich mit Senkwurzeln von ihrer Wirtspflanze. Die für ihre Entwicklung notwendigen organischen Nährstoffe produziert sie in ihren Blättern selbst. Der kleine Strauch wird von Vögeln verbreitet, vor allem von der Misteldrossel. Nach dem Verzehr der klebrigen Früchte werden die Samen unverdaut ausgeschieden, landen so auf Bäumen, keimen dort aus und senken ihre Wurzeln in das Holz. Die Mistel ist eine alte Heilpflanze mit blutdrucksenkender, gefäßerweiternder und herzstärkender Wirkung.

2 | Berg-Ulme
Ulmus glabra
Ulmengewächse

BESCHREIBUNG Sommergrüner Laubbaum, 10–40 m hoch. Blätter oval, zugespitzt, oben auffällig rau, Blattrand gesägt. Blüten rötlich violett, sitzen in Büscheln direkt am Zweig, erscheinen vor dem Laub von März bis April. Frucht kahl, die Samen liegen genau in der Mitte der scheibenartigen Früchte.
LEBENSRAUM Schluchtwälder, schattige Hangwälder mittlerer Gebirgslagen. Gelegentlich als Alleebaum gepflanzt.
WISSENSWERTES Ulmen sind sommergrüne Bäume und leicht an ihren schief aussehenden Blättern zu erkennen. An geeigneten Standorten wachsen sie bis zu 40 m in die Höhe und werden manchmal 400 Jahre alt. Seit einigen Jahren aber rafft das Ulmensterben viele wertvolle einheimische Bäume dahin. Verursacht wird es durch einen aus Asien eingeschleppten Schlauchpilz, der in den wasserleitenden Gefäßen des Holzes wächst und diese verstopft. Infolgedessen kommt kein Wasser mehr in die Krone und die Blätter vertrocknen. Übertragen werden die Pilzsporen von zwei heimischen Ulmen-Borkenkäfern, dem Kleinen und auch dem Großen Ulmensplintkäfer.

3 | Feld-Ulme
Ulmus minor
Ulmengewächse

BESCHREIBUNG Laubbaum, 15–40 m hoch. Blätter oval, am Grund asymmetrisch, enden in einer Spitze. Die Blüten erscheinen als grünrote Büschel vor dem Laub und sitzen direkt an den Zweigen. Die Früchte sind runde grünliche Scheiben mit unzentriert darin sitzenden Samen.
LEBENSRAUM Auwälder der großen Flusstäler, Feldgehölze.
WISSENSWERTES Die Feld-Ulme ist ein Baum der Ebene. Sie wächst in Auwäldern, ist aber auch, wie ihr Name schon sagt, ein altes Feldgehölz und tritt häufig als Kulturbegleiter in Menschennähe auf. Heute steht der Baum als gefährdet in der Roten Liste. Grund dafür ist das Ulmensterben, ausgelöst durch einen Pilz, dem in den letzten Jahrzehnten viele alte Feldulmen erlagen. Bisher hat man noch kein anwendbares Mittel gegen die Ulmensplintkäfer gefunden. Auch resistente Ulmenrassen hat man noch nicht auslesen können. Bereits bei den ersten Krankheitssymptomen ist für die befallenen Bäume keine Rettung mehr möglich.

4 | Flatter-Ulme
Ulmus laevis
Ulmengewächse

BESCHREIBUNG Laubbaum, 10–35 m hoch **(4A)**. Blätter am Grund asymmetrisch **(4B)**, eiförmig bis rund, oben glatt und kahl (im Unterschied zur Berg-Ulme), unterseits dicht behaart, Blattrand doppelt gesägt. Blüten erscheinen vor dem Laub, wachsen gestielt und in Büscheln direkt an den Zweigen. Blütezeit März/April. Frucht mit Härchen, gestielt, Samen in der Mitte.
LEBENSRAUM Auwälder der Stromtäler, feuchte Mischwälder, Waldränder. Alleebaum.
WISSENSWERTES Die Flatter-Ulme ist die anspruchsloseste der drei Ulmenarten. Sie gehört zu einer Baumgemeinschaft, die man als Hartholzaue bezeichnet und besiedelt nährstoffreiche, oft überschwemmte Böden, wie sie in Wassernähe nicht selten sind. Ihren Namen erhielt sie wegen der lang gestielten Früchte, die bei jedem Windhauch in Bewegung sind. Einfachstes Erkennungszeichen des Baumes sind die unterseits weich behaarten Blätter. Auch die Flügelfrüchte zeigen typische Merkmale: Sie hängen an einem langen Stiel. Weil sie noch vor dem Laub heranwachsen, werden sie manchmal für kleine Blätter gehalten. Möglicherweise überleben die Flatter-Ulmen am ehesten das Ulmensterben in Mitteleuropa, weil der Ulmensplintkäfer diese Art seltener anfliegt als andere. Aber gänzlich verschont bleiben auch sie nicht.

1A

1B

2

3

4A

4B

1 | Rot-Eiche
Quercus rubra
Buchengewächse

BESCHREIBUNG Laubbaum, 20–30 m hoch. Blätter gestielt, Blattzipfel im Gegensatz zu anderen Eichen nicht rund, sondern stark zugespitzt. Im Herbst auffällige, weithin sichtbare Rotfärbung des Laubes. Glänzend rotbraune Früchte (Eicheln) in flachen, kahlen Bechern.
LEBENSRAUM Laubmischwälder von der Ebene bis ins Gebirge, Forstbaum, Zierbaum.
WISSENSWERTES Spätestens im Herbst macht dieser Baum aus dem östlichen Nordamerika auf sich aufmerksam. Solch ein leuchtendes Rot zeigt kein anderes Herbstlaub. Die Rot-Eiche aus Nordamerika wurde vor rund 200 Jahren überall in Mitteleuropas Laubwäldern forstlich angepflanzt. Sie gedeiht auf kargen Böden deutlich besser als unsere heimischen Eichenarten, ist sturmsicher, resistent gegen Mehltau und Luftschadstoffe und wächst deutlich schneller als einheimische Eichen. Einziger Nachteil des Baumes: Er ist hochanfällig gegenüber der Eichenwelke, einer Gefäßkrankheit, verursacht durch einen Pilz aus seiner Heimat.

2 | Flaum-Eiche
Quercus pubescens
Buchengewächse

BESCHREIBUNG Laubbaum mit breiter Krone und sparrig abstehenden Ästen, 5–20 m hoch. Junge Zweige und Blätter flaumig behaart (Name), ab Mitte Juni verliert sich der Flaum und ist unterseits der Blätter nur noch in den Winkeln der Blattnerven zu erkennen. Blätter mit beidseits 5–7 auffällig regelmäßigen Lappen. Männliche Blüten grüne hängende Kätzchen, weibliche Blüten unscheinbar, in den Blattachseln der Jungtriebe. Becher der Eicheln mit behaarten Schuppen.
LEBENSRAUM Laubmischwälder an sonnigen Hängen. Parkbaum. Hauptvorkommen in Südeuropa, bildet besonders in Südfrankreich größere Wälder.
WISSENSWERTES Die Flaum-Eiche ist die Charakterart der Flaumeichentrockenwälder Süd- und Südosteuropas. Im französischen Perigord nennt man sie „chêne truffier", Trüffeleiche, weil in ihrer Nähe die wertvollen Trüffeln besonders häufig wachsen. Vorkommen der Flaum-Eiche in Mitteleuropa sind Relikte aus Warmzeiten. Heute erreicht diese Eichenart im westlichen Mitteleuropa die Nordgrenze ihrer Verbreitung. In Deutschland finden wir sie noch in Restvorkommen an besonders warmen Standorten, wie etwa dem Kaiserstuhl oder dem Saaletal bei Jena.

3 | Trauben-Eiche
Quercus petraea
Buchengewächse

BESCHREIBUNG Laubbaum mit gewölbter, breiter Krone, 15–40 m hoch. Blätter lang gestielt, regelmäßig gebuchtet. Männliche Blüten grüne hängende Kätzchen, weibliche Blüten knopfförmig, rot, sitzen dicht zusammengedrängt. Blütezeit im Mai. Eicheln in Trauben gehäuft an sehr kurzen Stielen.
LEBENSRAUM Waldbaum des Hügellandes und der Mittelgebirge. Wertvoller Forstbaum.
WISSENSWERTES Diese Eiche liefert hochgewachsene und gerade Stämme von bester Qualität. Ihr Holz erzielt Spitzenpreise. Schneideholz erntet man nach 160 Jahren, das wertvolle Furnierholz nach etwa 250 Jahren. Die Traubeneiche blüht etwa 2 Wochen nach der Stieleiche. Sie gilt als die kleine Schwester der Stieleiche. Traubeneiche und Stieleiche ähneln sich sehr. Nach Ansicht einiger Botaniker sind beide nur zwei Rassen einer Art. Fakt ist, beide können bastardisieren, ob solche Bastarde in tatsächlichen Beständen allerdings eine Rolle spielen, bleibt zu erforschen.

4 | Stiel-Eiche
Quercus robur
Buchengewächse

BESCHREIBUNG Laubbaum mit ausladender Krone und mächtigen gekrümmtem Ästen, 20–50 m hoch. Rinde zunächst silbergrau glänzend, wird später zu dunkler, tiefrissiger Borke. Blätter blaugrün, kurz gestielt, mit kennzeichnender Lappung. Männliche Blüten grüne hängende Kätzchen, weibliche Blüten gestielte Knospen mit roten Narben. Blütezeit April/Mai. Eicheln in schuppigen Bechern, zu zwei bis drei an langen Stielen.
LEBENSRAUM Bestandsbildend in Laubmischwäldern der tieferen bis mittleren Lagen.
WISSENSWERTES Stiel-Eichen sind lichtbedürftig, brauchen feuchten, kalkhaltigen Boden und luftfeuchtes Klima. Dann werden sie 500 und mehr Jahre alt. Einige Baumpersönlichkeiten erreichen sogar ein Alter von 1400 Jahren. Ihr Holz ist bestes Nutzholz und bleibt wegen seines Gerbstoffgehaltes auch unter Wasser lange haltbar. Die Eiche ist ein wichtiger Baum für viele Tier- und Pflanzenarten. Gerade im Alter beherbergt sie Flechten, Moose und Pilze und ist Heimat für Insekten, Singvögel, Höhlenbrüter und Nagetiere. Und das selbst über ihr Absterben hinaus. Eicheln enthalten bis zu 38 % Stärke. Für das Rotwild spielen sie eine große Rolle. Für den Menschen sind sie nicht genießbar.

1

2

3

4

1 | Rot-Buche
Fagus sylvatica
Buchengewächse

BESCHREIBUNG Stattlicher Baum mit kuppelförmiger Krone, 10–45 m hoch. Stämme und Äste silbergrau berindet. Blätter wechselständig, oval, am Rand glatt, gewellt. Buchen blühen im Mai, die männlichen Blüten als hängende Kätzchen **(1A)**, die weiblichen als stehende Knospen mit rosa Griffeln. Früchte (Bucheckern, **1B**) sind dreikantige, glänzende Nüsse in einer stacheligen Hülle.
LEBENSRAUM Waldbaum, Schattenholzart, bildet reine Bestände, in der Ebene oft auch mit Tanne und Eiche gemischt.
WISSENSWERTES Die eindrucksvollsten Buchenwälder Deutschlands wachsen auf den kalkreichen Böden der Schwäbischen Alb und des Fränkischen Jura. In diesen Wäldern mit ihrem kuppelförmig gewölbten Blätterdach ist es an einem heißen Sommertag angenehm kühl, bis zu 10 Grad kühler als in einem Kiefernforst. Heute gilt die Rotbuche als „Mutter des Waldes". Ihr nährstoffreiches Laub verrottet zu gutem Humus und von ihren Blättern und Früchten leben viele Tiere. Sie ist die wichtigste heimische Laubbaumart und eines der bedeutendsten Nutzhölzer.

2 | Schwarz-Erle
Alnus glutinosa
Birkengewächse

BESCHREIBUNG Laubbaum mit geradem Stamm und schwarzer zerklüfteter Borke, 10–25 m hoch. Blätter verkehrt eiförmig, stumpf, oben dunkelgrün, klebrig, unten mit gelben Haarbüscheln. Blüten erscheinen vor dem Laub, männliche Blüten hängende Kätzchen, weibliche Blüten zapfenartig, mit Luftkammern, die der Verdriftung durch Fließwasser dienen. Früchte dunkelbraune Zapfen, etwa 2 cm lang (S. 241).
LEBENSRAUM Bach- und Flussauen, Schluchtwälder. Grundwasserzeiger.
WISSENSWERTES Dieser Baum bildet Ufersäume von Seen, begleitet schnell fließende Bäche und besiedelt verlandete Teiche. Auf nassen, zeitweise überschwemmten Standorten ist die Schwarz-Erle anderen Laubbäumen überlegen. Dort kann sie Reinbestände ausbilden, wie beispielsweise im Spreewald südlich von Berlin. Als Tiefwurzler festigt sie Böden und reichert sie mit Stickstoff an. Dies geschieht mit Hilfe des Fadenbakteriums *Frankia alni* in Wurzelknöllchen. Dieser schnell wachsende Baum wird etwa 120 Jahre alt und erreicht eine Höhe von bis zu 25 m. Auf seinen Blättern lebt der Erlenblattkäfer *Agelastica alni*, der nicht selten Kahlfraß verursacht.

3 | Grau-Erle
Alnus incana
Birkengewächse

BESCHREIBUNG Kleiner Baum oder Strauch, 3–15 m hoch. Rinde glänzend silbergrau, nicht rissig. Blätter wechselständig, eiförmig, zugespitzt, oben dunkelgrün, kahl, unten graugrün, behaart, junge Blätter nicht klebrig wie bei der Schwarzerle, doppelt gesägter Blattrand. Männliche Blüten hängende Kätzchen, weibliche Blüten zapfenartig. Blütezeit Februar/März, etwa drei Wochen vor der Schwarzerle. Früchte schwarzbraune Zapfen, kleiner als die der Schwarzerle.
LEBENSRAUM Auwälder in Mittelgebirgen und Alpentälern. In Hochlagen oft als Bodenverbesserer gepflanzt.
WISSENSWERTES Die Grau-Erle wächst häufig zusammen mit Moorbirke, Eberesche und Schwarzpappel. Sie besiedelt die montane Stufe von etwa 500–1400 m Höhe. Hier wächst sie meist entlang von Gebirgsbächen. Darüber hinaus wird sie als Pionierbaum auf schlechten Böden angepflanzt, denn sie wirkt bodenverbessernd. Sie hat ein reiches, dicht verzweigtes Wurzelsystem und geht wie alle Erlen eine Symbiose mit dem Bakterium *Frankia alni* ein, das Luftstickstoff binden kann.

4 | Grün-Erle
Alnus viridis
Birkengewächse

BESCHREIBUNG Strauch oder kleiner Baum, 0,5–3m hoch. Rinde zunächst aschgrau und glatt, wird später zu schwärzlicher Borke. Blätter eiförmig, zugespitzt, am Rand unregelmäßig gesägt, oben dunkelgrün, unten heller. Männliche Blüten hängende Kätzchen, weibliche Blüten aufrecht, zapfenartig, grün. Blütezeit April bis Juni. Früchte dunkelbraune, verholzte Zapfen.
LEBENSRAUM Nasse Mischwälder, Waldränder, Bachufer, Lawinenhänge. Vergesellschaftet mit Alpenrose, Eisenhut und Weißem Germer wächst die Grün-Erle im Gebirge bis in Höhen von 2800 m. Bevorzugt kalkärmere Böden.
WISSENSWERTES Dieser reich verzweigte Strauch hat in den Alpen als Schutzholz große Bedeutung. Er wird dort besonders zur Sicherung steiler Hänge gegen Steinrutsch und Lawinen gepflanzt. Grün-Erlen gedeihen auch noch in 2000 m Höhe und halten Steinschutt und Schnee sicher fest. Ihre biegsamen Zweige können große Schneelasten tragen ohne abzubrechen. Deshalb nennt man die Grün-Erle in Bayern auch „Laublatsche". Die Bergbauern fürchten diesen Strauch, weil er fruchtbare Almwiesen überwuchert.

1A
1B
2
3
4

Bäume und Sträucher

1 | Hänge-Birke
Betula pendula
Birkengewächse

BESCHREIBUNG Laubbaum, 10–25 m hoch, mit glatter, weißer Rinde, die später aufplatzt und an diesen Stellen grauschwarz wird **(1A)**. Blätter dreieckig, mit lang ausgezogener Spitze, doppelt gesägt. Männliche Blüten hängende Kätzchen **(1B)**, weibliche Blüten grün bis rötlich, aufrecht. Blütezeit März bis Mai.
LEBENSRAUM Waldränder, Heiden, Moore.
WISSENSWERTES Die Hänge-Birke ist der Laubbaum des hohen Nordens. Sie kommt in den Wäldern Skandinaviens und Russlands häufig vor. Für die schnelle Besiedlung neuer Lebensräume besitzt die Birke besondere Samen: winzige geflügelte Nüsschen, die kilometerweit mit dem Wind segeln. Als anspruchslose Pionierart pflanzt man sie häufig als Vorwald. Sie wächst schnell, in 20 Jahren kann sie bereits 23 m Höhe erreichen. Aber sie lebt nur relativ kurz: Birken werden kaum älter als 90 Jahre.

2 | Moor-Birke
Betula pubescens
Birkengewächse

BESCHREIBUNG Sommergrüner, häufig mehrstämmiger Baum mit aufsteigenden oder waagrecht abstehenden, selten überhängenden Ästen, 5–30 m hoch. Junge Triebe kurzflaumig behaart. Rinde schmutzig weiß, Borkenbildung setzt spät ein. Blätter wechselständig, eiförmig, in der Jugend flaumig behaart, Blattrand gesägt. Männliche Kätzchenblüten hängend, weibliche Kätzchen zunächst aufrecht, später hängend. Blütezeit April/Mai. Frucht eine 1-samige Nuss. Fruchtreife August/September.
LEBENSRAUM Bevorzugt auf feuchten sauren Böden. In Nord- und Mitteleuropa kennzeichnender Baum der Moor- und Bruchwälder. Kommt von der Ebene bis in 2200 m Höhe in den Alpen vor.
WISSENSWERTES Im Unterschied zur Hänge-Birke stehen die Zweige der Moor-Birke starr nach oben. Dadurch bekommt der Baum einen anderen Umriss, die Krone eine eiförmige Form. Wie der Name schon sagt, besiedelt dieser Baum schnell Hochmoore und verbuscht sie. Das Endstadium ist ein dichter Moorbirkenwald. An Moor-Birken findet man häufig Hexenbesen. Das sind nestförmige Wucherungen an Seitenästen, hervorgerufen von Pilzen der Gattung *Taphrina*. In ähnlicher Form, aber von anderen Pilzgattungen verursacht, treten solche Hexenbesen auch an etlichen anderen Laub- und Nadelbaumarten auf.

3 | Haselnuss
Corylus avellana
Birkengewächse

BESCHREIBUNG Buschiger Strauch mit vielen Einzelstämmchen, 2–5 m hoch. Blätter fast rund, weich, auf beiden Seiten behaart, am Rand doppelt gezähnt. Männliche Blüten sind hängende Kätzchen. Weibliche Blüten sind kleine Knospen, aus denen ein Büschel roter Narben herausragt. Blütezeit Februar bis April. Frucht eine hartschalige Nuss in zerschlitztem Becher.
LEBENSRAUM Sonnige Waldränder, Laubmischwälder, Hecken, Gebüsche. Wird in Gärten und Parks gepflanzt.
WISSENSWERTES Nach der Eiszeit war die Haselnuss in Mitteleuropa einer der häufigsten Sträucher. Pollenfunde aus Bodenschichten belegen das. Noch heute erstreckt sich das Verbreitungsgebiet der Haselnuss von Norwegen bis zu den Mittelmeerländern. Vor allem in Eichenmischwäldern und Hecken findet man sie häufig. In manchen Eichenwäldern bilden Haselsträucher ein sehr dichtes Unterholz, das perfekte Versteck für Rehe und anderes Wild. In Norddeutschland sind sie der häufigste Strauch in Hecken, da sie den Wind bremsen.

4 | Hainbuche, Weißbuche
Carpinus betulus
Birkengewächse

BESCHREIBUNG Breitkroniger, dicht verzweigter Laubbaum, 5–25 m hoch. Blätter länglich eiförmig, am Rand doppelt gesägt. Männliche und weibliche Blüten als hängende Kätzchen **(4A)**. Früchte 3zipflig **(4B)**. Blütezeit April–Mai.
LEBENSRAUM Krautreiche Laubmischwälder. Außerdem an Waldrändern, in Hecken. Oft gepflanzt.
WISSENSWERTES Wo eine Eiche steht, ist die Hainbuche meist nicht weit. Dieser Baum gedeiht am besten im Halbschatten unter dem Blätterdach der sonnenliebenden Eiche. Schon immer hat er seine größte Verbreitung in den charakteristischen Eichen-Hainbuchenwäldern. Auch im Wurzelsystem ergänzen sich Eiche und Hainbuche hervorragend. Die tief wurzelnde Eiche nutzt tief im Boden liegende Nährstoffe, die eher flach wurzelnde Hainbuche dagegen die oberen Nährstoffdepots. Das schwere, zähe und harte Holz der Hainbuche ist gleichmäßig hell, daher auch der Name „Weißbuche". Es hat einen hohen Brennwert, ist aber auch für den Geräte- und Werkzeugbau begehrt. Dieses harte Holz hat man oft in der Hand: Spatenstiele, Kegelkugeln und Werkzeugbänke werden aus dem Holz dieses Baumes gemacht.

1A

1B

2

3

4A

4B

1 | Sal-Weide
Salix caprea
Weidengewächse

BESCHREIBUNG Laubbaum oder Strauch mit breiter Krone, 2–10 m hoch **(1A)**. Blätter gestielt, oben olivgrün und kahl, unten graugrün und dicht behaart **(1B)**. Kätzchenblüten erscheinen lange vor dem Laubaustrieb, männliche und weibliche Blüten sitzende Kätzchen.
LEBENSRAUM Waldränder, Waldlichtungen und Kahlschläge.
WISSENSWERTES Die Sal-Weide wächst als einzige Weide auch weit weg vom Wasser. Wenn sie im Frühling blüht, wird sie von Bienen und Hummeln geradezu umschwärmt, hier finden diese Insekten nach der kalten Jahreszeit zum ersten Mal wieder reichlich Nektar und Pollen. Dieser Baum ist eine typische Pionierart, die schnell Lichtungen und Kahlschläge besiedelt. Die schnellwüchsige Art erreicht ein Höchstalter von 60 Jahren.

2 | Silber-Weide
Salix alba
Weidengewächse

BESCHREIBUNG Unsere größte und häufigste Weide, erreicht Wuchshöhen bis zu 25 m. Laubbaum mit tiefrissiger Borke. Blätter lang, zugespitzt, oben dunkelgrün, unten silbrig behaart. Männliche und weibliche Kätzchenblüten auf verschiedenen Pflanzen (zweihäusig). Blütezeit April/Mai. Frucht eine graufilzige Kapsel, Samen sehr klein, mit weißem Haarschopf.
LEBENSRAUM In Auwäldern, an Altwässern, an Fluss-, Bach- und Seeufern.
LEBENSWEISE Diese größte heimische Weide wächst sehr schnell. Längenzuwächse von etwa 2 m pro Jahr sind keine Seltenheit. Ihr Stamm bietet mit einer Höhe von 25 m und einem Durchmesser von mehr als einem Meter reichlich Holz. Damit ist sie unsere forstlich wichtigste Weidenart. Und sie gehört mit einem Lebensalter von 120 Jahren gleichzeitig zu den langlebigsten Weiden. Alte Bäume bieten vielen Tieren Unterschlupf. Fledermäuse und der Steinkauz wohnen in dieser Weide.

3 | Schwarz-Pappel
Populus nigra
Weidengewächse

BESCHREIBUNG Laubbaum mit weit ausladender kuppelförmiger Krone, 15–30 m hoch. Blätter lang gestielt, herz- bis rautenförmig, bis 10 cm lang. Zweihäusig. Männliche Kätzchenblüten sind rot, weibliche Kätzchen grüngelb, sie entlassen ab Mai weiße behaarte Samen.
LEBENSRAUM Natürlich in Auwäldern, an Altwässern. Daneben Forstbaum, Alleebaum.
WISSENSWERTES Eine Pappel produziert jedes Jahr etwa 26 Millionen Samen, die bis zu 15 km weit verdriftet werden. Auch die Wuchsleistung ist enorm: Zuwächse von einem Meter pro Jahr sind keine Seltenheit. Leider ist dieser Rekordbaum von Auwäldern und Altwässern heute als Wildart gefährdet und steht auf der Roten Liste. Die heutigen Bäume sind forstliche Neuzüchtungen. Gepflanzt wird vor allem eine Kreuzung der heimischen Schwarz-Pappel mit einer kanadischen Art. Das Erbgut dieser Kreuzungen *(Populus × canadensis)* vermischt sich über den Pollenflug mit dem der Schwarz-Pappel und rottet damit reinrassige Nachkommen nach und nach aus. Auf der Schwarz-Pappel leben viele Insekten, beispielsweise die Raupen von acht Nachtschmetterlingen, auch die der Pappelschwärmer. Besonders fein hat sich die Laus *Pemphigus spirothecae* eingenischt: Sie wohnt in den Blattstielen und bildet eine auffällige Pflanzengalle aus, die von April bis in den November an den Bäumen gefunden werden kann.

4 | Zitter-Pappel, Espe
Populus tremula
Weidengewächse

BESCHREIBUNG Laubbaum mit schütterer Krone, 10–25 m hoch. Rinde zunächst gelbgrau, wird erst im Alter zu dunkelgrauer, rissiger Borke. Typisch sind die fast kreisrunden Blätter an langen dünnen Stielen, die schon bei leichtem Wind wie „Espenlaub" zittern **(4A)**. Zweihäusig. Blüten in hängenden Kätzchen **(4B)**, die männlichen bis 10 cm lang, erscheinen im März vor dem Laubaustrieb. Frucht eine Kapsel, die Samen mit weißen, wolligen Haarschöpfen enthält.
LEBENSRAUM Lichte Wälder, Waldränder und Kahlschläge.
WISSENSWERTES Schon beim leisesten Windhauch sind die Blätter der Zitter-Pappel in Bewegung. Ob sie damit Fraßinsekten abwehren oder die Blattverdunstung steigern, um mehr Wasser aus dem Wurzelraum in die Höhe zu pumpen, ist noch ungeklärt. Zitter-Pappeln können dank ihrer mit langen Flughaaren ausgestatteten Samen alle lichten Stellen im Wald in kürzester Zeit erreichen und erobern, sofern Gräser und Kräuter den Boden nicht allzu dicht überziehen. Nach Waldbränden kommt es meist zu einem besonders starken und dichten Aufwuchs von Zitter-Pappeln. Als Rohbodenpionier fassen Zitter-Pappeln auch auf schlechten Böden schnell Fuß. Aber mit einem Höchstalter von gerade 100 Jahren bleibt der Baum deutlich hinter der Lebenserwartung von Schwarz- und Silberpappel zurück. Ihr leichtes Holz wird zu Papier verarbeitet und findet als Biomasse bei der Energieproduktion Verwendung. Auch Streichhölzer stellt man daraus her.

1A
1B
2
3
4A
4B

Essbare Früchte im Wald

Elsbeere, *Sorbus torminalis* (S. 250)

Schwarzer Holunder, *Sambucus nigra* (S. 270)

Preiselbeere, *Vaccinium vitis-idea* (S. 270)

Heidelbeere, *Vaccinium myrtillus* (S. 272)

Brombeere, *Rubus fruticosus* (S. 254)

Haselnuss, *Corylus avellana* (S. 262)

Kornelkirsche, *Cornus mas* (S. 272)

Hundsrose, *Rosa canina* (S. 252)

Giftige Früchte im Wald

Faulbaum, *Rhamnus frangula* (S. 246)

Wald-Geißblatt, *Lonicera periclymenum* (S. 268)

Rote Heckenkirsche, *Lonicera xylosteum* (S. 268)

Liguster, *Ligustrum vulgare* (S. 242)

Seidelbast, *Daphne mezereum* (S. 276)

Efeu, *Hedera helix* (S. 276)

Pfaffenhütchen, *Euonymus europaeus* (S. 276)

Stechpalme, *Ilex aquifolium* (S. 278)

1 | Robinie
Robinia pseudoacacia
Hülsenfrüchtler

BESCHREIBUNG Laubbaum mit lockerer, im Umriss ovaler Krone, 10–25 m hoch. Blätter unpaarig gefiedert, oft mit 2 rotbraunen Dornen an der Basis, Fiederblättchen länglich eiförmig, stumpf, mit glattem Rand. Weiße, duftende Blüten **(1A)**. Früchte sind lange, dunkelbraune, glatte Hülsen **(1B)**.
LEBENSRAUM Lichte Wälder, Waldränder und Geröllhalden.
WISSENSWERTES Dieser Baum aus dem Osten Nordamerikas ist heute in Europa eine weit verbreitete Baumart, vor allem weil sie anspruchslos ist. Sie gedeiht auf nährstoffarmen Böden, wächst schnell und verträgt Hitze und Dürre. Ihr Holz ist zäh wie Eschenholz, hart wie Hainbuchenholz und widerstandsfähiger und dauerhafter als Eichenholz. Die Robinie ist ein schwach giftiger Baum. Ihre Samen, vor allem aber die Rinde enthalten verschiedene giftige Lectine, die zu Störungen im Stoffwechsel von Leber- und Muskelzellen führen können. Gefährdet sind Menschen und Tiere.

2 | Besenginster
Cytisus scoparius
Hülsenfrüchtler

BESCHREIBUNG Unverwechselbarer Strauch mit rutenförmigen, biegsamen, grünen Zweigen, 0,5–2 m hoch **(2A)**. Blätter im unteren Stängelbereich kleeartig 3-zählig, oben oft nur einfach. Blüten goldgelb, gestielt **(2B)**. Blütezeit Mai/Juni. Reife Früchte flache, schwarze Hülsen.
LEBENSRAUM Kiefernwälder, Waldränder, Kahlschläge, Heiden, Straßenböschungen.
WISSENSWERTES Mit seinen goldgelben Blüten macht der Besenginster im Mai an trockenen Waldrändern und auf Heiden auf sich aufmerksam. Sein süßlicher Duft lockt vor allem Bienen und Hummeln als Blütenbesucher an. In Jahren mit lang anhaltenden Winterfrösten erfriert der Strauch. Deshalb trifft man ihn wild vor allem in den wintermilden Regionen im Süden und Westen Mitteleuropas an

3 | Wald-Geißblatt, Wald-Heckenkirsche
Lonicera periclymenum
Geißblattgewächse

BESCHREIBUNG Schlingstrauch, der sich an Bäumen und anderen Sträuchern empor windet. Blätter gegenständig, kurz gestielt, eiförmig. Blüten gelbweiß bis rosa, trichterförmig, duften aromatisch. Blütezeit Mai bis Juli. Früchte leuchtend rote Beeren, schwach giftig.
LEBENSRAUM Sehr häufig in lockeren Eichenmischwäldern, Hecken und Gebüschen.
WISSENSWERTES Diese Kletterpflanze wächst mühelos bis zu 20 m hoch, umschlingt Bäume bis in die äußersten Äste und bringt sie gelegentlich zum Absterben. An den Blättern des Wald-Geißblattes leben die Raupen von 24 Kleinschmetterlingen. In den Blättern lebt die Larve einer Minierfliege *(Phytomyza periclymeni)*, die Sternmuster in das Blatt frisst.

4 | Schwarze Heckenkirsche
Lonicera nigra
Geißblattgewächse

BESCHREIBUNG Aufrechter Strauch mit graubraunen, dünnen, gebogenen Zweigen, 1–2 m hoch. Blätter gegenständig, länglich eiförmig, kurz gestielt, weich. Blüten cremeweiß, rosa oder weinrot überlaufen, sitzen paarweise auf einem 2–4 cm langen Stiel in den Blattachseln. Blütezeit April/Mai. Früchte sind schwarze Beeren, bläulich bereift, sitzen paarweise zusammen, giftig.
LEBENSRAUM Wächst in Bergmischwäldern unter Fichten und Tannen, auch in Grünerlengebüschen und Latschenkieferbeständen.
WISSENSWERTES Die Blüten dieser Schattenpflanze werden von Bienen bestäubt, die Früchte von Vögeln verbreitet. Die Früchte sind ungenießbar, werden als schwach giftig eingestuft. Sie enthalten den Bitterstoff Xylostein und Spuren von Alkaloiden.

5 | Rote Heckenkirsche
Lonicera xylosteum
Geißblattgewächse

BESCHREIBUNG Strauch mit rutenförmigen Zweigen, 1–2,5 m hoch. Rinde graubraun, löst sich in Streifen ab. Blätter gegenständig, eiförmig, ganzrandig, oben und unten flaumig behaart. Gelbweiße Blüten, sitzen paarweise auf einem gemeinsamen Stiel. Blütezeit April bis Juni. Rote glasartig glänzende, erbsengroße Beerenfrüchte, paarweise angeordnet, giftig. Fruchtreife August bis September.
LEBENSRAUM Mischwälder, Hecken, Gebüsche. Das Verbreitungsgebiet reicht vom Tiefland bis in 2000 m Höhe in den Alpen.
WISSENSWERTES Die kalkliebende Pflanze braucht lockere, nährstoffhaltige Böden. Ihre Blüten werden vorzugsweise von Hummeln bestäubt, die Samen von Vögeln verbreitet. Für den Menschen sind die Früchte giftig. Sie enthalten den Bitterstoff Xylostein und Saponine. Schon der Genuss geringer Mengen kann Erbrechen und Durchfall auslösen. Das Holz der Roten Heckenkirsche ist sehr hart und zäh und deswegen gut als Drechslerholz verwendbar.

1A
1B
2A
2B
3
4
5

1 | Trauben-Holunder
Sambucus racemosa
Moschuskrautgewächse

BESCHREIBUNG Mittelgroßer, 1–4 m hoher Strauch. Blätter gegenständig, unpaarig gefiedert, Teilblättchen länglich, zugespitzt, Blattrand grob gesägt. Blüten grüngelb, in aufrechten, kegelförmigen Blütenständen am Ende der Zweige **(1A)**. Blütezeit März bis Mai. Kugelige rote Steinfrüchte, in rohem Zustand giftig **(1B)**.
LEBENSRAUM Kahlschläge und Lichtungen der Mittelgebirgsregion
WISSENSWERTES Der Trauben-Holunder ist eine typische „Schlagpflanze". Nach Windbrüchen besiedelt er vor allem Bergwaldlichtungen als erster Strauch. Neben Trauben-Holunder und Schwarzem Holunder gibt es noch eine dritte heimische Holunderart, den Attich oder Zwerg-Holunder *(Sambucus ebulus)*. Er wächst als niedrige Staude in Wäldern und Gebüschen und ist in allen Teilen giftig.

2 | Schwarzer Holunder
Sambucus nigra
Moschuskrautgewächse

BESCHREIBUNG Großer kugeliger Strauch oder kleiner Baum mit überhängenden Zweigen, 2–7 m hoch. Borke grau und warzig, riecht unangenehm. Zweige mit weißem Mark gefüllt. Blätter gegenständig, unpaarig gefiedert, Teilblättchen eiförmig, am Rand unregelmäßig gesägt. Cremeweiße, duftende Blüten in flachen doldenartigen Blütenständen am Ende der Zweige. Hängender Fruchtstand aus zahlreichen, kugeligen, bei Reife glänzend schwarzen Steinfrüchten. Fruchtreife im September.
LEBENSRAUM Feuchte Wälder, Waldränder, Hecken, Gebüsche. Oft in Siedlungsnähe.
WISSENSWERTES Der Schwarze Holunder braucht viel Platz und fruchtbaren Untergrund zum Gedeihen. Er steht bevorzugt dort, wo der Boden von Tieren aufgewühlt und gedüngt wurde. Holunderbeeren sind essbar. Sie werden gerne von Amseln, Drosseln und anderen Vögeln verzehrt. Für den menschlichen Genuss sind sie nur vollreif und gekocht geeignet. Sie enthalten ebenso wie Blätter und Blütenstiele das unverträgliche Sambucin, das beim Kochen zerstört wird. Der Schwarze Holunder wird schon sehr lange von den Menschen genutzt, trotzdem ist er nie eine Kulturpflanze im eigentlichen Sinn geworden. Heute gehört er zu den Gewinnern der Zivilisation. Stickstoffanreicherung im Boden durch Überdüngung landwirtschaftlicher Nutzflächen gereicht ihm zum Vorteil und so breitet er sich zur Zeit überall aus.

3 | Besenheide, Heidekraut
Calluna vulgaris
Heidekrautgewächse

BESCHREIBUNG Zwergstrauch, 20–100 cm hoch. Blätter immergrün, sitzen in 4 Zeilen um den holzigen Stängel, schmal linealisch, liegen schuppenförmig den Ästchen an. Blüten hellviolett, sitzen an einer Seite des Stängels in 4 Reihen übereinander. Blütezeit Juli bis September.
LEBENSRAUM Moore, Heiden, Magerrasen, Kiefern- und Eichenwälder. Die Art ist oft bestandsbildend und landschaftsprägend.
WISSENSWERTES Die Besenheide ist Spezialist für nährstoffarme, sandige und kalkfreie Böden. Damit eignet sie sich zur Begrünung sandiger Böschungen. Die Blüten sind eine wichtige Bienenweide (Heidehonig), ihr Nektar enthält bis zu 24 % Zucker, hauptsächlich Saccharose. In der Heidewirtschaft früherer Jahrhunderte spielte die Pflanze eine entscheidende Rolle: man nutzte sie als Futter für Heidschnucken, als Lieferant von Heidesoden, als Material zur Hausabdeckung, für Besen und natürlich als Nektarspender für Honigbienen.

4 | Preiselbeere
Vaccinium vitis-idaea
Heidekrautgewächse

BESCHREIBUNG Immergrüner Zwergstrauch, 10–20 cm hoch. Blätter derb, ganzrandig, oben glänzend dunkelgrün, unten braun punktiert, Blattrand oft nach unten umgebogen. Blüten weiß bis zartrosa, glockenförmig, hängen in Trauben am Ende der Zweige. Blütezeit Mai/Juni. Früchte kugelige, leuchtend rote Beeren, mehlig, essbar. Fruchtreife August bis Oktober.
LEBENSRAUM Fehlt in Kalkgebieten. Wild in Mittel- und Nordeuropa häufig in warmen Fichten- und Kiefernwäldern, in Mooren und auf Heiden.
WISSENSWERTES Die berühmte Marmelade zu Wildgerichten stammt aus den Nadelwäldern der Alpen und Skandinaviens. Preiselbeeren enthalten viele Mineralstoffe, Vitamin A und C, sowie Vitamine der B-Gruppe. Roh schmecken sie ausgesprochen sauer, erst beim Kochen entwickeln sie ihren delikat angenehmen Geschmack. Da die Sträucher oft zweimal im Jahr blühen, reifen Beeren bis in den Oktober hinein. Die späten Früchte, auch bekannt unter dem Namen „Winterzäcken", schmecken noch aromatischer als die herbsüßen Sommerfrüchte. Preiselbeerblätter finden Verwendung in Blutreinigungsmitteln und gegen rheumatische Beschwerden.

1A

1B

2

3

4

1 | Rauschbeere
Vaccinium uliginosum
Heidekrautgewächse

BESCHREIBUNG Sommergrüner Strauch, 30–100 cm hoch. Zweige rund, mit brauner Rinde. Blätter eiförmig, oben blaugrün, unten graugrün, mit vorstehenden Blattnerven, ganzrandig. Blüten weiß oder rosa, glockenförmig, zu 2–3 in den Achseln der oberen Blätter **(1A)**. Blütezeit Mai/Juli. Beeren schwarz, meist etwas größer als Heidelbeeren, blau bereift **(1B)**, Fruchtfleisch farblos.
LEBENSRAUM Kiefern- und Birkenmoore, Zwergstrauchgebüsche, Latschenhalden.
WISSENSWERTES Als typische Moorpflanze braucht die Rauschbeere zum Gedeihen torfhaltigen, feuchten Boden. Ihre reifen Früchte werden als giftverdächtig eingestuft. Sie schmecken fad süßlich und sollen, in Mengen genossen, rauschartige Zustände verbunden mit Schwindel, Sehstörungen und auch Lähmungen hervorrufen. Giftstoffe konnten aber bislang nicht nachgewiesen werden. Man vermutet, dass diese Vergiftungserscheinungen auf eine Infektion der Beeren mit dem Schlauchpilz *Monilinia megalospora* zurückzuführen sind.

2 | Heidelbeere
Vaccinium myrtillus
Heidekrautgewächse

BESCHREIBUNG Sommergrüner, buschiger Zwergstrauch mit kantigen, grünen Stängeln, 15–50 cm hoch. Blätter eiförmig, zugespitzt, am Rand fein gesägt. Blüten erst grün, später weinrot, krugförmig, nickend, sitzen einzeln in den Achseln der Blätter. Blütezeit April/Mai. Schwarzblaue Beerenfrüchte, essbar. Erntezeit für die Früchte sind die Monate August/September.
LEBENSRAUM Fehlt in Kalkgebieten, sonst in Nadelwäldern, lichten Laubwäldern, Zwergstrauchbeständen.
WISSENSWERTES Heidelbeeren findet man am ehesten in den nördlichen Nadelwäldern oder in den Gebirgen Mitteleuropas, denn sie schätzen einen sauren, feuchten und hellen Standort. Als frostempfindlichste aller *Vaccinium*-Arten überdauert die Heidelbeere strenge Winter nur unter einer dichten Schneedecke. Die Beeren gehören roh und verarbeitet zu den schmackhaftesten und beliebtesten Wildfrüchten. Noch heute werden jährlich viele tausend Tonnen der vitaminreichen Waldbeeren geerntet. Die kleinen Beeren enthalten neben den Vitaminen A und C auch Kalzium, Kalium, Magnesium, Eisen und Gerbstoffe. Sie wirken entzündungshemmend und werden in der Volksmedizin vor allem bei Magenbeschwerden und Durchfall genutzt.

3 | Echte Bärentraube
Arctostaphylos uva-ursi
Heidekrautgewächse

BESCHREIBUNG Teppichartig wachsender Kleinstrauch, 20–60 cm hoch. Blätter immergrün, derb, verkehrt-eiförmig, glänzend, Unterseite netzadrig. Blüten weiß bis hellrosa, glockenförmig, hängen in Gruppen am Ende der Zweige. Blütezeit März bis Juni. Steinfrüchte rot und mehlig, ähnlich den Preiselbeeren.
LEBENSRAUM Lichte Kiefernwälder, Heiden, alpine Matten. Von der Ebene bis in Höhenlagen von 2500 m anzutreffen.
WISSENSWERTES Die Echte Bärentraube ist der Frühlingsbote der Alpen. An geschützten Standorten blüht sie schon bald nach der Schneeschmelze. Ihre Blüten werden von Bienen und Hummeln bestäubt, ihre Samen von Schneehühnern, Tannenhähern und Wacholderdrosseln verbreitet. Aber nicht nur Vögel, auch Bären sollen die Früchte verzehren und die Samen verbreiten. Die Echte Bärentraube ist eine alte Heilpflanze. Ihre getrockneten Blätter sind Hauptbestandteil vieler Tees gegen Blasen- und Nierenleiden. Früher hat man sie wegen ihres hohen Gerbstoffgehaltes auch zum Gerben von Leder verwendet.

4 | Kornelkirsche
Cornus mas
Hartriegelgewächse

BESCHREIBUNG Früh blühender Strauch, 2–6 m hoch. Blätter gegenständig, breit lanzettlich, zugespitzt, bis zu 8 cm lang. Blüten gelb, erscheinen lange vor dem Laub, stehen in kleinen Dolden direkt an den Zweigen. Blütezeit Februar bis April. Weintraubengroße rote Steinfrüchte. Fruchtreife August/September.
LEBENSRAUM In Mitteleuropa wild in trockenen Laubwäldern, an Waldrändern, in Gebüschen wärmerer Hügellandschaften. In Gärten beliebter Zierstrauch.
WISSENSWERTES Wenn Kornelkirschen ihre goldgelben Blütentrauben entfalten, ist der Winter gerade vorbei. Dieser Strauch blüht im zeitigen Frühjahr, lange bevor die Zweige Blätter tragen. Ein solcher Blütenreichtum wird als Bienenweide des Frühjahrs sehr geschätzt. Die roten, süß-säuerlichen Früchte reifen ab August. Früher wurden sie zu Marmelade, Gelee, Saft und Wein verarbeitet. Weil Kornelkirschen aber nur wenig Fruchtfleisch haben und die Herstellung dieser Produkte sehr zeitaufwändig ist, macht man heute kaum noch Gebrauch davon. Man überlässt sie lieber den Tieren. Bei Vögeln und Haselmäusen sind sie sehr beliebt.

1A

1B

2

3

4

Salweide, weiblich, *Salix caprea* (S. 264)

Salweide, männlich, *Salix caprea* (S. 264)

Zitter-Pappel, *Populus tremula* (S. 264)

Schwarz-Pappel, *Populus nigra* (S. 264)

Haselnuss, weiblich, *Corylus avellana* (S. 262)

Haselnuss, männlich, *Coriylus avellana* (S. 262)

Berg-Ulme, *Ulmus glabra* (S. 256)

Feld-Ulme, *Ulmus minor* (S. 256)

Flatter-Ulme, *Ulmus laevis* (S. 256)

Gewöhnliche Esche, *Fraxinus excelsior* (S. 242)

Schwarz-Erle, *Alnus glutinosa* (S. 260)

Kornelkirsche, *Cornus mas* (S. 272)

Spitz-Ahorn, *Acer platanoides* (S. 248)

Schlehe, *Prunus spinosa* (S. 252)

Vogel-Kirsche, *Prunus avium* (S. 248)

Seidelbast, *Daphne mezereum* (S. 276)

1 | Roter Hartriegel
Cornus sanguinea
Hartriegelgewächse

BESCHREIBUNG Buschiger Strauch, 1–4 m hoch. Blätter gegenständig, gestielt, oval, zugespitzt. Blüten weiß, stehen in schirmförmigen Dolden am Ende der Zweige, riechen nach Fisch. Blütezeit Mai/Juni. Erbsengroße schwarze Steinfrüchte, roh ungenießbar.
LEBENSRAUM Wächst als Unterwuchs in Laubmischwäldern, auch an Waldrändern und in Hecken. Als Zierstrauch gepflanzt.
WISSENSWERTES Sein äußerst hartes Holz, das rote Herbstlaub und die im Winter blutrot leuchtenden Zweige flossen in die Namensgebung ein. So entstand die Bezeichnung Roter Hartriegel. Weil er zahlreiche Wurzelausläufer bildet, wird er zur Befestigung des Bodens in Hanglagen gepflanzt. Dieser Strauch ist völlig anspruchslos. Selbst blanken Lehmboden durchdringt er nachhaltig. Sein reiches Blütenangebot hat als gute Bienenweide für Imker Bedeutung. Seine schwarzen Steinfrüchte holen sich Vögel, Eichhörnchen und Mäuse.

2 | Efeu
Hedera helix
Araliengewächse

BESCHREIBUNG Immergrüner Kletterstrauch, 1–20 m lang. Blätter entweder 3–5-lappig **(2B)** oder herzförmig ungeteilt. Blüten grüngelb, in halbkugeligen Blütenständen **(2A)**, riechen faulig. Blütezeit September/Oktober. Früchte zunächst grüne, zur Reifezeit schwarze erbsengroße Beeren, giftig. Fruchtreife im Februar.
LEBENSRAUM Schattige Laubmischwälder, Felshänge, Ruinen. Besonders häufig in Eichen- und Buchenmischwäldern der küstennahen Waldgebiete.
WISSENSWERTES An Felsen oder Baumstämmen bis zu 20 Meter in die Höhe zu klettern, bringt in unseren Breiten nur eine Pflanze zustande, deren Vorfahren in tropischen Wäldern um Licht kämpfen mussten. Tatsächlich ist der Efeu der einzige mitteleuropäische Vertreter einer tropischen Pflanzenfamilie. Das zeigt auch der ungewöhnliche Blühtermin. Erst Ende September beginnt der Efeu zu blühen und versorgt zu ungewöhnlich später Jahreszeit noch einmal viele Insekten reichlich mit Nektar und Pollen. Seine Früchte reifen im Februar. Für Vögel sind sie ein willkommenes Winterfutter. Amseln, Stare, das Rotkehlchen und die Mönchsgrasmücke, außerdem viele Drossel-Arten fressen die Früchte und sorgen für die Verbreitung der Samen. Vor allem an schattigen Orten keimen sie. Jungpflanzen kommen mit 8–10 Jahren zur Blühreife. Efeustämme können sehr dick werden und ein Alter von mehr als 100 Jahren erreichen.

3 | Echter Seidelbast
Daphne mezereum
Seidelbastgewächse

BESCHREIBUNG Kleiner aufrechter Strauch, 50–120 cm hoch. Blätter länglich schmal, büschelig angeordnet, erscheinen erst nach der Blütezeit. Duftende violette Blüten, wachsen meist in Gruppen zu dreien direkt an den holzigen Zweigen. Blütezeit Februar bis April. Früchte erbsengroße, hellrote Beeren, giftig.
LEBENSRAUM Wächst gerne auf kalkhaltigen Böden in feuchtwarmen Laubmischwäldern, vor allem Buchen-Eichen-Hainbuchen-Waldgesellschaften, in Nadelmischwäldern des Berglandes, auch in Hartholz-Auenwäldern.
WISSENSWERTES Der Echte Seidelbast ist ein geschützter Strauch, der oft in Gesellschaft von Buchen wächst. Die Früchte des Seidelbasts, fleischige Beeren, die einen schwarzen Steinkern umschließen, reifen ab Juni und werden gerne von Drosseln, Hänflingen und Bachstelzen gefressen. Für viele andere Tiere und auch für den Menschen sind sie giftig. Bereits 6 dieser Beeren töten einen Wolf, heißt es bei Carl v. Linné, 12–15 sind für den Menschen tödlich. Auch Blätter und Rinde sind giftig, enthalten die gleichen Giftstoffe wie die Beeren: Mezerein und Daphnetoxin in hohen Konzentrationen. Beide Stoffe wirken schon alleine bei Berührung stark hautreizend.

4 | Pfaffenhütchen
Euonymus europaea
Spindelbaumgewächse

BESCHREIBUNG Großflächiger Strauch mit vierkantigen grünen Stängeln, 1,5–6 m hoch. Blätter gegenständig, lang gestreckt und spitz, am Rand fein gezähnt, im Herbst kupferrot. Blüten grünweiß, gestielt, 4 kreuzartig stehende Blütenblätter **(4A)**. Blütezeit Mai/Juni. Früchte auffällige karminrote Kapseln **(4B)**, giftig.
LEBENSRAUM Feuchte Laubwälder, Waldränder, Bachufer, Hecken.
WISSENSWERTES Die Familie der Spindelbaumgewächse ist eigentlich in Südostasien heimisch. Doch einer ihrer Vertreter ist eine häufige Pflanze feuchter Waldränder bei uns. Wegen seiner ungewöhnlichen roten Früchte heißt er Pfaffenhütchen. Diese Sträucher werden häufig von den Raupen der Gespinstmotte *Yponomeuta plumbellus* befallen. Sie überziehen sie im Juni mit einem feinseidigen Gespinst, in dem dann Hunderte von Schmetterlingsraupen wohnen und alles kahl fressen. Alle Teile des Pfaffenhütchens sind giftig, besonders aber die von einem orangefarbenen Mantel umgebenen Samen. Getrocknet und pulverisiert wurden sie früher als Insektenvertilgungsmittel genutzt.

1

2A

2B

3

4A

4B

1 | Stechpalme
Ilex aquifolium
Stechpalmengewächse

BESCHREIBUNG Immergrüner Strauch oder kleiner Baum, 3–10 m hoch. Im Klima meernaher Waldstandorte erreichen die Sträucher oft Baumform. Blätter unverwechselbar, ledrig, derb, oben glänzend dunkelgrün, Blattrand grob dornig gezähnt. Blüten im Mai, klein, weiß, unscheinbar. Früchte sind erbsengroße, leuchtend rote Beeren, die auch den Winter über am Strauch bleiben, giftig
LEBENSRAUM Braucht mildes Klima und hohe Luftfeuchtigkeit. Wächst in unterholzreichen Laubmischwäldern, Gebüschen.
WISSENSWERTES Schmerzhaft stechende Blätter sind das Kennzeichen der Stechpalme. Damit schützt sich der kleine Baum der Laubmischwälder vor Wildverbiss. Hohe Stechpalmenbäume entwickeln allerdings 2 Arten von Blättern: im unteren Bereich tragen sie als Schutz gegen Tierfraß die bekannten dornigen Blätter. Im oberen Bereich, wo dieser Schutz nicht mehr nötig ist, sind die Blätter ganzrandig. Doch ganz abschütteln konnten sie die Blattfresser nicht. Die winzigen Raupen der Ilexminierfliege *Phytomyza ilicis* bohren sich häufig sichtbar durch die Blätter.

2 | Alpen-Johannisbeere
Ribes alpinum
Stachelbeergewächse

BESCHREIBUNG Buschiger, stark verästelter Strauch, 0,5–2 m hoch. Blätter 3-lappig, Blattrand grob gezähnt, Blattstiel mit Drüsenhaaren bewimpert. Blüten grüngelb, in aufrechten, traubigen Blütenständen, männliche Trauben 20–30-blütig, weibliche 2–5-blütig. Blütezeit April/Mai. Früchte sind kleine, rote, schleimige Beeren, schmecken fade. Fruchtreife Juni/Juli.
LEBENSRAUM Wild heute nur noch in Schluchtwäldern, sickerfeuchten Mischwäldern, felsigen Gebüschen, steinigen Hängen. Typisch sind steinige Kalkhänge mit lehmiger Auflage.
WISSENSWERTES Die Alpen-Johannisbeere der alpinen Schluchtwälder ist heute eine der beliebtesten Heckenpflanzen in unseren Gärten. Besonders häufig sieht man sie im süddeutschen Raum als Einfriedung von Bauerngärten. Weil sie relativ unempfindlich gegen Luftverunreinigungen ist, wird sie auch in Industriegebieten gerne als Heckenpflanze verwendet. Der Strauch wächst dicht und verträgt Zuschnitt gut. Viele Zuchtformen sind im Handel. Die grüngelben Blüten sind eine gute Bienenweide.

3 | Berberitze
Berberis vulgaris
Berberitzengewächse

BESCHREIBUNG Dichter, sommergrüner Busch mit spitzen, dreiteiligen Dornen, 1–3 m hoch. Blätter klein, oval, sitzen büschelig in den Achseln der Dornen. Blüten gelb, duftend, hängen in Trauben in den Achseln von Dornen **(3A)**. Blütezeit April bis Juni. Früchte sind glasig rote, längliche Beeren **(3B)**, essbar. Fruchtreife August/September.
LEBENSRAUM Sonnige Waldränder, auch in lichten Kiefern- und Laubwäldern. In den verschiedensten Sorten in Gärten gepflanzt.
WISSENSWERTES Berberitzen lieben sonnige Standorte. Weil sie als Zwischenwirt des Getreiderostpilzes *Puccinia graminis* gelten, sind sie in der Nähe von Feldern unerwünscht. In den Früchten, die von Vögeln verbreitet werden, lebt die Larve der Bohrfliege *Rhagoletis meigeni*. Und auf ihr wiederum schmarotzt eine Schlupfwespe, die ein natürlicher Feind der Kirschfruchtfliege ist. Berberitzenbeeren reifen im September und bleiben meist den ganzen Winter über an den Zweigen hängen. Sie enthalten viele Vitamine, besonders Vitamin C. In der Naturheilkunde werden sie gerne zur Stärkung des Immunsystems eingesetzt.

4 | Echte Waldrebe
Clematis vitalba
Hahnenfußgewächse

BESCHREIBUNG Linkswindender Kletterstrauch und „Liane des Waldes", 1–10 m lang. Borke graubraun, löst sich in langen Streifen ab. Blätter unpaarig gefiedert, Teilblättchen bis 10 cm lang. Blüten rahmweiß, stehen in Gruppen in den Achseln der oberen Blätter oder am Ende der Zweige **(4A)**. Blütezeit Juni bis September. Ab Herbst besonders auffällig: Früchte mit langen, weißen, zottigen Anhängen, sie lassen den Strauch wie mit Wolle überzogen erscheinen **(4B)**.
LEBENSRAUM Auf Kalkböden in ganz Europa anzutreffen in Laubwäldern, an Waldrändern und auf sonnigen Lichtungen.
WISSENSWERTES Die Waldrebe ist eine der wenigen einheimischen Lianen. Sie überwuchert Sträucher und klettert manchmal bis hinauf in den Kronenbereich hoher Bäume. Mit dieser Lebensweise umgeht sie die Lichtkonkurrenz der Laubhölzer. Im Herbst und Winter fällt die Echte Waldrebe wegen ihrer wollig behaarten Früchte besonders auf. Die Pflanze ist giftig. Ihr Saft enthält Stoffe, die ätzend und hautreizend wirken. Im Blattwerk der Lianen brüten oft Amseln, Drosseln und auch Grünlinge.

1

2

3A

3B

4A

4B

Knospen im Winter

Gewöhnliche Esche, *Fraxinus excelsior* (S. 242)

Berg-Ahorn, *Acer pseudoplatanus* (S. 248)

Feld-Ahorn, *Acer campestre* (S. 246)

Trauben-Holunder, *Sambucus racemosa* (S. 270)

Schwarzer Holunder, *Sambucus nigra* (S. 270)

Kornelkirsche, *Cornus mas* (S. 272)

Rote Heckenkirsche, *Lonicera xylosteum* (S. 268)

Schwarz-Erle, *Alnus Glutinosa* (S. 260)

Zitter-Pappel, *Populus tremula* (S. 264)

Hänge-Birke, *Betula pendula* (S. 262)

Rot-Buche, *Fagus sylvatica* (S. 260)

Haselnuss, *Corylus avellana* (S. 262)

Salweide, *Salix caprea* (S. 264)

Winter-Linde, *Tilia cordata* (S. 246)

Hainbuche, *Carpinus betulus* (S. 262)

Berg-Ulme, *Ulmus glabra* (S. 256)

Blütenpflanzen

Blütenpflanzen

Naturnahe Wälder mit einem Mosaik an feuchten und trockenen, hellen und dunklen, nährstoffreichen und nährstoffarmen, steinigen und sandigen oder kalkreichen und kalkfreien Stellen sind wahre Rückzugsgebiete für Blütenpflanzen. Die Gründe hierfür liegen in der Vielfalt der für Pflanzen wichtigen Komponenten ihres Lebensraumes. Wachstum und Entwicklung der Einzelpflanzen sowie die Zusammensetzung von Pflanzengesellschaften sind in entscheidender Weise von den Licht-, Wärme-, Feuchtigkeits- und Bodenverhältnissen ihres Lebensraumes abhängig. Auch der Wettbewerb der Pflanzen untereinander spielt eine große Rolle.

Der Faktor Licht

In den Laubwäldern entwickelt sich im Frühjahr vor der Laubentfaltung eine üppige Bodenflora aus Frühblühern. Sie müssen die lichtreiche Zeit in ihrem Lebensraum zum Wachsen und Blühen nutzen. In winterkahlen Laubwäldern gelangen 50–70 % des Lichts auf den Boden, während der Laubentfaltung immerhin noch 20–40 %, bei voller Belaubung unter einem geschlossenen Kronendach dagegen sind es weit weniger als 10 %. Unter dem Kronendach eines immergrünen Nadelwaldes bleibt der Lichteinfall das ganze Jahr über gering. In solchen Wäldern findet man meist nur Moose, Farnpflanzen und Pilze als Unterwuchs.
Mit der Entfaltung des Blätterdaches im Sommer beginnt die Schattenzeit im Laubwald. Die Blütenpflanzen des sommerlichen Laubwaldes sind deshalb durchweg schattentolerante Pflanzen. Ihr Blattwerk reagiert sehr empfindlich schon auf Licht geringer Stärke. Trotzdem folgen die typischen Bodenpflanzen des Laubwaldes während der Schattenzeit der Verteilung des geringen Restlichts: die Große Sternmiere findet sich nur auf relativ hellen Stellen über 6 % Restlicht. Das Maiglöckchen besiedelt Stellen im Bereich von 5–6 %, und der Sauerklee findet seine Lichtnischen unter 5%, bei denen andere Blütenpflanzen nicht mehr leben können.

Wachstum und Blütezeit

Nur wenige Waldbodenpflanzen können im sommerlichen Lichtminimum existieren. Pflanzen mit größeren Lichtansprüchen müssen die Zeit intensiven Lichts im Vorfrühling nutzen. So haben etwa 50 % der Bodenpflanzen eines Buchenwaldes vor Beginn der Belaubung bereits abgeblüht. Anfang Mai bis Mitte Juni, wenn die Knospen der Buchen ausgetrieben sind, haben weitere 30 % abgeblüht. Und bis etwa Anfang Juli, bei voller Laubentfaltung, haben dann fast die gesamten restlichen 20 % der Bodenpflanzen ihre Blühperiode abgeschlossen. Jetzt blühen nur noch wenige schattenliebende Arten. Der Wald-Ziest und das Gewöhnliche Hexenkraut gehören dazu. Sie blühen noch bis Ende September.

Frühblüher

Die Frühblüher im Laubwald sind ökologische Spezialisten. Sie können ihren Lebenszyklus in die schmale Zeitspanne zwischen Schneeschmelze und Belaubung der Bäume verlegen, wenn es einerseits nicht mehr zu kalt ist und sie andererseits noch genügend Licht erhalten. Temperatur und Lichtverhältnisse am Standort sind zwei wesentliche Faktoren für Stoffwechselvor-

Bodenbedeckung eines lichten Buchenwaldes im Vorfrühling mit Busch-Windröschen.

gänge wie Photosynthese und Atmung. Frühblüher, die zu einer Jahreszeit mit durchschnittlich niedriger Lufttemperatur wachsen, erreichen optimale Photosyntheseraten zwischen 10 und 20 Grad Celsius. Gleiche Werte gelten für Schattenpflanzen. Krautige Sonnenpflanzen dagegen erzielen höchste Photosyntheseraten zwischen 20 und 30 Grad Celsius.
Was befähigt Frühblüher, sich so früh im Jahr so rasch zu entwickeln? Bei dieser besonderen pflanzlichen Lebensform in unseren Laubwäldern handelt es sich um mehrjährige Pflanzen, um Geophyten, die mit unterirdischen Pflanzenteilen wie Rhizomen, Knollen oder Zwiebeln den Winter überdauern. Alle diese unterirdischen Überwinterungsorgane sind Stoffdepots, in denen Reservestoffe für den Schnellstart im Frühling, für die Entfaltung von Sprossachse, Blättern und Blüten enthalten sind.
Gegen Ende ihrer Vegetationsperiode leiten diese Pflanzen Assimilationsüberschüsse in die unterirdischen Pflanzenteile, die sich so zu ergiebigen Speicherorganen entwickeln. Sie bilden jetzt das Kapital für die Blüteninvestitionen des nächsten Frühlings. Wenn Pflanzen so früh blühen müssen, dass die dafür notwendige Energie nicht allein von der Blattmasse über die Photosynthese zur Verfügung gestellt werden kann, sind mehrjährige Pflanzen immer im Vorteil. Sie können mit dem Einsatz der Vorjahresreserven unabhängig von den Witterungsbedingungen ein Sprosssystem aufbauen. Zusätzliche Starthilfe erhalten diese Pflanzen aus dem Waldboden in Form von Nährstoffen und Wärme.

Kampf um den besten Platz am Licht

Welche entscheidende Rolle der Faktor Licht für die Zusammensetzung der Bodenflora der Wälder spielt, zeigt auch das Beispiel der Wiederbesiedlung eines Kahlschlags. Plötzlich herrschen auf einer Waldfläche andere Lichtverhältnisse. Nur Sonnenpflanzen, die sich mit flugfähigen Samen über weite Strecken ausbreiten können, haben bei der Erstbesiedlung eine Chance. Zu diesen Pionierpflanzen gehören das Weidenröschen, das Wald-Greiskraut, die Tollkirsche oder der Rote Fingerhut. Zusammen mit den Keimlingen der Holzpflanzen beginnt nun ein Wettlauf der Pflanzen untereinander. Im ersten Jahr behaupten sich die Pionierpflanzen. Im zweiten Jahr haben die Sämlinge der Holzpflanzen schon einen entscheidenden Vorteil. Welchen? Als ausdauernde Pflanzen können sie schneller wachsen als die Pioniere, die jedes Jahr aus den Samen neu auskeimen müssen und so gewissermaßen bei Null anfangen. Von Jahr zu Jahr verschieben sich nun die Bedingungen immer mehr zugunsten der Bäume und Sträucher, bis

Wald-Sauerklee gedeiht auch noch bei nur fünf Prozent Restlicht.

Weidenröschenbestand auf Kahlschlag.

die Pionierpflanzen schließlich endgültig verschwinden. Gleichzeitig aber beginnt der Konkurrenzkampf der Bäume und Sträucher untereinander um den besten Platz am Licht. In dieser Zeit bilden sich die sogenannten Straten aus, die Schichten des Waldes.

Der Faktor Boden

Auch der Untergrund entscheidet über die Blütenflora der Wälder. Auf Kalkgestein wachsen andere Pflanzen als auf Silikat oder sauren Sandböden. Man teilt die Pflanzen deshalb in kalkliebende und kalkmeidende Arten ein. Die auslesende Wirkung des Kalkes geschieht aber nicht so sehr durch den Anteil des Kalziums, sondern durch die Regelung des Säuregehaltes. Kalkarme Böden reagieren sauer, kalkreiche basisch. Wegen des großen Einflusses des Säuregehaltes der Böden unterscheiden Pflanzensoziologen die Waldtypen nach dem Bodenfaktor und einer typischen Pflanzenformation. Beispiele sind der Kalk-Weißseggen-Buchenwald oder der Silikat-Lärchen-Zirbenwald. Beispiele für kalkliebende Pflanzen in Wäldern sind der Bärlauch oder das Lungenkraut. Pflanzen an kalkarmen, sauren Waldstandorten sind beispielsweise der Siebenstern oder auch der Fichtenspargel.

1 | Gefleckter Aronstab
Arum maculatum
Aronstabgewächse

BESCHREIBUNG Mehrjährige Pflanze, 15–40 cm hoch, giftig. Blätter gestielt, pfeilförmig, oft dunkel gefleckt. Brauner Blütenkolben, von tütenförmig eingerolltem Hochblatt umgeben, das unten einen bauchigen, die Blüten einschließenden Kessel bildet **(1A)** – eine Falle für die bestäubenden Insekten. Blütezeit April bis Juni. Fruchtstand mit zunächst grünen, bei Reife roten Beeren **(1B)**.
LEBENSRAUM Laubmischwälder, Auwälder, feuchte Gebüsche. Kommt nur auf sehr nährstoffreichen Böden vor. Wärmeliebende Art, im Norden selten.
WISSENSWERTES Der Gefleckte Aronstab enthält in Beeren, Blättern und Wurzelstock starke Giftstoffe, deren Hauptwirkstoff das Aroin ist. Vor allem Kinder sind durch den Genuss der Beeren gefährdet. Auf die Haut gebracht, kann der Pflanzensaft Entzündungen auslösen. Gefährlich ist vor allem die frische Pflanze. Trocknen reduziert die Giftwirkung deutlich. Blütenökologisch ist der Aronstab eine Gleitfallenblume. Fliegen und andere Insekten werden durch die abends ausströmenden, aasähnlichen Duftstoffe angelockt, gleiten in den Kessel und werden dort mit Pollenstaub bepudert, ehe sie am nächsten Morgen wieder entweichen können.

2 | Wald-Gelbstern
Gagea lutea
Liliengewächse

BESCHREIBUNG 10–30 cm hohe Zwiebelpflanze. Stängel mit 2 schmalen, lanzettlichen Hochblättern dicht unter dem Blütenstand. Nur ein grundständiges, 7–8 mm breites, linealisches Laubblatt, das sich an der Spitze kapuzenförmig zusammenzieht. Sternförmige Blüten, einzeln oder zu mehreren am Ende des Stängels, lang gestielt, 6 Kronblätter, innen gelb, außen grünstreifig. Blütezeit März bis Mai.
LEBENSRAUM Feuchte Laubmischwälder, Auwälder, Gebüsche. Wächst häufig in Gemeinschaft mit dem Bärlauch. Braucht lockere, kalkhaltige, humusreiche Lehmböden.
WISSENSWERTES In Laubwäldern entfaltet sich bereits reiches Blütenleben zu einer Zeit, in der auf den angrenzenden Wiesen noch Winterruhe herrscht. Noch ehe sich das Blätterdach entfaltet, müssen Frühblüher wie der Wald-Gelbstern die lichtreiche Zeit in ihrem Lebensraum zum Wachsen und Blühen nutzen. Seine Blüten lässt er von Fliegen, Käfern und Bienen bestäuben. Bei feuchtem Wetter und kurz vor dem Verblühen ist auch Selbstbestäubung möglich.

3 | Türkenbundlilie
Lilium martagon
Liliengewächse

BESCHREIBUNG Eine der schönsten heimischen Pflanzen, mehrjährig, 30–100 cm hoch. Stängel rund, grün, meist rot gefleckt. Blätter in der Stängelmitte fast quirlständig, sonst wechselständig, länglich spatelförmig. Nickende Blüten, stehen in einer lockeren Traube an der Stängelspitze, 6 rote, dunkel gefleckte, nach außen umgeschlagene Blütenblätter, 6 Staubblätter ragen nach unten aus der Blüte. Blütezeit Juni bis August. Große, eiförmige, gelbe Zwiebel.
LEBENSRAUM Krautreiche Laubwälder, Nadelmischwälder. Schätzt nährstoffreiche, kalkhaltige Böden in halbschattiger, kühler Lage. Im Norden selten bis fehlend.
WISSENSWERTES Die Blüten der unter Naturschutz stehenden Türkenbundlilie verströmen abends und nachts einen schweren, süßen Duft. Damit locken sie Bestäuber an, die in der Dämmerung und bei Nacht fliegen. Das sind vor allem langrüsselige Schmetterlinge wie das Taubenschwänzchen *(Macroglossum stellatarum)* und Schwärmer der Gattung *Sphinx*. Die Samenverbreitung erfolgt durch den Wind.

4 | Vierblättrige Einbeere
Paris quadrifolia
Germergewächse

BESCHREIBUNG Mehrjährige Pflanze, 10–40 cm hoch, giftig. Stängel aufrecht, trägt nur im oberen Teil 4 charakteristisch angeordnete, netzadrige Blätter. Alle Blätter breit eiförmig, zugespitzt, stehen zu 4 in einem Quirl. Lang gestielte Einzelblüte, erhebt sich über dem Blattquirl. Blütezeit Mai/Juni. Heidelbeerähnliche, glänzend blauschwarze Frucht. Fruchtreife Juli bis September.
LEBENSRAUM Laubwälder, vor allem krautreiche Eichen- und Buchenwälder, Auwälder, Nadelmischwälder. Bevorzugt feuchte Standorte mit nährstoffreichen, humosen Böden, zeigt Grundwasser an.
WISSENSWERTES Die giftige Einbeerenfrucht ähnelt in Farbe, Form und Größe einer Heidelbeere *(Vaccinium myrtillus)* und reift auch zur selben Zeit. Vor allem bei Kindern kommt es immer wieder zu gefährlichen Verwechslungen. Alle Pflanzenteile enthalten giftige Saponine. Sie lösen Übelkeit, Durchfälle, Koliken und Schwindelanfälle aus. Der Genuss größerer Mengen kann das Zentralnervensystem schädigen und zum Tod durch Atemlähmung führen. In der Volksmedizin früherer Jahrhunderte hat man die auch als „Pestbeere" bekannte Pflanze als Mittel gegen ansteckende Krankheiten angewendet.

1A

1B

2

3

4

1 | Frühlings-Knotenblume, Märzenbecher
Leucojum vernum
Amaryllisgewächse

BESCHREIBUNG Ausdauernde Zwiebelpflanze, 10–30 cm hoch, giftig. Stängel 1–2-blütig. 3–4 Blätter, dunkelgrün, breit linealisch. Blüten mit veilchenartigem Duft, weiß, glockenförmig, nickend, besitzen 6 etwa gleich lange Blütenblätter, die an der Spitze gelbgrün gefleckt und verdickt sind. Blütezeit Februar bis April.
LEBENSRAUM Wächst in großen Gruppen in feuchten, schattigen Laubwäldern, Auwäldern, auf waldnahen nassen Wiesen. Geschützt.
WISSENSWERTES Die auch als Märzenbecher bekannte Frühlings-Knotenblume bestimmt in der Phänologie, der von Linné begründeten Wissenschaft vom jahreszeitlichen Ablauf der Lebenszyklen bei Pflanzen, den Vorfrühlingsbeginn. Sie gilt als Halbschattenpflanze und Feuchtigkeitszeiger.

2 | Haselwurz
Asarum europaeum
Osterluzeigewächse

BESCHREIBUNG Mehrjährige Pflanze, 5–10 cm hoch, giftig. Alle Pflanzenteile riechen intensiv pfefferartig. Stängel kriechend oder aufsteigend. Blätter immergrün, herz- bis nierenförmig, lang gestielt, ganzrandig, an der Oberseite glänzend. Blüten dicht über dem Boden, meist unter den Blättern versteckt, glockig, 3-spaltig, außen grün, innen braunrot gefärbt. Blütezeit von März bis Mai.
LEBENSRAUM Krautreiche Laub- und Nadelmischwälder, seltener in reinen Nadelforsten, Haselgebüsche. Humuszeiger und Schattenpflanze.
WISSENSWERTES Ihren deutschen Namen „Haselwurz" erhielt die Pflanze, weil sie oft unter Haselsträuchern wächst. Der Volksmund nennt sie deshalb auch „Hasenpappel". Den wissenschaftlichen Artnamen „*europaeum*" bekam sie, weil sie die einzige in Europa wachsende Art der Gattung *Asarum* ist. Die Blüten der Haselwurz locken mit ihrem Duft Pilzmücken als Bestäuber an. Die Samen werden von Ameisen verbreitet.

3 | Busch-Windröschen
Anemone nemorosa
Hahnenfußgewächse

BESCHREIBUNG Mehrjährige Pflanze, 10–25 cm hoch, giftig. Stängel aufrecht, rund, hohl. Im oberen Stängelbereich 3 Hochblätter, am Boden 1 einzelnes Grundblatt. Alle Blätter gestielt, 3–5-teilig, am Rand ungleichmäßig und grob gezähnt. Pro Stängel 1 weiße, am Rand oft rosa überlaufene Blüte, 6–8 Blütenblätter. Blütezeit März bis April.
LEBENSRAUM Laubwälder, feuchte Hecken, Schlehengebüsche. Sehr häufig.
WISSENSWERTES Das Busch-Windröschen ist ein typischer Frühblüher. Es bildet die Krautschicht in Laubwäldern solange die Bäume noch keine Blätter tragen. Mit seinem Blühbeginn markiert es das Einsetzen des Erstfrühlings. Bereits im März bedeckt es große Flächen mit seinem weißen Blütenteppich.

4 | Gelbes Windröschen
Anemone ranunculoides
Hahnenfußgewächse

BESCHREIBUNG Ausdauernd, 10–20 cm hoch. Grundblätter tief eingeschnitten. Blüten einzeln oder zu zweit, lang gestielt, gelb, überragen 3 kurz gestielte, wirtelig angeordnete Hochblätter. Blütezeit April bis Mai.
LEBENSRAUM Besiedelt Laubmischwälder auf kalk- und nährstoffreichen Böden.
LEBENSWEISE In manchen Laubmischwäldern bildet das Gelbe Windröschen ausgedehnte Bestände wie andernorts das Busch-Windröschen. Der wissenschaftliche Artname „*ranunculoides*" verweist auf die Ähnlichkeit mit manchen Hahnenfußgewächsen.

5 | Leberblümchen
Hepatica nobilis
Hahnenfußgewächse

BESCHREIBUNG Mehrjährige Pflanze, 10–20 cm hoch, giftig. Stängel aufrecht, behaart. Blätter in grundständiger Rosette, lang gestielt, 3-lappig, Oberseite grün, hell gefleckt, Unterseite oft rotbraun. Die Blätter werden erst nach der Blüte gebildet und überwintern. Blüten blau, seltener rosa oder weiß, ebenfalls lang gestielt, mit 6–10 Blütenblättern. Blütezeit März bis April.
LEBENSRAUM Helle Buchen- und Eichenwälder, Nadelmischwälder und Gebüsche unterer und mittlerer Gebirgslagen. Gilt nach der Bundesartenschutzverordnung als „besonders geschützt" und darf weder gepflückt noch ausgegraben werden.
WISSENSWERTES Das Leberblümchen gilt als Charakterart der mitteleuropäischen Laubwälder. Besonders häufig findet man es im Kalkbuchenwald. Blütenökologisch ist das Leberblümchen eine Scheibenblume. Es bietet seinen Besuchern – Bienen, Käfern und Schwebfliegen – keinen Nektar an, ist für sie aber ein wichtiger Pollenlieferant. Die frische Pflanze enthält Protoanemonin, das Gift vieler Hahnenfußgewächse. Auf Haut und Schleimhäute gebracht wirkt es stark reizend und kann zu Rötung, Juckreiz und sogar Blasenbildung führen.

1

2

3

4

5

1 | Scharbockskraut
Ranunculus ficaria
Hahnenfußgewächse

BESCHREIBUNG Eine der ersten Frühlingspflanzen, 5–30 cm hoch, mehrjährig. Grundständige Blätter, lang gestielt, herz- bis nierenförmig, fleischig, glänzend dunkelgrün, schwach gekerbter Rand. Stängelblätter wechselständig, nach der Blüte entwickeln sich in den unteren Blattachseln weiße Brutknöllchen, die in Form und Größe an Weizenkörner erinnern. Blüten gelb, sternförmig, glänzend. Blütezeit März bis Mai.
LEBENSRAUM Bildet in feuchten, schattigen Laubwäldern ausgedehnte Blütenteppiche.
WISSENSWERTES Auch das Scharbockskraut gehört zu den ökologischen Spezialisten im Laubwald. Diese Pflanze kann ihren gesamten Lebenszyklus in die schmale Zeitspanne zwischen Schneeschmelze und Belaubung der Bäume verlegen. Dann ist es einerseits nicht mehr zu kalt und andererseits erhält sie noch genügend Licht für Stoffwechselvorgänge wie Photosynthese und Atmung. Vor der Blüte sind die jungen Blättchen des Scharbockskrautes essbar. Während und nach der Blüte sollte man auf den Genuss verzichten. Dann lagert die Pflanze in Blättern und Stängeln das giftige Protoanemonin ein.

2 | Gold-Hahnenfuß
Ranunculus auricomus
Hahnenfußgewächse

BESCHREIBUNG Mehrjährige Pflanze, 15–50 cm hoch, schwach giftig. Stängel aufrecht, verzweigt. Grundblätter lang gestielt, nierenförmig, ungeteilt. Stängelblätter sitzend, bis zum Blattgrund fingerförmig geteilt, einzelne Abschnitte lineal, ganzrandig. Blüten gelb, 5 Blütenblätter. Blütezeit April/Mai.
LEBENSRAUM Krautreiche Laubmischwälder, Auwälder.
WISSENSWERTES Der Gold-Hahnenfuß ist ein weiterer Frühblüher im Laubwald. Auch er wendet die erfolgreiche Strategie der Frühlingspflanzen in diesem Lebensraum an: Ehe die Bäume ihre Blätter entfalten schnell ein Sprosssystem aufbauen, blühen, aussamen und sich dann wieder zurückziehen. Was befähigt Frühblüher, sich so früh im Jahr so rasch zu entwickeln? Frühblüher arbeiten mit dem Einsatz von Vorjahresreserven. Es handelt sich bei diesen Arten um Pflanzen, die mit unterirdischen Pflanzenteilen wie Rhizomen, Knollen oder Zwiebeln den Winter überdauern. Alle diese unterirdischen Überwinterungsorgane sind Stoffdepots, in denen Reservestoffe für die schnelle Entfaltung von Sprossachse, Blättern und Blüten enthalten sind.

3 | Sumpf-Dotterblume
Caltha palustris
Hahnenfußgewächse

BESCHREIBUNG Mehrjährige Sumpfpflanze, 15–40 cm hoch, giftig. Stängel hohl. Blätter wechselständig, herz- bis nierenförmig, dunkelgrün, fettig glänzend, am Rand gekerbt, die grundständigen lang gestielt, die oberen ohne Blattstiel. Die Blüten sind gelb und glänzend. Blütezeit April/Mai.
LEBENSRAUM Auwälder, Feuchtwiesen, Teichränder und Bachufer.
WISSENSWERTES Die Blüten der Sumpf-Dotterblume enthalten reichlich Pollen und Nektar und werden oft von Käfern, Bienen und Fliegen, insbesondere Schwebfliegen, besucht. Ihre Samen sind schwimmfähig und erschließen der Pflanze auf dem Wasserweg neue Standorte. Trotz bekannter Giftigkeit hat man die Sumpf-Dotterblume in der Vergangenheit als Nahrungsmittel und Färbepflanze für Milchprodukte verwendet. Bekannt ist vor allem die Verarbeitung der Blütenknospen zu Kapern, den so genannten „Deutschen Kapern". Nach dem Genuss kam es nicht selten zu Erbrechen, Durchfall und Hautausschlag.

4 | Hohler Lerchensporn
Corydalis cava
Mohngewächse

BESCHREIBUNG Mehrjährig, 15–30 cm hoch, giftig. Stängel aufrecht, unverzweigt. Blätter blaugrün, doppelt 3-teilig eingeschnitten. Blüten rot oder weiß, in endständigen Trauben. Oberes Kronblatt mit langem Sporn, der Nektar enthält. Blütezeit April/Mai. Walnussgroße hohle Wurzelknolle (Name).
LEBENSRAUM Laubwälder, besonders krautreiche Buchenwälder, Auwälder. Eine der häufigsten Lerchenspornarten. Kommt auf frischen nährstoffreichen Böden in Laubwäldern oft so häufig vor, dass seine weißen und roten Blütentrauben im zeitigen Frühling das Bild beherrschen.
WISSENSWERTES Im April beherrscht der Hohle Lerchensporn mit seinen weißen oder hellrosafarbenen Blüten oft das Bild in Laubwäldern. Weil seine gespornten Blüten an die gespornten Zehen von Haubenlerchen erinnern, erhielt er den wissenschaftlichen Namen „*Corydalis*", der sich aus dem Griechischen für „Haubenlerche" ableitet. Der Nektar des Hohlen Lerchensporns ist gerade im Frühling für langrüsselige Bienen eine wichtige Nahrungsquelle. Besonders häufig sieht man die Gehörnte Mauerbiene *(Osmia cornuta)* an den blühenden Pflanzen. Aber auch kurzrüsselige Hummeln kommen ans Ziel. Sie beißen den nektarhaltigen Blütensporn von außen an.

1

2

3

4

1 | Frühlings-Fingerkraut
Potentilla verna
Rosengewächse

BESCHREIBUNG Mehrjährig, 5–15 cm hoch. Stängel kriechend oder aufrecht, behaart. Blätter 5-bis 7-zählig fingerförmig geteilt (Name), behaart. Blüte gelb, 5 Blütenblätter. Blütezeit März bis Mai.
LEBENSRAUM Helle Kiefernwälder, sonnige Hänge, Wegränder, Geröllhalden. Wächst bevorzugt auf trockenen Standorten mit kalkarmen, lockeren, mageren, sandigen Böden. Häufig und verbreitet.
WISSENSWERTES Das Frühlings-Fingerkraut gehört zu den in Mitteleuropa am frühesten blühenden Arten. An warmen sonnigen Standorten bildet es bereits im März dichte und vielblütige Polster. Die Pflanze ist ausgesprochen vielgestaltig. Sie kommt in Mitteleuropa in mehreren Varietäten vor, die sich auch in der Stärke der Blattbehaarung unterscheiden. Meist gilt, die Behaarung der Blätter ändert sich in Abhängigkeit von der Temperatur am jeweiligen Standort. Je kühler und feuchter ein Standort ist, umso weniger Behaarung wird beobachtet. Umgekehrt wird sie umso stärker und dichter, je wärmer und trockener der Standort ist.

2 | Echtes Mädesüß
Filipendula ulmaria
Rosengewächse

BESCHREIBUNG Mehrjährig, 50–150 cm hoch. Stängel aufrecht, kantig. Blätter unpaarig gefiedert, bestehen aus 2–5 Paaren seitlicher Teilblättchen und einem Endblättchen, alle länglich, am Rand gezähnt, an der Unterseite mit weißfilzigem Belag. Blüten gelblichweiß, stark duftend, meist mit 5, seltener 6 Blütenblättern. Blütezeit Juni bis August.
LEBENSRAUM Charakteristische Pflanze von Auwäldern und Nasswiesen, auch im Uferbereich von Bächen und Flüssen zu finden. Schätzt nährstoffreiche, gut durchfeuchtete Lehm-, Sand- oder Torfböden.
WISSENSWERTES Die Pflanze mit den cremefarbenen Blütenständen erfüllt im Juli nicht nur Bach- und Flussufer mit ihrem süßlich schweren, herben Duft, sondern auch feuchte Wälder. Das Echte Mädesüß ist reich an ätherischen Ölen und Gerbstoffen und enthält außerdem Salicylsäure, den Grundbaustein des Schmerzmittels Aspirin. Einen Tee aus seinen getrockneten Blüten nutzt die Volksmedizin bei Kopfschmerzen und Erkältungskrankheiten. Als harn- und schweißtreibendes Mittel hat es in der Homöopathie seinen festen Platz.

3 | Wald-Geißbart
Aruncus dioicus
Rosengewächse

BESCHREIBUNG Mehrjährig, krautige Pflanze, erreicht Wuchshöhen von 80–150 cm. Stängel aufrecht, unverzweigt. Blätter lang gestielt, 3- bis 5-zählig gefiedert, bis 1 m lang. Teilblättchen eiförmig, lang zugespitzt, am Rand doppelt gesägt. Bis 50 cm langer Blütenstand an der Stängelspitze. Zweihäusige Pflanze: männlicher Blütenstand elfenbeinfarben, weiblicher reinweiß. Blütezeit Juni/Juli.
LEBENSRAUM Schattenpflanze. Bevorzugt feuchte, schattige Standorte in Gebirgs- und Hügellandschaften. Zu finden in Schluchtwäldern, Bergwäldern, Ufergebüschen, an schattigen Steilhängen.
WISSENSWERTES Diese Pflanze wird regional auch Wildspargel genannt. Nicht zu Unrecht, denn ihre jungen Sprosse sind fein im Geschmack, aromatisch und nur ganz leicht bitter. Sie werden wie Spargel zubereitet, als Gemüse, Suppe oder Salat. In Norditalien werden die jungen Triebe als essbares Gemüse auf Märkten angeboten. Ältere Pflanzen werden nicht in der Küche verwendet. Sie schmecken intensiv bitter.

4 | Wald-Erdbeere
Fragaria vesca
Rosengewächse

BESCHREIBUNG Mehrjährige, krautige Pflanze, 5–20 cm hoch. Treibt lange oberirdische Ausläufer. Blätter wechselständig, 3-lappig, Teilblättchen am Rand grob gezähnt. Blütenstiele blattlos. Weiße Blüten, 5 Blütenblätter **(4A)**. Blütezeit Mai/Juni. Rote Erdbeerfrüchte **(4B)**. Fruchtreife Juli bis September.
LEBENSRAUM Häufige Pflanze sonniger Waldlichtungen, Waldränder, Kahlschläge. Auch in Hecken und Gebüschsäumen.
WISSENSWERTES Wald-Erdbeeren werden seit alters als Wildfrüchte geschätzt. Sie entfalten aber nur voll ausgereift ihr unverwechselbares Aroma und lassen sich auch nur dann leicht pflücken. Leider sind die zucker- und vitaminreichen Früchte auch als Allergen bekannt. Hervorgerufen wird die Allergie durch den chininähnlichen Stoff „Fragarianum", der eine Störung der Magennerven auslösen kann. Für die Verbreitung der Samen sorgen viele Tiere des Waldes: Säugetiere wie Fuchs, Dachs und Eichhörnchen, Vögel wie Amsel, Rotkehlchen und Mönchsgrasmücke, außerdem Schnecken, Käfer und selbst Tausendfüßler sind daran beteiligt.

1
2
3
4A
4B

1 | Frühlings-Platterbse
Lathyrus vernus
Hülsenfrüchtler

BESCHREIBUNG Mehrjährig, 20–30 cm hoch. Stängel aufrecht, kantig, unverzweigt. Blätter paarig gefiedert, 4–8 Teilblättchen und eine endständige, grannenartige Spitze, Teilblättchen breit eiförmig, lang zugespitzt. Blütentrauben aus 3–7 Blüten in den Blattachseln der oberen Blätter, kurz gestielt, Einzelblüten zunächst purpurrot, dann blauviolett. Blütezeit April bis Mai.
LEBENSRAUM Feuchte, schattige Laubwälder, besonders krautreiche Buchenwälder, seltener Nadelmischwälder. Schätzt kalkhaltige Böden.
WISSENSWERTES Die Frühlings-Platterbse ist eine Charakterart der Buchenwälder. Auffällig ist der Wechsel ihrer Blütenfarbe: Sie blüh rot auf, wird dann violett und ist schließlich beim Abblühen türkisblau. Diesen Farbwechsel verursacht ein Wechsel im Säuregrad des Zellsaftes in Abhängigkeit vom Alter der Blüte.

2 | Wald-Platterbse
Lathyrus sylvestris
Hülsenfrüchtler

BESCHREIBUNG Mehrjährige Pflanze mit tiefer Pfahlwurzel und weit kriechenden Ausläufern. Stängel liegend oder kletternd, 1–2 m lang, 4-kantig, breit geflügelt. Blätter mit nur 1 Teilblättchenpaar und einer verzweigten endständigen Ranke. Blütentrauben in den Achseln der oberen Blätter, bestehen aus meist 3–8 rötlichen Einzelblüten, Blütenstiele geflügelt. Blütezeit Juni bis August. Frucht eine 6- bis 14-samige Hülse.
LEBENSRAUM Wächst häufig im Saum sonniger Waldränder und Hecken, auf Waldlichtungen und trockenen Geröllhalden.
WISSENSWERTES Mit ihrer tiefen Pfahlwurzel und den weit kriechenden Ausläufern gilt die Wald-Platterbse als guter Bodenfestiger und Bodenbereiter. Gelegentlich wird sie als Futterpflanze angebaut.

3 | Wald-Wicke
Vicia sylvatica
Hülsenfrüchtler

BESCHREIBUNG Mehrjährig. Stängel kletternd, 4-kantig, 1–2 m lang. Blätter paarig gefiedert, mit einer verzweigten Ranke an der Blattspitze. Blütentrauben aus 10–15 Einzelblüten, diese meist weißlich bis violett. Blütezeit Juni bis August.
LEBENSRAUM Feucht-schattige Laubmischwälder, Waldlichtungen, Waldwege, steinige Waldhänge in Höhenlagen zwischen 600 und 2300 m. Im Norden selten.
WISSENSWERTES Die bekannte Kletterpflanze überwächst mit Ranken an den Blattspitzen andere Pflanzen und sichert sich so Vorteile im Kampf um das Licht. Ihre Blüten werden hauptsächlich von kräftigeren Bienen und Hummeln bestäubt. Vegetative Vermehrung erfolgt durch unterirdische Ausläufer.

4 | Vielblättrige Lupine
Lupinus polyphyllus
Hülsenfrüchtler

BESCHREIBUNG Aus Nordamerika eingebürgerte, mehrjährige Pflanze, 60–150 cm hoch, giftig. Blätter wechselständig, gestielt, fingerförmig geteilt, jeweils 10–15 lanzettliche Teilblättchen gehen strahlenförmig vom Blattstiel aus. Blüten leuchtend blau, in aufrechter, bis zu 60 cm langer Traube am Stängelende. Blütezeit Mai bis August. Samen eiförmig, dunkel, behaart.
LEBENSRAUM Häufige Pflanze an Waldrändern, auf Waldlichtungen. Gedeiht auf fast jedem Boden, bevorzugt aber frische, kalkarme Lehmböden.
WISSENSWERTES Die aus dem pazifischen Nordamerika stammende Vielblättrige Lupine ist vielseitig nutzbar: Man pflanzt sie zur Befestigung von Böschungen, zur Bodenverbesserung und als Wildfutter. Sie ist für besonders langlebige Samen bekannt, die 50 und mehr Jahre ihre Keimfähigkeit behalten.

5 | Bärenschote , Süßholz-Tragant
Astragalus glycyphyllos
Hülsenfrüchtler

BESCHREIBUNG Mehrjährige, eher unauffällige Pflanze vieler Waldlichtungen. Stängel kantig, kriechend, an den Enden aufsteigend, bis 150 cm lang. Blätter unpaarig gefiedert, 9–13 Teilblättchen, diese eiförmig, ganzrandig. Blüten gelbgrün, in Trauben angeordnet. Blütezeit Juni/Juli. Die Frucht ist eine etwas aufwärts gebogene Hülse.
LEBENSRAUM Trockene Laubwälder, Waldlichtungen, Waldwege, Gebüsche, steinige Hänge, vornehmlich auf kalkhaltigen Böden. In den Allgäuer Alpen bis in Höhenlagen von 1600 m anzutreffen. Die Pflanze ist in Mitteleuropa recht verbreitet, in weiten Teilen Südeuropas fehlt sie dagegen.
WISSENSWERTES Die Bärenschote ist eine beliebte Futterpflanze mit hohem Futterwert. Ihre Blätter enthalten Zucker und andere süß schmeckende Verbindungen. Die Bestäubung der Blüten übernehmen Hummeln und Bienen. Für die Samenverbreitung sorgen Huftiere und auch der Wind. Die Wildkräuterküche nutzt Blätter und Früchte der Pflanze, die Blätter in kleinen Mengen in Kräutertees, die Früchte in Kochgemüse.

1

2

3

4

5

1 | Wald-Sauerklee
Oxalis acetosella
Sauerkleegewächse

BESCHREIBUNG Ausdauernde krautige Pflanze, erreicht Wuchshöhen von 5–15 cm. Stängel 1-blütig. Blätter lang gestielt, kleeähnlich 3-teilig, Teilblättchen herzförmig, ganzrandig. Blüten sitzen einzeln an der Spitze langer Stiele, 5 Blütenblätter, weiß, rot geadert, mit gelbem Fleck am Grund. Blütezeit April/Mai.
LEBENSRAUM Eine unserer häufigsten Waldpflanzen. Wächst verbreitet an feuchten, schattigen Stellen in Laubwäldern, Nadelmischwäldern.
WISSENSWERTES Als typische Schattenpflanze wächst der Wald-Sauerklee selbst an schattigsten Stellen im Wald. Lediglich 1 % der Tageslichthelligkeit genügen ihm, um seine Stoffwechselvorgänge aufrecht zu erhalten. Bei starker Sonneneinstrahlung nehmen seine Teilblättchen eine senkrechte Ruhestellung ein. Die Blätter des Wald-Sauerklees sind essbar. Mit ihrem säuerlichen Aroma bereichern sie Salate, Kartoffelsuppen, Gemüsegerichte und Kräutersoßen. Aber sie sollten nur gelegentlich verwendet werden. Die Pflanze enthält neben viel Vitamin C auch Oxalsäure und deren Salze. In größeren Mengen genossen kann sie Nieren- und Verdauungsstörungen auslösen.

2 | Wald-Veilchen
Viola reichenbachiana
Veilchengewächse

BESCHREIBUNG Ausdauernd, 10–20 cm hoch. Stängel aufsteigend bis aufrecht. Blätter sowohl grundständig als auch stängelständig, herzförmig bis länglich-eiförmig, gestielt, gekerbt. Rötlich-violette, lang gestielte Blüten in den Achseln der obersten Blätter, geruchlos, mit dunkelviolett gefärbtem Sporn, 5 Blütenblätter. Blütezeit März bis Mai, manchmal eine Zweitblüte im Spätsommer.
LEBENSRAUM Besiedelt krautreiche Laub-, Misch- und Nadelwälder vor allem in Gebirgslagen.
WISSENSWERTES Die Blüten des Wald-Veilchens sind geruchlos. Wohl deshalb ist neben der Fremdbestäubung durch Insekten auch Selbstbestäubung möglich. Für die Samenverbreitung setzt die Pflanze auf Ameisen. Sie werden für ihre Dienste mit kleinen fett- und eiweißreichen Anhängseln an den Samenkörnern belohnt. In Mitteleuropa gibt es eine ganze Reihe von Veilchenarten, die nur schwer zu unterscheiden sind. Das dem Wald-Veilchen sehr ähnliche Hain-Veilchen *(Viola riviniana)* hat einen hellen Blütensporn und wächst in deutlich trockeneren Wäldern.

3 | März-Veilchen, Duft-Veilchen
Viola odorata
Veilchengewächse

BESCHREIBUNG Ausdauernd, 5–10 cm hohe Pflanze mit langen, oberirdisch kriechenden Ausläufern. Blätter rundlich nierenförmig bis herzförmig, am Rand regelmäßig gekerbt, lang gestielt, fein behaart, liegen in einer bodennahen Rosette. Blauviolette, duftende Blüten mit einem dicken geraden Sporn. Blütezeit März/April.
LEBENSRAUM Wächst von der Ebene bis in mittlere Gebirgslagen in Laubwäldern, unter Hecken und Gebüschen. Stammt ursprünglich aus Südeuropa. Wurde im Mittelalter zunächst als Heilpflanze in mitteleuropäischen Gärten kultiviert und ist heute in fast ganz Europa verwildert anzutreffen. Über kurze Strecken breitet sich die Pflanze mit Hilfe ihrer Ausläufer aus. Für weitere Entfernungen nutzt sie die Hilfe von Ameisen, die ihre Samen verschleppen.
WISSENSWERTES Im Frühling und Frühsommer entwickeln März-Veilchen eine Fülle farb- und duftintensiver Blüten. Duft und Farbe der Veilchenblüten nutzt man schon lange in der Küche, für süße und pikante Speisen. Die Volksheilkunde setzt einen Tee aus Veilchenblüten als schleimlösendes Mittel bei Husten ein. Lange Zeit spielte der Duft auch bei der Parfümherstellung eine Rolle.

4 | Wald-Schlüsselblume
Primula elatior
Primelgewächse

BESCHREIBUNG Ausdauernde Pflanze, 10–20 cm hoch. Blätter in bodennaher Rosette, eiförmig, ausgeprägt runzelig, beidseitig flaumig behaart, Blattrand fein und unregelmäßig gezähnt. Blüten schwach duftend, Kelch eng anliegend, nicht bauchig, Saum der Krone flach ausgebreitet, Krone im Unterschied zur Wiesen-Schlüsselblume *(Primula veris)* blassgelb, gegen den Schlund ringförmig dunkler gefärbt. Blütezeit März bis Mai.
LEBENSRAUM Feuchte, krautreiche Laubwälder, Au- und Schluchtwälder.
WISSENSWERTES Weil sie im Frühling mit zu den allerersten Blumen gehören, nannte man die Schlüsselblumen wissenschaftlich *„Primula"*, die Erste. Man unterscheidet bei diesen Pflanzen zwei verschiedene Formen des Blütenaufbaus: Es gibt langgriffelige Individuen mit kurz gestielten, tief in der Kronröhre sitzenden Staubgefäßen und umgekehrt. Dieses Phänomen ist für die kreuzweise Bestäubung durch Insekten von Bedeutung. Schlüsselblumen sind in vielen Ländern Europas geschützt und dürfen nicht gepflückt werden.

1

2

3

4

1 | Echte Schlüsselblume
Primula veris
Primelgewächse

BESCHREIBUNG Ausdauernde Pflanze, 10–20 cm hoch. Blütenstängel aufrecht, blattlos behaart. Blätter in bodennaher Rosette, länglich-eiförmig, runzelig, an der Unterseite behaart, Blattrand gekerbt. Blüten duften intensiv, dottergelb, mit 5 orangefarbenen Flecken im Schlund, kurz gestielt, Kelch glockenförmig, Saum der Krone nicht flach ausgebreitet, sondern etwas vertieft. Blütezeit April/Mai.
LEBENSRAUM Helle, trockene Laubmischwälder, Gebüsche, trockene Wiesen. Benötigt kalkhaltigen, lockeren Boden. Als wärmeliebende Art im Norden und in höheren Gebirgslagen selten bis fehlend.
WISSENSWERTES Auch die Echte Schlüsselblume bildet 2 Blütentypen mit unterschiedlichen Griffellängen und unterschiedlichen Staubblattpositionen aus, um Fremdbestäubung zu unterstützen. Als Bestäuber kommen langrüsselige Insekten wie Hummeln und Falter in Frage. Die Echte Schlüsselblume ist Futterpflanze für die Raupen zweier in ihrem Bestand gefährdeter Schmetterlingsarten, der Silbergrauen Bandeule *(Epilecta linogrisea)* und des Schlüsselblumen-Würfelfalters *(Hamearis lucina)*.

2 | Wald-Gilbweiderich
Lysimachia nemorum
Primelgewächse

BESCHREIBUNG Ausdauernde Pflanze, 10–20 cm hoch. Stängel schwach, liegend bis aufsteigend. 4-kantig. Blätter gegenständig, eiförmig, zugespitzt, kurz gestielt, ganzrandig, durchscheinend punktiert. Blüten stehen einzeln auf langen Stielen in den Achseln der oberen Blätter, Blütenkrone gelb, tellerartig aufgebogen. Blütezeit Mai/Juni.
LEBENSRAUM Zu finden in krautreichen, feuchten Laubmischwäldern, Schluchtwäldern, an Waldwegen und Waldquellen.
WISSENSWERTES Auf den ersten Blick ähnelt die zierliche Pflanze dem häufigeren Pfennigkraut *(Lysimachia nummularia)*, das zwar auch an feuchten Waldstellen vorkommt, häufiger aber in Wiesen und an Gewässerufern vertreten ist. Beide Arten haben gegenständig beblätterte Stängel, die des Wald-Gilbweiderich sind aber eher aufsteigend als liegend, die des Pfennigkrautes dagegen kriechen am Boden. Auch die Blätter unterscheiden sich: Am Wald-Gilbweiderichs sind sie eiförmig und zugespitzt, am Pfennigkraut rundlich und stumpf.

3 | Europäischer Siebenstern
Trientalis europaea
Primelgewächse

BESCHREIBUNG Ausdauernde krautige Pflanze, 10–25 cm hoch. Stängel aufrecht und unverzweigt. Blätter groß, lanzettlich, bilden zu 5–7 einen Quirl unterhalb der Blüte. Blüten weiß, sitzen meist zu zweit, seltener zu vieren auf langen, aufgerichteten Blütenstielen, besitzen meist 7 sternförmig ausgebreitete Blütenblätter. Blütezeit Mai/Juni. Kugelige Fruchtkapsel, die bei Reife mit 5 Klappen aufspringt.
LEBENSRAUM Moosreiche Fichtenwälder, Moorwälder, Zwergstrauchheiden, seltener in Nadelmischwäldern. Schätzt feuchte bis nasse, nährstoffarme, saure Böden. Meidet Kalk.
WISSENSWERTES Als Rohhumuspflanze wächst der Siebenstern vor allem in moosreichen Nadelwäldern. Sein Name „Siebenstern" geht auf die sieben sternförmig ausgebreiteten Blütenblätter zurück, die unter den normalerweise 5-zähligen Primelgewächsen eine Ausnahme bilden. Seine Blüten werden von Insekten bestäubt, auch Selbstbestäubung ist möglich. Der Siebenstern ist die Symbolpflanze des Fichtelgebirges.

4 | Huflattich
Tussilago farfara
Korbblütler

BESCHREIBUNG Ausdauernd, 10–30 cm hoch. Stängel zur Blütezeit nur mit rotbraunen Schuppen bedeckt. Blätter erscheinen erst nach der Blüte, sind lang gestielt, herzförmig, 10–30 cm breit, entfernt gezähnt, unten mit einem weißen Haarfilz überzogen. Goldgelbe Blütenköpfchen, bestehen aus etwa 300 weiblichen Zungenblüten und 30–40 männlichen Röhrenblüten. Blütezeit Februar bis April.
LEBENSRAUM Waldränder, Weg- und Straßenränder, Böschungen, Steinbrüche, Ödland, Bach- und Flussufer. Pionierpflanze auf wechselfeuchten Rohböden.
WISSENSWERTES Von Natur aus eine Pionierpflanze wächst der Huflattich überall dort, wo sich noch keine geschlossene Pflanzendecke gebildet hat, auch an Waldwegen, obwohl er keine typische Waldpflanze ist. Man findet ihn in fast allen Höhenstufen, in den Alpen bis in 2300 m Höhe. Allerdings blüht er im Felsschutt des Hochgebirges erst im Frühsommer. Huflattichblätter, die erst nach den Blüten erscheinen, werden oft mit den Blättern der Weißen Pestwurz *(Petasites alba)* verwechselt, sind jedoch deutlich kleiner als diese.

1

2

3

4

1 | Fuchs-Greiskraut
Senecio ovatus
Korbblütler

BESCHREIBUNG Ausdauernde krautige Pflanze, erreicht Wuchshöhen von 60–180 cm. Blätter lanzettlich, ungeteilt, spitz zulaufend. Viele gelbe Körbchenblüten in lockeren, endständigen Blütenständen, Körbchen außen mit Zungen-, innen mit Röhrenblüten. Blütezeit Juni bis August.
LEBENSRAUM Wächst häufig in krautreichen, schattig-feuchten Buchenmischwäldern, in Gebüschen, auf Lichtungen, an Waldbächen.
WISSENSWERTES Wie in allen Greiskräutern sind auch im Fuchsschen Greiskraut giftige Pyrrolizidinalkaloide in wechselnden Mengen enthalten. Man kennt diese chemischen Verbindungen als leberschädigende Stoffe. In Langzeitversuchen konnten diese Substanzen auch Lebertumore auslösen. Obwohl Pyrrolizidinalkaloide gewöhnlich auch für Insekten giftig sind, gibt es doch eine Reihe von Schmetterlingen, deren Raupen an den Pflanzen fressen. Es sind dies vor allem Nachtfalterarten wie der Jakobskrautbär *(Tyria jacobaeae)*, der Schönbär *(Callimorpha dominula)* und der Braune Bär *(Arctia caja)* aus der Familie der Bärenspinner. Diese Raupen nehmen die Giftstoffe nicht nur unbeschadet auf, sie speichern sie sogar und schützen sich damit vor Fressfeinden.

2 | Wald-Greiskraut
Senecio sylvaticus
Korbblütler

BESCHREIBUNG Einjährige krautige Pflanze, erreicht Wuchshöhen von 15–50 cm. Blätter tief eingeschnitten, mit linealen gezähnten Teilblättchen. Kleine, hellgelbe Blütenköpfchen, stehen zu vielen in einem lockeren Blütenstand, Einzelblüten mit schmalen, zurückgerollten äußeren Zungenblüten und inneren radiärsymmetrischen Röhrenblüten. Blütezeit Juli bis September.
LEBENSRAUM Wächst herdenweise in hellen Laub- und Mischwäldern, auf Kahlschlägen, Waldlichtungen, an Waldrändern. Kommt bis in Höhen von 1800 m vor. Wächst anders als das Gewöhnliche Greiskraut *(Senecio vulgaris)* nicht auf nährstoffreichen Anbauflächen.
WISSENSWERTES Als fast unausrottbare Pflanze ist das Wald-Greiskraut über weite Teile Europas verbreitet. Es steht gern auf trockenen, steinigen Sand- und Humusböden, häufig zusammen mit dem Weidenröschen. Seine Blütenstände werden von Fliegen bestäubt, seine Samen verdriftet der Wind. Greiskrautarten enthalten für Mensch und Tier gleichermaßen giftige Pyrrolizidinalkaloide.

3 | Hasenlattich
Prenanthes purpurea
Korbblütler

BESCHREIBUNG Ausdauernde, Milchsaft führende Pflanze, 50–150 cm hoch. Stängel dünn, im oberen Teil sparrig verzweigt. Blätter zart , länglich-lanzettlich, unterseits blaugrün, im unteren Stängelbereich buchtig gezähnt, oben ganzrandig oder nur entfernt gezähnt. Blütenköpfchen purpurviolett, oft abwärts hängend, enthalten 5 rötliche Zungenblüten. Blütezeit Juli/August.
LEBENSRAUM Schattenpflanze. Häufig in grasigen Bergmischwäldern mit Buchen, Eichen, Tannen und Fichten. Auch in Hochstaudengesellschaften von Lichtungen, an Waldwegen.
WISSENSWERTES Im Tiefland nach dem Hasenlattich zu suchen, wäre vergebliche Mühe. Er ist eine typische Pflanze der feuchteren Wälder in den Mittelgebirgen. Diese Pflanze braucht einen ziemlich nährstoffreichen, aber kalkarmen, humosen Boden und feuchtes Klima. An Standorten, die ihr diese Lebensbedingungen bieten, wächst sie nicht selten bis in Höhen von mehr als 150 cm. Man erkennt sie leicht an ihren roten bis violetten Blütenköpfchen, die nur aus 3–5 Zungenblüten bestehen. An ihren Blättern fressen häufig die rotgelb gestreiften Raupen des Lattichmönchs *(Cucullia lactucae)*.

4 | Katzenpfötchen
Antennaria dioica
Korbblütler

BESCHREIBUNG Ausdauernde zweihäusige Pflanze mit oberirdischen Ausläufern. Blütensprosse aufrecht, 5–20 cm hoch **(4A)**. Blätter unten weißfilzig behaart, in grundständigen Rosetten und am Stängel verteilt angeordnet. Grundblätter spatelförmig, Stängelblätter linealisch lanzettlich, ungestielt. Blüten in einem endständigen doldenartigen Blütenstand aus 3–12 weißen (männlichen) oder dunkelrosafarbenen (weiblichen) Einzelblüten **(4B)**. Blütezeit Mai bis Juli.
LEBENSRAUM Wächst in warmen, trockenen Kiefernwäldern, auf Heiden und Magerrasen, meist an lückigen Stellen.
WISSENSWERTES Diese zierliche Pflanze benötigt magere, ungedüngte Böden. Bei Düngereinsatz wird sie von konkurrenzstärkeren Pflanzen verdrängt. Gerade solche nährstoffarmen Standorte sind aber in unserer intensiv genutzten Landschaft selten geworden. So besiedelt das Katzenpfötchen nun vor allem magere Rasen der subalpinen und alpinen Höhenstufen. In der Ebene gelten seine Bestände als rückläufig.

1

2

3

4A

4B

1 | Rote Pestwurz
Petasites hybridus
Korbblütler

BESCHREIBUNG Ausdauernd, 10–40 cm hoch. Stängel dick, rötlich angehaucht. Blätter herzförmig, oben grün, unten grau behaart, am Rand gezähnt, ausgewachsen bis 1 m lang und 60 cm breit. Blüten rötlichweiß bis schmutzig rot, in einem traubenförmigen Blütenstand am Stängelende, riechen unangenehm. Blütezeit Februar bis Mai.
LEBENSRAUM Auwälder, Erlen- und Weidengebüsch, feuchte Waldränder von Mischwäldern, Nasswiesen, Bachufer und Gräben.
WISSENSWERTES In Auwäldern bildet diese Pflanze bereits im Vorfrühling ihre auffälligen Blütenstände, die Blätter erst später. Ausgewachsen gehören diese Blätter zu den größten heimischer Wildpflanzen. Die Pestwurz enthält in allen Teilen stark wechselnde Mengen an Pyrrolizidinalkaloiden, deren krebserregende Wirkung bekannt ist.

2 | Wald-Ruhrkraut
Gnaphalium sylvaticum
Korbblütler

BESCHREIBUNG Ausdauernd, 20–30 cm hoch. Stängel aufrecht, unverzweigt, reich beblättert. Blätter wechselständig, lanzettlich, meist einnervig, oben kahl, an der Unterseite weißfilzig. Sehr kleine gelblichweiße Blüten, sitzen in Knäueln zu 3–7 in den Achseln der oberen Blätter. Blütezeit Juli bis September.
LEBENSRAUM Häufig in trockenen Wäldern, Gebüschen, an Waldwegen, in Kahlschlägen. Vorzugsweise auf kalkfreien Böden.
WISSENSWERTES Die Pflanze verdankt ihren deutschen Namen ihrem früheren Einsatz als Heilmittel gegen die Ruhr. Inhaltsstoffe, die diesen Gebrauch rechtfertigen könnten, hat man aber nicht gefunden. Der wissenschaftliche Gattungsname verweist auf die Behaarung ihrer Blätter (Gnaphalion, griechisch = Wollflocke).

3 | Echte Goldrute
Solidago virgaurea
Korbblütler

BESCHREIBUNG Ausdauernd, 20–120 cm hoch. Stängel aufrecht, unten oft rötlichbraun bis violett überlaufen. Blätter wechselständig, untere Stängelblätter schmal eiförmig, gezähnt und mit geflügeltem Stiel, die oberen schmaler. Zahlreiche gelbe Blütenköpfe, sitzen in Dreier- bis Fünfergruppen. Blütezeit Juli bis Oktober.
LEBENSRAUM Wächst überall in hellen, grasreichen Eichen-, Buchen- oder Nadelmischwäldern. Auch auf mageren Weiden.
WISSENSWERTES Der anspruchslosen Pflanze begegnet man von der Ebene bis ins Gebirge. Man findet die Echte Goldrute aber nie in so ausgedehnten Massenbeständen wie einige aus Nordamerika eingeschleppte Goldrutenarten, die zu starker Ausläuferbildung neigen. Diese Pflanze vermehrt sich hauptsächlich durch Samen.

4 | Rainkohl
Lapsana communis
Korbblütler

BESCHREIBUNG Einjährig, bis zu 1 m hoch, führt Milchsaft. Stängel aufrecht, in der oberen Hälfte verzweigt **(4A)**. Blätter wechselständig, obere eiförmig bis lanzettlich, untere mehrteilig: 1 großer Endabschnitt und 2 kleine Blattlappen. Blattrand buchtig gezähnt. Hellgelbe, endständige Blütenköpfe **(4B)**. Blütezeit ist Juni bis September.
LEBENSRAUM Verbreitet in nicht zu schattigen Wäldern und Hecken, aber auch entlang von Äckern, Mauern und Zäunen, in Gärten und ortsnahem Ödland.
WISSENSWERTES Der Rainkohl ist sehr variabel. Er kann in Abhängigkeit vom Nährstoffangebot in Zwergformen vorkommen, die nur 10 cm Endhöhe erreichen, aber auch mehr als 1 m groß werden. Entsprechend zahlreich sind auch die Standorte, an denen man ihn findet.

5 | Wald-Habichtskraut
Hieracium sylvaticum
Korbblütler

BESCHREIBUNG Ausdauernde, milchsaftführende Pflanze, 20–50 cm hoch. Blütenstängel meist blattlos oder mit nur 1–2 kleinen, unscheinbaren Blättern, die übrigen sitzen in einer bodennahen Rosette. Diese Grundblätter sind breit-eiförmig, weich und dunkelgrün, am Rand grob gezähnt. Gelbe Blütenköpfe, die nur aus Zungenblüten bestehen. Blütezeit Mai/Juni.
LEBENSRAUM Häufig in grasreichen, hellen Laub- und Nadelwäldern und an Waldrändern. Auch auf Gebirgswiesen, auf Schotterflächen oder an Mauern. Letzt genanntem Standort verdankt es auch den früheren Namen „Mauer-Habichtskraut" *(Hieracium murorum)*.
WISSENSWERTES Das Wald-Habichtskraut ist eine formenreiche Art, die leicht Hybriden mit anderen Habichtskrautarten bildet. Allein in Deutschland sind mehr als 100 Unterarten beschrieben. Blätter, Blütenknospen und Blüten der Habichtskräuter werden in der Wildkräuterküche verwendet.

1

2

3

4A

4B

5

1 | Bärlauch
Allium ursinum
Lauchgewächse

BESCHREIBUNG Zwiebelpflanze mit intensivem Knoblauchgeruch, 15–50 cm hoch. Zwiebel lang und schmal, vergleichbar mit Frühlingszwiebeln. Stängel 3-kantig, hohl. Meist 2 lang gestielte, große, breit-ovale Blätter mit deutlich parallelen Adern, Blattrand glatt, Blattunterseite matt. Kugeliger Blütenstand aus weißen, sternförmigen Einzelblüten an der Spitze des Stängels. Jede Einzelblüte mit 6 meist zugespitzten Blütenblättern. Blütezeit April bis Juni.
LEBENSRAUM Wächst in großen Beständen in feuchten, schattigen Laubmisch- und Auwäldern. Braucht feuchte, schattige, nährstoffreiche Standorte mit lockeren Lehmböden. Schattenpflanze, Nährstoff- und Grundwasserzeiger.
WISSENSWERTES Bekannte Heil-, Gewürz- und Gemüsepflanze, die in Geschmack und Wirkung dem Knoblauch ähnelt. In der Küche kann man Blätter, Blüten und die Zwiebel nutzen, am bekanntesten ist jedoch die Verwendung der Blätter. Die beste Sammelzeit für die Blätter ist vor der Blütezeit. Sie machen sich gut in Wildgemüsen, passen in Salate und werden gerne zu Pesto verarbeitet. Doch Vorsicht: Bärlauchblätter ähneln denen stark giftiger Pflanzen wie dem Gefleckten Aronstab *(Arum maculatum)*, der Herbstzeitlose *(Colchicum autimnale)* und vor allem dem Maiglöckchen *(Convallaria majalis)*.

2 | Maiglöckchen
Convallaria majalis
Spargelgewächse

BESCHREIBUNG Ausdauernd, 10–25 cm hoch. Giftig. Blütenstängel blattlos, wird umhüllt von 2 großen, länglich-eiförmigen, hellgrünen, beidseitig glänzenden Laubblättern. Blüten weiß, glockenförmig überhängend **(2A)**, duften intensiv. Blütezeit Mai/Juni. Frucht eine erbsengroße, rot glänzende Beere **(2B)**, reift August/ September.
LEBENSRAUM Wächst mit Ausnahme des hohen Nordens in ganz Europa in Laubwäldern, besonders in Eichen- und Buchenwäldern. In sehr schattigen Wäldern bildet es oft nur Blätter, aber keine Blüten aus. Wächst auf kalkreichen wie kalkarmen Böden. Bevorzugt sommerwarme Klimalagen.
WISSENSWERTES Das Maiglöckchen gilt als Charakterart der Buchen- und sommerwarmen Eichenwälder Europas. Hier bildet es oft dichte Bestände. Alle Teile des Maiglöckchens, besonders aber Blüten und Früchte sind sehr stark giftig. Sie enthalten zahlreiche herzwirksame Glykoside, allen voran das Convallatoxin. Vergiftungen treten vor allem nach Verwechslung der Blätter mit denen des Bärlauchs auf. Diese Verwechslungen kommen immer wieder vor, denn beide Pflanzen wachsen nicht selten unmittelbar nebeneinander.

3 | Schattenblume
Maianthemum bifolium
Spargelgewächse

BESCHREIBUNG Ausdauernd, 10–15 cm hoch. Giftig. Häufige, unverwechselbare Pflanze. Stängel aufrecht, unverzweigt. Meist 2 Blätter, kurz gestielt, tief herzförmig, zugespitzt. Blüten weiß, 4-zählig, bilden einen traubigen Blütenstand am Stängelende. Blütezeit Mai/Juni. Früchte sind kugelige, glänzend rote Beeren. Fruchtreife September/Oktober.
LEBENSRAUM Laub- und Nadelwälder, bevorzugt auf schattigen, feuchten Standorten.
WISSENSWERTES „Falsches Maiglöckchen" wird die Art auch genannt. Gründe hierfür sind wohl die entfernte Ähnlichkeit, die gleiche Blütezeit und der vergleichbare Standort. „Maiblume" lautet auch der wissenschaftliche Gattungsname übersetzt: *majus* = Mai, *anthemon* = Blume. Der Artname *„bifolium"* (= 2-blättrig) weist auf ein markantes Merkmal des Schattenblümchens hin, die Zweiblättrigkeit.

4 | Wohlriechende Weißwurz, Echtes Salomonssiegel
Polygonatum odoratum
Spargelgewächse

BESCHREIBUNG Ausdauernd, 15–50 cm hoch. Giftig. Stängel scharfkantig, hängt bogig über. Blätter wechselständig, lang-oval, ganzrandig. Glockenförmige, nach Bittermandelöl duftende Blüten, weiß, mit grünem Saum, stehen oft einzeln, manchmal auch zu zweit in den Blattachseln **(4A)**. Blütezeit Mai/Juni. Ab August/September reifen kugelige, dunkelblaue Beerenfrüchte, etwa 6 mm im Durchmesser **(4B)**.
LEBENSRAUM Helle Eichenmisch- und Kiefernwälder, Gebüsche trockenwarmer, kalk- und nährstoffreicher Standorte.
WISSENSWERTES Das Echte Salomonssiegel fällt besonders im Frühling auf, wenn die Pflanze ihre zahlreichen weißen Glockenblüten in den Blattachseln entfaltet. Weißwurzarten haben kriechende, knotig verdickte Rhizome als Überwinterungsorgane. Da diese auffällig weiß sind, war die Benennung „Weißwurz" naheliegend. Alle Pflanzenteile, vor allem aber die Beeren, enthalten Saponine und weitere Giftstoffe, die unangenehme Brechdurchfälle hervorrufen. Bisher vermutete herzwirksame Stoffe sind nach neueren Untersuchungen dagegen nicht vorhanden.

1
2A
2B
3
4A
4B

1 | Wald-Weißwurz
Polygonatum multiflorum
Spargelgewächse

BESCHREIBUNG Ausdauernd, 30–70 cm hoch. Giftig. Stängel rund, bogenförmig überhängend. Blätter wechselständig, 2-zeilig angeordnet. Blüten weiß, hängend, vorne trichterförmig erweitert, hängen in Gruppen zu 2–5 **(1A)**. Blütezeit Mai/Juni. Zunächst rote, später blauschwarze Beerenfrüchte **(1B)**.
LEBENSRAUM Häufige Pflanze in krautreichen Buchen-, Eichen- und Laubmischwäldern.
WISSENSWERTES Wald-Weißwurz und Wohlriechende Weißwurz werden oft verwechselt. Doch die beiden Arten kann man leicht am Stängel und an den Blüten unterscheiden. Wald-Weißwurz: runder Stängel und 2–5 Blüten in den Blattachseln. Wohlriechende Weißwurz: kantiger Stängel, meist 1, selten 2 Blüten in den Blattachseln.

2 | Zweiblättriger Blaustern
Scilla bifolia
Spargelgewächse

BESCHREIBUNG Mehrjährige Zwiebelpflanze, 10–20 cm hoch. Giftig. Stängel aufrecht, rund, rötlich überlaufen. Meist nur 2 grundständige Blätter, umschließen den Stängel bis fast zur Mitte. Blütenstand aus 2–5 sternförmigen, gestielten, hellblauen Einzelblüten. Hauptblütezeit im April. Fruchtkapsel kugelig, Samen mit Anhängsel.
LEBENSRAUM Auwälder, feuchte Eichen- und Buchenwälder. Seltene, geschützte Art, die fast nur in den Wäldern der Talauen von Rhein, Main, Neckar und Donau vorkommt.
WISSENSWERTES Der kleine Blaustern gehört zu den ersten Frühlingsblumen, die im April den noch kahlen Auwald mit ihren Blüten beleben. Bestäuber sind Bienen und kleine Fliegen. Für die Samenverbreitung sorgen Ameisen.

3 | Waldmeister
Galium odoratum
Rötegewächse

BESCHREIBUNG Gewürzstaude, die beim Welken intensiv duftet, 5–25 cm hoch. Stängel 4-kantig. Blätter lang, schmal, zugespitzt, sitzen in Quirlen stockwerkartig übereinander. Weiße trichterförmige Blüten. Blütezeit April/Mai.
LEBENSRAUM Schattige Buchenwälder, auch in Eichen-, Hainbuchenwäldern. Typische Schattenpflanze.
WISSENSWERTES Bei dem Gedanken an Waldmeister fällt jedem sofort die bekannte Maibowle ein. Aber die Pflanze kann noch mehr. Vor der Blüte gepflückt und getrocknet sind ihre Blätter auch ein bekannter Aromaspender für Süßspeisen und ein Gewürz für Gemüsegerichte. Der Waldmeister ist die namengebende Charakterart der Waldmeister-Buchenwälder. Er schätzt einen nährstoffreichen, lockeren, humosen Boden.

4 | Kletten-Labkraut
Galium aparine
Rötegewächse

BESCHREIBUNG Einjährig, 30–150 cm lang. Stängel kantig, liegend oder kletternd. Blätter lanzettlich, stehen zu 6–8 in Quirlen. Kleine, weiße, sternförmige Blüten. Blütezeit Juni bis September. Kugelige Früchte. Samenreife September bis Oktober. Stängel, Blattrand und Früchte sind mit weichen, gekrümmten Borsten besetzt.
LEBENSRAUM Weit verbreitete Pflanze, die in Unkrautbeständen verschiedenster Standorte anzutreffen ist: Wälder, Waldränder, Heckensäume, Ödland, oft in Gesellschaft mit Brennnesseln. Stickstoffzeigerpflanze.
WISSENSWERTES Diese typische Pflanze der Ruderalgesellschaften kommt mit fast allen Lichtsituationen zurecht. Sie ist eine so genannte Halblichtpflanze, die bei nur 4 %, aber auch bei 100 % des Tageslichts wachsen kann. Das Kletten-Labkraut ist Futterpflanze für mindestens 40 Insektenarten. Die Wildkräuterküche nutzt seine Blätter als vitaminreiche Grundlage für Gemüsesäfte und Suppen. Die gerösteten und gemahlenen Früchte ergeben eine Art Ersatzkaffee. Die Pflanze ist ein Kulturbegleiter seit der jüngeren Steinzeit. Im intensiven Ackerbau gehört sie zu den ertragmindernden Unkräutern.

5 | Wald-Labkraut
Galium sylvaticum
Rötegewächse

BESCHREIBUNG Ausdauernd, 50–100 cm hoch. Stängel aufrecht, rund, glatt, verzweigt. Blätter blaugrün, lanzettlich, zugespitzt, stehen in Quirlen zu 6–8. Weiße, sternförmig ausgebreitete Blüten. Blütezeit Juni bis August.
LEBENSRAUM Häufige Pflanze in Eschen-Hainbuchenwäldern, Lindenmischwäldern. Auch in Bergwäldern bis in mittlere Gebirgslagen.
WISSENSWERTES Die dem Waldmeister sehr ähnliche, aber nicht nach Cumarin duftende Pflanze ist ein auffälliger Sommerblüher vor allem in Eichen-Hainbuchenwäldern. Früher hat man Labkräuter zur Käsebereitung verwendet, weil sie im Blattgewebe Labfermente enthalten, die die Milch gerinnen lassen. Darauf weisen der deutsche Name und der wissenschaftliche Gattungsname hin: griechisch *gala* = Milch.

1A

1B

2

3

4

5

1 | Großes Hexenkraut
Circaea lutetiana
Nachtkerzengewächse

BESCHREIBUNG Ausdauernd, 20–60 cm hoch. Stängel aufrecht, mit weichen Haaren besetzt. Blätter gekreuzt gegenständig, flaumig behaart. Blüten klein, weiß oder zart rosafarben. Blütezeit Juli/August. Früchtchen dicht mit widerhakenartigen Borsten besetzt.
LEBENSRAUM Typische Halbschatten- bis Schattenpflanze in feuchten Laub- und Mischwäldern.
WISSENSWERTES Blütenökologisch ist das Große Hexenkraut eine nektarführende Scheibenblume, die hauptsächlich von Schwebfliegen bestäubt wird. Die Pflanze besitzt keine flugfähigen Samen. Stattdessen sind die kleinen Früchtchen dicht mit Borsten besetzt. Mit dieser Ausstattung bleiben sie leicht im Fell vorbeistreifender Tiere hängen und werden so verbreitet.

2 | Wald-Weidenröschen
Epilobium angustifolium
Nachtkerzengewächse

BESCHREIBUNG Ausdauernd, 50–180 cm hoch. Stängel aufrecht, stumpfkantig. Blätter wechselständig, schmal lanzettlich, ganzrandig. Blüten rosa bis violett, einzeln in den Achseln der oberen Blätter und endständig in einer langen Traube. Blütezeit Juni bis August.
LEBENSRAUM Laub- und Nadelwälder, als Lichtpflanze bevorzugt an Waldrändern und auf Kahlschlägen.
WISSENSWERTES Diese vermehrungs- und ausbreitungsstarke Pflanze kommt in kürzester Zeit überall hin. Ihre in großer Zahl produzierten Samen trägt der Wind kilometerweit zu neuen Lebensräumen. Weil sie sich auch durch eine lange Keimfähigkeit auszeichnen, kann das Wald-Weidenröschen sofort Fuß fassen, wenn sich ein Standort günstig verändert. Weil Rehe diese Pflanze zum Fressen gern haben, gilt sie als Indikatorart für den Rehwildbestand eines Waldes.

3 | Berg-Weidenröschen
Epilobium montanum
Nachtkerzengewächse

BESCHREIBUNG Ausdauernd, 30–80 cm hoch. Stängel oben mit abstehenden Drüsenhaaren. Blätter fast sitzend, eiförmig, dicht gezähnt. Blüten rosa, 4-zählig, einzeln in den Blattachseln im oberen Stängelbereich. Blütezeit Juni bis September.
LEBENSRAUM Krautreiche Laub- und Nadelmischwälder, Waldwege, Waldränder, Gebüschsäume vorwiegend mittlerer Gebirgslagen.
WISSENSWERTES Weidenröschen waren schon immer gehaltvolle Nahrungspflanzen und ein beliebtes Wildgemüse. Junge, noch biegsame Stängel schmecken süßlich-nussig. Man isst sie roh oder gedünstet als spargelähnliches Gemüse. Auch die jungen Blätter lassen sich gut als Gemüse zubereiten.

4 | Wald-Sanikel
Sanicula europaea
Doldenblütler

BESCHREIBUNG Ausdauernd, 20–40 cm hoch. Stängel aufrecht, rund, gerillt. Grundständige Blätter lang gestielt, 5-teilig, am Rand ungleichmäßig und grob gesägt. Stängelblätter kleiner, fast sitzend. Blüten weiß oder hell rosafarben. Blütezeit Mai/Juni. Früchte mit hakenförmigen Stacheln besetzt.
LEBENSRAUM Häufige Pflanze schattiger, krautreicher Buchenwälder.
WISSENSWERTES Wald-Sanikel enthält ätherisches Öl sowie Gerb- und Bitterstoffe, Vitamin C und wundheilendes Allantoin. Mittelalterliche Kräuterkundler nutzten die Pflanze als Wundheilmittel. Heute empfiehlt die Volksheilkunde einen Tee aus den bis zur Blütezeit gesammelten Grundblättern als schleimlösendes Mittel bei Bronchitis.

5 | Knoblauchsrauke
Alliaria petiolata
Kreuzblütengewächse

BESCHREIBUNG 2- bis mehrjährig wachsende Pflanze mit deutlichem Knoblauchgeruch, 20–100 cm hoch. Stängel kantig. 2 Blattformen: Grundblätter nierenförmig, lang gestielt, am Rand buchtig gekerbt. Stängelblätter 3-eckig, zugespitzt, kurz gestielt, am Rand unregelmäßig gezähnt. Weiße Blüten. Blütezeit April bis Juli. Schotenfrucht, enthält kleine, schwarze, scharf schmeckende Samen.
LEBENSRAUM Die Pflanze schätzt nährstoffreiche bis überdüngte Stellen an schattigen Orten. Sie wächst an schattigen Wald- und Wegrändern, in Heckensäumen. Als Stickstoffzeiger findet man sie auch häufig in verwildertem Kulturland.
WISSENSWERTES Die Knoblauchsrauke ist das älteste bekannte heimische Gewürz. Bereits 4000 v. Chr. nutzten sie die Menschen, wie man an Scherben von Tontöpfen nachweisen konnte. Auch im Mittelalter hat die Knoblauchsrauke eine Rolle als Gewürzpflanze gespielt, geriet dann aber in Vergessenheit. Heute entdeckt sie die Wildkräuterküche neu. Alle Teile der Pflanze, auch Wurzeln und Samen enthalten das Glukosid Sinigrin, aus dem ein ätherisches Öl abgespalten wird, das unter anderem Knoblauch- und Senföl enthält.

1

2

3

4

5

1 | Zwiebel-Zahnwurz
Cardamine bulbifera
Kreuzblütengewächse

BESCHREIBUNG Ausdauernd, 30–50 cm hoch. Grundblätter und untere Stängelblätter mit 5–7 lanzettlichen, gesägten Fiederblättchen, obere Stängelblätter ungeteilt, häufig mit dunklen Brutknospen in den Blattachseln. Blüten violett bis weißlich, etwa 2 cm groß. Blütezeit April/Mai.
LEBENSRAUM Regionale Vorkommen in artenreichen Buchen- und Laubmischwäldern des Berglandes.
WISSENSWERTES Die Samenbildung ist bei dieser Pflanze sehr gering. Ihre Hauptvermehrung geschieht vegetativ durch die auch „Bulbillen" genannten Brutknospen, die anstelle von Seitensprossen in den Blattachseln gebildet werden. Sie fallen zu Boden und werden zum Teil von Ameisen verschleppt.

2 | Rote Lichtnelke
Silene dioica
Nelkengewächse

BESCHREIBUNG Zweijährig, 30–90 cm hoch. Blätter gegenständig, eiförmig bis lanzettlich, ganzrandig. Blüten duftlos, 5 rote Blütenblätter, tief 2-geteilt. Blütezeit April bis Oktober.
LEBENSRAUM Bevorzugte Standorte sind Bruch- und Auwälder, Laubwälder, feuchte Waldschläge und Waldsäume.
WISSENSWERTES Der wissenschaftliche Artname „*dioica*" bedeutet „zweihäusig" und weist daraufhin, dass jede Pflanze nur Blüten eines Geschlechts trägt. Die weiblichen Pflanzen haben in ihren Blüten keine Staubblätter, die männlichen nur einen verkümmerten, nicht funktionsfähigen Fruchtknoten. Im Gegensatz zur duftenden Weißen Lichtnelke, die Nachtfalter anlockt, ist die auf Tagfalter und Schwebfliegen spezialisierte Rote Lichtnelke duftlos.

3 | Wald-Sternmiere
Stellaria nemorum
Nelkengewächse

BESCHREIBUNG Ausdauernd, 20–50 cm hoch. Stängel rund, dünn und zerbrechlich. Blätter gegenständig, herz- bis eiförmig, die unteren gestielt, die oberen sitzend. Blüten weiß, Blütenblätter fast bis zum Grund 2-teilig. Blütezeit Mai bis September
LEBENSRAUM Vor allem in krautreichen Berg- und Schluchtwäldern, in tieferen Lagen in bachbegleitenden Erlenwäldern.
WISSENSWERTES Wie viele Pflanzen, die an halbschattigen Standorten in Wäldern wachsen, welkt auch die Wald-Sternmiere sehr rasch nach dem Pflücken. Weil nicht alle ihre Blüten zeitgleich aufblühen, sondern nacheinander, erstreckt sich die Blütezeit von Mai bis in den September. In Bergwäldern ist die Pflanze Zwischenwirt für einen Pilz, der an Weißtannen Hexenbesen auslöst.

4 | Große Sternmiere
Stellaria holostea
Nelkengewächse

BESCHREIBUNG Ausdauernd, 10–40 cm hoch. Stängel schwach, 4-kantig. Blätter gegenständig, steif, schmal-lanzettlich, alle sitzend. Blüten weiß, im Unterschied zur Wald-Sternmiere nur bis etwa zur Hälfte 2-teilig. Blütezeit April bis Juni.
LEBENSRAUM Verbreitet und häufig in Laub- und Mischwäldern, an Waldrändern, Hecken und Gebüschen.
WISSENSWERTES Ihre starren, steif abstehenden Blätter geben der Pflanze zusätzlichen Halt und helfen ihr, trotz der schwachen Stängel zu einer aufrechten Wuchsform und damit zu Vorteilen im Kampf ums Licht. Die Große Sternmiere ist eine wichtige Nahrungspflanze für eine Reihe von Nachtfalterarten, beispielsweise für den Sternmieren-Blattspanner *(Euphyia biangulata)*, den Hornkraut-Blattspanner *(Euphyia frustata)* sowie für die Braune Glattrückeneule *(Aporophyla lutulenta)*, eines Falters der Waldränder und buschigen Schläge.

5 | Weißes Waldvögelein
Cephalanthera damasonium
Orchideengewächse

BESCHREIBUNG Ausdauernd, 8–60 cm hoch. Stängel kantig. Blätter länglich-oval, zugespitzt. Blüten weiß bis gelblichweiß, sitzen zu 3–10 in einer lockeren Traube. Blütezeit Mai/Juni.
LEBENSRAUM Typische Orchidee der Buchen- und Buchen-Tannenwälder der wärmeren Lagen.
WISSENSWERTES Sein Auftreten im frühsommerlichen Buchenwald und seine Blütezeit im Mai/Juni zeigen, dass sich das Weiße Waldvögelein an das geringe Lichtangebot an seinem Standort angepasst hat. Als Schattenpflanze siedelt es sich auf freien Flächen im Wald nicht an. Typische Schattenpflanzen haben ihren gesamten Stoffwechsel auf einen Lichteinfall von 5–20 % des vollen Tageslichts eingestellt. Vor der Belaubung der Bäume erreicht ein Lichtanteil von 70 % den Boden, zur Zeit der Laubentfaltung sind es nur noch 30 % und nach abgeschlossener Ausbildung des Blätterdaches meist weniger als 10 %.

1

2

3

4

5

1 | Rotes Waldvögelein
Cephalanthera rubra
Orchideengewächse

BESCHREIBUNG Ausdauernd, 20–50 cm hoch. Stängel leicht hin- und hergebogen, im unteren Teil kahl, oben drüsig behaart. Blätter lanzettlich, werden zum Blütenstand hin kleiner. Ähriger Blütenstand aus rosafarbenen Einzelblüten. Blütenblätter stehen zur Blütezeit deutlich ab. Lippe der Blüte spitz, violett, mit gelblichen Längsleisten, nur rudimentärem Sporn. Blüte Mai bis Juli.
LEBENSRAUM Helle, trockene Buchen-, Eichen- und gelegentlich auch Fichtenmischwälder der wärmeren Lagen. Schätzt nährstoff- und kalkreiche Böden. Die Pflanze ist geschützt.
WISSENSWERTES Das Rote Waldvögelein gehört zu den wärmeliebenden Pflanzen. Als Halbschattenpflanze ist es zwar auch mit einem relativ geringen Lichtangebot zufrieden, hat aber einen etwas größeren Lichtbedarf als das verwandte Weiße Waldvögelein. Die roten Blüten werden trotz des fehlenden Nektars oft von Blattschneiderbienen der Gattung *Chelostoma* besucht. Offenbar verwechseln die Bienen diese Blüten mit denen von Glockenblumenarten desselben Standorts.

2 | Zweiblättrige Waldhyazinthe
Platanthera bifolia
Orchideengewächse

BESCHREIBUNG Ausdauernd, 20–50 cm hoch. Stängel aufrecht, hell gelbgrün. Meist 2 gegenständige, fast grundständige, bis 15 cm lange, breit lanzettliche, glänzende Blätter und 1–4 kleine, schmal lanzettliche Blätter weiter oben am Stängel. Weißgrünliche, duftende Blüten mit bis zu 2 cm langem, fadenförmigem Sporn. Blütenstand eine lange, lockere Ähre. Blütezeit Juni.
LEBENSRAUM Helle Laubmischwälder, vor allem Eichen- und Kiefernwälder in Mittelgebirgs- und Gebirgslagen. Auch auf Heiden, in Mooren. Geschützt.
WISSENSWERTES Die Pflanze ist auch unter dem Namen „Weiße Waldhyazinthe" oder „Kuckucksblume" bekannt. Ihre Blüten verströmen vor allem nachts einen intensiven, vanilleartigen Duft und locken so Nachtfalter als Bestäuber an. Nur sie gelangen mit ihren langen Rüsseln an den Nektar in der Spornspitze. Während sie Nektar saugen, gelangen Pollenpakete auf ihren Rüssel und werden so zuverlässig zur nächsten Waldhyazinthe weitergetragen. Sehr ähnlich ist die Grünliche Waldhyazinthe *(Platanthera chlorantha)* mit grünlicheren Blüten und kürzerem Sporn.

3 | Fuchssches Knabenkraut
Dactylorhiza fuchsii
Orchideengewächse

BESCHREIBUNG Ausdauernd, 20–90 cm hoch. Stängel aufrecht, markgefüllt. Blätter mit dunklen ovalen Flecken, ganzrandig, im unteren Stängelteil rosettig gehäuft. Dichter, walzenförmiger Blütenstand aus dunkelvioletten, seltener weißen Einzelblüten. Lippe der Einzelblüten mit violetter Strich- oder Punktzeichnung, 3-lappig. Blütezeit Juni/Juli.
LEBENSRAUM Unsere häufigste Orchideenart, wächst in hellen Nadelmischwäldern, frischen Waldwiesen und in Mooren.
WISSENSWERTES Es gibt eine Reihe von Knabenkräutern mit gefleckten Blättern. Eine nahe verwandte Art des Fuchs-Knabenkrautes ist das eigentliche Gefleckte Knabenkraut *(Dactylorhiza maculata)*. Beide Arten werden oft zu einer Artengruppe zusammengefasst. Als bestes Unterscheidungsmerkmal gilt meist die Lippe der Blüte: Beim Fuchs-Knabenkraut ist der Mittellappen der Lippe etwa so breit wie die seitlichen Lappen und mindestens so lang wie diese. Beim Gefleckten Knabenkraut ist der Mittellappen schmaler als die seitlichen Lappen.

4 | Großes Zweiblatt
Listera ovata
Orchideengewächse

BESCHREIBUNG Ausdauernd, 20–50 cm hoch. Eine Orchideenart, die bereits im vegetativen Zustand leicht zu bestimmen ist: Der Stängel trägt kurz über dem Erdboden 2 ungestielte, gegenständige Blätter, breit eiförmig **(4A)**, mit deutlich hervortretender Nervatur. Traubiger Blütenstand aus zahlreichen Einzelblüten. Äußere Blütenblätter grün, Lippe gelbgrün, bandförmig, deutlich 2-spaltig **(4B)**. Blüte bildet keinen Sporn aus. Blütezeit Mai/Juni.
LEBENSRAUM Pflanze mit breiter Standortwahl. Besiedelt Laubmischwälder, Auwälder, bachbegleitende Gebüsche, ist Begleitpflanze im Schwarzerlen-Eschenwald, tritt aber in den Kalkmittelgebirgen auch in Trockenrasen auf.
WISSENSWERTES Die Blüten dieser Orchideenart besitzen keinen Sporn. Stattdessen haben sie eine bis zur Mitte gespaltene Unterlippe, auf der Nektar für die bestäubenden Insekten, hauptsächlich Schlupfwespen und Käfer, abgesondert wird. Eine weitere, in Europa heimische *Listera*-Art ist das Kleine Zweiblatt oder Herz-Zweiblatt *(Listera cordata)*, das deutlich seltener auftritt.

1

2

3

4A

4B

1 | Breitblättrige Sumpfwurz
Epipactis helleborine
Orchideengewächse

BESCHREIBUNG Unsere häufigste, noch am wenigsten gefährdete Orchidee, ausdauernd, 30–100 cm hoch. Stängel kräftig, kahl. Blätter im unteren Teil des Stängels breit-eiförmig, weiter oben linealisch. Blüten grün bis rotviolett, sporn- und duftlos. Blütezeit Juni bis September.
LEBENSRAUM Eichen-, Buchen- und Nadelmischwälder, Waldränder, Lichtungen.
WISSENSWERTES Die winzigen Samen dieser Orchidee werden vom Wind kilometerweit verfrachtet. So gelangen sie mitunter auch in gehölzreiche Gärten. Die Breitblättrige Sumpfwurz ist in Deutschland in ihrem Bestand noch weitgehend ungefährdet. Allerdings gehen seit einiger Zeit auch ihre Vorkommen zurück.

2 | Frauenschuh
Cypripedium calceolus
Orchideengewächse

BESCHREIBUNG Eine der bekanntesten wild wachsenden Orchideen Europas, ausdauernd, 20–50 cm hoch. Blätter stängelumfassend, breit-elliptisch, mit kräftiger Nervatur. Blüte mit typischer, pantoffelartig aufgeblasener, gelber Lippe. Blütezeit Mai/Juni.
LEBENSRAUM Halbschattige Laubmischwälder, Nadelwälder. Geschützt.
WISSENSWERTES Der seltene Frauenschuh lebt mit einem Pilz der Gattung *Rhizoctonia* in Symbiose. Die Ernährung der Pflanze geschieht über Jahre durch diesen Pilz. Erst nach 4 Jahren entwickelt sie das erste Blatt und bis sie zum ersten Mal blüht, können 16 Jahre vergehen. Der Frauenschuh ist eine Kesselfallenblume. Die schuhförmige Lippe ist eine Gleitfalle für Insekten. Nach draußen gibt es nur einen Weg: vorbei an Narbenfläche und Staubbeuteln.

3 | Fichtenspargel
Monotropa hypopitys
Heidekrautgewächse

BESCHREIBUNG Ausdauernd, 10–20 cm hoch. Pflanze ohne grüne Blätter. Stängel nur mit gelblich-bräunlichen Schuppen. Blüten nickend, zu 10–20 in einer dichten endständigen Traube. Blütezeit Juni/Juli.
LEBENSRAUM Meist gruppenweise in dunklen, vegetationsarmen Nadelwäldern. Selten.
WISSENSWERTES Der Fichtenspargel betreibt keine Photosynthese, weil ihm das Blattgrün fehlt. Die häufig mit dem Fichtenanbau verschleppte Art lebt als Schmarotzer auf einem Pilz, der seinerseits Nährstoffe aus den Wurzeln von Waldbäumen und aus faulendem Holzsubstrat bezieht. Die enge Beziehung dieser Pflanze zu Nadelbäumen spiegelt sich in ihrem deutschen und wissenschaftlichen Namen: *„hypo"* bedeutet unter und *„pitys"* steht für Fichte oder Pinie.

4 | Echtes Springkraut
Impatiens noli-tangere
Springkrautgewächse

BESCHREIBUNG Einjährig, 30–80 cm hoch. Frische Pflanze schwach giftig. Stängel aufrecht, glasig durchscheinend. Blätter schmal-eiförmig, am Rand stumpf gezähnt. Blüten gelb, innen rot punktiert, abwärts gebogener Sporn. Blütezeit Juni bis September.
LEBENSRAUM Wächst häufig und gesellig in Auwäldern und feuchten Laubwäldern.
WISSENSWERTES Der wissenschaftliche Name des Echten Springkrautes bedeutet übersetzt „Rühr mich nicht an". Diese Benennung trifft es nicht ganz, denn in Wirklichkeit kommt der Pflanze eine Berührung sehr gelegen. Ohne diese Berührung könnte sich das Echte Springkraut nicht so rasch ausbreiten und es würde auch nicht in so dichten Beständen wachsen. Denn: schon beim leisesten Kontakt der reifen Fruchtkapseln mit anderen Pflanzen oder vorbeistreifenden Tieren platzen diese auf und schleudern die enthaltenen Samen mehrere Meter weit in die Umgebung.

5 | Drüsiges Springkraut
Impatiens glandulifera
Balsaminengewächse

BESCHREIBUNG Einjährig, 50–200 cm hoch. Frische Pflanze schwach giftig. Stängel aufrecht, meist nicht verzweigt. Blätter gegenständig oder in Dreierwirteln, schmal-lanzettlich, scharf gezähnt. Blüten rot, zu 5–20 in den Achseln der oberen Blätter, kurzer gebogener Sporn **(5A)**. Blütezeit Juni bis Oktober.
LEBENSRAUM Bildet heute in Auwäldern und Ufergebüschen dichte Bestände.
WISSENSWERTES Als Zierpflanze kam die ursprünglich im Himalaya beheimatete Art im 19. Jahrhundert nach Europa. Sie ist hier auch als Indisches Springkraut oder Rotes Springkraut, als Bauernorchidee oder, wegen ihres enormen Längenwachstums, als Riesenbalsamine bekannt. Auch diese Pflanze verfügt über einen Schleudermechanismus wie ihn das Echte Springkraut besitzt. Die Kapselfrüchte schleudern, wenn sie reif sind, schon auf kleinste Erschütterung die Samen aus, bis zu 7 m weit weg. Selbst Regentropfen können diesen Mechanismus auslösen. In den letzten 70 Jahren breitete sie sich vielerorts massenhaft aus **(5B)**, verdrängt mittlerweile vor allem in der Ufervegetation heimische Pflanzen und wird als invasiver Neophyt bekämpft.

1
2
3
4
5A
5B

1 | Wald-Wachtelweizen
Melampyrum sylvaticum
Sommerwurzgewächse

BESCHREIBUNG Einjährig, 10–20 cm hoch. Blätter gegenständig, kurzgestielt, lanzettlich, ganzrandig. Blüten goldgelb, bis 10 mm groß, alle an einer Seite des Stängels, sitzen meist zu zweit in den Blattachseln. Blütezeit Juni bis August. Eiförmige Fruchtkapsel.
LEBENSRAUM Zerstreut in Fichten- und Fichten-Tannenwäldern an frischen, kalkarmen, sauren Standorten. In Deutschland auf die höheren Mittelgebirge und den Alpenraum konzentriert.
WISSENSWERTES Die Gattung Wachtelweizen gehört zu den Halbschmarotzern. Diese Pflanzen sind dank ihrer grünen Blätter zwar in der Lage, selbst zu assimilieren, ziehen aber dennoch einen Teil ihrer Nährstoffe aus den Wurzeln anderer Pflanzen. Genutzt werden vor allem die Wurzeln von Fichten und Heidelbeeren. Der Nektar in den Blüten ist nur langrüsseligen Insekten, vor allem Hummeln, zugänglich. Die schweren Samen sind in Form und Größe Ameisenpuppen ähnlich und werden auch von Ameisen verbreitet.

2 | Knotige Braunwurz
Scrophularia nodosa
Braunwurzgewächse

BESCHREIBUNG Ausdauernd, 50–100 cm. Stängel aufrecht, 4-kantig, nicht geflügelt. Blätter gegenständig, eiförmig, doppelt gesägt. Unangenehm riechende, braunrote Blüten in einem endständigen, rispenähnlichen Blütenstand, Blumenkrone mit bauchiger, fast kugeliger Kronröhre, Staubbeutel und Narbe stehen dicht untereinander. Blütezeit Juni bis August. Knollig verdickter Wurzelstock.
LEBENSRAUM Wächst weit verbreitet an feuchten Stellen in Laub- und Nadelmischwäldern, an Waldrändern, in Gebüschen, auch an Flussufern.
WISSENSWERTES Die ganze Pflanze verströmt einen aufdringlich unangenehmen Geruch, der vor allem Wespenarten zur Bestäubung anlockt. Die Samenverbreitung geschieht durch den Wind, aber auch durch Tiere. Eine nahe verwandte, ähnliche Art ist die Geflügelte Braunwurz *(Scrophularia umbrosa)*, die häufig an Ufern von stehenden und fließenden Gewässern wächst und sich durch ihren breit geflügelten Stängel unterscheidet.

3 | Wald-Ehrenpreis
Veronica officinalis
Wegerichgewächse

BESCHREIBUNG Ausdauernd, 10–20 cm hoch. Stängel dicht rauhaarig, niederliegend, nur die Enden der blühenden Triebe richten sich etwas auf. Blätter gegenständig, breit-eiförmig, ebenfalls dicht und rau behaart, fein gezähnt. Blüten hellviolett, dunkel geadert, sitzen in lockeren Trauben an den Triebspitzen. Blütezeit Mai bis Juli.
LEBENSRAUM Wächst bevorzugt auf sauren, steinigen und trockenen Böden. Von der Ebene bis ins Gebirge in mäßig trockenen Laub- und Nadelwäldern, auf Heiden und auf mageren Wiesen zu finden. Die Pflanze ist nässescheu und düngerfeindlich.
WISSENSWERTES Der Wald-Ehrenpreis gehört zu den Magerkeitszeigern. Diese Pflanzen haben es in unserer überdüngten Kulturlandschaft schwer und sind deshalb vielfach auf dem Rückzug. Alle Ehrenpreis-Arten sind heilkräftig. Aufgrund ihrer Inhaltsstoffe werden die getrockneten oberirdischen Teile Teemischungen beigefügt, die zur Anregung des Stoffwechsels und bei Erkältungskrankheiten getrunken werden. Am wirkungsvollsten sind sie während der Blüte.

4 | Roter Fingerhut
Digitalis purpurea
Wegerichgewächse

BESCHREIBUNG Gehört zu den bekanntesten und auffälligsten Waldbodenpflanzen. Zweijährig oder ausdauernd, 50–150 cm hoch. Giftig. Stängel kurz behaart. Grundblätter in einer Rosette, lang gestielt. Stängelblätter wechselständig, kurz gestielt oder ohne Stiel. Alle Blätter eiförmig, am Rand gezähnt unten graufilzig behaart, fühlen sich weich und samtig an. Blüten in einseitswendiger Traube und stets nach Süden ausgerichtet, glockenförmig, rot, innen mit violetten, weiß umrandeten Flecken. Blütezeit Juni/Juli.
LEBENSRAUM Meist in großen zusammenhängenden Beständen auf Waldlichtungen und Kahlschlägen, an Waldwegen.
WISSENSWERTES „Foxglove" oder „Handschuh des Fuchses" nennen die Engländer den Roten Fingerhut und weisen damit auf seinen Standort hin. Diese Pflanze wächst überall dort, wo der Boden locker ist: auf Kahlschlägen, frisch gerodeten Waldlichtungen und manchmal auch vor Fuchsbauten. „Dead men's bell" (Totenglocke) nennen sie die Pflanze aber auch und auch das hat seine Berechtigung. Der Rote Fingerhut enthält vor allem in den Blättern eine Reihe von Digitalisglykosiden. Falsch dosiert wirken diese Inhaltsstoffe tödlich giftig. Aber in der richtigen Dosierung sind sie als Medikamente eine große Hilfe für Herzkranke, denn sie regulieren die Arbeit des Herzmuskels. Die Einzelblüten in den traubigen Blütenständen erblühen von unten nach oben. Die dunklen, hell umrandeten Flecken der Blüteninnenseite hat man früher als Saftmale gedeutet. Heute deutet man sie als Staubbeutel-Attrappen. Versuche haben gezeigt, dass bei Abdeckung dieser Flecken die Blüten fünf Mal seltener angeflogen werden als andere.

1

2

3

4

1 | Wald-Storchschnabel
Geranium sylvaticum
Storchschnabelgewächse

BESCHREIBUNG Ausdauernd, 30–60 cm hoch. Stängel aufrecht, behaart. Blätter meist grundständig, bis über die Mitte 5–7-teilig, einzelne Teile breit-rautenförmig, unregelmäßig gezähnt. Blüten rotviolett, jeweils zu zweit an behaartem Blütenstiel. Blütezeit Juni/Juli. Je nördlicher man diese Pflanzenart in Europa antrifft, umso häufiger findet man Formen mit rosafarbenen oder weißen Blüten.
LEBENSRAUM Pflanze, die ihren Verbreitungsschwerpunkt im Gebirge (bis 2500 m) und Mittelgebirge hat, im Flachland ist sie selten zu finden. Wächst gesellig in Schluchtwäldern, feuchten Bergwiesen, Wald- und Gebüschsäumen. Schätzt feuchte, nährstoffreiche Böden.
WISSENSWERTES Obwohl die Benennung „Wald-Storchschnabel" auf den hauptsächlichen Standort „Wald" schließen lässt, ist diese Pflanze vorwiegend in montanen Bergwiesen zu Hause. Auffällig ist die Form der Samenverbreitung über einen Schleudermechanismus. Bei Reife springen die Früchte explosionsartig auf und schleudern die Samen so bis zu 2,7 m weit in die Umgebung.

2 | Stinkender Storchschnabel
Geranium robertianum
Storchschnabelgewächse

BESCHREIBUNG Ein- oder zweijährig, 20–50 cm hoch. Pflanze, die beim Zerreiben unangenehm riecht. Stängel aufrecht oder kriechend, behaart, oft rot überlaufen, verzweigt sich von Grund an. Blätter weich, behaart, lang gestielt, 3- bis 5-zählig gefiedert. Blüten sitzen meist zu zweit an roten Blütenstielen, rosafarben, 5-zählig, Blütenblätter mit 3 weißlichen Längsstreifen. Blütezeit Juni bis Oktober.
LEBENSRAUM Bekannteste und am weitesten verbreitete Storchschnabelart. Wächst an feuchten, schattigen Stellen in Laub- und Nadelwäldern, in Wald- und Gebüschsäumen, auf Geröllhalden und auf Mauern. Bemerkenswert sind vereinzelte Vorkommen als Aufsitzerpflanzen auf Bäumen.
WISSENSWERTES Erstaunlich ist die große Variationsbreite dieser Art im Hinblick auf ihre Standortwahl. Der Stinkende Storchschnabel kann am dunklen Waldboden ebenso wachsen wie im vollen Sonnenlicht. Hier allerdings färbt er sich durch Lichtschutzpigmente dunkelrot. Früher hat man die Pflanze als vielseitig einsetzbare Heilpflanze und als Mottenkraut geschätzt.

3 | Wald-Vergissmeinnicht
Myosotis sylvatica
Raublattgewächse

BESCHREIBUNG Zwei- bis mehrjährig, 15–40 cm hoch. Stängel kantig, behaart. Blätter wechselständig, schmal-eiförmig bis zungenförmig, abstehend behaart, die unteren kurz gestielt, die anderen sitzend. 7–25 Blüten in rispenähnlichen, unbeblätterten Blütenständen, Einzelblüten anfangs rosa, später hellblau, gelbe Schlundschuppen, 5 Kelchblätter. Blütezeit April bis Juli.
LEBENSRAUM Wächst gesellig in Laubwäldern und Laubmischwäldern, an Wald- und Wegrändern, auf feuchten Waldwiesen. Bevorzugt lockere, nährstoffreiche Lehmböden.
WISSENSWERTES Jeder kennt das Vergissmeinnicht. Seine blauen Blüten und die spatelförmigen Blätter machen es unverwechselbar. Der Form und Behaarung ihrer Blätter verdankt die kleine Blume auch den wissenschaftlichen Namen: *„Myosotis"* steht für „Mäuseohr". Auffällig ist die Farbänderung ihrer Blüte von rosa in der jungen Blüte nach hellblau in der älteren. Verursacht wird dieser Farbwechsel von einer Änderung des Säuregrades im Zellsaft von sauer nach alkalisch.

4 | Schwarze Tollkirsche
Atropa belladonna
Nachtschattengewächse

BESCHREIBUNG Ausdauernd, 50–150 cm hoch **(4A)**. Giftig. Stängel aufrecht, stumpfkantig, flaumig behaart. Blätter wechselständig, eiförmig, zugespitzt, ganzrandig, bis zu 15 cm lang, Blattadern behaart. Blüten braunviolett, glockig, gestielt, sitzen einzeln in den oberen Blattachseln **(4B)**. Blütezeit Juni bis August. Kugelige Frucht in einem 5-zipfeligen Kelch, kirschgroß, glänzend, bei Reife schwarz **(4C)**. Fruchtreife August bis Oktober.
LEBENSRAUM Ränder von Laub-, Misch- und Nadelwäldern, Waldlichtungen, Kahlschläge.
WISSENSWERTES Eine unserer gefährlichsten Giftpflanzen und zugleich wichtige Arzneipflanze. In die Familie der Nachtschattengewächse gehört eine Reihe bekannter, hochgiftiger Pflanzen, auch die Tollkirsche. Schon nach dem Genuss weniger Früchte oder Blätter ist unverzügliche ärztliche Hilfe erforderlich, denn nach anfänglich rauschartigen Zuständen sind Erbrechen und Kreislaufkollaps zu erwarten. Verantwortlich für diese Giftwirkung sind die in allen Pflanzenteilen enthaltenen Alkaloide Hyoscyamin, Scopolamin und Atropin. Für Fasane, Drosseln und andere Vögel sind die Früchte offensichtlich nicht giftig. Sie verbreiten die Samen endochor.

1

2

3

4A

4B

4C

1 | Große Brennnessel
Urtica dioica
Brennnesselgewächse

BESCHREIBUNG Bekanntes Nesselgewächs mit Brennhaaren an Stängel und Blättern, ausdauernd, 30–250 cm hoch. Stängel kantig. Blätter gekreuzt gegenständig, eiförmig, lang zugespitzt, grob gesägt. Blüten grünlich, in dünnen Rispen, männliche und weibliche Blüten auf verschiedenen Pflanzen (zweihäusig), weibliche Blütenstände hängend, männliche Blütenstände aufrecht, Einzelblüten klein, 4 Blütenblätter. Blütezeit Juni bis Oktober.
LEBENSRAUM Sehr häufig, wächst in Wäldern und Gebüschen, an Wegen und Zäunen, auf Geröll und Schutthalden. Stickstoffzeiger und im Wald auch Feuchtigkeitszeiger.
WISSENSWERTES Mit einer Lupe wird deutlich, wie wehrhaft eine Brennnessel ist. Mit zahllosen Brennhaaren, die bei Berührung abbrechen und ihr Wirkstoffgemisch aus Histamin, Acetylcholin und Ameisensäure freisetzen, wehrt sich die Brennnessel gegen Fressfeinde. Sie schützt sich damit gegen den Fraß vieler, aber längst nicht aller Tiere. So leben beispielsweise die Raupen von Tagpfauenauge und Kleinem Fuchs ausschließlich von Brennnesselblättern.

2 | Wald-Bingelkraut
Mercurialis perennis
Wolfsmilchgewächse

BESCHREIBUNG Mehrjährige Pflanze mit unangenehmem Geruch, 15–20 cm hoch. Schwach giftig. Stängel 4-kantig, unverzweigt, nur in der oberen Hälfte beblättert. Blätter gegenständig, lanzettlich, stumpf gezähnt. Blüten grün, in Knäueln oder Rispen mit entweder nur männlichen oder nur weiblichen Blüten (zweihäusig). Blütezeit April/Mai.
LEBENSRAUM Wächst in großen, zusammenhängenden Beständen selbst an stark beschatteten Stellen in dichten Wäldern, vor allem in krautreichen Laub- und Nadelmischwäldern.
WISSENSWERTES Diese häufige Pflanze schattiger Wälder hat man früher wegen ihrer abführenden und harntreibenden Wirkung volksmedizinisch genutzt. Heute wird sie wegen möglicher Vergiftungen nicht mehr verwendet. Sie enthält neben Saponinen auch Methylamin und Trimethylamin, die für ihren fischähnlichen Geruch verantwortlich sind. Weil sich die Pflanzen auch vegetativ vermehren, kommt es wegen der Zweihäusigkeit oft zu rein männlichen und rein weiblichen Beständen.

3 | Wilder Hopfen
Humulus lupulus
Hanfgewächse

BESCHREIBUNG Kletternde Staude, deren Stängel sich im Uhrzeigersinn um Bäume und Sträucher winden, 2–6 m lang. Stängel 4-kantig, mit borstigen Kletterhaaren besetzt. Blätter gegenständig, 3–5-fach gelappt, am Rand gezähnt und borstig behaart, erinnern in der Form an die Blätter der Weinrebe. Männliche und weibliche Blüten auf verschiedenen Pflanzen, die männlichen Blüten stehen in lockeren Rispen in den Achseln der Blätter **(3A)**. Weibliche Blüten in einer dicht beblätterten, 2–3 cm langen Ähre, bilden zur Fruchtzeit gelbgrüne, zapfenähnliche Hopfendolden **(3B)**. Blütezeit Juli/August.
LEBENSRAUM Auwälder, Auwaldränder, Erlenbrüche, feuchte Gebüsche. Wild von der Ebene bis in die Alpentäler verbreitet, aber nicht sehr häufig.
WISSENSWERTES Als Liane ist der Wilde Hopfen eine typische Auwaldpflanze. Weil er sich mit seinen, mit borstigen Kletterhaaren besetzten Stängeln an Bäumen hochrankt und diese nicht selten „erwürgt", kann er auch zum Forstschädling werden. Die Bestäubung der Blüten und die Samenverbreitung geschehen durch den Wind.

4 | Wechselblättriges Milzkraut
Chrysosplenium alternifolium
Steinbrechgewächse

BESCHREIBUNG Zierliche mehrjährige Pflanze, 5–20 cm hoch. Stängel aufrecht, 3-kanig. Blätter wechselständig, rundlich-nierenförmig, auffällig gelbgrün. Blüten gelb, meist 4-zählig, bilden einen von gelben Hochblättern umgebenen Blütenstand. Blütezeit März bis Mai.
LEBENSRAUM In Mitteleuropa weit verbreitet, aber nicht überall häufig. Bildet an geeigneten Standorten lockere Rasen. Schätzt grundwasserdurchzogene, nährstoffreiche Böden in Laubwäldern, Auwäldern, Erlenbrüchen.
WISSENSWERTES Goldgelbe Hochblätter sorgen dafür, dass sich die kleinen Blüten aus dem Grün der Blätter hervorheben und erhöhen die Schauwirkung für bestäubende Insekten: Fliegen und Käfer. Wegen der milzähnlich geformten Blätter hat man sich von der Pflanze im Hochmittelalter gemäß der Signaturenlehre Hilfe und Heilung bei Milzerkrankungen erhofft. Besondere Wirkstoffe wurden aber bis heute nicht gefunden. Sehr ähnlich ist das verwandte Gegenblättrige Milzkraut *(Chrysosplenium oppositifolium)* mit gegenständigen Blättern und einem 4-kantigen Stängel.

1

2

3A

3B

4

1 | Große Fetthenne
Sedum telephium
Dickblattgewächse

BESCHREIBUNG Sukkulente ausdauernde Pflanze, 25–50 cm hoch. Stängel aufrecht, kahl, rotblau gefärbt. Blätter wechselständig, gegenständig, oder 3-quirlig, länglich-eiförmig, dick fleischig, ganzrandig oder schwach gezähnt. Blüten grünlich-gelb oder purpurn, in doldenartigen Blütenständen am Ende der Stängel. Blütezeit Juli bis Oktober.
LEBENSRAUM Wächst in trockenen, hellen Wäldern, an Waldrändern, in Gebüschsäumen, an Felsspalten, auf Gesteinsschutt.
WISSENSWERTES Dickblattgewächse wie die Große Fetthenne gehen sehr sparsam mit Wasser um und sind deshalb auf trockenen Standorten besonders konkurrenzfähig. Ihre dicken, fleischigen Blätter können große Mengen Wasser speichern und so Trockenzeiten überstehen, ohne zu welken.

2 | Echtes Johanniskraut
Hypericum perforatum
Johanniskrautgewächse

BESCHREIBUNG Ausdauernd, 30–80 cm hoch. Stängel deutlich 2-kantig, markig. Blätter gegenständig, länglich bis eiförmig, durchscheinend punktiert. Blüten goldgelb, 5-zählig, Kronblätter am Rand schwarz punktiert, Staubblätter gebüschelt. Blütezeit Juni bis August.
LEBENSRAUM Wächst als Pionierpflanze auf den verschiedensten Böden. Besiedelt Laubwälder, Nadelwälder, vor allem helle Stellen an Waldrändern, auf Kahlschlägen.
WISSENSWERTES „Durchlöchertes Johanniskraut" wird die Art auch genannt, weil ihre Blätter – gegen das Licht gehalten – wegen zahlreicher Öldrüsen wie durchlöchert erscheinen (wissenschaftlicher Artname *perforatus*). Es ist die in Europa am weitesten verbreitete Art der Gattung *Hypericum*.

3 | Rundblättriges Wintergrün
Pyrola rotundifolia
Heidekrautgewächse

BESCHREIBUNG Immergrüne, ausdauernde Pflanze, 10–40 cm hoch. Stängel stumpfkantig. Blätter in grundständiger Rosette, immergrün, rund bis eiförmig. Weiße, weitglockige Blüten, nickend. Blütezeit Juli bis Oktober.
LEBENSRAUM Seltene Pflanze, wächst bevorzugt in schattigen bis halbschattigen Laub- und Nadelwäldern und Gebüschen.
WISSENSWERTES Wintergrünarten leben – ähnlich wie manche Orchideen – mit Wurzelpilzen in einer Lebensgemeinschaft, die beiden nützt. Die Pflanze versorgt sich so zusätzlich mit Wasser, Mineralien und Eiweißen und liefert dem Pilz im Gegenzug Kohlenhydrate. Möglicherweise ist diese Symbiose der Grund für die empfindliche Reaktion der Wintergrün-Pflanzen auf Veränderungen an ihrem Standort und dem damit verbundenen Rückgang der Arten.

4 | Arznei-Baldrian
Valeriana officinalis
Geißblattgewächse

BESCHREIBUNG Ausdauernd, 30–150 cm hoch. Stängel mit grundständiger Blattrosette und unpaarig gefiederten Stängelblättern, Teilblättchen lanzettlich, ganzrandig oder ungleichmäßig gesägt. Schirmförmiger Blütenstand aus rosafarbenen Einzelblüten, intensiv süßlicher Geruch, Griffel und 3 Staubblätter ragen aus der Blüte. Blütezeit Juni bis August.
LEBENSRAUM Die lichtbedürftige Pflanze steht in feuchten, hellen Wäldern, an Gräben und Ufern von Waldbächen, auf Moorwiesen.
WISSENSWERTES Baldrianwurzeln sind reich an ätherischen Ölen, die beruhigend und krampflösend wirken. Als Medikament gegen krampfartige Magen- und Darmbeschwerden, bei nervös bedingten Herzbeschwerden und bei Erregungszuständen setzen Mediziner die Pflanze erfolgreich ein. Sie wird heute in großem Stil angebaut.

5 | Echtes Tausendgüldenkraut
Centaurium erythraea
Enziangewächse

BESCHREIBUNG Ein- oder zweijährig, 10–40 cm hoch. Stängel aufrecht, hohl, 4-kantig. Untere Blätter in einer Rosette, oval, ganzrandig, obere Blätter gegenständig, lanzettlich. Blüten rosa, mit 5 flach ausgebreiteten Kronzipfeln, bilden einen doldenähnlichen Blütenstand. Blütezeit Juli bis September.
LEBENSRAUM Das in Deutschland nach der Bundesartenschutzverordnung besonders geschützte Echte Tausendgüldenkraut wächst wächst zerstreut auf grasigen Waldlichtungen, an sonnigen Waldrändern und Waldwegen.
WISSENSWERTES Das Echte Tausendgüldenkraut ist eine alte Heilpflanze, die ähnliche Bitterstoffe wie der Gelbe Enzian enthält. Sie wird auch heute noch bei Appetitlosigkeit und Magen- und Darmbeschwerden angewendet. Gelegentlich ist Tausendgüldenkraut auch in Kräuterlikören vertreten. Die Pflanze wird von Bienen, Fliegen und Käfern bestäubt. Auch Selbstbestäubung wird nicht ausgeschlossen. Die Samen verstreut der Wind. Außerdem werden sie wahrscheinlich auch durch den Regen verschwemmt.

1

2

3

4

5

1 | Schwalbenwurz
Vincetoxicum hirundinaria
Hundsgiftgewächse

BESCHREIBUNG Ausdauernd, 30–100 cm hoch. Giftig. Stängel aufrecht, hohl, wenig verzweigt, im oberen Teil manchmal windend. Blätter gegenständig, kurz gestielt, lanzettlich, zugespitzt, mit glattem Rand. Blüten gelblichweiß, mit intensivem Aasgeruch, sitzen in kleinen Trauben in den Blattachseln. Blütezeit Mai bis August.
LEBENSRAUM Kalkliebende Pflanze heller, trockener Wälder, speziell Eichen- oder Kiefernwälder. Pionierpflanze und tief wurzelnder Bodenfestiger.
WISSENSWERTES Alle Pflanzenteile, besonders aber die interirdischen, enthalten ein Glykosidgemisch, das als Vincetoxin bezeichnet wird und zu Krämpfen und Lähmungen, in hoher Dosis auch zum Tod durch Atemlähmung führen soll. Diese ausgeprägte Gefährlichkeit ist aber umstritten.

2 | Ährige Teufelskralle
Phyteuma spicatum
Glockenblumengewächse

BESCHREIBUNG Unverwechselbare Pflanze, ausdauernd, 20–60 cm hoch. Führt Milchsaft. Stängel aufrecht, kahl, unverzweigt. Grundblätter lang gestielt, herzförmig, oft dunkel gefleckt. Stängelblätter wechselständig, kurz gestielt bis sitzend, schmal länglich, beide am Rand gezähnt. Blüten in zunächst eiförmiger, später verlängerter Ähre am Stängelende, weiß bis gelblich, vor dem Aufblühen krallenartig gekrümmt (Name). Die Griffel ragen weit aus den Blüten. Blütezeit Mai bis August. Zweifächerige Kapselfrucht, enthält winzige Samen (1,0 bis 1,4 mm lang). Fruchtreife Juli und August.
LEBENSRAUM Besiedelt häufig krautreiche Laub- und Nadelmischwälder auf frischen lehmreichen Böden. Im Gebirge kommt sie bis in Höhenlagen von 2100 m vor.
WISSENSWERTES Die Teufelskralle gehört zu den geschmackvollsten Wildkräutern. Essbar sind die jungen Grundblätter und die Wurzel. Beide lassen sich roh als Salat oder gekocht als Gemüse (Waldspinat) zubereiten.

3 | Nesselblättrige Glockenblume
Campanula trachelium
Glockenblumengewächse

BESCHREIBUNG Eine an Brennnessel erinnernde Glockenblume, ausdauernd, 30–80 cm hoch. Stängel aufrecht, 4-kantig, steifborstig behaart. Blätter 3-eckig bis eiförmig, nesselblattartig grob doppelt gezähnt, behaart, die unteren gestielt, die oberen sitzend. Blüten einzeln, zu zweit oder zu dritt in den Achseln der oberen Blätter, violettblau, eng glockenförmig. Blütezeit Juli/August.
LEBENSRAUM In krautreichen Eichen- und Buchenwäldern, in Hecken und auf Waldlichtungen, seltener in Nadelwäldern.
WISSENSWERTES Blütenbesuchende Insekten müssen beim Nektarholen erst die Staubfäden zur Seite drücken ehe sie an den Nektar am Grund der Blüte gelangen können. Dabei streifen sie den mitgebrachten Blütenstaub am Griffel ab und nehmen neuen auf. Bestäuber sind besonders Bienen und Hummeln.

4 | Pfirsichblättrige Glockenblume
Campanula persicifolia
Glockenblumengewächse

BESCHREIBUNG Ausdauernd, 30–80 cm hoch. Grundblätter und wechselständige Stängelblätter vorhanden. Grundblätter und untere Stängelblätter eiländlich, in den Stiel verschmälert. Mittlere und obere Stängelblätter lanzettlich, sitzen dem Stängel an, alle fein gesägt. Blüten in lockeren Trauben am Stängelende, Krone weitglockig, blassblau. Blütezeit Juni bis August.
LEBENSRAUM Sonnige Stellen in krautreichen Eichenmischwäldern, Wald- und Gebüschsäumen. Auch in Kiefern- und Tannenwäldern. Halbschattenpflanze, kommt von der Ebene bis in mittlere Gebirgslagen vor.
WISSENSWERTES Diese schmalblättrige Glockenblume mit ihren bis zu 4 cm großen Blüten ist in unterschiedlichen Blütenfarben auch als Zierstaude in Gärten vertreten.

5 | Weißer Diptam
Dictamnus albus
Rautengewächse

BESCHREIBUNG Ausdauernde Pflanze mit charakteristischem Zitronenduft, 60–120 cm hoch. Geschützt. Stängel aufrecht, behaart. Blätter unpaarig gefiedert, Teilblättchen eiförmig bis lanzettlich, am Rand gesägt, durchscheinend punktiert. Blüten weiß oder hellrosafarben, dunkel geadert. Blütezeit Mai/Juni.
LEBENSRAUM Waldränder, trockene Gebüsche, Lichtungen in Eichen- oder Kieferntrockenwäldern, auch felsige Hänge. Bevorzugt werden Standorte in halbschattiger Lage mit trockenen, kalkhaltigen und stickstoffarmen Böden. Wächst vor allem in Südosteuropa, in Mitteleuropa eher eine Seltenheit und in der Bundesartenschutzverordnung als „besonders geschützt" eingestuft. War früher eine verbreitete Gartenpflanze, ist aber heute wegen seiner spezifischen Standortansprüche und der phototoxischen Wirkung in Gärten nur noch selten zu finden.
WISSENSWERTES Die Pflanze enthält in ihren ätherischen Ölen unter anderem Furanocumarine. Das sind phototoxische Stoffe, die unter Einfluss von Sonnenlicht auf der Haut verbrennungsartige Verletzungen verursachen können.

1

2

3

4

5

1 | Wald-Ziest
Stachys sylvatica
Lippenblütler

BESCHREIBUNG Ausdauernd, 30–120 cm hoch. Stängel 4-kantig, drüsig behaart. Blätter kreuzweise gegenständig, herz- bis breit-eiörmig, zugespitzt, grob und spitz gezähnt, erinnern an Brennnesselblätter, brennen aber nicht. Dunkelrote Blüten mit heller Zeichnung, am Stängelende zu einer lockeren Ähre zusammengefasst. Blütezeit Juni bis September.
LEBENSRAUM Sehr häufig in Auen- und feuchten Laubmischwäldern. Die Pflanzen umstehen Waldquellen und wachsen an feuchten, schattigen Waldwegen, immer auf nährstoffreichen Standorten.
WISSENSWERTES Dieser Feuchtezeiger erschließt sich neue Areale mit weiten Ausläufern der Wurzelstöcke. Weil die Pflanze reichlich Nektar spendet, wird sie häufig von Bienenverwandten, Tagfaltern und Schwebfliegen besucht und auch bestäubt.

2 | Gewöhnlicher Dost
Origanum vulgare
Lippenblütler

BESCHREIBUNG Mehrjährige Pflanze mit würzigem Duft, 20–50 cm hoch. Blätter gegenständig, eiförmig, mit kleiner Spitze, kurz gestielt, ganzrandig. Blüten rosa, in flach halbkugeligem Blütenstand am Stängelende. Blütezeit Juli bis Oktober.
LEBENSRAUM Typische Pflanze von sonnigen Gebüschsäumen und Waldrändern. Sie wächst auch in hellen Eichen- und Kiefernwäldern, auf Magerrasen. Vor allem auf Kalk weit verbreitet. Lichtpflanze, braucht warme Lehm- und Lössböden.
WISSENSWERTES Als Gewürzpflanze wird der Dost – auch als Wilder Majoran oder Oregano bezeichnet – heute vielfach genutzt. Den größten Bekanntheitsgrad hat er als Pizzagewürz. Die Volksmedizin nutzt den Dost bei Verdauungsbeschwerden und Erkrankungen der oberen Atemwege.

3 | Gefleckte Taubnessel
Lamium maculatum
Lippenblütler

BESCHREIBUNG Brennnesselartige, ausdauernde Pflanze ohne Brennhaare, 15–60 cm hoch **(3A)**. Stängel 4-kantig, kurzhaarig. Blätter kreuzweise gegenständig, gestielt, breit-lanzettlich, zugespitzt, unregelmäßig gezähnt. Blüten rosa bis purpurn, in quirligen Teilblütenständen in den Achseln der oberen Blätter. Unterlippe weiß, rot gefleckt **(3B)**. Blütezeit April bis September.
LEBENSRAUM Laubwälder, Waldränder und Hecken, auch an Wegen und Zäunen.
WISSENSWERTES An der Gefleckten Taubnessel kann man die für alle Lippenblütler typischen Merkmale gut studieren: ein 4-kantiger Stängel, kreuzweise gegenständige Blätter, Blüten mit Ober- und Unterlippe, mit 2 langen und 2 kürzeren Staubblättern und einem 4-geteilten Fruchtknoten.

4 | Goldnessel
Lamiastrum galeobdolon
Lippenblütler

BESCHREIBUNG Ausdauernd, 20–50 cm hoch. Stängel aufrecht, 4-kantig. Blätter kreuzgegenständig, eiförmig bis lanzettlich, gezähnt. Blüten goldgelb, sitzen zu mehreren in quirlartigen Blütenständen in den Achseln der oberen Blätter, Blütenunterlippe 3-teilig. Blütezeit Mai bis Juli.
LEBENSRAUM Häufig und oft in großen Beständen in krautreichen Laub- und Nadelmischwäldern, auch in Auenwäldern. Formenreiche Art, die von der Ebene bis ins Gebirge vorkommt. Ihr Auftreten in großen ausgedehnten Beständen verdankt sie der Fähigkeit, Ausläufer zu bilden.
WISSENSWERTES Die oft wintergrüne Pflanze kommt erst nach 2 oder 3 Jahren zur Blüte. In Wildpflanzengärten nutzt man sie als dekorativen Bodendecker für schattige Standorte. Angepflanzt wird vor allem eine Zuchtform mit weiß gefleckten Blättern, die Silberblättrige Goldnessel *(Lamiastrum argentatum)*.

5 | Salbei-Gamander
Teucrium scorodonia
Lippenblütler

BESCHREIBUNG Ausdauernd, 30–60 cm hoch. Stängel kantig, behaart. Blätter gegenständig, gestielt, eiförmig, auffallend netzartig runzelig, kerbig gesägter Blattrand. Gelbe Lippenblüten in lockeren Ähren, Staubblätter und Griffel ragen weit aus der Blüte. Blütezeit Juni bis September.
LEBENSRAUM Wächst verbreitet in artenarmen Eichen- und Kiefernwäldern, in Waldschlägen und Heiden. Gedeiht gut auf nicht zu trockenen Böden in wintermilder Klimalage. Auf kalkarmem Untergrund tritt die Pflanze häufiger auf als auf kalkreichem.
WISSENSWERTES Die Blätter dieser auch als Wald-Gamander bekannten Pflanze schmecken sehr bitter. Vor Einführung des Reinheitsgebotes von 1516, das für die Bierherstellung allein Hopfen, Wasser und Malz erlaubt, nahm man sie zum Würzen von Bier. Für Imker ist die Pflanze wegen ihrer langen Blütezeit eine besonders geschätzte Trachtpflanze.

1

2

3A

3B

4

5

Gräser

Gräser

Drei Pflanzenfamilien, die in unseren Lebensräumen und natürlich auch in unseren Wäldern eine große Rolle spielen, gehören in die Gruppe der Gräser: Es sind dies die Süßgräser, die Ried- oder Sauergräser und die Binsengewächse.

Süßgräser

Die Süßgräser bilden mit nahezu 10 000 Arten in über 600 verschiedenen Gattungen die artenreichste Gruppe der Gräser. Ein Großteil der Arten ist mehrjährig oder ausdauernd, besitzt also überwinterungsfähige Horste, Rosetten, Ausläufer oder unterirdische Kriechsprosse. Nur wenige schließen ihren gesamten Lebenszyklus innerhalb eines Jahres ab.
Süßgräser umfassen Pflanzen mit langen, schmalen, parallelnervigen Blättern, meist unscheinbaren Blüten und runden, hohlen, knotigen Stängeln. Vor allem der Bau ihrer Halme ist ein sicheres Unterscheidungsmerkmal zu anderen grasartigen Pflanzen. Süßgrashalme sind immer drehrund und auf ganzer Länge in Knoten (Nodien) und Knotenzwischenräume (Internodien) unterteilt. In den Internodien sind sie für gewöhnlich hohl, nur in den Knoten mit Gewebe gefüllt. Die Halme sind immer zweizeilig beblättert. Die unscheinbaren, meist zwittrigen Blüten der Süßgräser stehen in Ährchen beisammen, die zu ähren-, rispen- oder traubenartigen Gesamtblütenständen vereinigt sind.

Binsen im Auwald.

Ried- oder Sauergräser

Die Ried- oder Sauergräser umfassen etwa 4000 Arten in rund 90 Gattungen. Typisch für die Vertreter der Familie der Sauergräser sind ein meist dreikantiger, nicht knotig gegliederter, mit Mark gefüllter Halm und die dreizeilige Blattstellung. Auch hinsichtlich ihrer Standorte zeigen die Sauergräser nicht die Besiedlungsbreite der Süßgräser. Ihr eigentlicher Lebensraum sind Moore und Riede. Bemerkenswert zahlreich sind Sauergrasarten in Wäldern vertreten, auch hier bevorzugen sie Standorte wie Auwälder und Erlenbrüche.

Binsengewächse

Die Binsengewächse schließlich teilen mit den Ried- oder Sauergräsern ihre Vorliebe für feuchte Standorte. Man schätzt die Zahl der zu dieser Pflanzenfamilie gehörenden Arten auf etwa 400. Sie werden in 9 Gattungen zusammengefasst. Binsengewächse ähneln zwar den Sauergräsern, aber sie haben keinen dreikantigen Stängel. Außerdem verfügen die Pflanzen dieser Familie über vollentwickelte Blüten, wenn sie auch klein sind und nur schuppenförmige Blütenhüllblätter aufweisen. Warum? Die Blüten der Binsengewächse werden vom Wind bestäubt, sie brauchen keinen Schauapparat, der Insekten anlockt. Die Blütenhüllblätter dienen bei dieser Pflanzenfamilie lediglich dem Schutz der Geschlechtsorgane – Frucht- und Staubblättern – während der Entwicklung. Die meisten unserer heimischen Binsengewächse gehören entweder zur Gattung Hainsimse *(Luzula)* oder zur Gattung Binse *(Juncus)*.

Gräser im Wald

Gräser wachsen in verschiedenen Waldtypen. Da in Wäldern vor allem das Licht oft Mangelfaktor ist, können nur bestimmte Gräser hier leben. So kommt es zu typischen Waldformen mit charakteristischen Grasarten. Einige Arten sind im Wald so häufig, dass sie namengebend für bestimmte Waldtypen geworden sind. So unterscheiden wir beispielsweise den Hainsimsen-Buchenwald oder den Waldgersten-Buchenwald.

Lebensgemeinschaften

Diese botanischen Unterscheidungen weisen darauf hin, dass einige Baum- und Grasarten offenbar zusammengehören und eine Art Lebensgemeinschaft bilden. Einer der Gründe liegt in der unterschiedlichen Lebensweise der beiden Pflanzenpartner. Bäume entstehen aus zwei Keimblättern, Gräser aus einem. Das

Blick in alten Buchenwald mit Grasteppich.

hat Auswirkungen auf die Knospenbildung. Bei den Zweikeimblättrigen liegen die Vegetationspunkte, also die Zuwachszonen, an den Spitzen der Triebe, bei den Einkeimblättrigen dicht über der Wurzel. Ein unwesentlicher Unterschied? Keineswegs. Während es die Bäume nicht vertragen, abgeweidet zu werden, weil sie ihre Wachstumszonen verlieren, stört eine Beweidung die Gräser nicht. Im Gegenteil, sie treiben danach um so üppiger aus.

Und noch einen wesentlichen Unterschied gibt es, der Gräser und Bäume in Wäldern oft Lebensgemeinschaften bilden lässt: Das sind die unterschiedlichen Wurzelsysteme. Bei den Bäumen stecken zwei Drittel der Biomasse in den oberirdischen Teilen. Bei den Gräsern ist dies genau umgekehrt. Etwa 70 % des Pflanzengewichts liegt bei diesen Pflanzen unter der Erde als Wurzelmaterial. Damit können Gräser, angetrieben von ihren Reservestoffen in den Wurzeln, schneller wachsen als Bäume. Sie sind darauf eingerichtet, sich auf ändernde Umweltbedingungen in ihrem Lebensraum wie vorübergehende Trockenheit oder Feuchte, Licht oder Lichtarmut schnell einzustellen. Man kann das Gras wachsen sehen, lautet eine richtige Beobachtung.

Gräser und Wilddichte

Das schnelle Wachstum der Gräser und deren geringe Empfindlichkeit gegenüber Beweidung hat Konsequenzen für die Wilddichte. In lichtreichen Lebensräumen wie dem Grasland erreichen die Gräser so große Zuwachsraten, dass davon 20–30 Rehe auf einem Quadratkilometer satt werden können. In dunklen Wäldern gibt es zwar ein reiches, aber kein üppiges Angebot an Gräsern. Es reicht nur für 2–3 Rehe pro Quadratkilometer. Werden nun die Grasländer zu Ackerflächen umgewandelt und die Rehe durch ständige Störung von ihnen ferngehalten, sind diese gezwungen, in den Wäldern zu leben, obwohl sie eigentlich Buschlandtiere sind. Das geringe Grasangebot in den Wäldern reicht für die hohen Schalenwilddichten nicht aus. Die Rehe müssen sich aus Nahrungsmangel zwangsläufig an den Knospen und Blättern junger Bäume vergreifen. Der Verbiss durch die Rehe an der nachwachsenden Waldgeneration hat mittlerweile Formen angenommen, dass man von einem „Waldsterben von unten" spricht.

Die augenblickliche Situation zeigt, dass eine für den Wald lebensnotwendige Naturverjüngung ohne ein Gatter unmöglich ist. Keine Einzäunung für die Rehe versteht sich, sondern eine für den jungen Wald, damit dieser ungestört wachsen kann. Unser neben der Buche häufigster Laubbaum, die Eiche, kann seit 100 Jahren nur im Schutz von Zäunen nachwachsen. Eine Lösung dieses Problems wird von einigen Forstämtern mit einer Doppelstrategie versucht: Mit dem Bau großflächiger Schutzzäune einerseits und einer verschärften Bejagung andererseits konnten sich die in den Altbeständen vorhandenen Baumarten endlich wieder natürlich verjüngen.

Rehe nutzen gerne angelegte Äsungsflächen.

1 | Flatter-Binse
Juncus effusus
Binsengewächse

BESCHREIBUNG Mehrjährige Pflanze, wächst in großen Horsten, 30–150 cm hoch. Glatter, glänzender, gelbgrüner Stängel, gefüllt mit weichem, schwammigen Mark. Pro Stängel nur 1 den Blütenstand überragendes Blatt. Hellbraune, reich verzweigte Blütenstände, sitzen ein Stück unter der Halmspitze. Blütezeit Juni–August.
LEBENSRAUM Typische Pflanze feuchter bis nasser Standorte. Zu finden auf sumpfigen Waldlichtungen, in Waldsümpfen, an Gräben, aber auch in Feuchtwiesen.
WISSENSWERTES Wenn große Forstmaschinen beim Überfahren das Erdreich im Wald so zusammenpressen, dass ehemals lockere Böden wasser- und luftundurchlässig werden, dann fühlt sich die Flatterbinse wohl. Diese häufige Binse bevorzugt verdichtete staunasse Böden, auf denen bereits ein kurzer Gewitterschauer ein Feuchtbiotop entstehen lässt. Früher hat man das Mark der Halme als Docht in Kerzen verwendet und die zähen Halme zu Flechtarbeiten verarbeitet. Sehr ähnlich ist die Knäuel-Binse *(Juncus conglomeratus)* mit dunkelbraunen Blüten, die in einem kugeligem Blütenstand am Halm sitzen.

2 | Wald-Hainsimse
Luzula sylvatica
Binsengewächse

BESCHREIBUNG Ausdauernde Pflanze, 30–90 cm hoch, bildet an geeigneten Standorten dichte, rasenartige Bestände. Kräftiger, aufrechter Stängel. Blätter auffallend breit (10–15 mm), dunkelgrün und glänzend, am Rand etwas bewimpert. Großer, reich verzweigter, kastanienbrauner Blütenstand am Ende der Halme. Blütezeit April–Mai. Frucht 3-kantig, kastanienbraun glänzend. Samen mit Anhängseln (Elaiosomen).
LEBENSRAUM Verbreitet in humusreichen Laub- und Nadelwäldern, an Waldrändern. Vor allem in höheren Mittelgebirgslagen. In den Alpen auch auf Matten und in Latschenkiefernbeständen, steigt bis über die Baumgrenze hinaus.
WISSENSWERTES Diese Pflanze montaner Laub- und Nadelwälder braucht zwar feuchten Untergrund, aber Staunässe mag sie nicht. In luftfeuchten Regen- und Schneelagen von Nordhängen bildet sie oft so große Bestände, dass eine Naturverjüngung unterdrückt wird. Wie bei allen Luzula-Arten werden die Samenkörner von Ameisen verbreitet. Belohnt werden sie dafür mit ölhaltigen Samenanhängseln, kleinen Nährstoffpaketen.

3 | Schmalblättrige Hainsimse, Busch-Hainsimse
Luzula luzuloides
Binsengewächse

BESCHREIBUNG Mehrjährige Pflanze, 30–70 cm hoch, bildet lockere Rasen. Aufrechter Stängel. Blätter nur etwa 3–5 mm breit, am Rand dicht und lang bewimpert. Locker überhängende Blütenbüschel aus gelblich-weißen Blüten. Blütezeit Juni/Juli. Frucht 3-kantig, glänzend kastanienbraun. Samen glänzend braun, mit Anhängseln.
LEBENSRAUM In trockenen, artenarmen, bodensauren Laubmischwäldern, vor allem Buchenwäldern und Eichen-Buchen-Tannenwäldern der Gebirge bis in 2000 m Höhe. Charakterart des Hainsimsen-Buchenwaldes. Besiedelt auch Almwiesen.
WISSENSWERTES Von den 12 in Deutschland heimischen *Luzula*-Arten kommen einige auch im Wald vor. Diese Simse ist eine Halbschatten- bis Schattenpflanze und ein Säurezeiger. Sie wird oft mit der Wald-Hainsimse verwechselt. Der eindeutige Unterschied: Wald-Hainsimsen entwickeln kastanienbraune Blütenstände, Busch-Hainsimsen dagegen gelblich-weiße. Als Schattengras wird die Busch-Hainsimse gerne in Gärtnereien verwendet.

4 | Behaarte Hainsimse
Luzula pilosa
Binsengewächse

BESCHREIBUNG Mehrjährige Pflanze, wächst in dichten Rasen, wird als kleine Wald-Binse nur 15–30 cm hoch. Stängel rund, aufrecht. Blätter etwa 1 cm breit, am Rand auffallend bewimpert. Lockerer, quastenförmiger Blütenstand am Ende der Halme, in dem kastanienbraune Blüten einzeln an langen, dünnen Stielen sitzen. Blütezeit März–Mai. Frucht gelbgrün glänzend. Samen mit einem sichelförmigen Anhängsel.
LEBENSRAUM Verbreitet in Laub- und Nadelwäldern, auf Waldschlägen, an Waldrändern und Säumen. Braucht lehmigen, feuchten Untergrund.
WISSENSWERTES Die Behaarte Hainsimse blüht als eine der ersten im Wald. Sie bildet vor dem Laubaustrieb zusammen mit anderen Frühblühern wie Wald-Veilchen, Buschwindröschen, Scharbockskraut und Wald-Sauerklee den Frühlingsaspekt bodensaurer Wälder. Hainsimsen gehören zu den Ameisenpflanzen. Ihre Samen tragen einen weißlichen Anhang, das Elaiosom, gefüllt mit energiereichem Pflanzenöl. Nach der Samenreife neigt sich der Halm zu Boden, so werden die Samen mit ihren ölhaltigen Anhängseln von den Ameisen leichter erreicht.

1

2

3

4

1 | Wald-Simse
Scirpus sylvaticus
Sauergräser

BESCHREIBUNG Kräftiges, mehrjähriges Sauergras, 30–80 cm hoch. Stängel starr aufrecht, hohl, glatt, knotenlos, beblättert, im Querschnitt stumpf 3-kantig. Blätter hellgrün, oft überhängend, an den Rändern und am Mittelnerv rau. Reich verzweigter spirriger Blütenstand aus bräunlichen Ährchen. Blütezeit Mai–August. Früchte gelblich-weiß. Fruchtreife ab August.
LEBENSRAUM Auwälder, Erlenbrüche, Waldsümpfe. Licht- und Halbschattenpflanze, besiedelt auch nährstoffreiche Verlandungszonen von Teichen und Tümpeln, Sumpfdotterwiesen.
WISSENSWERTES Wald-Simsen wurzeln sehr tief und können sich auch luftarme Böden erschließen. Dabei hilft ihnen ein System kleiner Lüftungskanälchen, das die Blätter zwischen den Blattrippen durchzieht. Die Blütenbestäubung erfolgt durch den Wind. Um Selbstbestäubung zu vermeiden, reift die Narbe deutlich vor den Staubgefäßen einer Pflanze. Solche Blüten nennt man proterogyn (vorweiblich). Die Blätter dieser häufigen Pflanze hat man früher oft für Flechtarbeiten benutzt, auch als Einstreu im Stall und als Viehfutter wurden sie verwendet.

2 | Große Segge, Hänge-Segge
Carex pendula
Sauergräser

BESCHREIBUNG Mehrjährige Pflanze, 50–150 cm hoch. Wächst in großen, dichten Horsten, die bis zu 0,5 m im Durchmesser erreichen können. Stängel aufrecht, scharf 3-kantig, überragt die Blätter weit. Blätter derb, oben dunkelgrün, unten deutlich blaugrün, 1–2,5 cm breit, oft rau. Blütenstand fuchsschwanzähnlich, überhängend (Name: *pendula*). Blütezeit Mai–Juli.
LEBENSRAUM Häufig in feuchten Laubmischwäldern von Bergregionen, entlang von Waldbächen. In den Alpen bis etwa 1300 m. Im Norden sehr selten.
WISSENSWERTES Diese unverwechselbare Segge mit ihren bis zu 2,5 cm breiten Blättern ist die größte Segge, die in schattigen Wäldern vorkommt. Sie braucht einen einigermaßen nährstoffreichen, feuchten Boden und mildes Klima. Deshalb wächst sie bevorzugt an Sickerrändern von Böschungen und Wegschneisen, die nach Süden zeigen. Wegen ihrer Wärmeliebe ist sie in südlicheren Regionen häufiger, kommt aber vereinzelt bis nach Schleswig-Holstein vor. Sie wird auch öfter in Gärten, besonders am Rand von Teichen gepflanzt.

3 | Wald-Segge
Carex sylvatica
Sauergräser

BESCHREIBUNG Typische Waldwegpflanze in Buchenwäldern, mehrjährig, 30–70 cm hoch. Halme 3-kantig, glatt, etwas schlaff. Blätter lang, schlaff, immergrün, an den Rändern rau. Blüten ährenartig, am Halmende. Blütezeit Juni/Juli. Frucht 3-kantig, braun. Fruchtreife Juli bis September.
LEBENSRAUM Schattenpflanze und Anzeiger für Bodenverdichtung. Wächst verbreitet in krautreichen, feuchten Buchen- und Eichenmischwäldern, auch in Nadelmischwäldern, an Waldwegen, auf Schlägen. In den Alpen bis in 1600 m Meereshöhe anzutreffen. In Mittel- und Süddeutschland häufig, im Norden seltener.
WISSENSWERTES Die Wald-Segge ist eine der häufigsten Seggen in Laub- und Nadelwäldern. Schattige Standorte mit verdichteten Böden schätzt sie sehr. Deshalb findet man sie bei Wanderungen besonders häufig an Waldwegen und in Fahrspuren schwerer Maschinen. Vor allem im Winter ist sie nicht zu übersehen, denn sie bleibt auch in der kalten Jahreszeit grün. Auffällige Blüten braucht die Wald-Segge nicht, denn die Bestäubung übernimmt wie bei vielen Gräsern der Wind.

4 | Zittergras-Segge
Carex brizoides
Sauergräser

BESCHREIBUNG Sehr dicht wachsendes Sauergras mit lang kriechendem Wurzelstock, 25–60 cm hoch. Halme dünn und schlaff, zunächst aufrecht, später bogenförmig überhängend, im Querschnitt 3-kantig. Blätter grasgrün, schlaff, oft überhängend, an den Rändern und am Mittelnerv rau. Blütenstand ährenförmig. Blütezeit Mai/Juni.
LEBENSRAUM Feuchte Laubwälder, Auwälder, Waldsäume und Lichtungen. Bevorzugt staunasse, sickerfeuchte Böden. Im Schwarzwald und in den Alpen sehr häufig, in Norddeutschland fehlend.
WISSENSWERTES Diese Segge steht bevorzugt auf feuchten, schweren Böden. Da, wo sie gehäuft und bestandsbildend auftritt, wird sie als Forstunkraut bekämpft. Weil sie aber nach Abmähen nur noch stärker wuchert, versucht man die sonnenliebende Pflanze durch Beschattung in Forstkulturen klein zu halten. Früher nutzte man sie als „Seegras" anstelle des echten Seegrases *(Zostera marina)* zum Polstern und Füllen von Matratzen. Dieses Füllmaterial war dem zuvor verwendeten Stroh deutlich überlegen.

1

2

3

4

1 | Hain-Rispengras
Poa nemoralis
Süßgräser

BESCHREIBUNG Mehrjährige Pflanze mit locker horstartigem Wachstum, 30–80 cm hoch. Blätter dunkel blaugrün, stehen fast horizontal von den Halmen ab. Lockere Blütenrispen, die sich unter dem Gewicht der dichten Ähren oft etwas neigen. Blütezeit Mai–Juli.
LEBENSRAUM Typischer Buchenbegleiter. Überall häufig in Buchenwäldern, lichten Laubmischwäldern auf besseren Böden. Auch an Waldrändern, wo das abgefallene Laub vom Wind weggetragen wurde und der Boden warm und trocken ist.
WISSENSWERTES Das Auftreten dieses wärmeliebenden Halbschattengrases sieht man in der Forstwirtschaft positiv. Es ist ein gutes Zeichen für eine mögliche Naturverjüngung des Waldes. Dort wo das Hain-Rispengras wächst, haben auch Buchenkeimlinge und andere Jungpflanzen eine gute Chance zum Großwerden. Weil seine dunkelgrünen Blätter oft waagrecht von den langen, dünnen Halmen abstehen, nennt man es auch „Wegweisergras". Gelegentlich wirken die Halme wie von einer weißen Hülle umgeben. Das ist auf den Befall mit einem Pilz *(Epichloe typhina)* zurückzuführen.

2 | Gewöhnliches Zittergras
Briza media
Süßgräser

BESCHREIBUNG Unverwechselbares, mehrjähriges Gras, wächst in lockeren Horsten, 20–100 cm hoch. Bläulich grüne Blätter, glatt, nur an den Rändern etwas rau. Blütenrispe weit ausgebreitet **(2A)**, nickende, typisch herzförmige, violett angelaufene Ährchen **(2B)**. Sie werden vom leisesten Windhauch in Bewegung gesetzt und haben der Pflanze den Namen eingebracht. Blütezeit Mai/Juni.
LEBENSRAUM Lichtpflanze und Zeigerpflanze für magere Böden, zieht sich auf überdüngtem Untergrund schnell zurück. Ursprünglich ein Wiesengras, steht es heute bevorzugt am Rand von Laubmischwäldern, auf Kahlschlägen, Lichtungen.
WISSENSWERTES Dieses Gras ist kein Waldgras im eigentlichen Sinn. Es braucht nährstoffarme Böden und viel Licht. Ursprünglich wuchs es auf kalkhaltigen, mageren Wiesen und Weiden. Von dort wurde es aber durch Gülle und reichlich Mineraldüngereinsatz verdrängt. Deshalb wächst diese hübsche Wiesenpflanze heute eher am Waldrand und an lichten Stellen im Wald. Früher war das Zittergras als Schmuck- und Ziergras sehr beliebt, fehlte in keinem Blumengebinde.

3 | Wald-Trespe
Bromus ramosus
Süßgräser

BESCHREIBUNG Mehrjähriges Gras, bildet kleine, lockere Horste, 50–120 cm hoch. Halme dünn, behaart, aufrecht, meist mit 3–5 Knoten. Blätter etwas rau, niederhängend. Obere Blattscheiden dicht und lang behaart. Sehr große Blütenrispen mit zunächst weit abstehenden, später vom Gewicht der Ähren überhängenden Rispenästen. Blütezeit Juni bis August.
LEBENSRAUM Bevorzugt kalkhaltige, nährstoffreiche Lehmböden. Wächst von der Ebene bis in Höhen von 1500 m in schattigen Laub- und Nadelwäldern, bevorzugt in Buchenwäldern, sowie in Gebüschen.
WISSENSWERTES An den gleichen Standorten, aber deutlich seltener, tritt eine verwandte Art auf, die Frühe Wald-Trespe *(Bromus benekenii)*. Sie blüht deutlich früher und ist an den fast glatten oberen Blattscheiden gut zu erkennen. Außerdem wächst die Wald-Trespe oft zusammen mit dem Riesen-Schwingel *(Festuca gigantea)*, da beide Arten ähnliche Ansprüche an gute Bodenqualitäten stellen. Sie sind ebenso leicht zu unterscheiden: Trespe mit behaarten Blättern, Schwingel mit kahlen Blättern.

4 | Wald-Zwenke
Brachypodium sylvaticum
Süßgräser

BESCHREIBUNG Mehrjähriges, in dichten Horsten wachsendes Waldgras, 30–120 cm hoch. Halme kahl, nur an den Knoten behaart. Blätter beidseitig dunkelgrün, unterseits mit einem hellen Mittelstreifen, behaart, weich, hängen bogig über. Blütenähre bräunlich, zunächst aufrecht, später überhängend. Blütezeit Juli/August.
LEBENSRAUM Wächst vom Tiefland bis in die Voralpenregion im Halbschatten von Eschen-, Erlen- und Hartholzauwäldern, in feuchten Buchen- und Mischwäldern, auf Kahlschlägen, in Waldsäumen. Ist eher kalkliebend. Halbschatten- bis Schattenpflanze und Lehmzeiger.
WISSENSWERTES Dieses Waldgras wächst vornehmlich auf frischen bis feuchten Standorten. Dort bildet die Halbschatten- bis Schattenpflanze umfangreiche Horste. Ihr Vorkommen an Gebüschhängen von Städten deutet auf ein früheres Vorkommen von Feuchtwäldern hin.
Die Wald-Zwenke wird gerne vom Wild angenommen. Zusammen mit anderen Waldstauden wie Eisenhut oder Wald-Sternmiere pflanzt man sie in Gärtnereien häufig ins schattige Staudenbeet. Mit frischen, gut durchlässigen Böden findet sie hier den richtigen Untergrund. Schädlingsbefall ist dann nicht zu erwarten.

1

2A

2B

3

4

1 | Riesen-Schwingel
Festuca gigantea
Süßgräser

BESCHREIBUNG Mehrjähriges, kräftiges Gras, 60–120 cm hoch. Halme aufrecht, grün, mit bis zu 5 bräunlich-purpurn gefärbten Knoten. Blätter breit, oft so verdreht, dass die fettig glänzende Blattunterseite nach oben zeigt. Blütenrispe bis zu 40 cm lang. Blütezeit Juli/August.
LEBENSRAUM Wächst in schattigen Laubwäldern und als Eschenbegleiter in Auwäldern.
WISSENSWERTES Der deutsche Name „Riesenschwingel" und die Bezeichnung *„gigantea"* im lateinischen Namen deuten schon an, dass dieses Waldgras eine eindrucksvolle Pflanze ist. So entwickelt sie sich aber nur auf optimal geeigneten Standorten. Tatsächlich zeigt der Riesen-Schwingel im Wald grundwassernahe, nährstoffreiche und schwere Böden an. Nicht selten überwuchert er dann in feuchten Buchen- und Auwäldern die Jungpflanzen.

2 | Draht-Schmiele
Deschampsia flexuosa
Süßgräser

BESCHREIBUNG Mehrjähriges Gras mit tief reichenden Wurzeln (bis 1 m tief). Gelbgrüne, aufrechte Halme, 30–60 cm hoch, glatt. Blätter graugrün, bogig überhängend, bis zu 20 cm lang, fühlen sich ölig an. Lockere, wenigährige Blütenrispen. Blütezeit Juni/Juli.
LEBENSRAUM Häufig in trockenen, bodensauren Wäldern, Gebüschen, auf Heideflächen und Kahlschlägen. Wächst oft zusammen mit der Heidelbeere oder dem Heidekraut.
WISSENSWERTES Die Draht-Schmiele braucht lichte, saure, kalk- und nährstoffarme Standorte. Unter diesen Bedingungen durchwurzelt sie den Boden tief und kann große Bestände ausbilden. Damit ist sie auch der klassische Begleiter lichter Fichtenkulturen. Über die abfallenden Nadeln bekommt sie die notwendige saure Bodenauflage und über Durchforstungen immer wieder hinreichend Licht.

3 | Rasen-Schmiele
Deschampsia cespitosa
Süßgräser

BESCHREIBUNG Mehrjähriges, dichhorstiges Gras, 20–200 cm hoch. Blätter flach, spitz, besitzen auf der Oberseite deutlich hervortretende Längsrippen, sind am Rand schneidend scharf, rollen sich bei starker Trockenheit ein. Blütenrispen locker, glänzend, meist gelb und violettbraun gescheckt. Blütezeit Juni–September.
LEBENSRAUM Wächst in feuchten Wäldern, an Bächen und Gräben.
WISSENSWERTES Dieses Gras übersteht mit ausdauernden Samendepots in der Erde Überflutungen und selbst Feuer. Landwirte schätzen es nicht, denn es ist sehr konkurrenzstark und verdrängt andere, bessere Pflanzen. Wegen ihrer tief reichenden Wurzeln nutzt man die Rasen-Schmiele heute als wirksamen Befestiger von feuchten, rutschgefährdeten Hängen und Böschungen.

4 | Einblütiges Perlgras
Melica uniflora
Süßgräser

BESCHREIBUNG Ausdauerndes, in lockeren Rasen wachsendes Gras, 30–60 cm hoch. Halm dünn, aufrecht. Blätter hellgrün, dünn und schlaff, 4–5 mm breit, oben zerstreut behaart. Blütenrispe mit langen aufrecht stehenden Ästen, armährig. Blütezeit Mai–Juni. Ähnliche Arten sind das Nickende Perlgras *(Melica nutans)* und das Bunte Perlgras *(Melica picta)*. Von beiden unterscheidet sich das Einblütige Perlgras vor allem durch die aufrechtstehenden Ährchen.
LEBENSRAUM Zu finden in schattigen Laub- und Mischwäldern, vor allem in Buchenwäldern der Tieflagen, sofern die Bäume ausreichend Licht durchlassen. Ist eine Kennart des Perlgras-Buchenwaldes. Lehmzeiger.
WISSENSWERTES Das Einblütige Perlgras ist ein charakteristisches Gras der mitteleuropäischen Laubwälder. Vor allem in artenreichen Buchenwäldern tritt es oft bestandsbildend auf und beherrscht die Bodenvegetation. Wo die Bestände aber zu dicht werden, kann es die Naturverjüngung beeinträchtigen.

5 | Gewöhnliches Pfeifengras
Molinia caerulea
Süßgräser

BESCHREIBUNG Mehrjähriges, in dichten Horsten wachsendes Gras, 50–120 cm hoch. Halme aufrecht, in voller Länge knotenlos, lediglich an der Basis findet man einige, sehr dicht zusammen stehende Knoten. Blätter bläulich grün, bis 40 cm lang. Violette Blütenrispen. Blütezeit Juli–September.
LEBENSRAUM Typisches Gras von Moorrandgebieten, lichten Eichen- und Birkenwäldern sowie Heiden und Nadelwäldern. Das Gewöhnliche Pfeifengras gilt abseits der Moore als Grundwasserzeiger.
WISSENSWERTES Das Gewöhnliche Pfeifengras ist ein Magerkeitszeiger. Es meidet Stickstoff im Boden. Deshalb steht es im Wald bevorzugt auf Kahlschlägen, die von anspruchsvolleren Grasarten gemieden werden. Kommt es hier dann zu Massenauftreten, gefährdet es durch Überwucherung die Jungkulturen.

1

2

3

4

5

1 | Wolliges Honiggras
Holcus lanatus
Süßgräser

BESCHREIBUNG Mehrjähriges Gras, 20–100 cm hoch. Halme aufrecht, flaumig behaart. Blätter graugrün, dicht behaart, bis 20 cm lang. Rötliche Blütenrispen **(1A)**, nur zur Blütezeit locker ausgebreitet **(1B)**, sonst dicht zusammengezogen. Blütezeit Juni–August.
LEBENSRAUM Wächst verbreitet auf feuchten Wiesen aller Art, bis in hohe Lagen. Manchmal große Bestände auf sonnigen Waldlichtungen, in Gebüschsäumen.
WISSENSWERTES Mit seinen samtig behaarten Blättern und der rötlich überlaufenen Blütenrispe ist das Wollige Honiggras unverwechselbar. Weil es wegen seiner samtigen Behaarung vom Wild gemieden wird, kann es sich stark ausbreiten. Besonders auf Waldlichtungen wiegen sich die rötlichen Rispen daher oft in Mengen im Wind.

2 | Land-Reitgras, Wald-Schilf
Calamagrostis epigeios
Süßgräser

BESCHREIBUNG Mehrjähriges Gras, 60–120 cm hoch, mit langen, unterirdisch kriechenden Ausläufern. Blätter schilfartig seegrün, flach, scharfkantig. Dichte Blütenrispen, schmal, aufrecht. Blütezeit Juli–August.
LEBENSRAUM Typisches Gras von Waldschlägen und Aufforstungen der Voralpen- und Alpenregion.
WISSENSWERTES Das Wald-Reitgras oder Wald-Schilf, wie die Pflanze auch genannt wird, gilt unter Förstern als gefürchtetes Unkraut. Auf Kahlschlägen erobert es binnen kurzer Zeit ganze Flächen und unterdrückt mit seinem dichten Filz jede Naturverjüngung. Aber nach 1–2 Jahren wird es selbst von Himbeer- und Brombeersträuchern verdrängt. Mit seinen langen, bis zu 2 m tief reichenden Rhizomen ist es für die Dünenbepflanzung verwendbar. Wächst es zusammen mit dem Strandhafer, kommt es oft zu Kreuzungen der beiden Arten. Die Hybriden sind unter dem Namen „Baltischer Strandhafer" *(Ammocalamagrostis baltica)* bekannt.

3 | Wald-Flattergras, Wald-Hirse
Milium effusum
Süßgräser

BESCHREIBUNG Mehrjähriges, in lockeren Horsten wachsendes Gras, 50–120 cm hoch. Blätter blaugrün, bis zu 30 cm lang, nur an den Rändern leicht angeraut. Blüten in lockeren Rispen, hängen gelegentlich an der Spitze etwas über. Blütezeit Mai bis Juli.
LEBENSRAUM Typisches Laubwaldgras und Charakterart der Edel-Laubwälder. Sehr häufig in Buchen-Laubmischwäldern, Auwäldern.
WISSENSWERTES Die unverkennbare Waldhirse wächst nur auf nährstoffreichen, locker humosen Böden und weist mit ihrem Vorkommen die besten Waldböden aus. Sie ist das typische Laubwaldgras unserer Breiten. Wird der Laubwald aber zu sehr mit Nadelhölzern durchmischt und der Boden durch die herabfallenden Nadeln zu sauer, dann verschwindet dieses Gras.

4 | Wald-Gerste
Hordelymus europaeus
Süßgräser

BESCHREIBUNG Mehrjähriges, horstbildendes Gras, 50–100 cm hoch. Blätter rau, oben angedrückt behaart, unten mit weißlichem Mittelnerv. Hellgrüne, aufrechte, dichtblütige, lang begrannte Blütenähre. Blütezeit Juni bis August.
LEBENSRAUM Wächst in krautreichen Laubmischwäldern, auch auf Kahlschlägen.
WISSENSWERTES Dieses Gras ist die namengebende Art des Waldgersten-Buchenwaldes, der in Deutschland vornehmlich in den Kalkmittelgebirgen verbreitet ist. Waldgersten-Buchenwälder sind straucharme Hallenwälder, in denen die Buche dominiert, begleitet von Esche, Berg- und Spitzahorn. Charakteristisch für Waldgersten-Buchenwälder ist eine artenreiche Krautschicht. Diese besteht in der Hauptsache aus Frühblühern. Bemerkenswert sind diese Wälder auch wegen der hohen Zahl dort vorkommender Tierarten. Als schattenverträgliches Waldgras wächst die Wald-Gerste meist nur in kleineren Gruppen. Dringt aber durch Fällen einzelner Bäume Sonnenlicht bis zum Boden, bildet sie ausgedehnte Bestände und erschwert damit eine Naturverjüngung.

5 | Ruchgras
Anthoxanthum odoratum
Süßgräser

BESCHREIBUNG Mehrjähriges Gras mit 10–50 cm hohen Halmen. Blätter bis 15 cm lang, zugespitzt, flach. Blütenstand bräunlich, länglich oval, während der Blütezeit aufgelockert, danach schmal zusammengezogen. Sehr frühe Blütezeit im April/Mai.
LEBENSRAUM Helle Laubwälder, Wiesen, Heiden. Überall häufig, von der Ebene bis in 2700 m Höhe.
WISSENSWERTES Das Ruchgras gehört zum Frühlingsaspekt magerer Wiesen und heller Laubwälder. Wenn andere Gräser zu blühen beginnen, fällt diese Pflanze bereits durch ihre reifenden, hellbräunlichen Ährchen auf. Ihnen verdankt sie auch den lateinischen Namen (*anthos* = Blüte, *xanthos* = gelb). Den deutschen Namen hat das Ruchgras von seinem intensiven Kumarinduft, der beim Trocknen entsteht und an Waldmeister oder Heu erinnert.

1A

2

1B

3

4

5

Moose

Moose

Bis auf wenige Ausnahmen sind Moose Landpflanzen. Morphologische Anpassungen an das Landleben, wie Systeme zur Wasseraufnahme und Wasserleitung oder besondere Festigungs- und Abschlussgewebe, sind bei Moosen jedoch unvollständig ausgebildet. Da sie nicht über einen eigenen regulierbaren Wasserhaushalt verfügen, wird es verständlich, dass sie ihre Hauptverbreitung in Gebieten hoher Luftfeuchtigkeit erreichen. Solche Lebensräume sind Wälder und Moore. Feuchte, schattige Laub- und Nadelwälder sind oft ideale Standorte für Moose. Hier findet man sie in großen Polstern. An das geringe Lichtangebot im Wald sind Moose hervorragend angepasst: Ihnen reichen noch 0,1% des normalen Tageslichts zum Assimilieren. In dunklen Fichtenforsten sind sie somit oft die einzigen Pflanzen, die noch gedeihen können. Moose gelten als Indikatoren für Feuchtigkeit und Frischezustand eines Standortes. Da sie häufig an einen bestimmten Säuregrad des Substrates gebunden sind, gelten sie darüber hinaus als Säurezeiger. Durch ihre Fähigkeit, erhebliche Wassermengen zu speichern, sind sie für den Wasserhaushalt des Waldes von großer Bedeutung.

Aufbau

Höhere Pflanzen, die den Großteil der uns umgebenden Vegetation bilden, besitzen eine Gliederung in Wurzel, Spross und Blätter. Sie werden Kormophyten genannt. Einfacher organisierte niedere Pflanzen bezeichnet man als Thallophyten oder Lagerpflanzen. Farne werden als die ursprünglichste Gruppe der Kormophyten angesehen, während die Flechten beispielsweise zu den Thallophyten gehören.
Moose sind Zwischenformen zwischen höheren Pflanzen und Lagerpflanzen. Bereits ein Blick auf ein Moospolster macht deutlich, dass sie in einen Spross und Blätter gegliedert sind. Aber die feinen Zellfäden, mit denen sie sich im Boden festhalten, sind keine echten Wurzeln, sondern weit weniger differenziert gebaute Einrichtungen (Rhizoide), welche die Wurzelfunktion übernehmen. Moose weisen also nicht alle Merkmale der Kormophyten auf. Einige Moose sind nicht einmal in Stängel und Blätter gegliedert. Sie bestehen nur aus grünen Lappen, die als Thallophyten zu bezeichnen sind. Demgemäß unterscheiden wir innerhalb der Gruppe der Moose zwei Klassen: die Laubmoose und die Lebermoose.
Laubmoose lassen folgende Hauptbestandteile erkennen: ein Stämmchen (Stängel), spiralig oder in Reihen angeordnete Blättchen, eine Sporenkapsel mit Kapselstiel und sogenannte Rhizoide, wurzelähnliche Gebilde, mit denen sie im Boden verankert sind.
Bei den Lebermoosen unterscheiden wir die besonders ursprünglichen Arten als flache, blattlose, thallöse Gebilde, die dem Substrat aufliegen, von den beblätterten Formen. Die beblätterten Lebermoose besitzen einfache, sehr dünne, einschichtige Blättchen ohne Mittelrippe, die in zwei oder drei Reihen angeordnet sind.

Blick in einen alten Buchenurwald mit moosüberzogenen Moderstämmen.

Moospolster: Wasserspeicher der Wälder.

Der Generationswechsel der Moose

Moose sind Sporenpflanzen mit einem ausgeprägten Generationswechsel. Das heißt, es wechseln sich geschlechtliche und ungeschlechtliche Generationen ab. Die Moospflanze, die wir sehen, ist die geschlechtliche Generation, die aus unbefruchteten Sporen entsteht. Auf ihr entwickelt sich nach Befruchtung einer Eizelle eine kleine, unscheinbare Sporenkapsel, das Sporogon, das die ungeschlechtliche Generation darstellt. Aus den Sporen, die sich in dieser Kapsel entwickeln, wächst dann wieder eine neue Moospflanze, der Kreis schließt sich.

Vegetative Vermehrung

Viele Moose pflanzen sich neben der sexuellen Vermehrung auch vegetativ fort. So werden bei den Lebermoosen an den Blattspitzen oft kleine Brutknospen gebildet, die irgendwann abfallen und zu neuen Moospflanzen auswachsen. Bei den Laubmoosen ist es ganz ähnlich. Auch hier werden Brutknospen, sogenannte Gemmen, gebildet, die manchmal an besonderen Stielen oder zwischen vergrößerten Blättchen stehen.

Tierleben in Moosen

Moospolster sind für viele Tierarten wichtige Lebensräume. Insgesamt hat man in einem Quadratmeter Moos bis zu 60000 Tiere gefunden. Dazu gehören Milben, Springschwänze, Bärtierchen, Spinnen und viele mehr. Ihre Populationsdichten werden durch Temperatur und Feuchtigkeit, durch das Nahrungsangebot und durch die Zahl der Fressfeinde beeinflusst. Auch jahreszeitenbedingt gibt es Schwankungen. So wurde beispielsweise bei Bärtierchen im Frühjahr und Frühsommer ein erster und im Herbst ein zweiter Dichtehöhepunkt festgestellt. Moosrasen sind für Bärtierchen die wichtigsten terrestrischen Lebensräume überhaupt und mit 200 Individuen pro Quadratzentimeter auch sehr eng besiedelte. Oft leben in den verschiedenen Zonen eines Moospolsters ganz unterschiedliche Arten. So unterscheidet sich die Bärtierchenfauna der Rhizoidschicht deutlich von der der photosynthetisch aktiven, aber austrocknungsgefährdeten Außenschicht.

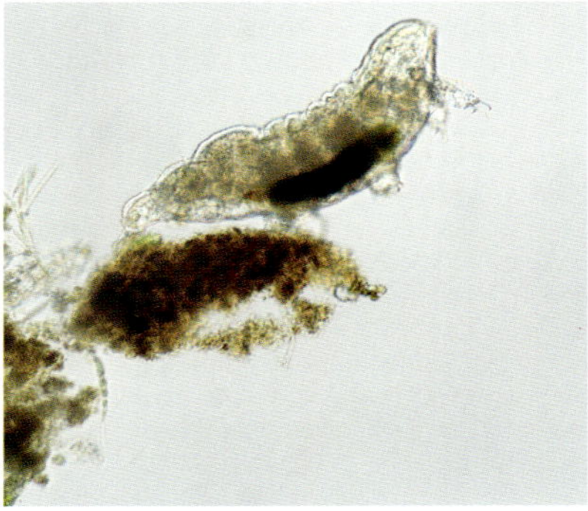

Bärtierchen leben in Moospolstern.

1 | Welliges Katharinenmoos
Atrichum undulatum
Laubmoose

BESCHREIBUNG Lockere Polster aus kräftigen, dunkelgrünen Pflanzen. Stängel aufrecht, meist unverzweigt, 2–8 cm lang. Blätter 5–8 mm lang, zungenförmig, zugespitzt, waagrecht vom Stängel abstehend, in feuchtem Zustand glänzend und wellig, bei Trockenheit zerknittert, gekräuselt und stark geschrumpft. Sporenkapseln walzenförmig, manchmal leicht gekrümmt. Sporenstiele rötlich, etwa 2,5 cm lang. Sporenreife Herbst bis Frühling.
LEBENSRAUM Verbreitetes Waldmoos, ziemlich häufig in Eichen-Hainbuchenwäldern.
WISSENSWERTES Waldmoose haben im Wasserhaushalt der Natur eine große Bedeutung als Wasserspeicher. Nach Niederschlägen halten sie große Wassermengen zurück und sorgen so dafür, dass Regenwasser nur langsam im Boden versickert oder verdunstet. So verhindern sie ein Austrocknen des Bodens bei trockenem Wetter und sorgen für die im Wald so angenehm hohe Luftfeuchtigkeit. Das Wellige Katharinenmoos kann, wie viele andere Moose auch, das 20-fache seines Eigengewichts an Wasser aufnehmen und speichern.

2 | Schönes Widertonmoos
Polytrichastrum formosum
Laubmoose

BESCHREIBUNG Ausgedehnte, lockere Polster von sattgrüner Farbe. Stängel aufrecht, 5–15 cm lang, Blätter 8–12 mm lang, zugespitzt, stehen waagrecht vom Stängel ab. Sporenkapsel aufrecht, selten geneigt. Kapselstiel 4–8 cm lang, aufrecht, gelbrot. Sporenreife Frühling bis Sommer.
LEBENSRAUM Eines der häufigsten und auffälligsten Moose europäischer Wälder. Ist in Laub- und Nadelwäldern zu finden.
WISSENSWERTES Dieses Moos hat keine großen Ansprüche an seinen Standort. Ein leicht saurer, mäßig feuchter Boden und viel Schatten – mehr braucht es nicht. Es ist ein guter Zeiger für schattige, mäßig feuchte Wälder mit schwach saurem Untergrund. Sobald der Boden etwas kalkhaltig wird, zieht sich das Schöne Widertonmoos zurück. Der ungewöhnliche Name geht auf längst vergangene Zeiten zurück, in denen man glaubte, mit diesem Moos Hexen und bösen Zauber abwehren zu können. Der deutsche Name Widerton leitet sich ab von „Wider-das-Antun". Aber auch ganz praktisch hat man es früher genutzt: als Matratzenfüllung und zum Abdichten von Ritzen in Holzhäusern.

3 | Sumpf-Torfmoos
Sphagnum palustre
Laubmoose

BESCHREIBUNG Ausgedehnte, schwammige, blassgrüne Rasen. Stängel 10–25 cm lang, kräftig, dick, am oberen Ende schopfig, im unteren Bereich quirlig verzweigt. Blätter breit oval, dachziegelartig angeordnet. Sporenkapsel kugelig, schwarzbraun, Kapselstiel etwa 1 cm lang. Sporenreife Juli/August.
LEBENSRAUM Besiedelt ganzjährig saure, nasse Böden, wächst in Nadelwäldern, Mooren und Bruchwäldern, gelegentlich auch in Laubwäldern mit sauren Böden und in Schattenlagen.
WISSENSWERTES Die vielen Arten der Gattung Torfmoose sind kalkfeindliche Moose. Ihr ursprünglicher Standort sind Moore. Dort sind sie, wie ihr Name schon sagt, an der Bildung von Torf beteiligt. Sie bilden große Polster, die an ihrer Oberfläche ständig weiterwachsen, während aus den unteren abgestorbenen Schichten Torf entsteht. Das Sumpf-Torfmoos trifft man dort zwar auch an, aber dieses Moos bevorzugt saure, sumpfige Böden in Wäldern. Trockenzeiten übersteht es, weil es in seinen Zellen doppelt soviel Wasser speichern kann wie andere Moosarten, nämlich das bis zu 40-fache seines Eigengewichts.

4 | Gewöhnliches Gabelzahnmoos
Dicranum scoparium
Laubmoose

BESCHREIBUNG Formenreiches, anpassungsfähiges Waldbodenmoos, bildet lockere, glänzend grüne bis bräunliche Rasen. Stängel 5–10 cm lang, aufrecht, einfach oder weit unten gegabelt. Blätter 5–8 mm lang, mit ausgezogener, gezähnter Spitze, meist sichelförmig gebogen. Sporenkapsel länglich zylindrisch. Kapselstiel 2–4 cm lang, rotbraun. Sporenreife Frühling bis Herbst.
LEBENSRAUM Typisches Waldbodenmoos mit Bevorzugung saurer Humusstandorte. Bei zu viel Kalk im Boden zieht es sich zurück. Ist in hellen Fichtenwäldern höherer Lagen weit verbreitet. Auch in Laubwäldern, vor allem in Eichen-Hainbuchenwäldern ist es regelmäßig anzutreffen.
WISSENSWERTES Das Gewöhnliche Gabelzahnmoos ist auch unter dem Namen Sichelmoos bekannt. Namengebend für diese Bezeichnung des kleinen bis mittelgroßen Mooses sind seine Blätter, die sich meist wie eine Sichel krümmen. Um die Bezeichnung Gabelzahnmoos zu verstehen, genügt ein Blick auf die Stängel. Diese teilen sich oft an der Basis in zwei Triebe auf, sie gabeln sich.

1
2
3
4

1 Weißmoos, Ordenskissen
Leucobryum glaucum
Laubmoose

BESCHREIBUNG Dichte, scharf abgegrenzte Polster mit halbkugeliger Gestalt, außen von mattem, bläulichgrünen Ton, innen sehr hell bis weiß (Name). Stängel aufrecht, 5–15 cm lang, gabelig verzweigt, sehr dicht beblättert. Blätter lanzettlich, an der Spitze eingerollt. Sporenkapsel sehr klein, nur 1–2 mm lang, glänzend dunkelbraun. Kapselstiel entspringt an der Stängelspitze, 3–7 cm lang.
LEBENSRAUM Wächst verbreitet in bodensauren Eichen-Birken-Wäldern und in Nadelwäldern, an morschem Holz und an Baumstämmen.
WISSENSWERTES Das Weißmoos ist ein Spezialist für nährstoffarme, ausgelaugte, sehr saure Böden. Diese Bedingungen findet es an Steilhängen, wo der Regen die fruchtbaren oberen Bodenschichten abgetragen hat, oder auf Felskuppen. Und natürlich in Wäldern auf nährstoffarmen Standorten. Hier bildet es dichte Polster, welche die Durchlüftung des Bodens verhindern und ihn dadurch zusätzlich verschlechtern. Die Sporen des nur selten fruchtenden Mooses reifen im Herbst. Meist erfolgt die Vermehrung vegetativ über Polsterbruchstücke.

2 Purpurstieliges Hornzahnmoos
Ceratodon purpureus
Laubmoose

BESCHREIBUNG Bildet ausgedehnte, lockere, braungrüne Polster, die während der Kapselbildung purpurn leuchten. Stängel aufrecht. Blätter lanzettlich, mit scharfer Spitze, Blattrand meist nach unten eingerollt. Sporenkapseln länglich-oval, auf 1–3 cm langen, kräftigen, purpurroten Stielen. Sporenreife Frühling bis Sommer.
LEBENSRAUM Allerweltsmoos, häufig in Wäldern mit trockenem, nährstoffarmem, schwach saurem Untergrund.
WISSENSWERTES Dieses Moos ist weltweit verbreitet und im Hinblick auf seinen Standort nicht sehr wählerisch. Es wächst auf Erde und Holz genauso wie auf Sand oder Gestein. Weil es gegen Umweltverschmutzung und Bodengifte nicht so empfindlich reagiert wie andere Moose, findet man es auch auf belasteten Böden von Schnellstraßen. Forscher der Ohio-State-Universität haben dieses Moos mit der Raumfähre Columbia auf die Reise geschickt, um herauszufinden, wie sich Moose bei Schwerelosigkeit verhalten. Das überraschende Ergebnis: Im All bilden Moose spiralförmige Triebe. Erwartet hatten die Forscher ein unorganisiertes, zufälliges Wachstum in alle Richtungen.

3 Welliges Sternmoos
Plagiomnium undulatum
Laubmoose

BESCHREIBUNG Sattgrüne, locker ausgedehnte Rasen. Stängel bis 15 cm lang, die unfruchtbaren überhängend, die fruchtbaren aufrecht, an der Spitze bäumchenartig verzweigt. Blätter lang zungenförmig, bis 15 mm lang und 2 mm breit, gewellt. Stiele der Sporenkapseln gelbrot, entspringen zu mehreren aus der Spitze des Stängels. Sporenkapsel grüngelb bis braun. Sporenreife Frühling bis Sommer.
LEBENSRAUM Wächst in vielen Waldformen, sofern sie feucht und schattig sind. Meidet trockene Kiefernwälder und moorige Standorte.
WISSENSWERTES Das Wellige Sternmoos gehört zu den in Mitteleuropa weit verbreiteten Waldbodenmoosen. Seinen Verbreitungsschwerpunkt hat es wahrscheinlich in feuchten Quellwäldern, Waldschluchten oder Erlenbrüchen, da es dort am häufigsten fruchtend angetroffen wird. Wegen der großen Saugfähigkeit und der weichen Struktur seiner Blättchen nutzen verschiedene Vogelarten dieses Sternmoos zum Auspolstern ihrer Nester. Vor allem Kohlmeisen und Haubenmeisen sammeln das auch milbenabwehrende Nestbaumaterial.

4 Zypressen-Schlafmoos
Hypnum cupressiforme
Laubmoose

BESCHREIBUNG Ausgedehnte, flache Rasen bildendes Moos mit kräftiggrünen, glänzenden, dachziegelartig angeordneten Blättern, die an Zypressenzweige erinnern (Name, **4A**). Stiele der Sporenkapseln entspringen seitlich aus den Trieben, sind etwa 2 cm lang. Sporenkapseln braun, leicht gekrümmt, stehen waagrecht ab **(4B)**. Sporenreife Winter bis Frühling.
LEBENSRAUM Allerweltsmoos, das seine Hauptverbreitung in Wäldern auf Baumstümpfen, Erde und Gestein hat.
WISSENSWERTES Viele *Hypnum*-Arten gehören zu einer Pflanzengruppe, die als Pioniere Gesteine und Felsen besiedeln. Die ersten Besiedler sind gesteinslösende Krustenflechten. Ihnen folgen die Laubflechten. Und danach kommen Polster und Decken bildende Moose, darunter oft *Hypnum*-Arten. Im Mittelalter nutzte man dieses Moos getrocknet als Füllung für Kopfkissen und Bettdecken. Man nahm damals an, die kleinen Ästchen würden schlaffördernd wirken. Daher der deutsche Name „Schlafmoos". Auch der lateinische Name verweist auf diese Annahme: „*Hypnum*" entstammt dem griechischen „hypnos", was übersetzt Schlaf bedeutet. Die Bezeichnung „Zypressen-Schlafmoos" verdankt die Pflanze der Ähnlichkeit ihrer Blätter und Zweige mit den Trieben von Zypressen.

1

2

3

4A

4B

1 | Etagenmoos, Stockwerkmoos
Hylocomium splendens
Laubmoose

BESCHREIBUNG Ausgedehnte, mehrschichtige Rasen von gelblichgrüner bis olivgrüner Färbung. Stängel 10–15 cm lang, rot, aufsteigend oder bogig überhängend, aus stockwerkartig übereinanderliegenden Jahrestrieben zusammengesetzt. Blätter olivgrün, auch im trockenen Zustand glänzend, etwas dachziegelartig angeordnet. Sporenkapsel länglich eiförmig, auf 2–3 cm langem, seitenständigem Stiel. Sporenreife im Frühling.
LEBENSRAUM Besiedelt frische, schwach saure Böden. Typisch für Wälder des Hochgebirges, ab und zu auch in Fichten- und Kiefernwäldern der Niederungen, ja selbst in Laubwaldgesellschaften zu finden, wo es auf eine oberflächliche Versauerung hinweist.
WISSENSWERTES Moose, auch das Etagenmoos, gelten als Indikatoren für Feuchtigkeit und Frischezustand eines Standortes. Da sie häufig an einen bestimmten Säuregrad des Untergrundes gebunden sind, gelten sie auch als Säurezeiger. Durch ihre Fähigkeit, selbst bei geringem Lichtangebot assimilieren zu können, sind sie in dunklen Fichtenforsten oft die einzigen Pflanzen, die noch gedeihen können.

2 | Großes Kranzmoos
Rhytidiadelphus triquetrus
Laubmoose

BESCHREIBUNG Ausgedehnte dichte Rasen von hellgrünen, etwas struppig wirkenden Moosen. Stängel 10–15 cm lang, braunrot, unregelmäßig verzweigt. Stängelspitze mit einem dichten Blattschopf. Blätter 4–6 mm lang, 3-eckig zugespitzt, ringsum gesägt, sparrig abstehend. Eiförmige Sporenkapsel auf 3–6 cm langem, seitenständigem Stiel. Sporenreife Winter bis Frühling.
LEBENSRAUM Bodenbewohnendes Moos nährstoffreicher Laub- und Nadelwälder bis in 2000 m Höhe. Häufig auch auf Waldlichtungen, an Waldrändern, selten auf Waldwiesen. Vor allem in Kalkgebieten.
WISSENSWERTES Das Große Kranzmoos ist eines der größten heimischen Moose. Es leidet ganz offensichtlich unter der Bodenversauerung, die vielerorts zu beobachten ist. Außer auf besonders kalkreichem Untergrund ist in weiten Bereichen ein deutlicher Bestandsrückgang dieses Mooses festzustellen. In der Roten Liste Deutschlands wird die Art als „stark zurückgehend, aber aktuell nicht gefährdet" eingestuft. Früher hat man die Pflanze für die Herstellung von Blumengebinden und Kränzen benutzt. Heute geschieht das nicht mehr.

3 | Tamarisken-Thujamoos
Thuidium tamariscinum
Laubmoose

BESCHREIBUNG Bildet ausgedehnte, dunkel- bis bläulichgrüne, lockere bis lückige, glanzlose Rasen. Stängel liegend oder schwach aufsteigend, 3–10 cm lang. Blätter spiralig angeordnet, Stängel- und Astblätter in Größe und Form verschieden. Stängelblätter bis 1,5 mm lang, 3-eckig herzförmig, schmal zugespitzt. Astblätter kleiner und kürzer zugespitzt. Braunrote, zylindrische Sporenkapsel auf 3–5 cm langem, rotem Stiel. Sporenreife im Winter.
LEBENSRAUM Bis in Höhen von 2000 m in schattenfeuchten Laub- und Mischwäldern, besonders in Erlenbrüchen, Schluchtwäldern.
WISSENSWERTES Seinen deutschen Namen hat dieses Moos wegen der auffälligen Ähnlichkeit seiner Ästchen mit denen des Lebensbaums *Thuja* erhalten. Ein weiteres Waldmoos hat ähnliche Ästchen, das Etagenmoos *Hylocomoium splendens*. Beide Arten werden oft verwechselt. Der Unterschied: das Tamarisken-Thujamoos besitzt keine stockwerkartig übereinander stehenden Jahrestriebe und es bildet glanzlose Rasen.

4 | Zweizähniges Kammkelchmoos
Lophocolea bidentata
Lebermoose

BESCHREIBUNG Überzieht Flächen mit dichten, gelbgrünen, oft ausgedehnten Rasen **(4B)**. Stängel meist kriechend, 2–5 cm lang, locker beblättert **(4A)**. Blätter blass gelbgrün, 2-zipfelig geteilt, 2-zeilig rechts und links entlang der Stängel angeordnet. Sporenkapsel rundlich, dunkelbraun bis schwarz. Durchsichtiger Kapselstiel, 0,5–1,5 cm lang. Sporenreife im Frühsommer.
LEBENSRAUM Eines der häufigsten Lebermoose Mitteleuropas. Besiedelt morsches Holz, Baumrinden, Böden unterschiedlicher Feuchtigkeit in Wäldern und Wiesen bis in Höhen von 1000 m.
WISSENSWERTES Lebermoose gelten als ursprüngliche Moose, obwohl 80 % der Lebermoose dem Aufbau der Laubmoose in blatt- und stängelähnliche Gebilde entsprechen. Das Zweizähnige Kammkelchmoos ist ein beblättertes Lebermoos. Dieses Moos wird oft von Gärtnern gefürchtet, da es gerne zwischen Gräsern und anderen Moosen im Rasen wächst. Doch diese Furcht ist unbegründet, denn das kriechende, langsam wachsende Moos macht dem Gras kaum Konkurrenz.

1
2
3
4A
4B

Farnpflanzen

Farnpflanzen

Farne sind Relikte aus der Urzeit. Sie gehören zu den stammeseschichtlich ältesten Landpflanzen unserer Erde. Den Höchststand ihrer Entwicklung erreichten sie vor rund 300 Millionen Jahren. Damals bestimmten sie das Pflanzenbild der Erde. Unsere heutigen Steinkohlelager waren ehemals Wälder aus riesigen, baumförmigen Farnen mit großer Artenvielfalt. Die heutigen Farne sind eigentlich nur Reste dieser früher reich entfalteten Pflanzengruppe – kleinwüchsige Zeugen einer längst vergangenen Zeit.
Wir kennen heute etwa 10 000 Arten weltweit, die meisten wachsen in den Tropen und Subtropen. In Europa sind etwa 200 Arten heimisch, in Deutschland etwas über 40. In die Gruppe der Farnpflanzen gehören neben den Echten Farnen auch die Schachtelhalme und die Bärlappe.

Unterschiedliche Ansprüche

Farne zeigen in ihren Standortansprüchen eine erhebliche Variationsbreite. Sie bevorzugen zwar eher feuchte Gebiete, dringen aber mit einzelnen Arten auch in trockenere Regionen vor. Viele Farne besiedeln feuchte, schattige Wälder. So findet man den bekannten Adlerfarn in ausgedehnten Beständen in Laub- und Nadelwäldern. Feucht, kühl und schattig müssen die Standorte auch für die Hirschzunge sein. Dieser Farn besiedelt Schluchtwälder. Und ein weiterer markanter Vertreter der Farne, der Tüpfelfarn, ist ein Bewohner schattiger Eichen- und Birkenwälder.

Im Frühling entrollen sich die Farnwedel.

Echte Farne: Riesenblätter im Wald

Farne sind krautige Gefäßpflanzen mit einer deutlichen Gliederung in Wurzel, Stängel und Blätter. Die Stängel enthalten Leitbündel mit Holzteil (Xylem) für den Wasser- und Salztransport und Siebteil (Phloem) für den Transport der Photosyntheseprodukte.
Die Blätter (Wedel) sind groß, meist gestielt und im Jugendstadium an der Spitze eingerollt. Bei den europäischen Arten der Farne besteht die ganze sichtbare Pflanze nur aus Blättern, den Wedeln. Jeder Wedel, auch der oft über einen Meter große Wedel des Adlerfarns, ist ein einziges Blatt, das aus Blattstiel und Blattspreite besteht und aus einem unterirdisch kriechenden Spross, dem Rhizom, entspringt. Die Blattspreite gliedert sich oft in zahlreiche Teilblättchen, bei denen man Fiederblätter erster, zweiter, dritter und vierter Ordnung unterscheidet.

Interessante Blattunterseite

An der Unterseite tragen die Farnwedel rundliche braune bis schwarze Häufchen (Sori). Das sind Anhäufungen von Sporenbehältern (Sporangien). Deren Form und Anordnung auf der Blattunterseite stellt ein wichtiges Merkmal zur Artunterscheidung dar. Bei einigen Arten sind sie länglich, bei anderen rundlich und bei wieder anderen als zusammenhängende Linie angeordnet.
Auffällig ist, dass die Sori bei vielen Farnen von einem kleinen Auswuchs des Blattes bedeckt sind, dem Schleier oder Indusium. Die Form dieses Schleiers – ob schild-, nieren-, blasen- oder strichförmig – ist ebenfalls ein wichtiges Merkmal zur Bestimmung der Farne.

Komplizierte Vermehrung

Die Vermehrung der Farne ist gekennzeichnet durch einen Generationswechsel, einen Wechsel zwischen geschlechtlicher und ungeschlechtlicher Generation. In den Sporangien reifen die Farnsporen, die bei entsprechendem Reifegrad durch einen besonderen Öffnungsmechanismus freigesetzt werden. Fallen diese Sporen auf feuchten Untergrund, so entwickeln sich kleine grüne, herzförmige Gebilde, die Prothallien. Sie stellen die Geschlechtsgeneration der Farne dar.
Das Prothallium trägt an der Unterseite Antheridien und Archegonien, männliche und weibliche Fortpflanzungsorgane. Bei Reife entlassen die Antheridien Spermatozoide, die bei feuchter Witterung über einen Wasserfilm zu den Archegonien gelangen. Dort werden die Eizellen befruchtet, aus denen sich eine neue Spo-

Waldschachtelhalm: Deutlich zu unterscheiden sind steriler und sporangientragender Spross.

ren produzierende Farnpflanze entwickelt – die ungeschlechtliche Generation.

Schachtelhalme

Schachtelhalme sind von den Tropen bis in kalte Zonen verbreitet, die meisten Arten bevorzugen feuchte Standorte. In früheren erdgeschichtlichen Zeiten war diese Pflanzengruppe wesentlich artenreicher und umfasste sogar baumartige Vertreter.
Schachtelhalme sind so markant gebaut, dass sie nahezu jeder erkennt. Die Stängel der Schachtelhalmgewächse sind in regelmäßigen Abständen durch Knoten (Nodien) gegliedert. Ihre Blätter sind stark reduziert, sie sitzen in Quirlen an den Knoten und sind an der Basis zu einer den Stängel umschließenden Scheide verwachsen. Da die schuppenartigen Blätter bei dieser Gruppe der Farnpflanzen viel zu klein sind, um die ganze Pflanze zu ernähren, haben die grünen, oft stark verzweigten Äste die Aufgabe der Photosynthese übernommen. Vor allem hier ist das Assimilationsgewebe ausgebildet. Die Stängel selbst sind in ausgewachsenem Zustand ziemlich starr, denn in den Zellwänden ist Kieselsäure eingelagert. Das verleiht dem Stängel nicht nur eine gewisse Festigkeit, es macht ihn auch rau – ein Grund, weshalb man Schachtelhalme früher zum Putzen von Zinngeschirr verwendete. Der volkstümliche Name „Zinnkraut" für Schachtelhalme hat sich wegen dieser Art der Verwendung bis heute erhalten.
Die Sporen der Schachtelhalme sitzen meist in zapfenförmigen Sporophyllständen am oberen Ende der Pflanzen. Diese charakteristischen Sporophyllstände wachsen entweder an der Spitze normal grüner Pflanzen oder aber auf gesonderten bräunlichen Pflanzen.

Bärlappe

Bärlappe sind gekennzeichnet durch eine gabelig verzweigte Sprossachse und kleine, meist nadelförmige, schraubig um den Stängel angeordnete Blätter. Die sporentragenden Blätter sind am Ende der Sprosse zu kolbenartigen Ähren gehäuft.
Die Vermehrung der Bärlappe ist kompliziert und verläuft extrem langsam. Es können 15–20 Jahre vergehen, bis aus einer Spore eine geschlechtsreife Pflanze entsteht.
Eine derart langsame Vermehrungsrate ist unökonomisch für eine Pflanze und so vermehren sich Bärlappe auch vegetativ durch Ausläufer.
Wegen ihrer langen Entwicklungszeit haben es Bärlapp-Arten in unseren Wirtschaftswäldern schwer. Sollen sie als urtümliche Bestandteile der Waldökosysteme erhalten bleiben, brauchen sie ungestörte Schutzzonen, in denen sich die Standortbedingungen über einen langen Zeitraum möglichst wenig verändern.

Sprossender Bärlapp mit Sporophyllstand

1 | Adlerfarn
Pteridium aquilinum
Adlerfarngewächse

BESCHREIBUNG Mehrjährige Farnpflanze, größte heimische Art. Große Wedel in annähernd Dreiecksform, 50–200 cm, in seltenen Fällen bis 400 cm hoch, im Sommer hellgrün, im Herbst gelblich bis bräunlich. Fruchtbare und unfruchtbare Blätter fast gleich gestaltet. Sporangien auf Blattunterseite in loser Reihe entlang des umgeschlagenen Blattrandes.
LEBENSRAUM Häufig in artenarmen Laubmisch- und Kiefernwäldern, an Waldrändern, auf Kahlschlägen.
WISSENSWERTES Der Adlerfarn ist weltweit verbreitet. Lediglich polare Gebiete und Wüsten meidet er. In Mitteleuropa ist er überall häufig. Und in regenreichen Gegenden Irlands oder Schottlands prägt er ganze Landschaften. Die Forstwirtschaft sieht dichte Adlerfarnbestände allerdings problematisch. Große Reinbestände nehmen anderen Pflanzen das Licht und unterdrücken so gut wie jede Naturverjüngung der Bäume. Deshalb bekämpft man sie bei Bedarf mit Herbiziden. Eine mechanische oder biologische Bekämpfung ist wenig erfolgreich, wie Untersuchungen der Universität Göttingen ergeben haben.

2 | Echter Wurmfarn
Dryopteris filix mas
Wurmfarngewächse

BESCHREIBUNG Mehrjähriger, wintergrüner Farn mit 30–120 cm hohen Wedeln, kräftig dunkelgrün gefärbt, doppelt gefiedert. Sporangien auf der Unterseite der Fiederblättchen in rundlichen Häufchen, die in zwei Reihen längs der Hauptachse stehen.
LEBENSRAUM Gehört zu den häufigsten Waldfarnen. Ist in Laub- und Mischwäldern weit verbreitet.
WISSENSWERTES Der Name Wurmfarn entstammt einer Zeit, in der man den Wurzelstock dieses Farns als Mittel gegen Bandwürmer einsetzte – wegen der gesundheitsschädlichen Inhaltsstoffe ein nicht ganz ungefährliches Vorgehen. Bei falscher Dosierung kann es zu Vergiftungen, auch mit tödlichem Ausgang kommen. 25 Gramm Wurmfarn wirken nach wenigen Stunden für Schafe tödlich, 100 Gramm für Rinder. Aber die Pflanze ist auch Futterpflanze für Schmetterlingsraupen, nämlich für die Raupen der Achateule *(Phlogophora meticulosa)* und der Purpurglanzeule *(Euplexia lucipara)*. Ähnlich wie einige andere Farnarten vertreiben auch die Wedel des Wurmfarns Fliegen aus Ställen. Früher nahm man sie als Einstreu in Hundehütten und mischte sie wegen ihrer ungezieferabweisenden Wirkung sogar dem Bettstroh bei.

3 | Gewöhnlicher Dornfarn
Dryopteris carthusiana
Wurmfarngewächse

BESCHREIBUNG Mehrjährige Farnpflanze, 15–60 cm hoch. Wedel hellgrün, aufrecht oder etwas überhängend, im Umriss breit-oval, 2- bis 4-fach gefiedert. Blattstiel mit hellbraunen, schuppenförmigen Blättchen besetzt. Fiederblättchen mit nach vorn gerichteten, spitzen Zähnchen. Sporenbehälter 2-reihig, auf der Unterseite der Wedel.
LEBENSRAUM Ziemlich anspruchsloser Farn, der nährstoffarme, saure, sandige Standorte besiedelt. Wächst oft in dichten Beständen in schattigen Laubmischwäldern, in Nadelwäldern und Erlengebüschen.
WISSENSWERTES Der Gewöhnliche Dornfarn, auch Karthäuserfarn oder Dorniger Wurmfarn genannt, zeigt mit seinem Auftreten arme Böden an. Wo er sich wohlfühlt, geht es dem Wald nicht gut. An solchen Standorten wachsen beispielsweise Buchen selten mehr als 30 m in die Höhe. An gesunden Standorten dagegen sind es oft weit mehr als 40 m. Namengebend für diesen Farn sind die dornenartigen Spitzen seiner Fiederblättchen, die so nur noch der Breitblättrige Dornfarn *(Dryopteris dilatata)* aufweist.

4 | Wald-Frauenfarn
Athyrium filix femina
Wimperfarngewächse

BESCHREIBUNG Mehrjährige, sommergrüne Farnpflanze, 30–100 cm hoch. Wedel aufrecht oder bogig überhängend, 2- bis 3-fach gefiedert. Blattstiel mit schmalen Schuppenblättchen besetzt. Sporangien auf der Unterseite der Fiederblättchen in länglichen bis hufeisenförmigen Häufchen, in Reihen beiderseits des Mittelnervs der Fiederblättchen.
LEBENSRAUM Eine in Mitteleuropa weit verbreitete und häufige Farnart. Wächst in schattigen, feuchten, krautreichen Laub- und Nadelwäldern, vorzugsweise auf schwach sauren, humosen Böden.
WISSENSWERTES Die Namengebung für diesen Farn kommt aus einer Zeit, in der man wenig bis nichts über die Fortpflanzung der Farne wusste. Man hielt den grober gefiederten, derberen Wurmfarn für die männliche Form, diese Art mit ihren viel zierlicheren Fiedern für die weibliche. Das geht aus der lateinischen Bezeichnung beider Farne hervor: Für den Wurmfarn *Dryopteris filix mas* (*filix* = Farn, *mas* = Mann) und für den Frauenfarn *Athyrium filix femina* (*femina* = Frau). Manchmal sind die Wedel des Wald-Frauenfarns nach innen eingerollt. Verursacher hierfür sind die Larven der Blumenfliege *Chirosia betuleti*.

1
2
3
4

1 | Buchenfarn
Phegopteris connectilis
Sumpffarngewächse

BESCHREIBUNG Mehrjährige Farnpflanze, 15–30 cm hoch, mit aufrechten, meist ausgebreiteten, sommergrünen, doppelt gefiederten Wedeln. Das unterste Fiederpaar ist bei Schattenpflanzen nach rückwärts gerichtet (Schwalbenschwanz-Blätter), bei Lichtpflanzen zeigt es steil nach oben. Sporangien auf der Unterseite der Fiederblättchen in rundlichen Häufchen entlang des Fiederrandes.
LEBENSRAUM Kommt in Laub- und Mischwäldern, seltener in reinen Fichtenforsten vor. Hat seine Hauptverbreitung in Höhenlagen zwischen 500 und 1500 m.
WISSENSWERTES Dieser typische Waldfarn braucht nährstoffreiche, feuchte, mäßig saure Böden. In höheren, regenreichen Lagen bildet er oft große Bestände. Sein Name ist irreführend, denn er wächst nicht nur unter Buchen. Auch in Nadelwäldern fühlt er sich wohl, denn er schätzt einen leicht sauren Boden. Mit seiner Höhe von gerade 30 cm sieht der Buchenfarn aus wie der kleine Bruder des Wurmfarns, mit dem er oft verwechselt wird.

2 | Rippenfarn
Blechnum spicant
Rippenfarngewächse

BESCHREIBUNG Mehrjährige Farnpflanze mit dunkelgrünen glänzenden Wedeln, 15–50 cm hoch. Wedel verschieden gestaltet. Unfruchtbare Wedel liegend bis niedergebogen, wintergrün, 1-fach und regelmäßig gefiedert, Fiedern ganzrandig. Fruchtbare Wedel aufgerichtet, sommergrün, schmaler und entfernter gefiedert als die unfruchtbaren, Fiedern schmal, rippenartig. Sporenbehälter in 2 zusammenfließenden Reihen, bedecken die gesamte Unterseite der Fiederblättchen. Sporenreife Juli/August.
LEBENSRAUM Typischer Fichtenbegleiter. Besiedelt Nadelwälder montaner Lagen, selten Laubwälder. Hauptverbreitung in den feuchten Höhenlagen der Mittelgebirge.
WISSENSWERTES Europa-Rippenfarn wird dieser Farn auch genannt, denn er ist der einzige Vertreter der Gattung *Blechnum* in Mitteleuropa. Am wohlsten fühlt er sich in einem Fichtenwald in Höhenlagen zwischen 500 und 2000 m. Er benötigt nährstoffarmen, sauren Boden und kühle Standorte mit vielen Niederschlägen und hoher Luftfeuchtigkeit. Kommt der Rippenfarn in tieferen Lagen vor, wurde er meist zusammen mit Fichtenanpflanzungen eingeschleppt.

3 | Hirschzunge
Asplenium scolopendrium
Streifenfarngewächse

BESCHREIBUNG Durch seine ganzrandigen Blattwedel unverwechselbarer Farn. Wedel 15–60 cm lang, wintergrün, zungenförmig, zugespitzt, am Rand oft wellig, mit deutlich sichtbaren Blattnerven und einer Mittelrippe **(3A)**, fühlen sich ledrig an. Fruchtbare und unfruchtbare Wedel gleich gestaltet. Sporenbehälter liegen an der Unterseite der Wedel in schmalen, oft unterschiedlich langen Reihen parallel zu den Blattnerven **(3B)**. Sporenreife Juli bis September.
LEBENSRAUM In schattigen Laubwäldern mit nährstoff- und kalkreichen Böden. Auch an feuchten, nordexponierten Steilhängen in dunklen Schluchtwäldern mit Eschen, Ahorn und Linden als dominanten Baumarten.
WISSENSWERTES Feucht, kühl und schattig müssen die Standorte für den Hirschzungenfarn sein. In Deutschland hat er seine Verbreitungsschwerpunkte auf der Schwäbischen Alb, im Rheinischen Schiefergebirge und im Alpenvorland. Im übrigen Deutschland tritt er nur sporadisch auf oder fehlt ganz. Deshalb steht die Art unter Naturschutz und ist in der Roten Liste aufgeführt.

4 | Tüpfelfarn
Polypodium vulgare
Tüpfelfarngewächse

BESCHREIBUNG Mehrjährige Farnpflanze. Dunkelgrüne, wintergrüne, kleinere Wedel, 10–40 cm lang **(4B)**, sitzen einzeln am Wurzelstock. Große, rundliche, bräunlich orangefarbene Sporangienhäufchen an der Blattunterseite, in 2 Reihen entlang der Mittelachse angeordnet **(4A)**. Sporenreife August/September.
LEBENSRAUM Besiedelt bodensaure, schattige Laubwälder, vor allem Eichen- und Birkenwälder der gemäßigten Breiten. Bewächst auch morsche Bäume, bemooste Baumwurzeln und bemooste Astgabeln von alten Bäume.
WISSENSWERTES Der Wurzelstock dieses Farns enthält reichlich Zucker und schmeckt sehr süß, eine Erklärung für den Volksnamen „Engelsüß". Man kann ihn geschält und geröstet als lakritzähnliche Süßigkeit naschen. Ausgegraben wird er hierfür von September bis in den Winter. Auch die Volksmedizin nutzt den Tüpfelfarn. Ein Tee aus getrockneten Wurzelstückchen hat einen positiven Einfluss auf Leberbeschwerden, er wirkt mild abführend und hilft bei Husten und chronischer Bronchitis. Doch Vorsicht beim Ausgraben: der giftige Wurmfarn sieht ähnlich aus.

1

2

3A

3B

4A

4B

1 | Wald-Schachtelhalm
Equisetum sylvaticum
Schachtelhalmgewächse

BESCHREIBUNG Mehrjährige Farnpflanze mit fertilen und sterilen Stängeln, 15–50 cm hoch. Sterile, ährenlose Stängel aufrecht, hellgrün, mit dünnen, quirlig verzweigten, überhängenden Ästen, aus zahlreichen ineinander geschachtelten Abschnitten aufgebaut. Fertile Stängel mit Sporenähre an der Spitze, zunächst bleich, astlos. Nach der Sporenreife fällt die Sporenähre ab, die bleichen Triebe ergrünen und verzweigen sich ebenso wie die unfruchtbaren Sprosse. Sporenreife April bis Juni.
LEBENSRAUM Nass-feuchte Laubwälder, Hauptvorkommen in Auwäldern mit Dauernässe. Aber auch in Tannen- und Fichtenwäldern bis in 1500 m Höhe.
WISSENSWERTES Schachtelhalmgewächse treten heute nur noch in einer einzigen Gattung *Equisetum* auf. Sie sind von den Tropen bis in kalte Zonen verbreitet, die meisten Arten bevorzugen feuchte Standorte. Der Wald-Schachtelhalm zeigt Versauerung und Vernässung eines Standortes an. Er ist eine Schattenpflanze. Diese Pflanzen werden oft von Blattwespenraupen stammesgeschichtlich sehr alter Gattungen befressen, die mit den Farnpflanzen eine gemeinsame Evolution durchgemacht haben.

2 | Winter-Schachtelhalm
Equisetum hiemale
Schachtelhalmgewächse

BESCHREIBUNG Mehrjährige Farnpflanze, 50–150 cm hoch. Sterile und fertile Stängel unterscheiden sich nicht. Beide sind dunkelgrün bis graugrün, aus ineinander geschachtelten Abschnitten aufgebaut und ohne Seitenäste. Sporangienähre läuft in einer kleinen Spitze aus. Sporenreife Juni bis August.
LEBENSRAUM Schluchtwälder und Auwälder mit dunklen Schattenbereichen. Von der Ebene bis ins Bergland anzutreffen.
WISSENSWERTES Bärlappe, Schachtelhalme und Farne gehören zu den stammesgeschichtlich ältesten Landpflanzen unserer Erde. Sie traten bereits im frühen Erdaltertum auf und erreichten den Höchststand ihrer Entwicklung vor etwa 300 Millionen Jahren. Die heute vorhandenen Farnpflanzen sind nur Reste dieser früher sehr artenreichen Pflanzengruppe. Sie können als „lebende Fossilien" bezeichnet werden. Der Winter-Schachtelhalm ist eine Charakterart der Erlen- und Edellaub-Auenwälder. Auf sickernassen, nährstoffreichen Böden bildet er gerne große Bestände. Sein Vorkommen lässt auf austretendes Hangsickerwasser und Quellhorizonte schließen.

3 | Tannen-Bärlapp
Huperzia selago
Bärlappgewächse

BESCHREIBUNG Mehrjährige Pflanze, 5–20 cm hoch. Stängel aufrecht, immergrün, gabelig verzweigt, bilden dichte Büschel. Blätter gelbgrün bis dunkelgrün, nadelförmig, stehen in Reihen spiralig um den Stängel. Sporenbehälter nicht in Ährenform, sondern in den Blattachseln der oberen Blätter. Sporenreife Juli bis Oktober.
LEBENSRAUM Vorzugsweise in schattigen Nadelwäldern und Legföhrenbeständen höherer Lagen (bis 2000 m).
WISSENSWERTES Bärlappgewächse sind gekennzeichnet durch eine gabelig verzweigte Sprossachse und kleine, meist nadelförmige, schraubig um den Stängel angeordnete Blätter. Die Sporen der Bärlappe keimen oft erst nach mehreren Jahren und auch die Prothallien, kleine grüne Gebilde, die sich aus den Sporen entwickeln, haben eine sehr lange Reifezeit. Eine so langsame Vermehrungsrate ist unökonomisch für eine Pflanze darum vermehren sich die Bärlappe meist vegetativ. Bei dieser Pflanze geschieht es durch Brutknospen an der Stängelspitze, die bei Berührung abfallen und neue Wurzeln bilden.

4 | Sprossender Bärlapp, Schlangen-Bärlapp
Lycopodium annotinum
Bärlappgewächse

BESCHREIBUNG Kriechende, bis 1m lange Stängel mit aufrechten, 10–30 cm hohen Ästen. Blätter nadelförmig schmal, scharf zugespitzt, spiralig und waagrecht und steif von den aufrechten Ästen abstehend. Sporenähren aufrecht, bis 4 cm lang, einzeln an den Spitzen der aufsteigenden Äste. Sporenreife August bis September.
LEBENSRAUM Zu finden in feuchten Nadelwäldern und alpinen Zwergstrauchheiden.
WISSENSWERTES Diese Schatten- und Feuchtigkeitsliebende Art hat ihren Volksnamen „Schlangen-Bärlapp" zu Recht. Ihre Stängel kriechen schlangenähnlich über den Boden und erreichen dabei Längen von bis zu einem Meter. Der Sprossende Bärlapp besiedelt nur schattige, saure und sehr feuchte Standorte. Findet er diese Bedingungen, kann er große Bestände bilden. Insgesamt ist er in Deutschland aber eher selten. In den meisten Bundesländern steht er in der Roten List bedrohter Pflanzen und ist dort als gefährdet bis stark gefährdet eingestuft. Im Jugendstadium betreiben Bärlappe keine Fotosynthese. In dieser Zeit ernähren sie sich mit Hilfe bestimmter Pilze vom Humus des Waldbodens.

1

2

3

4

Flechten

Flechten

Flechten sind schon jedem aufgefallen, als grüngelbe Flecken auf dem Dach oder als langbärtiger Pflanzenbehang an Waldbäumen in den Alpen. Meist werden sie mit Moosen verwechselt und als „Baummoos" bezeichnet. Bis zum Beginn des 18. Jahrhunderts wurden sie in Botanikbüchern auch tatsächlich zu den Moosen gerechnet. Bis man ihre abweichenden Eigenschaften erkannte.

Pilz + Alge = Flechte

Erst 1869 stellte man fest, dass sich hinter dieser auffallenden, vom gängigen Pflanzentyp abweichenden Lebensform eine komplizierte Lebensgemeinschaft, eine Symbiose zweier Organismengruppen verbirgt: Flechten sind Doppelwesen aus Pilz und Alge. Beide Partner leben in Dauersymbiose und dieses Zusammenleben der beiden Partner bringt beiden Vorteile. Der Pilz bezieht von der Alge, die mit dem grünen Farbstoff Chlorophyll Photosynthese betreibt, verschiedene Zuckerstoffe. Und die Alge? Sie erhält vom Pilz Schutz gegen Trockenheit, intensives Licht und extreme Hitze oder Kälte. Mit dieser Kombination können beide Organismen Lebensräume besiedeln, die jedem einzelnen von ihnen verwehrt blieben: Klimatisch ungeeignete Gebirgszonen für die Alge und nährstoffarme Gebiete für den Pilz.
Die Kombination aus Pilz + Alge = Flechte führte zu einer großen Entfaltung dieser Lebensform. Weltweit gibt es etwa 25 000 Flechtenarten, in Mitteleuropa sind es etwa 2000–2500. Schwerpunkte ihrer Verbreitung sind hier die kalten Klimazonen alpiner Hochlagen und wechselfeuchte Gebiete.

Bau der Flechten

Flechten haben mit dem gewohnten Pflanzenbild keine Gemeinsamkeiten: Keine Gliederung in Wurzel, Spross und Blätter. Sie sind stattdessen einheitlich gebaute Gebilde, die Thallus oder Lager genannt werden.
Das Zusammenleben in Dauersymbiose hat dazu geführt, dass die Flechtenpartner sich in vielem von normalen Pilzen und Algen unterscheiden. Pilze bestehen für gewöhnlich aus verzweigten Fäden, den Hyphen, die miteinander verwebt sind. In der Flechte liegen Pilz und Alge in einer gemeinsamen Schicht, der Algenschicht. Darunter liegt die sogenannte Markschicht, eine Schicht locker verwobener Pilzhyphen. Und darüber, auf der dem Substrat abgewandten Seite, eine Schutzschicht, die Rinde. Ihr Leben unter oft extremen Umweltbedingungen zwingt die meisten Flechten dazu, über der Algenschicht eine solche Schutzschicht aus dicht geflochtenen Pilzfäden aufzubauen.

Wuchsformen der Flechten

Die systematische Einteilung der Flechten basiert vor allem auf dem Bau und der Entwicklung ihrer Fruchtkörper und Sporenschläuche. Ihre äußere Form hat als wissenschaftliches Einteilungsmerkmal keine Bedeutung, ist aber für eine praktische Übersicht hilfreich. Nach der Wuchsform und der Auflagefläche des Flechtenlagers unterscheidet man zwischen vier verschiedenen Flechtenformen:

Die **Krustenflechten** überziehen oft als eng anliegender, fest mit der Unterlage verbundener körniger Überzug Baumrinden, Felsen oder Erdflächen.

Krustenflechte

Die **Blatt- oder Laubflechten** sind sehr vielgestaltig. Meist bestehen sie aus flachen Lagern mit blättrigen Lappen, die locker auf dem Substrat liegen und sich leicht von ihrer Unterlage abheben lassen.

Bartflechte

Bartflechten wachsen ebenfalls strauchig, hängen aber locker und lang von ihrer Unterlage herab. Diese Arten besiedeln im nebelfeuchten Bergland Bäume und bilden als „Giganten" dieser Pflanzengruppe dichte, herabhängende Schleier. Die Thallusfäden mancher Arten sind mehrere Meter lang.

Strauchflechten wachsen aufrecht, stielartig und sind oft verzweigt.

Strauchflechte

Wie vermehren sich Flechten?

In der Gemeinschaft aus Pilz und Alge ist nur der Pilz zu sexueller Vermehrung fähig. Er bildet in arttypischen Fruchtkörpern Sporen aus. Diese Fruchtkörper können schüsselförmig, streichholzartig, kugelförmig oder auch stielartig sein und werden meist als Apothecien bezeichnet. Aus diesen Organen werden die Sporen ausgeschleudert und von Regen, Wind oder Tieren verbreitet. An geeigneten Standorten keimen

Flechte mit Fruchtkörpern

die Pilzsporen aus und müssen nun als winziges Geflecht eine geeignete Alge finden. Nur so kann eine neue Flechte entstehen.
Die Bildung von Sporen ist für die Flechte kein günstiger Verbreitungsweg, eben weil die Pilzsporen beim Keimen eine geeignete Alge vorfinden müssen, um eine neue Flechte bilden zu können. Sinnvoller ist da schon eine gemeinsame Vermehrung und Verbreitung der beiden Partner. Manche Flechtenarten haben deshalb weitere Vermehrungswege entwickelt.
Am einfachsten ist die Verbreitung zufällig entstandener Bruchstücke. Ein Mensch, der beispielsweise über eine Flechtenheide wandert, produziert mit jedem Schritt viele solcher Bruchstücke, die beide Partner enthalten und zu neuen Flechten heranwachsen können. Bei der Rentierflechte ist das so und auch bei anderen Strauchflechtenarten wachsen solche Bruchstücke der Lager wieder zu kompletten Flechten aus. Viele Flechten verlassen sich jedoch nicht auf zufällig entstandene Bruchstücke, sondern schnüren aktiv Thallusstückchen ab. Einige Arten besitzen sogar Sollbruchstellen, an denen bestimmte Teile der Lager abbrechen und als kompakte Pakete aus Pilz und Alge verdriftet werden.

Zeiger für Luftschadstoffe

Vergleicht man den spärlichen Flechtenbestand auf Bäumen großstadtnaher Parks mit dem reichen Aufwuchs an Bäumen stadtferner Bergwälder, so wird deutlich wie empfindlich viele Flechten auf Luftverunreinigungen reagieren.
Flechten besitzen keine speziellen Organe zur Wasseraufnahme aus dem Boden, sie nehmen Feuchtigkeit über den gesamten Thallus auf. Alle in Luft und Regen enthaltenen Schadstoffe gelangen somit nahezu ungefiltert in den Flechtenorganismus. Weil sie an ihren Standorten auch kleinste Mengen von Schadstoffen aufnehmen und anhäufen, nutzt man Flechten als Zeigerorganismen für Luftschadstoffe.
Diese zuverlässigen Umweltmonitore zeigen den durchschnittlichen Schadstoffgehalt der Luft in belasteten Gebieten sehr empfindlich an. Besonders der Schwefeldioxidgehalt der Luft lässt sie vielfach mit Rückzug reagieren. So sind viele baumbewohnende Flechtenarten in Industriezonen der Städte fast gänzlich ausgerottet.
In Gebieten mit intensiver Landwirtschaft dagegen enthält der Regen Stickstoffverbindungen aus Düngemitteln, was vor allem zum Verschwinden von solchen Flechtenarten führt, die arme saure Standorte bevorzugen. Eine reich entfaltete, artenreiche Flechtenflora ist somit ein sicheres biologisches Zeichen für naturnahe, intakte Lebensräume und saubere Luft. Flechten gelten deshalb als Bioindikatoren.

1 | Isländisches Moos, Isländflechte

Cetraria islandica
Strauchflechten

BESCHREIBUNG Polsterförmig wachsende Strauchflechte mit aufrechtem, gabelig verzweigtem Körper von 2–8 cm Höhe. Äste etwa 1 cm breit, oben graugrün bis braun, unten heller, am Rand mit dornigen Auswüchsen.
LEBENSRAUM Hauptverbreitung in den Wäldern Skandinaviens, in Mitteleuropa nur dort zu finden, wo klimatisch ähnliche Verhältnisse vorherrschen: bildet als erdbewohnende Flechte ausgedehnte Bestände auf nährstoffarmen sauren Böden vor allem in kalten Höhenlagen. Zu finden in hellen Nadelwäldern, auf Zwergstrauchheiden, in Mooren und Moorwäldern.
WISSENSWERTES Botanisch gesehen ist das Isländische Moos kein Moos, sondern eine Flechte. Im Norden Europas, wo die Islandflechte flächendeckende Rasen bildet, nutzt man sie als Winterfutter für Rentierherden. Bei uns hat man sie in Notzeiten zusammen mit Roggen- und Weizenmehl zu Flechtenbrot verarbeitet. Doch wer die Islandflechte als Nahrungsmittel verwenden will, sollte die Pflanze auf jeden Fall entbittern. Denn das enthaltene Cetrarin beeinträchtigt den Geschmack ganz erheblich. Noch heute wird die Islandflechte in der Phytotherapie eingesetzt. Sie enthält neben dem Bitterstoff Cetrarin Vitamine, Spurenelemente, Schleimstoffe und Flechtensäuren, denen man eine leicht antibakterielle Wirkung nachsagt. Sie helfen gegen Husten, Bronchialkatarrh und Entzündungen des Magen-Darm-Trakts.

2 | Mähnenflechte

Bryoria fuscescens
Strauchflechten

BESCHREIBUNG Braunschwarze und grünbraune lange Büschel aus hängenden, reich verzweigten Ästchen, im Tiefland eher kurz, im Gebirge bis 50 cm lang.
LEBENSRAUM Häufige Flechte in den Nadelwäldern Nordeuropas und in nebelreichen Bergwäldern. Bevorzugt helle, windoffene Standorte. Wächst vorwiegend an Nadelbäumen, auf altem Holz und auf Felsen, oft mit der Bartflechte zusammen. Gelegentlich sieht man sie auch auf dem Boden.
WISSENSWERTES Flechten sind zuverlässige Bioindikatoren. Sie zeigen den Schadstoffgehalt der Luft in belasteten Regionen sehr deutlich an. Vor allem auf den Schwefeldioxidgehalt in der Luft reagieren sie empfindlich mit Rückzug, auch die Mähnenflechte. Ursprünglich weit verbreitet, kommt sie heute hauptsächlich in Bergwäldern vor.

3 | Waldflechte

Cladonia arbuscula
Strauchflechten

BESCHREIBUNG Strauchflechte von 6 cm Höhe mit dichten gelblich getönten (vor allem im frischen Zustand) bis graugrünlichen Lagern, an der Spitze oft dunkelrötlich. Hauptachse kräftig (mehr als 1 mm dick), viele gabelige, gebogene Verzweigungen. Schmeckt schwach bitter. Der Rentierflechte ähnlich, aber nie grau, sondern blassocker.
LEBENSRAUM Braucht Standorte mit nährstoffarmen Sandböden und hohen Niederschlägen. Zu finden als dichte Bodenpolster in lichtreichen Laub- und Nadelwäldern auf bodensaurem Untergrund.
WISSENSWERTES Die Waldflechte ist auch unter dem Namen „Neigende Strauchflechte" bekannt, denn ihre Äste sind oft bogig gekrümmt und nach unten geneigt. Die von ihr besiedelten Standorte sind lichtreich und zeichnen sich klimatisch oft durch eine, zumindest zeitweise, hohe Luftfeuchtigkeit aus, verursacht beispielsweise durch hohe Niederschläge oder häufige Nebel.

4 | Trompetenflechte

Cladonia fimbriata
Strauchflechten

BESCHREIBUNG Aufrecht stehende grüne Becher von etwa 2 cm Höhe und 3 mm Breite, die an Trompeten erinnern. Sie sind auf der gesamten Oberfläche mit feinmehligen, puderförmigen, graugrünen Soredien (kleine Vermehrungskörper, die von der Flechte zur vegetativen Vermehrung abgestoßen werden) bedeckt. Am Becherrand dunkelbraune Fruchtkörper, sogenannte Apothecien, in denen die Sporen für die sexuelle Vermehrung entstehen.
LEBENSRAUM Kommt europaweit auf sandigen Böden vor. Meidet Kalkgebiete. Sehr häufig und überall auf morschem Holz, auf Rohhumus oder an bemoosten Baumwurzeln von Moorgebieten zu finden.
WISSENSWERTES Diese Flechte sieht tatsächlich aus wie eine kleine, aufrecht stehende Trompete. Sie braucht saure Standorte mit sandigen Lehmböden und verrottenden Stubben. Dann siedelt sie sich an. Kalkgebiete meidet sie. Die pudrige Oberfläche der Trompetenflechte besteht aus vielen kleinen Vermehrungskörpern, den Soredien. Diese kleinen Körper, die sich irgendwann vom Flechtenlager lösen, sind kompakte Pakete aus Pilz und Alge und dienen der vegetativen, also ungeschlechtlichen Vermehrung. Sie werden von Luftströmungen verdriftet oder von Tieren verbreitet und wachsen an einem neuen Standort wieder zu einer Flechte heran.

1

2

3

4

1 | Echte Rentierflechte
Cladonia rangiferina
Strauchflechten

BESCHREIBUNG Auffällige Strauchflechte mit grauweißen Lagern. Auf einem kräftigen Hauptstamm stehen pro Verzweigungspunkt meist vier ungleich dicke Seitenästchen, deren unfruchtbare Enden bräunlich und stark in eine Richtung gebogen sind, die fruchtbaren Enden aufstrebend, strahlig verzweigt mit gewölbten braunen Fruchtkörpern an der Spitze.
LEBENSRAUM Eine der häufigsten Flechtenarten Nordeuropas, in Deutschland nur noch kleinflächig in den Mittelgebirgen vorhanden. Besiedelt nährstoffarme, sandige oder felsige, meist trockene Böden an lichtreichen Standorten. Zu finden in hellen Eichen- und Kiefernwäldern, auf Heiden.
WISSENSWERTES Die nordischen Rentierzüchter sind auf diese Flechten als Winterfutter für ihre Herden angewiesen. Bei uns in Deutschland spielt sie wirtschaftlich keine Rolle. Diese einst häufige Flechte tritt bei uns auch nur noch vereinzelt auf. Die Gründe für den Rückgang liegen zum einen im Verlust geeigneter Lebensräume durch veränderte Bewirtschaftungsformen von Wäldern und Heiden. Zum anderen sind sie in der Nährstoffanreicherung an ehemals armen Standorten und dem daraus resultierenden Wachstumsvorteil für Höhere Pflanzen zu suchen.

2 | Streichholzflechte
Cladonia floerkeana
Strauchflechten

BESCHREIBUNG Auffällige Art. Bildet Rasen von kleinen, grünlich-grauen, grundständigen Lagern und einem aufrechten Thallusteil. Dieser aufrechte Teil des Vegetationskörpers ist steif, grau-grünlich mit körnigen Soredien für die vegetative Vermehrung und auffallend roten endständigen Fruchtkörpern, sogenannten Apothecien, die an Streichhölzer erinnern.
LEBENSRAUM Benötigt helle Standorte mit nährstoffarmen Böden. Wächst auf humushaltigem Sand, auf torfigen Böden und morschen Holzteilen. Im Bereich von Wäldern bevorzugt an felsigen Stellen.
WISSENSWERTES Flechten sind Doppelwesen aus Pilz und Alge. In dieser Gemeinschaft ist nur der Pilz zu sexueller Vermehrung fähig. Er bildet in arttypischen Fruchtkörpern, den Apothecien, Sporen aus. Die Fruchtkörper der Streichholzflechte sitzen als auffällige rote „Köpfchen" einzeln oder zu mehreren an den aufrecht stehenden Verzweigungen. Bei Reife werden die Sporen aus diesen Organen ausgeschleudert und von Regen, Wind oder von Tieren verbreitet. Auf einer geeigneten Unterlage keimen sie aus und müssen nun als winziges Geflecht eine geeignete Alge finden. Gelingt das, kommt es wieder zur Flechtenbildung.

3 | Hundsflechte
Peltigera canina
Laubflechten

BESCHREIBUNG Gut zu erkennende Art. Blattförmige Flechte mit großem, kräftigem, großlappigem, blassbraunem (bei Trockenheit) oder dunkel graubraunem (bei Feuchte) Lager. Die Ränder sind oft ohrförmig gelappt und umgeschlagen. Auf der weißen Unterseite ist ein dichtes Netz aus Adern und Rippen zu erkennen. Braunrote Apothecien (Fruchtkörper) an den Lappenrändern.
LEBENSRAUM Häufig und weit verbreitet. Wächst an Baumstümpfen und bemoosten Stämmen. Auch auf Wiesen, in Dünen, an Mauern und Felsen. Im Gebirge bis zur Waldgrenze anzutreffen.
WISSENSWERTES Diese Bodenflechte fällt durch die stattliche Größe ihres grob gelappten Thallus auf, der mehrere Quadratdezimeter Fläche erreichen kann. Ihr Algenpartner ist die Gallertalge *Nostoc*, die nach längeren Regenperioden vom Frühjahr bis zum Herbst auf Rasen und Waldwegen oft in Massen auftritt.

4 | Echte Lungenflechte
Lobaria pulmonaria
Laubflechten

BESCHREIBUNG Kaum zu verwechselnde Laubflechte mit großblättrigem, bis 20 cm breitem und 10 cm langem Lager. Oberseite in feuchtem Zustand grasgrün und ledrig, in trockenem Zustand eher graugrün. Apothecien (Fruchtkörper) randständig, rotbraun.
LEBENSRAUM Wächst auf der Rinde alter Laubbäume, vorwiegend auf Ahorn und Esche, manchmal auch auf Buchen, seltener auf Felsgestein. Diese Flechte reagiert sehr empfindlich auf Luftschadstoffe. Ihre Vorkommen liegen heute fast ausschließlich oberhalb von 900 Höhenmetern. Noch vor 100 Jahren war sie im Tiefland weit verbreitet. Bei Untersuchungen der Jahre 1979–2000 ergaben sich erhebliche Verschiebungen des Flechtenbewuchses auf Waldbäumen: heute sind Flechten häufiger, die mehr Luftverschmutzung vertragen. Aus dieser Erkenntnis wurde eine Methode entwickelt, mit der Flechten als Bioindikatoren regelmäßig auf Waldflächen erfasst werden.
WISSENSWERTES Diese ursprünglich in Europa weit verbreitete Art ist heute nur noch selten anzutreffen und deshalb streng geschützt. Luftschadstoffe und eine intensive Forstwirtschaft haben ihren Rückzug verursacht. Die Echte Lungenflechte braucht sauberste Luft und alte Laubwälder, um sich zu vermehren, sie wächst sehr langsam. Im Mittelalter hat man sich von der Pflanze Hilfe bei Lungenleiden erhofft. In der Homöopathie nutzt man die Lungenflechte wegen ihrer Inhaltsstoffe auch heute noch gegen Husten. Sibirische Mönche verwendeten sie wegen der enthaltenen Bitterstoffe zum Bierbrauen.

1
2
3
4

1 | Gelbe Baumflechte
Xanthoria parietina
Laubflechten

BESCHREIBUNG Sehr auffällige Art mit flachen, leuchtend gelb gefärbten Lagern. Die rundlichen Lager tragen hochgewölbte Randlappen und sind reich mit deutlich dunkleren, meist orangefarbenen, schüsselförmigen Apothecien (Fruchtkörper für die Sporenbildung) bedeckt.
LEBENSRAUM Am häufigsten auf Dächern in regenreichen Gegenden zu sehen. Besiedelt genauso lebende oder abgestorbene Baumstämme, außerdem Gestein, Beton und selbst verrostetes Blech. Tritt in ganz Europa bis in hochmontane Lagen auf.
WISSENSWERTES Diese Flechte ist ein anpassungsfähiger Lebenskünstler. Sie ist wenig empfindlich gegen Luftverschmutzung, sowohl im Hinblick auf Schwefelverbindungen als auch auf Schwermetalle. Auch was ihren Standort angeht, ist sie nicht sehr wählerisch. Nur nährstoffreich muss er sein. Von der Küste bis ins Gebirge besiedelt sie die verschiedensten Unterlagen: Holz, Beton, Mauern, Dächer und Felsen, aber auch Baumborken, besonders gerne die Borken von Laubbäumen. Deshalb finden wir sie auch an unbeschatteten Stellen am Waldrand, obwohl sie keine typische Waldart ist.

2 | Graue Baumflechte, Blasenflechte
Hypogymnia physodes
Laubflechten

BESCHREIBUNG Sehr häufige und typische Laubflechte, die der Unterlage meist blattartig anliegt. Sehr formenreich, die Lager wachsen rasenartig ausgebreitet, sind von meist rundlichem Umriss und mehrfach verzweigt, ihre Farbe ist grau oder graugrün. Die Randlappen sind breit wulstig oder schmal, fast fiedrig geteilt und oft hochgewölbt.
LEBENSRAUM Die Blasenflechte ist weit verbreitet und häufig. Sie besiedelt oft in Mengen Stämme und Äste von Laub- und Nadelbäumen, kommt aber auch auf Steinen, altem Holz und bloßer Erde vor. Sie schätzt regenreiche, lichtreiche, leicht saure Standorte mit geringem Nährstoffangebot.
WISSENSWERTES Flechten gelten gemeinhin als Indikatoren für saubere Luft. Bei der Blasenflechte ist das anders. Sie gehört zu den häufigsten Flechten Mitteleuropas und gilt als Zeigerart für saure, belastete Standorte. Während viele andere Flechten auf die Schadstoffbelastung der Luft insbesondere mit Schwefelverbindungen mit Rückzug reagieren, profitiert sie vom sauren Regen. Nun, da diese Schadstoffbelastung zurückgeht, haben sich die Lebensbedingungen für die Blasenflechte verschlechtert. Ein zunehmender Nährstoffeintrag durch die intensive Landwirtschaft erschwert die Lebensbedingungen für einen Nährstoffasketen wie sie zusätzlich. Deshalb gehen auch ihre Bestände nun zurück.

3 | Echte Pflaumenflechte, Eichenmoos
Evernia prunastri
Bartflechten

BESCHREIBUNG Längliche, verzweigte Thallusäste, die in Büscheln etwa 5 cm lang von der Unterlage herabhängen. Die Oberseite des Thallus ist graugrün, die Unterseite weißgrau.
LEBENSRAUM Häufig und allgemein verbreitet, fehlt aber in stark luftbelasteten Gegenden und an lufttrockenen Standorten. Wächst strauchförmig auf der Rinde vorwiegend von Laubbäumen, vor allem von Eichen, Schlehen und Pflaumenbäumen.
WISSENSWERTES Vor allem freistehende Bäume an windoffenen Standorten überzieht diese Art oft mit einem dichten Flechtenteppich. Auf ihre Vorliebe für Pflaumenbäume und Schlehen verweisen schon der deutsche und der wissenschaftliche Artname. In Südfrankreich wird sie als Duftstofflieferant für die Parfümindustrie gesammelt. Neben der Echten Pflaumenflechte gibt es auch die Falsche Pflaumenflechte *(Pseudevernia furfuracea)*. Diese Art findet man vor allem in den Nadelwäldern des Berglandes, nur gelegentlich auf Laubbäumen.

4 | Gewöhnliche Bartflechte
Usnea florida
Bartflechten

BESCHREIBUNG Strauchflechte mit gelblichbraunem bis graugrünem, sehr büschelig verzweigtem, bartartigem Lager, erinnert an ein Wurzelgeflecht. Die Lageräste der Basis sind derb, ziemlich dick und steif und manchmal knorrig. Auffällig sind die pfenniggroßen, scheibenförmigen, am Rand lang befransten Apothecien (Fruchtkörper).
LEBENSRAUM Meist an waagrechten Ästen oder im Stammbereich von Eberesche, Bergahorn, Eiche oder Buche in nebelreichen und feuchten Bergmischwäldern. Selten auf Nadelbäumen.
WISSENSWERTES Diese wegen ihrer scheibenförmigen Fruchtkörper unverwechselbare Flechte ist eine Rarität in unserer Flora geworden. Sie braucht viel Licht, saubere kühle Luft und alte Wälder. Je besser ihre Lebensbedingungen sind, umso länger und buschiger wird der „Baumbart". In Gebirgslagen mit sauberer Luft wächst er wesentlich länger als in Gebieten mit starker Schadstoffbelastung der Luft. Oft bekommt man die schöne Flechte trotzdem nicht mehr zu Gesicht. Die Gewöhnliche Bartflechte ist selten geworden. In der Roten Liste wird sie in der Kategorie „vom Aussterben bedroht" geführt.

1

2

3

4

Register

Register

Register

Register

Dr. Eva-Maria Dreyer ist eine leidenschaftliche Biologin mit einem großen Erfahrungsschatz und sehr viel fachlichem Wissen. Sie arbeitet freiberuflich als Botanikerin und Buchautorin, seit Jahren gehören essbare Wildpflanzen und deren Inhaltsstoffe zu ihrem Tätigkeitsschwerpunkt. **Dr. Wolfgang Dreyer** (verstorben 2021) war Zoologe, hat an der Universität Kiel Ökologie gelehrt und sich dort lange mit Waldforschung beschäftigt. Er untersuchte die Rolle der Pilze im Waldökosystem und fand heraus, dass Hutpilze mit Hilfe von Duftstoffen Pilzmücken anlocken, um die Pilzsporen im Wald verbreiten zu lassen. Beide haben zahlreiche erfolgreiche Naturführer und Bestimmungsbücher, aber auch Sachbücher für Kinder geschrieben. Ihre Bücher wurden in zwölf Sprachen übersetzt.

Buchempfehlungen

Wer sich intensiver mit einzelnen Tier- und Pflanzengruppen oder Pilzen beschäftigen möchte, findet bei KOSMOS viele reich bebilderter Naturführer. Hier eine kleine Auswahl:

Bellmann, Heiko: **Der Kosmos Insektenführer.** Kosmos 2025
Insekten sind die artenreichste Tiergruppe der Welt. In diesem Buch finden Sie mehr als 900 Arten – viele mit Ihren Larven oder Puppen – auf über 1.400 einzigartigen Fotos.

Flück, Markus: **Welcher Pilz ist das?** Kosmos 2024
Das Buch zeigt mehr als 270 Pilzarten aus ganz Mitteleuropa. Ein praktischer Bestimmungsschlüssel hilft beim Auffinden der richtigen Pilzgruppe, klare Symbole zeigen auf einen Blick, ob ein Pilz essbar ist oder nicht und es gibt einen ausführlichen Teil zu Ökologie und Lebensweise der Pilze.

Bachofer, Mark u. Joachim Mayer: **Der Kosmos Baumführer**. Kosmos 2021
350 Bäume und Sträucher einfach bestimmen: Jede Art wird als ganzer Baum im Foto gezeigt, zu allen wichtigen Bestimmungsmerkmalen sind detailgenaue Illustrationen abgebildet.

Singer, Detlef: **Was fliegt denn da? Der Fotoband.** Kosmos 2019
Vorgestellt werden 346 Vogelarten aus ganz Europa. Mit der Kosmos plus-App hat man außerdem die Möglichkeit, von allen Vögeln die Stimmen zu hören und viele auch in kurzen Filmsequenzen zu sehen.

Spohn, Margot: **Was blüht denn da? Der Fotoband.** Kosmos 2021
Der Klassiker unter den Pflanzenbestimmungsbüchern: Der Fotoband zeigt mehr als 550 Arten auf über 1.000 Abbildungen und dank des bewährten Kosmos-Farbcodes ist die Bestimmung ganz einfach.

Impressum

Mit 909 Fotos von Ingrid **Altmann** (3): S. 109/3, 163/2a, 163/2b; Christof **Benisch** (6): S. 107/1, 107/2, 108, 109/2, 111/2, 113/3; **Blinkwinkel** über Hecker (11): S. 79/3, 24, 26r, 35, 47/5, 51/2, 53/1, 53/4, 61/2a, 61/2b, 67/2b; Karl **Brodowsky** (1): S. 27o; Wolfgang **Buchhorn**/Frank Hecker (24): S. 10ul, 19, 47/2, 53/6, 54/55, 59/2b, 61/4, 63/1, 63/4a, 63/4c, 67/4, 69/5, 71/1, 73/2, 75/1, 75/3, 77/1, 77/2, 81/4, 85/1, 87/4, 89/3a, 89/3b, 91/4, 331u; Eckhard **Mestel**/Frank Hecker (4): S. 32/33, 34, 41/3, 73/1; Michael **Hassler** (17): S. 274/4, 274/8, 275/9, 295/3, 299/2, 301/2, 301/3, 303/5, 307/5, 309/3, 317/1, 319/1, 325/4, 333/2, 333/3, 339/3, 355m; Heiko **Bellmann**/ Frank Hecker (198): S. 2/3, 11u, 12/13, 47/1, 53/2, 53/3, 53/5, 94, 95or, 99/3, 101/3, 102/103, 105o, 104r, 107/3a, 107/3b, 107/3c, 109/4, 111/1, 115/4, 117/1, 117/4a, 117/4b, 117/5, 119/1a, 119/5, 121/3, 121/5, 123/1, 123/3, 125/1, 125/5, 127/3, 127/4b, 128/129, 130r, 131o, 133/1, 133/2b, 137/1a, 137/1b, 137/2, 139/2, 139/4, 139/5a, 149/1a, 149/1b, 149/2, 153/9a, 153/9b, 156, 159/4, 161/2, 161/3, 161/4, 163/1a, 163/1b, 163/3, 163/4, 165/1, 165/3a, 165/3b, 167/1b, 167/2, 169/2, 172, 173l, 175/2, 177/1, 177/3b, 179/1, 179/3a, 179/3b, 179/4, 181/3a, 182/183, 185u, 187/3, 189/3, 191/1, 191/2, 191/3, 191/4, 194, 197/2, 197/5a, 197/5b, 199/1, 199/2a, 199/2b, 199/3, 199/4, 201/1, 201/2, 201/3, 201/4, 201/5, 203/2a, 203/3, 203/4a, 203/4b, 203/5, 204/205, 206l, 206r, 209/1a, 209/1b, 209/1c, 209/2a, 209/2b, 209/3a, 209/3c, 209/4a, 211/1, 211/2a, 211/3b, 211/4, 211/5, 213/1, 213/2, 213/3, 213/4, 229/1, 229/2b, 231/4, 235u, 247/1b, 255/5, 257/1b, 259/4, 261/2, 263/4a, 267/15, 27371a, 277/4a, 289/1, 291/4, 295/5, 297/3, 299/1, 301/1, 303/1, 303/2, 305/3, 305/4a, 307/1a, 308/2, 309/1, 309/4, 311/1, 311/5, 313/2, 313/3, 313/4a, 313/4b, 315/2, 315/3, 315/4, 317/2, 323/1, 323/3, 325/5, 327/4, 327/5, 328, 333/1, 333/4, 335/3, 335/4, 337/1, 337/2a, 337/2b, 337/3, 337/4, 339/1, 339/2, 339/4, 341/3, 341/4, 345o, 347/1, 347/2, 347/3, 347/4, 349/1, 349/3, 351/3, 252, 357/3, 359/1, 359/3a, 365u, 367/2, 367/3, 369/1, 369/2, 371/2, 371/4; Daniel **Herms** (1): S. 17; Christian **Körner**/Swiss Canopy Crane Project (1): S. 14; Hans-Jürgen **Martin** (1): S. 167/3; **Mauritius Images** (2): S. 240/1, 241/4; A. **Peterse-Schmidt** (1): S. 10o; Harry **Regin** (6): S. 219/3, 223/2, 223/4, 227/4, 229/4, 231/3; Joachim **Rheinheimer** (1): S. 207; Rudolf **Schmidt**/ Frank Hecker (13): S. 56l, 57, 59/3, 61/3, 63/3, 65/4, 67/5, 69/4, 77/4, 85/3, 89/1a, 89/1b, 91/1; **Siga-Commons** (1): S. 119/3; Solvin **Zankl** (1): S. 345u. Alle weiteren 605 Fotos von **Frank Hecker**.

Mit 52 Illustrationen von Paschalis Dougalis (10): S. 240/241 alle; Anna Fuchs (1): hintere Klappe rechts Pilz; Sigrid Haag (1): hintere Klappe rechts Gras; Marianne Golte-Bechtl (35): S. 384 alle, hintere Klappe Mitte alle, hintere Klappe rechts Farn; Steffen Walentowitz (3): hintere Außenklappe Vogel, Schmetterling, Schnecke; Wilfried Weigel (2) hintere Außenklappe Käfer, Spinne.

Umschlaggestaltung von Sigrid Walter, Würzburg, unter Verwendung eines Fotos von VictorCap/Shutterstock.com (Wildschwein) und einer Illustration von AcantStudio/istockphoto.com (Eichel).

DER NATURFÜHRER No. 1*

* Quelle: Media Control MC Metis, Deutschland, FY 2021, WG 420- Natur und WG 422-Naturführer, Umsatz

FSC www.fsc.org MIX Papier | Fördert gute Waldnutzung FSC® C015829

Gedruckt auf chlorfrei gebleichtem Papier

Pfizerstraße 5–7, 70184 Stuttgart
kosmos.de/servicecenter

ISBN 978-440-17680-1
Lektorat und Redaktion: Claudia Salata
Satz: typopoint GbR, Ostfildern
Produktion: Markus Schärtlein
Druck und Bindung: Printer Trento
Printed in Italy / Imprimé en Italie

Unser gesamtes Programm finden Sie unter **kosmos.de**. Über Neuigkeiten informieren Sie regelmäßig unsere Newsletter, einfach anmelden unter **kosmos.de/newsletter** Besuchen Sie uns auch auf Facebook auf **KOSMOS Natur**.

NABU
Kauziger Geselle
sucht Bleibe in gehobener
Lage, Tel.: 030.28 49 84-15 74

Botanische Fachausdrücke

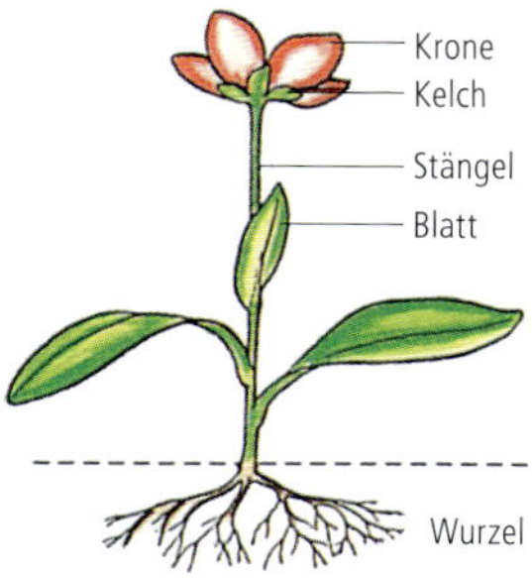

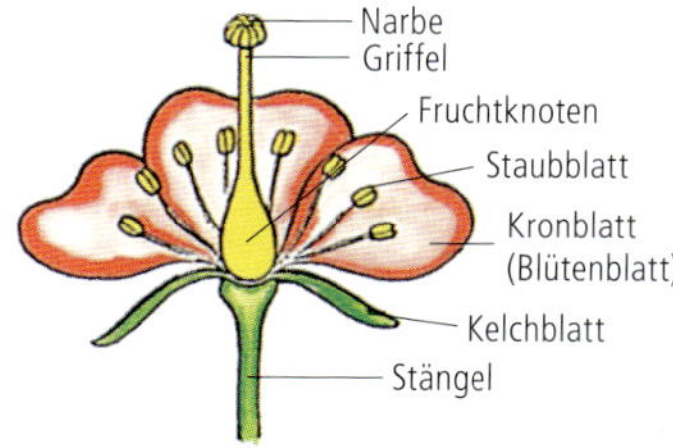

Sprossaufbau

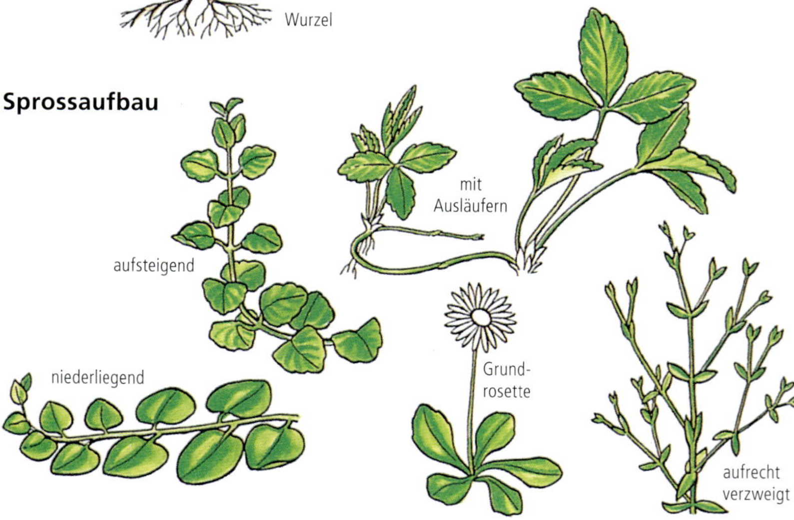

Blütenkrone

glockig

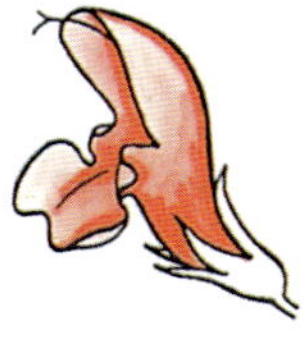
Lippenblüte

Schmetterlingsblüte

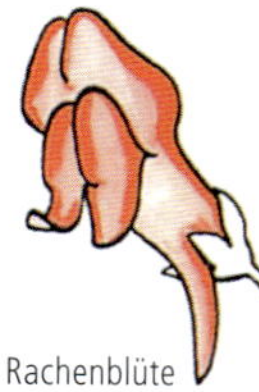
Rachenblüte

Blütenstände

Ähre

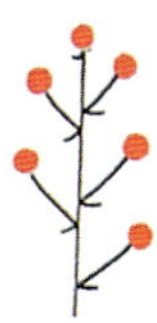
Traube

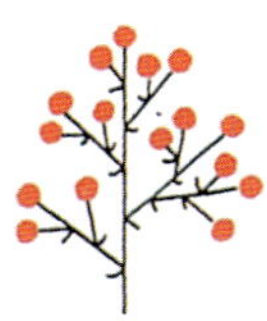
Rispe

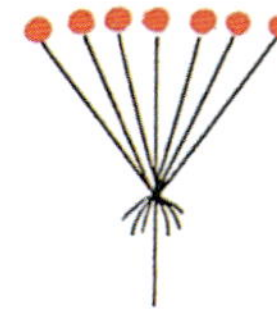
Dolde mit Hülle